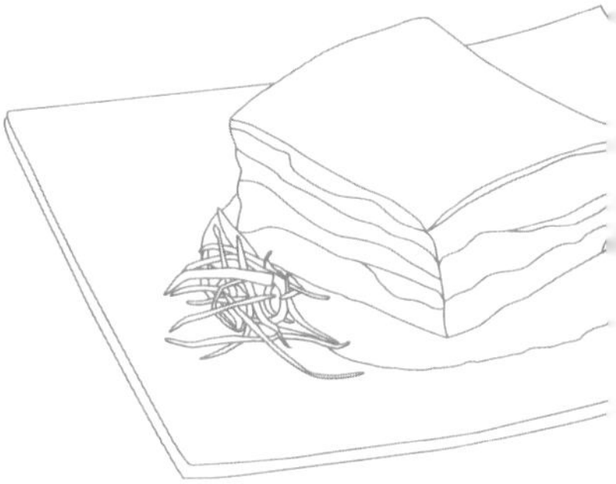

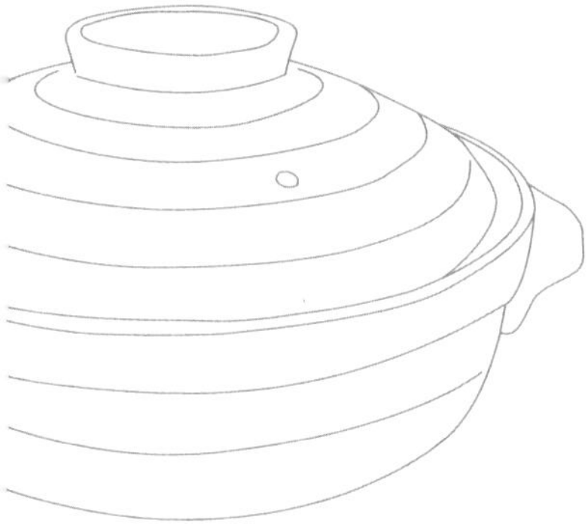

大廚不傳烹調祕訣800招

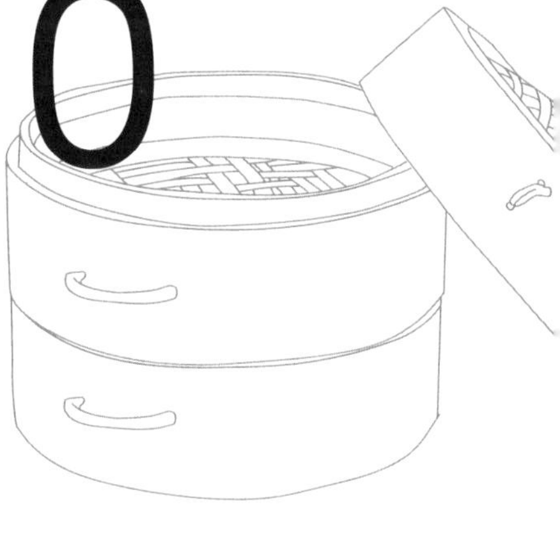

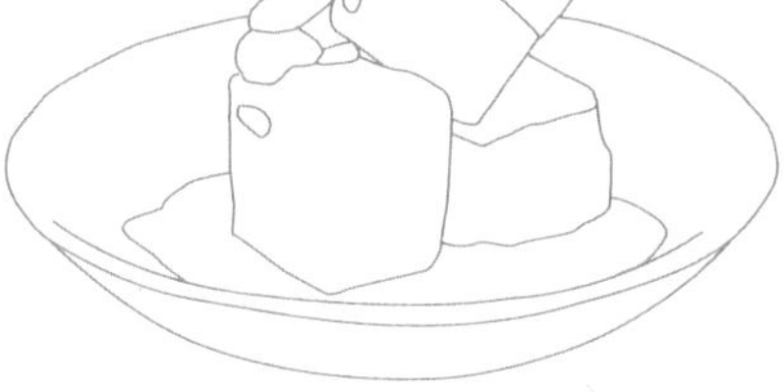

黃梅麗、林葛、王俊卿　編著

【推薦序】

廚房必備的好幫手

美食烹飪家 林美慧

「老師，荷包蛋要怎麼煎才漂亮？」

每次上烹調課，熱愛料理的同學們都會向我提出各式各樣的問題，他們的問題包羅萬象，諸如：切牛、豬、雞肉時要用不同的切法嗎？香菇、蘑菇傘褶中的沙塵要怎麼清洗？快要凋萎的蔬菜要怎麼讓它變新鮮？香菇為什麼不適合用熱水浸泡？煮白斬雞、熬綠豆湯的訣竅在哪裡等等……

像這一類的烹調小訣竅，總是一再被問及。因此，我心裡想「如果能夠出版一本有學理根據的烹調原理專書來解答這些疑惑，該有多好啊！」

當我看到積木文化的《大廚不傳烹調祕訣800招》時，我知道，我的想法實現了。

《大廚不傳烹調祕訣800招》是一本針對一般大眾設計的廚房必備工具書。書中以現代食品科學的理論為基礎，詳細介紹食材的烹調原理、原料再加工、烹製過程中各種變化、烹調要領及重點等800個關鍵訣竅。主要內容包括：烹調前選材和準備、烹調衛生和健康、南北乾貨漲發訣竅、掛糊、上漿和勾芡烹調祕訣大公開、熬煮美味鮮湯、調味料的神奇功用、烹調食材色澤變化等十一個單元，內容豐富，易學易懂，是一部兼具理論、知識及實用的烹飪專書。

在烹調教學界這麼多年來，我深深覺得，烹調是一門綜合性的科學，除了能夠展現各民族獨特的飲食文化，也形成各式各樣深具特色的技能。烹調時，我們常被一些看似簡單，卻學問不小的問題所困擾，而坊間流傳的一些烹調小祕訣，我們又往往不了解其中的原理。因此辛苦烹調出來的料理，常不符合食品科學的原則和營養要求。

許多家庭主婦即使採購了當令新鮮食材，卻怎麼也料理不出色、香、味俱全的營養佳肴。其實，只要花點時間，了解食材的營養成分、烹調原理，隨時靈活運用一些小訣竅，每個人都可以在家料理出媲美五星級飯店的美味好菜。

近年來，坊間有許多以介紹菜色、作法為主的食譜書陸續出版，的確帶給喜愛烹調的朋友各種不同視野，無形中也提升了大眾的烹調水準。但是，一本單純的食譜書，有時還是很難滿足做菜時遇到的各種疑難雜症。這時，如果手邊擁有一本《大廚不傳烹調祕訣800招》，若遇到無法處理的陌生食材，就可以隨時翻閱，可說是廚房的好幫手！相信，只要此書在手，烹調時一定更得心應手！

目錄

7 熬一鍋好湯的祕訣

8 調味料的神奇作用

9 烹調食材的色澤變化

10 配菜的技巧

11 健康飲食的原則

1

食材的選擇與初加工

POINT 001 辨識肉質老嫩的訣竅

動物肌肉組織中存在結締組織（如膜、筋、腱等），結締組織主要是由膠原蛋白和彈性蛋白構成，它們以「纖維狀」存在於結締組織中，是肌體的保護性組織，賦予肌體韌性和伸縮性。肌肉中結締組織的含量，決定了肉質的老嫩：結締組織含量愈多，肉質就愈老韌。

肌肉中的結締組織含量因家畜種類不同而異。例如：牛肉的結締組織含量較多，肉質較為堅韌；魚肉的結締組織含量較少（筋、膜都少），所以肉質柔嫩。

另外，肉質老嫩程度還與家畜的年齡、飼料粗細、畜體肥度和部位有密切關係。凡年齡老的、體瘦的、餵食粗飼料的，肌肉中的結締組織就多，肉質也較堅韌。同一家畜由於各部位肌肉緊張程度不同，結締組織的含量也有差異。一般畜體的前半部含較多結締組織，後半部較少；背部、臀尖含結締組織較少，四肢、腹部的結締組織較多。如豬肉中的里肌肉、後腿的彈子肉、通脊（脊椎骨兩旁的肌肉）等肉質都較細嫩；夾心肉、硬肋、坐臀肉等肉質較為老硬，均與結締組織的含量有關。

在選擇肉品時，可根據不同用途及料理方式，選用適合的種類及部位。

POINT 002 各種瘦肉的脂肪含量

同種牲畜，瘦肉的脂肪含量低於肥肉的脂肪含量，但並不表示凡是瘦肉，脂肪含量就低。這是因為不同動物的瘦肉，其脂肪含量亦不同，例如：瘦羊肉含13.6％的脂肪，瘦牛肉含6.2％的脂肪，瘦豬肉為28.6％，兔肉為0.4％，去皮的雞胸肉為5％。所以同樣是里肌肉，不同牲畜的脂肪含量也有差別，如豬里肌的脂肪含量就比牛里肌高出七倍多！

由此可知，若要選擇高蛋白、低脂肪的肉品，便不宜選擇豬瘦肉，應選擇羊肉、牛肉、兔肉和雞肉。

POINT 003 精肉適合炒、爆、溜等烹調方式

炒、爆、溜屬於高溫（200℃～250℃之間）、快速（5分鐘左右）的烹調方法。精肉（即指瘦肉）之所以

適用這些方式烹調，主要是由其組織結構所決定。

精肉主要分布於動物的背、臀部（如里肌肉、臀尖肉等），特點是結締組織含量少。精肉的老嫩程度主要取決於蛋白質結合水的含量。肌肉組織的基本單位是肌纖維，眾多肌纖維組成肌原纖維，肌原纖維又排列成肌束。人們肉眼所見的肉絲就是由肌束組成。肌原纖維由肌凝蛋白質和肌動蛋白質組成，蛋白質周圍結合著大量的水分。這些水分可使肌束間隔開來，使肉質保持一定的嫩度。當高溫、短時間對精肉進行加熱時，肉表面的蛋白質會迅速變性，其外層孔隙閉合，防止精肉中的水分流失，使肉質保持脆嫩的口感。

精肉如果採用燒、燜、煨、燉等烹調方式，則會因溫度較低（80℃～120℃），時間較長（5分鐘以上），肌肉內的水分大量流失，使更多的肌原纖維靠攏，肌束變粗，以致肉質乾柴，難以咀嚼。

POINT 004 肥瘦相間的肉類適合燒、燜、燉、煮

燒、燜、燉、煮是屬於低溫（80℃～120℃）、長時間（約20分鐘至3小時）的烹調方法。用這種方式料理菜肴時，應選用動物的上腦肉（肩頸肉）、前腿、腩肋等部位。這些部位的肉，肥中有瘦，瘦中有肥，肥瘦相間，經過長時間烹煮，可以料理出軟、爛、酥、嫩、香的美味菜肴，不會出現發柴、塞牙的窘境。

這類肉的組織，除了肌肉組織外，還夾雜部分結締組織和脂肪。結締組織的膠原蛋白質在70℃～100℃的水中長時間加熱，會水解成明膠。明膠是凝膠體，會吸收大量湯汁，使肉質軟嫩；此外，這些凝膠體還可以把肌原纖維隔開，防止肌原纖維聚攏，使肉質酥爛。當脂肪從脂肪細胞中溶化分解出來後，即滲透到肌原纖維間和肌原纖維內，具有阻止肌原纖維內蛋白質因過度加熱脫水而發生凝聚的作用。

因此，肌間脂肪較多的肉或肥瘦相間的肉，都比較容易烹調。同時，脂肪組織經過低溫、長時間加熱後，水解出游離脂肪酸，與肉中的其他成分結合，形成具有香味的物質。脂肪也是香味物質很好的溶劑，能夠為菜肴增添風味。

POINT 005 不同部位的牛肉柔嫩程度不同

牛肉肉質的老嫩程度，除了與肌肉中結締組織含量有關之外，結締組織的組成成分亦是關鍵。結締組織由膠原蛋白質和彈性蛋白質組成。不同部位的牛肉，其結締組織中這兩種蛋白質的含量比例不同。

在一般加熱狀態下，彈性蛋白質幾乎不會發生化學變化，必須在130℃的溫度下才可被水解。所以結締組織含量多、彈性蛋白質所含比例又高的肉品，無論怎麼加熱，總是很堅硬，嫩度不會改變。只有採用絞、斬等機械方法，才能使肉質的韌度降低。

結締組織含量雖多，但其膠原蛋白質所占比例較高的肉品，經過燉、煮等較長時間的加熱後，可使膠原蛋白質水解形成可溶性明膠，使肉質變得軟嫩。由於不同部位的肉，結締組織含量不同，組成成分不一樣，因而轉變成明膠的程度也各異，使得肉質的老嫩程度有明顯差別。例如，在100℃下經過60分鐘的烹煮後，牛的腰部肌肉組織有43.3%的結締組織轉化為明膠，胸肌部位則只有17.3%的結締組織轉化為明膠。這種轉化程度的差異，就決定了肉質柔嫩程度的不同。

POINT 006 牛肉放太久的處理方法

牛肉若放置太長時間，表面會變乾，肉質會變老，可採用以下方法處理：

①將牛肉浸泡在醋或酒中，用保鮮膜覆蓋冷藏。

②在牛肉上覆蓋鳳梨片或奇異果片，用保鮮膜包裹1個小時。

③烹煮前用力拍打牛肉以破壞纖維組織，減輕牛肉的老韌度。

④在牛肉表面塗抹適量沙拉油及水，再用保鮮膜包裹冷藏。

⑤烹調前，放入適量的嫩肉粉及少許料酒（即料理米酒），可使久存的牛肉肉質變軟並除去異味。

POINT 007 涮羊肉的選料要求

涮羊肉吃起來鮮嫩不膩，風味獨特。涮羊肉的作法首先就是要嚴格選料，這是決定風味優劣的關鍵。因為「涮」在烹調中屬於低溫（80℃～120℃）、短時間（不超過5分鐘）的料理方式。肉料在低溫、短時間內加熱時，肌肉組織中的蛋白質會逐漸變性並開始凝固，脂肪開始溶化，結締組織中的膠原蛋白質和彈性蛋白質會收縮變硬。因此，結締組織少、幾何形狀較小（如片、丁、絲）的精肉，吃起來口感較鮮嫩多汁。

如果選料不當，如筋、膜及皮過多，則無法達到稍涮即食、鮮嫩適口的風味特色。因此，涮羊肉的肉料必須精心選擇：要選用閹割過的羊，此種閹羊膘肥肉嫩，沒有羶味；選料部位應以精肉多、結締組織少、含有一定數量的肌間脂肪肉為佳，如羊後腿肉、外脊後下端肉、脖後肋條前的肉等，這些部位的肉質軟嫩且筋少。一隻約20公斤左右的羊，適合用來涮的肉僅有6至7公斤。

POINT 008

剛宰殺的肉質味道不鮮美

烹煮剛屠宰的畜禽等肉類，吃了之後可能會覺得肉味不夠鮮美，這是因為肉沒有經過「後熟期」，肉中的化學反應不充分的緣故。

肉類中能產生香味的物質（即呈味物質）主要是5’－肌苷酸，但它不是游離存在的，而是由肌肉中的三磷酸腺苷（ATP）在各種酶的作用下降解產生。動物在被屠宰後，體內的ATP在酶的作用下，會依下列途徑進行降解：

ATP（三磷酸腺苷）
↓ 磷酸酶
ADP（二磷酸腺苷）
↓ 磷酸酶
AMP（一磷酸腺苷）
↓ 脫氫酶
5’-肌苷酸

ATP分解為具有鮮味的5’－肌苷酸需要一定時間，稱為「後熟期」。剛宰殺的肉類沒有經過後熟期這一過程，成菜後味道不僅不鮮美，還會有較濃的腥、臊味。肉類需要經過後熟期方能變得鮮美，但存放時間也不宜過久，否則5’－肌苷酸會繼續在酶的作用下分解成無味的肌苷。5’－肌苷酸的分解速度跟溫度有密切關係，溫度愈高，分解速度愈快。要防止其分解，就要控制好後熟期的時間和溫度，譬如豬肉，在屠宰後10℃的環境中需放4天，在15℃時只需存放1天，此時，5'－肌苷酸含量最多，肉的鮮味最佳，質地柔軟。

不同種類的肉品，所需的後熟期各不相同，例如：牛肉在10℃的環境中保存需要21天，在15℃時需要3天；禽肉和魚肉的後熟期都比較短，在2℃～4℃條件下，禽肉為3至5小時，魚肉為1至2小時。為了防止化學反應速度過快，屠宰後的肉類進行後熟期的過程，一般在低溫（4℃左右）環境下存放最好。

POINT 009 雞肉和鴨肉的比較

雞和鴨雖同為禽類，但食性相差很大，應根據個人的體質挑選適合的肉類來食用，才能一飽口福又養身。

雞肉的肉質細嫩，味道鮮美，白斬、清蒸、熱炒、紅燒、熬湯均可，適合多種烹調方法。中醫認為，雞肉味甘性溫，有溫中益氣、補精添髓的功效，其滋補作用列羽族之首，畏寒虛弱、神疲乏力的陽虛體質者，特別適宜進食。由於雞肉偏於溫熱，食用後易產生內熱，陰虛體質者、火熱症候者或外感發熱者，都不宜食用。

民間常用老母雞作為滋補品。母雞肉可治風寒濕痺、病後或婦女產後體弱身虛；公雞有益於腎虛者；雞心有補心鎮靜的功效，對心悸、失眠、健忘者有益。

鴨肉脂肪含量高，皮質較厚，肉質較老，以製作烤鴨、醬鴨、鹽水鴨等為佳。中醫認為，鴨肉味甘性寒，有滋陰補虛、利水消腫的作用，亦為滋補佳品。對常有低熱、咽乾口燥、舌苔厚膩的陰虛體質者，具有清熱解毒滋補功效；對水腫、腹水者，有扶正利水消腫作用；對動脈硬化、高血壓和心臟病、腎炎患者，有消腫利濕、減輕症狀作用。

由於鴨肉性偏寒，對身體虛寒的陽虛體質者，如虛寒性的脘腹疼痛、大便泄瀉、陽虛脾弱、痛經者等，不宜食用。由此可知，雞肉、鴨肉的營養價值同樣豐富，然而對於人體健康的影響卻各有不同。食用時，應當根據自己的身體情況，謹慎選擇。

POINT 010 圈養與放養禽類的肉質差異

雞、鴨肉質細嫩，味道鮮美，營養價值高。目前市面上販售的雞、鴨，有圈養與放養兩種，肉質和風味差別較大，烹調前必須根據菜肴的要求，加以選擇。

圈養的雞、鴨，飼料單一、精細，活動量少，生長期短，脂肪多，皮薄脯大，出肉率比放養的高約15%，且肉質細嫩，宰殺後皮色潔白，腥味少，但味道不及放養的鮮美。圈養的雞、鴨適於炸、溜、炒，是想要快速烹調菜肴的絕佳選擇。

放養的雞、鴨，飼料複雜，生長期長，肉質粗老，皮厚脯小，不豐滿，宰殺後皮色褐紅，但味道比圈養的純正、鮮美，適合用煨、燒等烹調方法。

POINT 011 雞的部位和烹煮方式

雞的不同部位，肉質老嫩程度也不一樣，應使用不同的烹調方法。

胸脯肉：含結締組織較少，纖維細小，水分足，肉色較白，是雞身上較細嫩的部位，適合做成雞排、雞卷、雞串等短時間加熱的菜肴。

里肌肉：緊貼在雞胸骨上的肌肉，一邊一條如月牙，是雞身上最嫩的部位，可與胸脯肉同時料理。

雞腿：肌肉較多的部位。因腿部活動量大，故結締組織含量多，肌纖維較粗，肉質較老，但呈味物質較雞胸多，口味香醇，適合燜、燴或煮湯等料理方式。

雞爪、頸、翅膀：這些部位結締組織較多，肌肉組織較少，適合滷或煮。

其他禽類的部位劃分和烹調方法與雞相似。

POINT 012 烏骨雞的營養價值比普通雞高

烏骨雞營養豐富，含有黑色素、蛋白質、脂肪、多種維生素和十八種微量元素，肉質細嫩，有較高的食用和藥用價值。

烏骨雞中的血清蛋白質和γ－蛋白質含量均高於普通雞，100公克烏骨雞肉中含胺基酸31.5公克，比普通雞高25%，八種必需胺基酸的含量和種類都接近人體需要，其中纈氨酸和離氨酸含量也高於一般的雞。烏骨雞的脂肪中，多價不飽和脂肪酸含量較多，且膽固醇含量較低。

烏骨雞中的鐵、銅、鋅等微量元素含量亦高於普通雞種。尤其是人體造血系統必需的鐵元素，比一般的雞高45％，是提供人體預防缺鐵性貧血的有效營養源。

現代醫學認為，烏骨雞的食用價值和藥用價值多存在於其體內的黑色素物質中，是滋補、強身、抗衰防老的基礎。中醫認為，烏骨雞性平、味甘，入肝腎二經，對氣虛、血虛、脾虛等各類虛證均有良好療效。

POINT 013 適合做沙鍋頭尾的魚

「沙鍋頭尾」是一道以魚頭和魚尾為主要食材的美味菜肴。但並不是什麼魚都適合做這道菜，坊間就有「青魚尾巴花鰱頭」之說，意思是選用胖頭魚（花鰱）的頭搭配青魚的尾來燉煮，較為合適。因為胖頭魚的頭部較大，約占魚體長的三分之一，頭部皮肉肥厚軟嫩，含豐富膠質，腦肥肉嫩，脂肪少，特別是喉嚨口邊與腮相連的那塊肉（俗稱胡桃肉），十分美味。冬季時，胖頭魚膠濃脂厚，味道鮮美，為冬令佳品。

青魚又稱烏鰡、鰡仔，以冬季魚肉品質最佳。目前台灣各大水庫、湖泊和養殖池亦多有養殖。青魚的尾部肉厚鮮美，又軟又嫩。雖然其頭部不如胖頭魚般肥嫩，但相較於其他魚類，仍屬於烹煮頭尾菜肴的首選。

做沙鍋魚頭時，要選用胖頭魚的頭部，但剁魚頭時，記得要保留6至10公分的魚肉，魚頭和魚肉總重量約在1.2公斤左右，比例最合適。

POINT 014 適合炒魚絲、魚片的魚

烹調魚絲、魚片等菜肴時，所選的魚類要肌肉組織細密、彈性好、結締組織少、纖維長、肉厚無刺、色澤潔白、味美醇正，例如：比目魚、鱖魚、鯉魚、青魚、草魚、黑魚、墨魚等。這些魚宰殺後能切出完整的片或絲，炒的時候不容易散碎，肉質鬆軟柔嫩。

如果沒有選對合適的魚，烹調後的魚絲、魚片就會散碎成「粥狀」，影響菜肴的品質和風味。

POINT 015 適合燉湯的魚

魚湯應以鮮美為貴。燉湯的魚首先必須新鮮。以各

種魚類作比較，以鯽魚燉湯口味最佳。這種魚肉質嫩、鮮味濃，營養價值高。同時，燉出來的湯，乳白似奶，味鮮醇香，是其他魚類所不能比擬的。

POINT 016 適合做魚丸的魚

做魚丸時，所選擇的魚必須新鮮、鮮味足、無異味、脂肪少、蛋白質含量豐富、吸水率高、黏性大、肌肉纖維細、彈性好、色澤潔白、刺少、肌肉豐滿，例如：比目魚、海鰻、刀魚、石斑魚等。其他魚類，如胖頭魚也可用來做魚丸，但其肉質較粗，不夠細膩。

魚的大小要適中，重量在1.5至5公斤最合適。若魚太小，製作時吃水量太少，會不夠滑嫩；若魚太大，脂肪多，肉質老，做出來的魚丸不爽口。

POINT 017 適合乾燒的魚

適合乾燒的魚類主要有沙丁魚、虱目魚、青花魚、秋刀魚、帶魚、金線魚、鱸魚、吳郭魚、黃魚、鱈魚、鮭魚等。在乾煎之前，不要太早抹鹽，以免失去鮮味。

POINT 018 適合清蒸的魚

清蒸魚最好選擇肉質細嫩鮮美、口感清淡的白色魚，例如：黃魚、鱸魚、鱒魚、鱈魚、石斑魚、黃鰭鯛、白鯧魚等。

POINT 019 適合做成糖醋的魚

糖醋魚的作法是先用油將魚炸酥後再淋上醬汁，因此應選擇肥厚多肉、耐煎耐煮、外觀圓鼓的魚，如黃魚、鯛魚等。像鱈魚等肉質太軟、一煎就碎散的魚，則不建議做成糖醋魚。

POINT 020 去骨去皮取魚肉的方法

將適合取魚肉的青魚、草魚、黑魚、鱖魚等清洗乾淨，魚頭朝上，放在砧板上，一手按住魚，一手持刀，從魚的背部沿著脊骨，一刀一刀向裡劃，直至整片魚肉片下，再片另一面。將兩面的魚肉片好後，把魚肉皮朝下、肉朝上平放在砧板上，用刀從魚肉中間直著切下，深至魚皮，但不能把魚皮切斷，再斜刀緊貼魚皮片下魚肉。在片完的魚皮上劃一小口，用手指鉤住，片下另一邊的魚肉。用同一方法，片下另一半魚肉。

POINT 021 巧用小魚頭

小黃花魚、小鯽魚等的魚頭，肉雖少，但含有腦磷脂、鈣質等營養素，如以小魚頭為主要食材做成魚頭羹，不僅美味可口，而且營養豐富。方法是：先將去腮、洗淨的魚頭剁成細屑放入碗中，加入適量麵粉、雞粉、料酒、胡椒粉、蔥末、薑末、鹽等攪拌均勻，以大火蒸10分鐘，根據個人喜好加入辣椒油或香油、香菜末即可。

POINT 022 巧用鮮魚白（魚鰾）

在清洗魚時，常將魚肚中的魚白丟掉。其實，魚白並非廢物，而是素有「海洋人參」之稱的寶物。

現代醫學研究證明，黃魚和海鰻等的魚白中含大量的膠原蛋白質，是人體補充、合成蛋白質的原料。富含膠原蛋白質的食物，透過含有膠原蛋白質的結合水去影響某些特定組織的生理功能，進而促進生長發育，增強抵抗力，具有延緩衰老和預防癌症的功效。試驗證明，魚白對癌細胞生長有抑制作用。近年來的研究發現，魚白有促進精囊分泌果糖，為精子提供能量的作用，並依此原則配製了男性不孕藥物。

魚白除了有重要的醫療作用，還是一種高蛋白、低脂肪、具有滋補作用的理想食品。魚白的蛋白質含量高達84.2％，脂肪僅0.2％，還含有鈣、磷、鐵等營養素，適合用來炒或與豬腳、豆腐等一起燉，既美味又滋補。

POINT 023 挑選螃蟹的技巧

人們常吃的螃蟹分為海蟹和河蟹。海蟹主要有梭子蟹、石鋏紅；河蟹則為大閘蟹。挑選螃蟹時，可根據以下幾點來選擇：

①儘量選鮮活的螃蟹。先觸摸螃蟹的眼睛，選擇反應比較激烈的。此外還可將螃蟹翻轉，使其肚皮朝上，宜選擇可以翻轉回來的。

②用手掂掂蟹的重量，手感沉重的多為肥大壯實的好蟹。好蟹的背部呈青色並堅硬，腹部飽滿厚重，腿部堅硬，很難捏得動。

③觀察螃蟹的腹臍，黑色多者為肥滿的好蟹。

④手持螃蟹在陽光或燈光下背光觀察，透過光線，蟹蓋邊緣不透光的為肥滿的好蟹。

POINT 024 蒸蟹時蟹腳不脫落的祕訣

大閘蟹受熱後會在蒸籠裡亂爬，以致蟹腳脫落。可在蒸之前，用針在大閘蟹吐泡沫的正中間處（蟹嘴）斜插進去1公分左右，再放入鍋裡蒸，蟹腳就不易脫落了。

POINT 025 水麵筋、油麵筋和烤麩的區別

麵筋是一種植物性蛋白質，主要由麥膠蛋白質和麥穀蛋白質組成。這些蛋白質存在於麵粉中，所以可用麵粉來製作麵筋。

將麵粉加入適量水、少許鹽（比例是：麵粉250公克、水90公克、鹽2～4公克），用力攪勻，使麵粉漿具有韌性，形成麵團。稍微變軟後，用清水反覆搓洗，把麵團中的活粉和其他雜質全部洗掉後，剩下的就是麵筋。麵筋軟而有黏性和延展性，呈灰白色，無異味。

因加熱方法不同，麵筋又有許多不同名稱。例如：將洗好的麵筋放進沸水中煮80分鐘，熟了之後撈出，即是「水麵筋」；將麵筋用手捏成球形，放進熱油鍋中炸至金黃色後取出，即是「油麵筋」，或稱「麵筋泡」；將麵筋保溫發酵，以蒸籠用大火蒸熟，即是「烤麩」。

烹調時可根據菜肴的需要，選擇不同的麵筋，例如：烹煮素雞等仿葷菜，要選用水麵筋；烹製釀餡麵筋，應選用油麵筋。麵筋除了可直接烹調外，也適合作為配菜。

POINT 026 動物性食材要急速冷凍保鮮

動物性食材應採用「急速冷凍法」，即食材中心溫

度從-1℃下降到-5℃時，所需的時間在30分鐘以內。用急速冷凍法處理食材，細胞內外的水分都能同時結成冰。由於形成的冰晶數量多，體積小，在細胞內外分布均勻，所以對細胞膜不會產生擠壓作用，細胞膜被破壞的程度不大，對食材品質的影響也較小。解凍時，經過急速冷凍處理的動物性食材，具有較高的復原性，水分流失較少，能完整地保留食物的特有風味和營養價值。

若將動物性食材進行慢速冷凍，食物降溫的速度會比較緩慢。當溫度下降到結冰點（0℃）時，存在於細胞間隙中的水分會先結成冰晶，如此一來，與之相鄰的汁液濃度增加，滲透壓升高，導致細胞內的水分不斷向外滲透，並聚積在冰晶體周圍。

當水結成冰後，冰的飽和蒸氣壓低於同溫度下的水蒸氣壓，因此，未結冰的細胞內，其液體的水蒸氣壓大於細胞間隙裡冰晶的蒸氣壓，水蒸氣沿著蒸氣壓下降的方向向冰晶體移動，使得存在於細胞間隙的冰晶不斷增大，形成較大的冰晶粒。同時，由於水結成冰後，體積膨脹，對細胞發生擠壓作用，使細胞變性，甚至破裂。解凍後，細胞內可溶性成分大量流失，營養價值降低，風味也受到影響。

另外，由於細胞間隙中冰晶體積不斷增大，擠壓著細胞，使細胞變形，細胞內蛋白質質點相互靠近而凝聚沉澱，使蛋白質變性，失去持水能力，使得肉質保水性降低，導致肉質變硬，影響風味。

由此可知，動物性食材冷凍後的品質與冷凍方法有密切的關係。

POINT 027 牛肉保鮮的技巧

新鮮牛肉保鮮的方法有以下幾種：

①冷藏和冷凍：將肉塊切片，每片約2公分厚，放入淺盤並用保鮮膜封好，置於冰箱冷藏室可以保存3～4天，置於冷凍庫可保存1個月。

②調味冷藏：將牛肉厚片用洋蔥調味後，倒入食用油，置於冷藏室可保存1星期，肉質維持柔軟不澀。

③用白酒冷藏：白酒具有殺菌和防腐作用，將牛肉用高濃度的白酒塗抹均勻，置於冰箱中冷藏，可保存3～4天。

POINT 028 依烹調方式選取適宜的牛肉部位

烹調牛肉時，要依料理方式，選擇適合的部位。

①燉：燉牛肉要選用牛腩肉、胸口肉、肋條肉、肘窩肉、前腱子肉、尾根肉等。這些部位的肉肥瘦相間，或帶筋皮，燉好的肉柔韌軟爛，香醇味美，肥而不膩。

②炒：炒牛肉要選用最嫩的部位，如牛柳（里肌肉）、沙朗（外脊肉）、三叉肉（後腿部位）、仔蓋肉等部位。注意儘量選用小牛的肉。

③燒：燒牛肉以胸口肉、肋條肉、腱子肉最好。一般先將肉切成大塊煮至熟爛後再紅燒。

④燜：燜牛肉要選用瘦中有肥的，如前腱子肉、胸口肉、肋條肉等。這些部位的肉燜熟後口感鬆軟，味道香醇。

⑤扒：扒牛肉最好選用肥瘦相間的胸口肉、肋條肉等，需提前將牛肉滷熟或煮熟，再以慢火煨爛。

⑥醬：醬牛肉一般選用前腱子肉、後腱子肉、尾根肉等部位。這些部位的肉醬熟後軟爛香濃，柔韌筋道。

⑦溜：做滑溜牛肉或炸溜牛肉必須選用最嫩的部位，如里肌肉、外脊肉、上腦肉、三叉肉、仔蓋肉等部位，且最好選用小牛肉。料理前應將肉用嫩肉粉或蘇打粉等進行處理。

⑧汆：汆燙或涮鍋必須選用小牛的肉，並且根據烹調方式選用不同的部位。如用新鮮肉汆燙，可選里肌肉切成薄片；汆燙和涮鍋也可用里肌肉、仔蓋肉、三叉肉、肋條肉等部位，冷凍後刨成肉片用來烹製。

⑨滷：適合滷的部位有牛頭肉、後腱子肉、尾根肉等。

POINT 029 羊肉的部位及適宜的烹調方法

羊肉的部位及適宜的烹調方法見表1。

表1 羊肉的部位及適宜的烹調方法

部位	位置和特點	適宜的烹調方法
羊頭肉	皮多肉少	滷、醬、煮、扒、燒
羊尾	山羊尾	熬湯
	綿羊尾	蒸、扒、燒

頸肉	肉質較老，夾有細筋	煮、醬、燉、紅燒、做餡等
上腦	位於脖後，脊背前部，靠近後腦，肉質細嫩	爆、炒、煎、炸、溜、烹、涮等
脊肉	包括里肌和外脊，位於脊骨的兩側，肉質細嫩	涮、烤、煎、爆、炒、炸、溜等
前後腱子肉	位於前後腿下側，肉質較老，筋絡較多	滷、醬、燒、燜、燉等
前後腿		烤、燒、滷、醬、蒸等
排骨	包括脊骨在內的兩側肋骨	燉、燜、炸、烤、紅燒、熬湯等
肋條肉	位於羊兩側剔出排骨後的肉，肥瘦相間	涮、烤、燉、燜、燒、扒等
腩肉	位於肋肉下面腹部處的肉，分胸脯肉和腰窩肉，胸脯肉位於前胸，肉質肥多瘦少，肉中無筋絡	燒、烤、燜、燉等
	腰窩肉位於腹部肋骨下面近腰處，纖維長短縱橫不一，肉內夾有三層筋膜，肉質稍差	燉、燜、燒、醬等

POINT 030 動物肝臟保鮮妙招

在豬肝、牛肝、羊肝等新鮮的肝臟表面均勻地塗上一層植物油，放入冰箱中冷藏，即可保持鮮嫩。因為油脂會在肝表面形成一層油膜，具有隔離空氣和避光作用，進而避免肝臟氧化變質，同時也可防止細菌侵入，導致食材腐敗。

POINT 031 豆腐保鮮妙招

將豆腐浸泡在20%的鹽水中，置於冰箱中冷藏，即使夏天也可保存較長時間。若用淡鹽水浸泡並置於冰箱冷藏，則需每日換水，可保存3～4天。

鹽具防腐作用，可防止微生物汙染。原理：高濃度的鹽水溶液具有很高的滲透壓，能對微生物細胞產生強烈的脫水作用，導致微生物細胞發生質壁分離，使其生理代謝活動呈抑制狀態，進而使微生物停止生長或死亡。

POINT 032 市售豆腐營養價值比較

市場上的豆腐種類繁多，不僅有南豆腐（石膏豆腐）、北豆腐之分（鹵水豆腐），還有木棉豆腐（即板豆腐）、盒裝嫩豆腐等「新」豆腐之別，但究竟哪種豆腐營養價值高？表2為南豆腐、北豆腐和一般盒裝嫩豆腐的鈣、鎂及蛋白質含量比較。

表2　南豆腐、北豆腐和盒裝嫩豆腐的鈣、鎂及蛋白質含量比較

（100公克的含量）

種類	鈣（毫克）	鎂（毫克）	蛋白質（公克）
南豆腐	116	36	6.2
北豆腐	138	63	12.2
盒裝嫩豆腐	17	24	5.0

豆腐的營養價值主要在於提供植物蛋白質和鈣質。由表2可見，北豆腐的營養價值最高。用大豆蛋白質取代一部分動物性蛋白質，有利於防治慢性疾病；豆腐中大量的鈣質有益骨骼健康；鎂能幫助降低血壓，是對心血管健康十分有益的元素。用傳統方法製作的豆腐，其中的鈣、鎂來自於作為凝固劑的石膏（硫酸鈣）和鹵水（氯化鈣和氯化鎂）。雖然鹵水豆腐有點苦味，但這是其中含有鎂元素之故。現在一般採用引進技術製作的「新」產品，則是將傳統的凝固劑鹵水和石膏改為葡萄糖酸內酯，再添加海藻糖和植物膠之類的物質來保水，儘管其產量大，質地細膩，沒有苦味，但卻不若用傳統方式製作的豆腐有營養。

POINT 033 正確解凍的方法

要保持冷凍食品的品質，關鍵在於解凍方法是否正確。實驗證明，食品解凍時，當溫度上升到一定範圍（由0℃上升到8℃，相對濕度為70～90％），食品細胞內外間的冰晶融化成的水，會重新被細胞吸收，進而避免可溶性成分流失。若採用高溫急速解凍，冰晶融化的水分帶著細胞內可溶性成分流失，食物的風味和營養價值便會受損。

正確的解凍方法是：將食品放於室溫（10℃～20℃）下自然緩慢地解凍；也可以用15℃左右的自來水噴淋解凍。切忌將食物泡在水中解凍。在夏季室溫較高時，可用電風扇降低室溫，但千萬別將食品放在電風扇下直接吹風，這樣會使食物表皮變得乾燥，進而脫水變色。

至於速食冷凍食品的解凍方法是：先將食品連同包

裝由冷凍庫移至冷藏室，進行低溫解凍；也可將食品連同包裝袋在密封狀態下，浸泡在冷水中解凍。冷凍食品一經解凍，應立即烹煮食用；若存放時間過長，就會使食物變質，營養流失。

POINT 034 善用微波爐解凍食物

微波爐可說是解凍食物最快速好用的工具，特別是肉類冷凍食品。在一般過程中，解凍是由外到內循序進行的，因此，冰晶融化速度很慢。用微波爐解凍時，由於微波可以在一定深度穿透冷凍食品，使得解凍過程可內外同時進行，所以解凍速度很快。由於解凍時間短，便限制了細菌的生長繁殖，減少食物的水分流失，更可完整保持食物的新鮮度和營養成分。

使用微波爐解凍食品時，應掌握下列要點：

①微波解凍時，必須使用解凍功能或中低功率檔，使熱量有足夠的時間傳遞，防止食物的某部分還在解凍，其他部分卻已經開始熟化。

②對於比較大或比較厚的食品，如肉類，解凍到一定程度後，應將食品取出擱置或停止解凍數分鐘，以免其內部還沒有完全化透，表面卻已經被烹熟。在解凍過程中，應用保鮮膜覆蓋，並適當翻轉食品。

③從冰箱冷凍庫取出的食品，應立即放入微波爐解凍，不應在室溫下放置過久，否則，凍結的食品表面會先開始解凍，當冰晶融化成水時，就會吸收大量微波，阻礙微波穿透食品的中心，使中心解凍的速度變慢。因為水吸收微波的能力大於冰，因此已融化的部分吸收微波能力大，加熱速度快；而未解凍的部分，吸收微波能力小，加熱速度慢，造成整個食品受熱和解凍不均勻。

④在解凍需要切片、切絲的肉塊時，只需將其解凍到-2℃～-3℃即可，此時要切片或切絲都十分方便。若完全解凍後，反而不便於刀工操作。

用微波爐解凍食品所需的時間，依冷凍食品的種類、數量、微波爐解凍的功率而不同。600W的微波爐，使用解凍功能解凍肉、禽、魚類食品，每500公克需要8～12分鐘。體積較大的整塊食品，微波解凍後，還需靜置10分鐘左右；體積愈大，靜置時間應愈長，以求食品能夠內外均勻解凍。

POINT 035 解凍後的食品不宜再次冷凍

肉、魚、蝦等冷凍食品，解凍後應馬上烹煮。但現實生活中，解凍後的食品不一定會馬上吃完，又放入冰箱冷凍貯藏，這樣會嚴重影響食物的營養價值和新鮮度。因食品經過反覆冷凍和解凍，細胞膜會受到損壞，細胞水分大量流失，造成營養成分和可溶性呈味成分損失，影響食品原有的鮮味和風味，營養價值降低。

由於冷凍食品經過解凍，溫度回升後提供細菌和黴菌生長、繁殖的條件，食物很容易腐敗變質。據研究證明，食品經過反覆的冷凍、解凍，容易產生有毒物質，危害人體健康。

為了保持冷凍食品的品質，可將食品以小包裝形式分裝成數份，要吃多少就解凍多少。

POINT 036 肉類冷凍過久會降低鮮味

禽肉、畜肉呈現鮮味的主要成分是5'－肌苷酸，它是三磷酸腺苷（ＡＴＰ）在各種酶的作用下分解而成的，但5'－肌苷酸在一定的條件下（如分解酶、溫度）還可以進一步分解成無味的肌苷，最後還可分解成苦味物質。因此，肉類不宜冷凍過久，否則不僅會使蛋白質變性，肉質發柴，還會流失鮮味，出現苦味。但這個過程比較慢，尤其是在低溫下。據實驗測試，冷凍食品保存時間，在-18℃以下可保存1年以上。家用電冰箱的冷凍溫度多在-6℃～-11℃，冷凍食品自冷凍庫轉移到零售商店的冷凍櫃，再由消費者購買回家，溫度上升是無法避免的，其品質和保存期限自然會受到影響。因此，冷凍食品保存最好不要超過3個月，應儘量在這個期限內食用，以確保食物的品質。

POINT 037 牛奶不宜冰凍後食用

將牛奶放入冰箱中冷凍以隨時享用的作法，看起來方便，其實是不健康的。

牛奶中含有三種不同性質的水：1.呈游離狀態的水，含量最多，只起溶劑作用，不會與其他物質結合；2.與蛋白質、乳糖、鹽類結合在一起的水，不溶解其他物質，不發生凍結；3.在乳糖結晶時與乳糖結晶體一起存在的水。牛奶的冰點低於水，平均為-0.55℃。牛奶凍結時，游離水凍結，其他水分及乾物質卻不會結冰，這會導致游離水與良好的營養成分分離：牛奶中的脂肪、蛋白質分離，乾酪素（或稱酪蛋白）呈微粒狀態分散於牛奶中，出現明顯不均勻的分層現象，通常上層為含脂肪較多的鬆軟物質，中層是含大量蛋白質和乳糖的白色核心，下層則是乳狀固體物質和大部分的蛋白質，周圍則是緊密、透明的冰晶體。

冷凍的牛奶解凍後，會出現凝固狀沉澱物，上浮的脂肪團味道明顯淡薄，並出現異常氣味，汁液呈水樣，營養價值降低。如存放過久，會出現衛生方面的問題。

POINT 038 新鮮豌豆冷凍前應汆燙

新鮮豌豆的產季較短（1～3月，12月），為了能常吃到新鮮的豌豆，可以採用急凍法，將豌豆置於冰箱內冷凍貯藏。但在冷凍前，務必先用沸水汆燙過。方法為：將水煮沸後，放入少許鹽（約1％），倒入新鮮豌豆（放入的量不宜過多，以不影響豌豆在水中攪拌為宜），汆燙約1分鐘，撈起來後迅速放進冷水中降溫，使豌豆快速冷卻，接著瀝乾、分裝，立即放進冷凍庫冷凍。冰箱若有急速冷凍功能，最好讓豌豆在短時間內迅速冷凍。經此處理的豌豆，可以保存半年不變質。

汆燙時加入1％的鹽，既可抑菌又可防止可溶性營養素流失。因為1％鹽水溶液是植物性食材的生理鹽水濃度。豌豆組織中存在β－胡蘿蔔素，在人體內可以轉化為維生素A。但豌豆組織中同時存在類胡蘿蔔素氧化酶，豌豆在貯藏過程中，氧化酶能促進β－胡蘿蔔素氧化，降低豌豆的營養價值。氧化酶對熱不穩定，在100℃的沸水中，1分鐘即可失去活性。因此，豌豆經過汆燙，使氧化酶失去活性，就可以減少冷凍貯藏過程中β－胡蘿蔔素氧化，進而保存其營養價值。

POINT 039 用不同比例的鹽水浸泡食物

鹽水具有與動、植物細胞汁液相似的滲透壓（阻止水經半透膜進入溶液所需要的壓力，稱為「滲透壓」），因此，將動、植物食材浸漬於鹽水中或煮沸，較不易發生脫水現象，細胞內的無機鹽、呈味物質等也不易擴散到水中，使食物無論是外觀或天然風味均可保持正常，不會有太大的變化或流失。

這個原理被廣泛應用在食品加工中，是保持動、植物食材自然風味簡便又有效的方法。如香菇、蘑菇、筍、蘆筍、馬蹄（荸薺）等罐頭，大多應用鹽水；乾貨類（如海參、魷魚、蹄筋等）發好漂洗後，放入鹽水中浸泡，能延長保存期限；豆腐浸泡在鹽水中，既可確保其風味，又可防止腐敗變質；將冷凍的魚、肉、雞等放在鹽水中解凍，既可加速解凍（比放在室溫快），又不致使營養成分流失過多，最重要的是不會影響烹煮後的風味。

鹽水的濃度因食材種類不同而有差異，例如：冷血動物約為0.6%，哺乳動物約為0.9%，海水魚類約為2%，淡水魚類約為1%，一般陸生植物約為1%。

用鹽水浸泡動、植物食材時，最初鹽水的滲透壓與動、植物細胞內汁液的滲透壓相等，因此不易互相通過細胞膜。但隨著時間延長，細胞內汁液中的小分子無機鹽難免會流到鹽水中，以保持細胞內外無機鹽成分的平衡，但這種移動速度是比較緩慢的。

POINT 040 蛋品保鮮的訣竅

鮮蛋的保存最「怕」：高溫、潮濕、凍結、異味、撞壓、汙染、久存、悶氣……。但一般家庭保存蛋品時只要注意：不要洗後存放；要冷藏；放在冰箱時要讓氣室朝上（鈍頭朝上、尖頭朝下），並且直立放置，即可讓蛋品保存較長時間而不變質。

蛋殼的外觀看起來似乎很緻密，但其實有很多肉眼看不見的小氣孔，而蛋的內容物可透過小氣孔與外界相通。剛產下來的鮮蛋蛋殼表面布滿了一層15～65微米的膠質薄膜（外蛋殼膜），可將小氣孔封閉住，防止細菌侵入。如果用水洗，這層膠狀物質易溶解於水中，細菌就可以經由那些小孔長驅直入，侵入蛋內生長，使蛋變質。因此，鮮蛋應在要吃之前再清洗。

由於蛋品外殼的結構特點等因素，使得鮮蛋隨時有可能遭病原體侵入。實驗證明：不少雞蛋裡都含有細菌、黴菌和寄生蟲卵。因此，將蛋品放入冰箱中冷藏，可有效抑制微生物的生長與繁殖。

置於冰箱中冷藏的蛋，除了注意不要存放太久（一般以不超過兩星期為宜）外，還要注意將蛋的鈍頭朝上並直立存放。這是根據禽蛋的內部結構特點，以及蛋白濃度易發生變化所決定的：在禽蛋的蛋殼與蛋白之間，即蛋殼的殼內面，緊貼著一層由纖維構成、厚約70微米的網狀角質薄膜，叫殼內膜。此膜可分為內外兩層：內層包裹蛋白，叫蛋白膜；外層緊貼著蛋殼內壁，叫蛋殼膜。蛋殼膜的結構疏鬆，細菌能自由通過；蛋白膜很緊密，細菌不易通過，只有當蛋白酶分解蛋白膜之後，細菌才能進入蛋白裡。

新鮮的蛋，蛋殼膜與蛋白膜這兩層薄膜緊密相連。但隨著蛋內溫度下降，這兩層薄膜會先在禽蛋的鈍頭分離，並形成一個氣室。隨著時間延長，蛋白的水分逐漸向外蒸發，氣室也隨之逐漸擴大。因此，可根據氣室大小檢查雞蛋的新鮮程度。細菌對禽蛋的破壞作用也是先從氣室的侵犯開始。

另一方面，隨著蛋品存放時間的延長和外界溫度的變化，蛋白在蛋白酶的作用下，所含的黏液素會逐漸脫水變稀，使蛋白失衡，失去固定蛋黃位置的作用。因為蛋黃的比重小於蛋白，蛋黃會向上浮動靠近蛋殼。如果在存放蛋品時將鈍頭朝上，直立放置，鈍頭內氣室的氣體能夠使蛋黃無法貼近蛋殼，也就不會很快地發生貼殼蛋現象。但若將蛋品橫放或鈍頭朝下，則很容易形成貼殼蛋。因此，市場上供消費者選購的盒裝蛋，都是依科學方式放置的。

POINT 041 新鮮蔬菜不宜久存

蔬菜如存放時間過久，由於酶和細菌的作用，蔬菜中的硝酸鹽會被還原成亞硝酸鹽，進入人體後，會使血液中低鐵血紅蛋白氧化成高鐵血紅蛋白，使血液喪失攜氧功能，引起缺氧中毒症；另一方面，亞硝酸鹽在人體內會與胺類結合生成致癌物亞硝胺，不利於健康。

實驗證明，綠色蔬菜在30℃的溫度下存放2小時，維生素C幾乎全部流失，亞硝酸鹽的含量則增加幾十倍。所以，發黃、萎蔫和腐爛的蔬菜絕對不能食用。蔬菜存放在冰箱中最好也不要超過3天。

POINT 042 大蔥「怕動不怕凍」

大蔥和小蔥（根據蔥白長短來分類）均可用冷凍法保鮮。因為在低溫（0℃以下）狀態下，蔥細胞間隙中存在的自由水結成冰，成為蔥細胞的保護層，可避免蔥細胞受損。但如果隨意搬動受凍的大蔥，會使其相互擠壓，進而使細胞間隙的冰晶粒壓破細胞膜，由於大蔥屬於一層一層的鱗莖組織結構，一旦一處細胞膜被壓壞，便會立刻引起整層組織發生變化，導致大蔥迅速腐爛。俗話說「大蔥怕動不怕凍」，就是這個原因。

POINT 043 漂洗冷凍蝦仁的技巧

蝦仁經過冷凍後，表面筋膜內的蝦黃素會被氧化成紅色的蝦紅素，使筋膜呈現紅色；同時，蝦仁內的氧化三甲胺含量較多（海蝦比河蝦多），在貯藏過程中易被還原成有腥味的三甲胺。因此，冷凍後的蝦仁表面筋膜呈紅色，腥味較重，如果處理不當，會影響菜肴品質。

漂洗冷凍蝦仁的方法是：先將蝦仁解凍，浸泡於飽和濃度的鹽水中（濃度約27%。或在水中加鹽，一直加到不溶解為止，此即為飽和溶液），接著用手順著同一方向不斷地攪拌，直至蝦仁的筋膜脫落為止，此時蝦仁即呈現玉白色，這個過程約需20分鐘。然後，用清水將蝦仁沖洗乾淨，除去筋膜，加太白粉（每500公克蝦仁加入100公克太白粉）和少量清水攪和，放置30分鐘，再用清水反覆漂洗乾淨後，放入少量清水中浸泡一段時間，蝦仁即可恢復到原有的形態。

飽和鹽水具有很高的滲透壓，可使蝦仁細胞內的水分向外滲透，組織收縮，使筋膜在蝦仁收縮的過程中脫離蝦體，使蝦仁變成玉白色。由於太白粉具有吸附作用，加入太白粉可以迅速吸去蝦仁中的鹽分和腥味，反覆用清水漂洗後，還可以使蝦仁因吸收水分而膨脹，恢復成原有的形態。

POINT 044 去除鮮蝦腥味的技巧

鮮蝦的脊背上有一條黑褐色的腸泥，腥味很重，必須去除。方法是：用牙籤從蝦子背部正中的一側殼節處插入至另一側，然後輕輕挑出；若用蝦仁烹調，則可去頭、殼後，直接挑去腸泥，將蝦仁洗淨即可。

POINT 045 去除豬肝腥味的技巧

①將豬肝洗淨切片，先放進加了醋的水中浸泡，再用清水沖洗乾淨，即可除去腥味。

②將洗淨、擦乾、切片後的豬肝放進牛奶中浸泡一下，可去除腥味。

③用鹽水沖洗豬肝，略為擠壓，把血水擠出，再放進用洋蔥、蒜、芹菜等煮沸的水中汆燙一下，接著以冷水沖淨即可。

④把以蒜、辣椒和醬油調製成的醬料塗在洗淨拭乾的豬肝上，可去除腥味。

POINT 046 鹹肉退鹽法

鹹肉是用大量鹽醃製而成的，烹調前，應把肉質中所含的過量鹽分清除。首先用清水漂洗附著在鹹肉表面的鹽分，然後用稀鹽水溶液漂洗鹹肉組織細胞內的鹽分（所用鹽水的濃度必須低於鹹肉中所含的鹽水濃度），漂洗幾次後，鹹肉中所含的鹽分就會逐漸溶於淡鹽水中，最後再用清水漂洗，就可以料理了。

POINT 047 處理火腿的方法

火腿大致可分為南腿（金華火腿）、北腿（蘇北如皋火腿）、雲腿（雲南騰愈和榕峰火腿）三種類型，其中以金華火腿最有名。

火腿是豬肉醃製品，主要原料是瘦肉多肥肉少的豬後腿。經過加工後，皮色黃亮，腿肉酥軟，芳香味美。火腿的保存時間通常為1年，最好不要超過18個月。如果貯存時間過久，火腿中的油脂容易被空氣氧化而產生嗆鼻味（油脂氧化酸敗），或因水分流失，外皮變得緊縮乾結，瘦肉纖維收縮變硬，口感如嚼乾柴，毫無鮮味可言。

處理火腿的最佳方法是：先用刀將火腿表層的發酵保護層仔細地削去，並用衛生紙擦拭，然後用洗米水浸泡1～2小時，使皮漲肉軟，接著用溫水將火腿洗淨即可。依照火腿部位切成塊，例如：火塊（又稱上方，是火腿最好的部位，有瘦有肥有皮）、火條（又稱中方，與火塊同部位，只是切法不同）、滴油（又稱下方，油耗味較重）、火膧（有肉有筋並且帶皮，為燉老母雞高湯最佳選擇）和火爪（膠質最多、肉最少的部位），分別放入適合的容器內，加料酒及少量白糖入蒸籠蒸。待火腿冷卻後，覆蓋保鮮膜置於冰箱冷藏。要食用時，取出用高湯略煮一下，再根據料理的菜色要求切片、切丁或切絲。

火腿肉纖維緊實，皮乾硬，水分少，大多作為配料，不宜乾炒、煎炸、乾炸和滑炒等。如果用了不適當的烹調方式，會使火腿的蛋白質脫水，口感變得乾澀。用火腿肉來熬湯時，應冷水下鍋，才能使火腿的鮮味散發。

POINT 048 漂洗貝類的技巧

貝類在烹調前，必須先泡水吐沙。如果是淡水貝類，如蜆，要用冷水吐沙；如果是海水貝類，如蛤蜊、文蛤，就要用鹽水吐沙，鹽與水的比例大約為1公升水加20公克鹽。貝類吐沙的時間要掌握好，以2小時為宜。若時間太短，沙無法吐淨；若時間太長，則會使肉質變澀，影響口感。

POINT 049 用冷水煮可去除肉腥味

水煮是烹飪中常用的一道工序。所謂水煮，就是將新鮮食材放入水鍋中加熱，使食材符合料理者要求的品質和熟度。

富含蛋白質的肉類，經過水煮後可以去除血汙，清除腥味和異味。但以水煮方式去除腥味時，必須採用冷水鍋，即將食材與冷水同時下鍋，使食材裡外溫度緩慢上升，讓肉的異味物質迅速地擴散到水中。食材中的血汙等異味物質在水中遇熱而凝固，體積增大，比重變小，在熱力的推動下，會浮至水面上。凝固的血液表面積大，孔隙多，可吸附其他的異物，便於清除。

如果用沸水下鍋，食材的表面驟然受熱，蛋白質會立即變性，凝固而收縮，使細胞孔隙閉合，食材內部的血汙和異味物質很難向外擴散，使得異味不易除淨，影響菜肴的品質。

用冷水鍋處理食材時，形體不宜過大，以1.5～2.5公斤為宜；加水量不宜過多，以淹沒過食材為主；且加熱過程中必須不時地翻動，水滾後應立刻將食材撈起。

POINT 050 禽肉、畜肉汆燙後應馬上烹煮

禽肉、畜肉經過汆燙後，含有較多的熱量，組織細胞處於擴張分裂狀態，若立刻烹煮，較容易酥爛，可以縮短烹調時間，減少養分的流失。如果汆燙後用冷水快速降溫，則肉類表面會因突然受冷，而發生皮層收縮、易於「回生」、質地堅硬、烹煮時不易軟爛的現象，即使延長烹調時間，也難以達到菜肴的品質要求。

POINT 051 去除帶魚鱗片的技巧

帶魚表皮銀白色的鱗是一層油脂，油脂中含有6－硫代鳥嘌呤的物質，對白血病、胃癌等具有輔助治療的作用。因此，食用帶魚最好不要去鱗，可用洗米水洗淨帶魚的表面，拭乾後即可烹煮。

其實，去除帶魚鱗的方法並不難，只要將帶魚放入80℃左右的水中約10秒鐘，撈出後直接放進冷水裡，以乾布、刷子、絲瓜瓤等輕擦魚的表面，即可將鱗去除。

POINT 052 去除帶魚腥味的方法

帶魚去鱗後，先用鹽水清洗乾淨，用鹽醃漬10分鐘再烹調，即可減輕腥味。因為鹽具有較高的滲透壓，一方面，當鹽擴散到魚體細胞內部，味道的消殺作用（兩種以上不同的呈味物質混合後，每種味道都減弱的現象）能去除魚腥味；另一方面，魚體內細胞液體的濃度低於外部鹽溶液的濃度，使細胞內的腥味物質透過細胞膜向外部擴散，具有消除異味的作用。

POINT 053 去除河魚土腥味的方法

河魚大都生長在腐殖質（有機物）較多、土質肥沃

的池塘或河流、湖泊裡。

當腐殖質分解時，便適合某些微生物（如放線菌）的生長繁殖。放線菌經由魚鰓進入魚體的血液中，在魚體內分泌一種惡臭（土腥味）的褐色物質，若不去除，會影響河魚的鮮美味道。

去除河魚土腥味的方法如下：

①250公克鹽溶於2500公克的清水中，將活魚放在鹽水中養1～2小時後再宰殺，即可減少土腥味。

②宰魚時，要儘量將魚的血液沖洗乾淨，並將魚腹中的一層黑膜洗去，可以減少土腥味。將洗淨的魚放入鹽水中浸泡約10分鐘，也可除去土腥味。

③有些河魚脊背兩側各有一條白筋，是造成河魚特殊腥味的物質。將魚剖肚除去內臟後，在靠鰓後及近尾部約3公分處各橫切一刀，深至脊骨，再將魚體用刀從尾向頭拍，使肉鬆弛，用鑷子夾住顯露出來的白筋，輕輕拉出，烹調後的魚即可減少土腥味。

④烹調時加入黃酒、蔥、薑、蒜等辛香料，可以除去或減少土腥味。

POINT 054 去除黃魚腥味的方法

黃魚的肉質豐厚，味道鮮美，但如處理不當，就會有腥味。清洗黃魚時，去掉魚頭頂上的皮，就可以減少腥味。

POINT 055 用筷子巧除黃魚內臟

由於黃魚體內有充滿氣體的鰾，所以黃魚的腹腔較大，腹肉很薄。又因為黃魚為食肉性魚類，內臟很少，肉質呈蒜瓣狀，一旦開膛取其內臟，腹腔容易翻捲、破碎，影響菜肴的外觀。因此為了保持魚體的完整性，在處理黃魚時，不要開膛取內臟，不妨用一雙筷子從魚的口中插入腹腔中一攪，即可把內臟全部取出，再用同樣的方法將鰓取出。把魚鱗刮乾淨後，用水沖洗即可烹調。

POINT 056 處理魚時防滑的方法

將魚去鱗並用清水漂洗後，魚體表面仍留有黏液，往往由於魚體滑溜，不易拿穩而影響刀工的處理。這時可在魚體表面塗些食用醋或用鹽抓拌一下，再以清水清洗，即可搓去黏液。因為魚體表面黏液中含有不少鹼性胺類和胺基酸，這些物質均可溶於酸性和鹽溶液中。

POINT 057 去除甲魚、白鱔、黃鱔黏液的方法

將甲魚、白鱔、黃鱔等水產品表層的保護性黏液去除，可減輕魚腥味，關鍵是要掌控好水溫。

甲魚浸燙的水溫可在60℃～80℃，白鱔和黃鱔浸燙的水溫可在50℃～90℃。

這些水產品的浸燙時間與水溫呈反比，即浸燙時的水溫愈高，浸燙所需的時間便愈短。可以使用烹飪專用溫度計來測試水溫。

作法很簡單：將食材重量四倍以上的水，加熱至80℃（正負5℃）左右，放入甲魚、白鱔、黃鱔等，浸燙數秒鐘（食材浸燙時的水溫約70℃）至能褪下黏液為止，然後將食材清洗乾淨即可。

POINT 058 去除羊肉膻味的方法

所有的牲畜肉中，以羊肉（尤其是山羊肉）的膻味最重。造成膻味的主要成分是某些羰基化合物和具有側鏈的脂肪酸，它是羊皮脂腺的分泌物。這些膻味成分是脂溶性的，因此羊肉脂肪的膻味特別重，如皮下脂肪、羊尾脂肪和肌肉間隙的脂肪中都含有這種膻味成分，肌肉部分的膻味成分通常比較少。

去除羊肉膻味的方法如下：

①由於羊肉膻味的成分主要分布於脂肪中，所以只要把羊肉的肥瘦分開，並剔除肌肉間隙帶脂肪的筋膜，將肥、瘦肉分別洗乾淨，即可除去一部分的膻味。

②由於膻味成分對熱不穩定，易被分解破壞，因此可以在羊肉下鍋時，用少許食用油焙透，待水分焙乾後，再加入些許米醋焙乾（醋的用量約為肉的0.1％），然後加入各種辛香料烹煮，即可去除膻味。

③烹調羊肉時，放少許橘子皮，不但能去除膻味，還可使味道更鮮美。

④將適量的花椒用沸水浸泡，冷卻後將花椒濾除，

把切好的羊肉拌入花椒水中，十幾分鐘後加入適量玉米粉即可烹炒。此法能減少一部分羶味，適用於生炒或製作羊肉內餡。

⑤烹調時，加入黃酒（或白酒），可去除羶味，增加菜肴的風味。因為酒中含有醇類，醇類具有特殊香氣，可以去除或減少羶味。羊肉中的羶味成分為脂肪酸，烹調時，會與酒中的醇產生化學反應，形成具有特殊香氣的酯類，具有除羶、增香的作用。

POINT 059 去除鴨肉腥味的方法

烹煮鴨肉時，如果處理方法不當，便容易有腥味或異味。鴨子宰殺後，要將其脊背內側的鴨肺及膛內血汙清除乾淨，並將鴨子尾端兩側的分泌囊（臊豆）切掉，用稍熱一點的水清洗表皮的油泥味，再用沸水汆燙即可。

POINT 060 去除豬腰臊味的方法

先將豬腰表面的薄膜除去，從中剖成兩半，除去腰臊，切成腰花等形狀，仔細清洗乾淨。將少許花椒放入鍋中，加入沸水（水的量要足夠浸泡腰花），10分鐘後撈出花椒。花椒水放涼後，將腰花放入花椒水中浸泡3～5分鐘，撈出腰花，用清水洗淨即可。

腰花經過花椒水浸泡處理，烹煮後較無異味，也不會溢出血水，可以保持鮮嫩的口感。

POINT 061 剔除豬腦血筋的方法

豬腦表面的血筋密布似網，烹煮前必須將此血筋去除。最省時的方法是將豬腦浸泡在冷水中20～30分鐘（可根據季節、水溫而定），觀察血筋是否脫離豬腦表面，再用手抓幾下，即可將血筋全部清除，最後再用清水漂洗乾淨，即可烹煮。

POINT 062 清洗豬肚、豬腸的方法

豬肚、豬腸具有一股汙穢臊味，通常會用明礬、鹽等清洗，以除去異味。但是在清洗時，明礬、鹽等容易

滲透到腸、肚內，不易漂洗乾淨，影響菜肴口感。麵粉具有很強的吸附作用，用來清洗豬肚和豬腸不僅可以消除異味，也很容易清洗乾淨。

方法是：先將肚、腸放入清水中洗去汙穢黏液，然後在肚、腸裡外撒上一層麵粉（一個豬肚、一掛豬腸需要50公克麵粉），用手反覆揉搓幾遍後用清水沖洗乾淨，接著將肚、腸放進滾水中以大火煮沸，撈出後放進冷水中，用刀刮去汙物，用冷水漂洗到有滑膩感時，即可將異味清除乾淨。

POINT 063 兔肉在烹調前要用清水浸泡

兔子（包括家兔和野兔）的肌肉細而鬆，蛋白質含量較高，肌間脂肪少，含有豐富的卵磷脂，膽固醇含量也較低，是比較理想的高蛋白、低脂肪的肉類食品。

兔肉（尤其是野兔肉）帶有土腥味，烹煮前一定要先用清水反覆浸泡，徹底除去血水，才可除淨異味，凸顯兔肉特殊的芳香滋味。

POINT 064 不能用熱水清洗豬肉

豬肉的肌肉組織和脂肪組織含有豐富的肌溶蛋白質和肌凝蛋白質。肌溶蛋白質屬於水溶性蛋白質，肌凝蛋白質的凝固點在15℃～60℃之間。當新鮮豬肉用熱水浸洗時，肌溶蛋白質即被浸出而溶於水中，肌凝蛋白質則因凝固而變性，這麼一來，不僅降低了豬肉的營養價值，豬肉本身所具有的鮮美味道也大打折扣。

正確的清洗方法是：先將肉皮用刀反覆刮洗，直至沒有汙物為止，然後用洗米水快速清洗兩遍，再用清水沖一遍即可。

POINT 065 除去苦膽苦味的方法

動物苦膽中的膽汁味道極苦，有的還有毒性。在處理禽、畜、魚類的過程中，稍不注意，就會將膽囊弄破，致使膽汁汙染到肝或肌肉上，若不及時除去，肌肉、肝就不能食用了。解決的方法是：一旦碰破了苦膽，可將黃酒、小蘇打粉塗抹在被汙染的肉表面或肝上，使膽液溶解，再用清水反覆漂洗，便可使苦味消失。

膽汁的主要成分是膽酸、鵝膽酸及去氧膽酸，都不能直接溶於水，但能稍溶於酒精水溶液中。由於膽汁具有酸性，小蘇打粉（碳酸氫鈉）呈鹼性，將小蘇打粉和酒塗抹在被汙染處，便能夠與膽酸等反應生成鹽而溶於水，再經水清洗後，即可消除苦味。

POINT 066 橫切牛、斜切豬、順切雞的技巧

牛、豬、雞（包括魚在內）等雖然都是肉類，但纖維組織和老嫩程度不同，刀工的處理方法也不一樣。

牛肉質老（纖維組織粗）、筋多（結締組織多），必須橫著纖維紋路切，也就是頂著肌肉的紋路切（又稱頂刀切），才能把筋切斷，便於烹調。如果順著紋路切，筋腱會保留下來，煮熟後肉質變得乾柴，咀嚼不爛。

豬肉的肉質比較嫩，肉中筋少，橫切易碎，順切又易老，所以要斜著纖維紋路切，才能達到既不易碎、又不易老的目的。

雞肉和兔肉最細嫩，肉中幾乎沒有筋絡，必須順著纖維紋路切，烹煮後才能保持菜肴的美觀，否則加熱後菜肴會變成粒屑狀。

POINT 067 順著肉紋切絲、橫著肉紋切片的技巧

切肉絲時，先將整塊肉切成大薄片，再順著肉紋切成長短一致、粗細均勻的肉絲。此種切法，實際上是將整塊肌肉按原來肌束排列的方式，順向分離成一縷縷的細絲，肌肉原有組織形式並未被破壞。這樣，在烹調時，順向排列的肌絲就不會因加熱收縮而改變原來的排列方向，也不至於破碎，依然保持絲條挺直，整齊美觀。

切肉片時，卻要橫著肉紋切，這樣，原來順著排列的肌纖維均被切斷，烹調時，肌絲遇熱收縮，使肉片向著一個方向捲曲。

由於肌肉的纖維被切成小段，易於咀嚼，不僅口感好，也利於消化吸收。如果順著肌肉纖維切片，加熱後，雖然肉片不散不碎，菜色看起來雖美觀，但因纖維組織過長，會使肉質發柴，口感相對較差。

POINT 068 燒煮牛肉要切大塊

動物身體主要由肌肉組織、脂肪組織、結締組織和骨骼組織等構成。牛肉的結締組織含量比豬肉多，其結締組織中的膠原蛋白質加熱後會收縮。例如，同樣以70℃的溫度經60分鐘烹煮後，牛的腰部肌肉收縮可達50％，後腰部肌肉收縮38％。所以，在燒煮牛肉（尤其是腰部肌肉）時，要切成大塊，以避免成菜後因肉的體積過小而影響菜肴「形」的美觀。

POINT 069 炸豬排應先將肉切厚片，再拍成薄片

豬肉雖然比較鮮嫩，但由於肌肉纖維較長，如果橫著紋路切片，形狀較小，經過油炸後，較不易成形。如果順著紋路切片，又因為肌肉纖維過長，油炸時肉的纖維容易捲曲成一團，外觀和口感都較差。

如果橫著紋路切成厚片，再用刀背拍成薄片，把肌肉纖維拍碎，結締組織離散，也就是將肌肉的細小筋絡斬斷，使肉的質地變得鬆軟，這樣，肉表面粗糙，易於上漿、掛糊（請參閱第106頁），油炸時不會捲曲，也不會「抽筋」變形；且豬排面積大，易於切塊擺盤，口感外鬆酥、裡軟嫩。

同樣的道理，炸牛排時，也需將肉切成厚片，再拍成薄片。

POINT 070 汆、涮的肉片要薄，爆、炒的要厚

汆、涮是用水來傳熱，加熱溫度較低（80℃～120℃），烹製時間短。烹煮時不需動用到鍋鏟，即涮即食，以凸顯肉片鮮嫩的特色。所以，汆、涮的食材必須細嫩無筋，肉片要切得薄，大小適中，厚度以0.1公分左右最適合。這樣在單位時間內，肉片能獲得較多的熱量而煮熟。

用爆、炒等烹調方式，肉片就必須切得厚一點，約0.3公分最適合。因為爆、炒的溫度較高（130℃～180℃），加熱時間較涮、汆長一些，並要多次顛翻攪拌，如果肉片切得太薄、太小，就會流失太多水分，使口感變老，並且易碎，不僅菜形不美，也影響了菜肴的風味。

POINT 071 讓肉片口感鮮嫩多汁的技巧

烹煮糖醋肉片、炒肉片時，肉片切好後，可再用刀背拍鬆，破壞部分肌肉纖維組織，使肉質更加鬆軟。由於肉面粗糙，醃製時較容易入味，並且便於上漿、掛糊，成菜後口感特別鮮嫩可口。

POINT 072 腰子切片的技巧

腰子的體積並不大，在去除腰臊後，剩下的部分已經變得很薄，如果用直刀法切，片會很小，影響菜肴的美觀。所以應該用斜刀正片，就是左手按住食材要切的部位，右手持刀，刀身傾斜，刀背向外，刀刃向裡，刀與砧板呈較小的銳角，向左下方用力切成薄片。要控制刀的傾斜度，並注意切片要厚薄均勻。

POINT 073 切出漂亮腰花的技巧

將洗淨除臊的腰子光滑面朝上，平放在砧板上，用刀在腰子上斜著劃上直刀，深至腰子厚度的四分之三，寬約0.3公分。接著將腰片調轉方向，使刀與剛刻劃的刀紋上呈交叉狀，以同樣的深度和寬度劃上相同的直刀，然後切成塊狀即可。

POINT 074 烹煮全雞時的刀工處理

清蒸或燉全雞前，要先用刀平著把雞的胸脯拍塌，腿節拍斷。經此處理的全雞，烹煮好後，雞骨頭較易於脫落。

POINT 075 烹煮雞腿、豬腳時皮面宜留長

雞腿和豬腳一般都是整塊帶皮一起烹調。動物皮面均含有較多的膠原蛋白質和彈性蛋白質，加熱後收縮性較大，肌肉組織的收縮性則較小。如果皮面與肌肉並齊或是皮面短於肌肉，加熱後皮面會收縮變短，致使肌肉裸露而散碎。若處理時預先將皮面留長一點，加熱後皮面收縮，恰好包裹住肌肉，又不至於脫落，菜肴的外觀

顯得好看又美味。

POINT 076 手工剁的肉餡比機器絞的更鮮美

肉的呈味物質會存留在細胞內，當用手工剁肉時，肉塊受到的機械性擠壓並不均勻，肌肉細胞破壞較少，部分肉汁仍混合或流散在肉餡中，因此肉餡的鮮味較濃。用機器絞的肉餡，由於肉在絞肉機中被強力撕拉、擠壓，導致肌肉細胞大量破裂，在細胞記憶體的呈味物質，如胺基酸、肌苷酸等隨著血液而大量流失，味道相較於手工剁的肉餡遜色許多。

POINT 077 剁丸子肉餡的技法

剁丸子肉餡時，若剁得好，做出的丸子又軟又嫩；若剁的技法不佳，肉餡會又粗又老，甚至無法做成丸子。剁法需要掌握以下三個要點：

①剁豬肉餡要選用前夾心肉，或選用肥瘦比例適當的肉。特別注意肉不能太瘦。一般丸子肉餡以肥瘦肉各半為宜，或三肥七瘦亦可。

②剁肉餡時要採用「細切粗剁」的技法，即將豬肉去皮去筋，肥瘦分開，都先切成薄片，後切成細絲，再切成細丁，肥肉要切得比瘦肉細小一些。剁餡時，粗粗地剁幾下，只要剁勻即可，不要剁得太碎，尤其是瘦肉千萬不能過碎，否則做出來的丸子口感會發柴。

③剁餡時，最好加入一些配料一起剁，其中以荸薺為最佳選擇，這樣可使肉餡汁多鮮嫩，便於入味。可根據個人口味，加以調味。

POINT 078 切水晶豬皮凍要用抖刀法

水晶豬皮凍等菜肴，表面比較爽滑，並有一定彈性，且不易黏掛醬汁。由於較滑爽，食用時也較不便於夾取。如果採用「抖刀法」（切的時候，刀身或左右或上下均勻地輕輕抖動），切成的凍片或凍條表面呈波浪狀或鋸齒狀，容易黏掛較多的醬汁，且菜色美觀，方便夾取。如果對於掌握抖刀法有困難，可購買現成的不鏽鋼齒型刀做幫手，效果更佳。

POINT 079 切熟蛋的技巧

切熟蛋時，將刀在熱水中燙一下後再切，切出來的條、塊不會散碎，蛋黃更是光滑整齊。

POINT 080 切熟肉的技巧

加工後的肉品，肥瘦硬度不同，如只用一種刀法切，不僅切不出所需要的形狀，並且容易破碎。所以切熟肉時必須使用綜合刀法，即先用鋸切法下刀，切開表面軟的肥肉；當切進硬的瘦肉時，就要改用直刀切，全刀用力，直切下去。採用此法切成的熟肉，肥肉不爛，瘦肉不碎，塊片整齊。

POINT 081 烹煮整條魚的切段刀法

烹煮一整條體形較大的魚時，為了方便，往往會將魚切成兩、三段，等烹調好之後再拼接裝盤，使菜肴看起來宛如一條完整的魚。

如果用直刀法切段，加熱後魚體的肌肉收縮，裝盤對合時，因刀口大，不易吻合，成菜的外觀會失去自然的美感。

採用斜刀法將魚切成「坡形段」（即刀身與食材呈傾斜角），烹煮好之後，雖然魚肉會萎縮，但仍較為均勻。裝盤後，坡面刀口易吻合，即使有裂痕，看起來猶如曲刀，自然美觀，較容易呈現整條魚的形狀。

POINT 082 蝦泥不宜剁得太細

剁蝦泥時，不宜剁得過於細膩。因為鮮蝦的肌肉組織非常鬆軟柔嫩，若剁得太細，容易使蝦子的鮮味和水分流失，失去鮮嫩爽口的口感。

POINT 083 魷魚、墨魚刻花刀的方法

魷魚、墨魚（頭、觸鬚、內臟除外）是由外表皮、內表皮和內肉肌所組成。外表皮含有較多的色素、黏液，並帶有雜質，通常會撕去不用。內表皮和內肉肌兩個組

織是一個整體，內表皮組織中含較多的膠原蛋白質和纖維；內肉肌中含有的膠原蛋白質少於內表皮，纖維含量也較少，纖維組織內外都是橫紋肌結構，絲紋長，韌性大。橫紋肌纖維結構之間充滿著膠原蛋白質和水分，一旦失去水分就變得特別有韌性，口感發柴。

刀工處理（花式刀法）上就是切斷內肉肌帶有韌性的橫紋肌，將魷魚片或墨魚片的內表皮一面貼於砧板上，用斜刀法在內肉肌一面以正刀、反刀切至食材厚度的四分之三，也就是深至內表皮為止。最後用直刀法改切成長方形塊。由於含膠原蛋白質多、纖維密度高的內表皮遇熱後會收縮變性，即按固有的方向捲曲。如果在內表皮一面刻花刀，則會因大部分膠原蛋白質被切斷，遇熱後無明顯捲曲，影響菜肴的美觀。

POINT 084 切魚時皮朝下，切雞、鴨時皮朝上

動物的皮組織主要是由膠原蛋白質和彈性蛋白質組成。膠原蛋白質具有韌性，張力強；彈性蛋白質的特性是彈性大，易拉長。魚肉的質地細嫩鬆軟，容易破碎，在下刀切時，應將魚皮朝下，免得刀在韌性較強的魚皮上用力時，把下面的魚肉擠碎，影響菜肴美觀。

切雞肉、鴨胸肉時，則要將皮朝上。因為雞、鴨的肌肉纖維長，韌性強，下刀時不易切斷，所以要將皮朝上，一刀切到底，使食材形狀保持整齊美觀。

POINT 085 切魚絲、魚片的方法

魚肉含水量多，結締組織少，肉質細嫩。切魚絲時，必須順著肌肉的紋路切，才不致破壞魚肌肉原有的組織形態，烹調好的菜肴可保持絲條挺直、整齊美觀。

切魚片時，要用斜刀切，即用左手按住魚肉要切的部位，刀背朝外，刀刃朝裡，刀身傾斜並與砧板呈較小的銳角，向左下方用力切成厚薄均勻的魚片。

POINT 086 魚絲不宜切得過細

無論選用什麼魚，切魚絲時都不宜切得過細。因為魚肉含有較多水分，質地鬆軟，肌肉纖維細短，結締組

纖較少，拉力小。如果把魚絲切得過細，在醃漬、上漿、掛糊以及烹調時，容易破碎散斷，變成粒末狀，失去絲的形態。建議將魚絲切成長0.5公分、寬0.1公分即可。

POINT 087 切竹筍的方法

竹筍種類繁多，依可食用來分類，可分為：毛竹筍、冬筍及鞭筍、桂竹筍、麻竹筍、綠竹筍、烏腳綠竹筍。竹筍含豐富的纖維，質感粗糙，纖維質地細密，表面光滑，做成菜肴味道清淡而鮮美，但烹調時較不易入味。因此在切筍子時，應注意刀工的使用，在竹筍下面粗的部位應用橫刀，靠近上面筍尖的部位宜順切，烹調時不僅易熟，而且容易入味。

POINT 088 冬筍易著色入味的方法

冬筍纖維細密，表面光滑，味道清淡。由於冬筍在烹調時不易著色入味，也不易黏結芡汁，往往會影響菜肴的滋味和口感。因此，在烹煮紅燒冬筍或油燜冬筍時，要先把冬筍拍鬆，再切成長5公分，寬、厚各1公分的「劈柴塊」，可使冬筍的外表呈現「毛梢面」，質地變得鬆軟，烹調時能較快地吸收醬汁的色澤和味道，並易於黏掛芡汁，使菜肴口感爽脆滑潤。

POINT 089 莖葉類蔬菜不宜切得太細小

莖葉類蔬菜含水量較大，質地細嫩，含有豐富的無機鹽和維生素C等營養成分。但無機鹽和維生素C易溶於水，因此蔬菜切得太細小時，會使蔬菜的細胞破損過多，造成更多可溶性營養成分隨著蔬菜水分而流失。同時由於蔬菜經刀工處理後表面積增大，維生素C更容易被氧化而增加破壞的程度。如小白菜切段炒後，維生素C損失31％；若切成細絲，維生素C損失高達51％。因此，烹調莖葉類蔬菜時，記得不可切得過於細小。

POINT 090 西瓜去子的切法

西瓜的表皮有深淺兩種顏色，西瓜子就長在深色瓜皮下。切西瓜時只要沿著深色瓜皮的區域內下刀，西瓜子通常都會裸露在刀切面外。掌握這個技巧，就不難將西瓜子去掉了。

POINT 091 切芒果的方法

將洗淨的芒果立在砧板上，以果核（果核為扁片狀，位於果實的橫軸上）為中心，在果核的前、後兩面各切一刀，將芒果切成三份；接著取前、後兩份，在果肉上畫「井」字格，深度約為四分之三，不要切到皮，然後用手指向上頂住芒果皮，果肉即可被頂上來，裝入盤中既好看又便於食用。

POINT 092 切蔥末的方法

蔥末通常在熗鍋、勾芡、調餡時使用，有時因用量較多，需事先準備好。

將蔥的外層皮、根鬚部分及黃老葉去除後洗乾淨，用刀先將蔥葉部位切絲，然後切碎，再用刀沿蔥白正中縱向劃一刀（事先估計好使用的量），將蔥在砧板上旋轉90度，用刀再縱向劃三、四刀，此時蔥的一端已成掃帚狀；一手按住散開的蔥絲，很容易即可將蔥切成細末。此法適用於熗鍋、勾芡等用蔥量較少的情況。

若調餡需使用較多的蔥末時，可將蔥先一破兩半，將其中的一半順絲破成數條，另一半也以同樣的方式處理；將蔥絲放齊，橫絲切成碎末，若有不細處再剁幾下即可。此方法比粗切細剁的方式更省時、不外濺且碎末更均勻。

POINT 093 切薑的方法

在「火工菜」如燉、燜、煨、燒、煮、扒等烹調方法中，通常是把薑切成塊或片，並且用刀面把薑拍鬆，使其裂開，便於薑味外溢並浸入菜中。成菜後再把薑挑掉，因只取其味。

在一般的炒菜熗鍋、勾芡時，要使用薑末。作法是：先把薑橫絲切下一塊，用刀拍鬆、拍爛，再剁成末。薑末一定要爛、碎，使成菜有其味而不見其形。

作為配料入菜的薑，通常切成細絲即可。

POINT 094 切洋蔥、大蔥不流淚的方法

在切洋蔥、大蔥時常會被刺激得流淚，這是由於洋蔥、大蔥組織受到破壞後，在酶的作用下，產生具揮發性的含硫化合物刺激了眼角膜的結果。這些含硫化合物通常在洋蔥和大蔥組織被破壞30秒後達到高峰，並可延續約5分鐘。為避免流淚，可採用以下方法：

①打開抽油煙機，將砧板移至距抽油煙機下較近處切，藉此將揮發性含硫化合物抽走。

②將刀放入冷水中稍微浸泡後再切。

③先將洋蔥放入冰箱中冷藏一小時後再切。

④將洋蔥切成兩半後，在冷水中浸泡片刻後再切。

POINT 095 切麵包和蛋糕的技巧

將刀用沸水燙一下，再以熱刀切麵包（尤其是較大的麵包），麵包較不會鬆散和掉渣。用熱刀還能輕鬆地切開鬆軟的蛋糕，使每塊蛋糕保持完整不破碎。

POINT 096 家禽退毛、燙毛的方法

宰殺家禽後，退毛的時機要適當，若太早退毛，禽體的肌肉痙攣，皮緊不易拔除；若太晚，則禽體僵硬，造成毛孔緊縮，也不易退毛。最佳時機應在宰殺後，家禽停止掙扎、確實死透後約10分鐘再退毛。

燙退禽毛時，要根據家禽的品種、老嫩程度、個體大小以及季節變化等情況，準確地掌握水溫和燙毛的時間。不同的家禽，水溫也略有差異：雞為60℃～70℃（夏季60℃，春秋季65℃，冬季70℃）；鴨、鵝為70℃～80℃。燙毛的時間以能夠輕易拔掉羽毛而不破損表皮為主，一般為3～5分鐘。如水溫太高或燙毛時間過長，會引起體表脂肪溶解，皮層中的膠原蛋白質和彈性蛋白質變性而失去韌性和伸縮性，使表皮變得緊而脆，極易破裂，既不利於全雞脫骨，又不易於退毛。尤其是全雞若要去骨，水溫應掌握在70℃左右，退淨雞毛後，再把雞放入冷水中浸泡一會兒，以保持雞皮原有的韌性和彈性，以

便於脫骨。

POINT 097 拔鴨毛的要領

鴨子生活在水中，為了適應環境，尾脂腺會特別發達，經常分泌出油脂，使得鴨毛附著一層薄薄的脂肪，以防止水的浸入。鴨子的絨毛也十分發達，排列緊密，空隙中還包裹著一些空氣，使水更難浸入。因此，退鴨毛會比退雞毛更困難些。

運用以下方法，即可將鴨毛退除乾淨：

①宰殺前，先給鴨灌上2湯匙白酒或白醋，待5～10分鐘後，鴨的毛孔就會舒張開來，此時鴨毛極易拔除。

②燙鴨毛的水溫應維持在80℃左右（將水煮到水面冒出水泡即可）。因為鴨的毛孔遇到100℃的沸水後會收縮，鴨毛就不易拔除。

③鴨子宰殺後，先用冷水將鴨毛浸濕，然後將鴨毛逆向撥亂，並在燙鴨水中放入少量的鹽。浸泡時間可稍長一些，以除去羽毛上的油脂，排出空氣。待水完全浸入後，所有的羽毛就容易退除乾淨了。

POINT 098 清洗芝麻快速又乾淨的方法

市面上購買的芝麻都帶有泥沙之類的雜質，必須清洗後才可安心食用。清洗芝麻時，比較便捷的方法是：將芝麻裝在小布袋內（最好是用白紗布，可讓泥沙流出，但芝麻不會掉出來），袋口對準水龍頭，水流不能太大，一邊沖水，一邊用手揉搓，直至水清後，瀝乾水分，將芝麻晾乾，即可食用。

POINT 099 清洗新鮮蘑菇的訣竅

清洗新鮮蘑菇時，千萬不能用水浸泡，因為新鮮蘑菇容易吸水，經過浸泡的蘑菇，炒了之後會產生大量水分，影響口感和營養價值。

建議的清洗方式是：將新鮮菇類放入淡鹽水中用手快速順著同一個方向攪動，注意千萬不能再朝反方向旋轉，否則菇裡面的雜質不但清洗不掉，還可能會把已經掉下來的雜質再次帶入菇的褶皺中。接著用乾潔的布或廚房紙巾將菇的水分吸乾，或者用淡鹽水稍煮一下，撈出後擠乾水分，即可烹調。這樣的處理方式，既可避免菇類在烹煮時大量溢出水分，還可保持菜肴的鮮美味道。

POINT 100 乾蘑菇除沙的方法

蘑菇，如松茸菇、柳松菇、香菇等均屬草本或木本寄生的食用菌體，大部分是野生，也有人工培植。蘑菇採集後經晾晒或烘烤加工成乾製品，過程中難免會摻進一些泥沙。將乾蘑菇除沙的簡便方法是：在洗淨並發好的蘑菇上撒少許鹽，用手輕輕揉一下，再用清水沖洗，即可把泥沙清除乾淨。

POINT 101 快速洗淨木耳的方法

木耳既可作為一道菜的主角，也可當作各種葷素菜肴的最佳配料。鮮木耳有毒不能食用；乾木耳在烹煮前需用水浸發、洗淨。快速洗淨木耳的方法是：在發好的木耳中加入2～3匙麵粉，用手將木耳來回攪動，利用濕澱粉的黏性，將附著在木耳上的汙物黏附下來，再用清水反覆清洗幾遍即可。

POINT 102 快速摘洗韭菜的方法

韭菜的根部常有較多的泥土，刀割部位的泥土尤其不容易清洗乾淨，建議可使用以下方法：將韭菜根部掐去0.5～1公分，再摘去外層的老葉、黃葉或葉尖，然後浸泡並沖洗數次即可，既省時、省水，又容易清洗乾淨。

POINT 103 蔬菜要先洗後切並立即烹煮

蔬菜在烹調前必須清洗，而且大部分的菜還需要切。但究竟是要先洗後切，還是先切後洗，這是很重要的步驟，因為若處理不當，很可能因此降低菜肴的營養價值。

蔬菜中的水溶性維生素和無機鹽等營養素均溶於水，它們存在於蔬菜組織或汁液中，並受到纖維素等組織的保護，只要不被破壞就處於穩定狀態中，因而在洗滌時不至於流失營養素。

蔬菜經過清洗並切成一定形狀後，因原有組織受到破壞，致使汁液失去保護而開始溢出，水溶性的營養成分會隨汁液一起流失。這時如再水洗、水漂，水溶性的營養成分便會大量溶解於水中。蔬菜切得愈細小，與水接觸的時間愈長，營養素流失得也就愈多。以新鮮綠葉蔬菜為例，清洗之後再切，測得的維生素C流失率為0％～1％；切後再浸泡10分鐘，流失率為16％～18.5％；切後再浸泡30分鐘，流失率可達30％以上。其他一些營養素的流失程度也按以上的順序逐漸增大。實驗證明：蔬菜先切後洗，是造成營養素流失的原因；而先洗後切，則可控制水溶性營養成分的流失。

蔬菜經刀工處理後，組織受到破壞，與空氣接觸和受光面積增大，一些易被氧化和光解的營養素，如維生素C和維生素B_2等會流失，且放置的時間愈長，營養素流失愈多。所以，蔬菜除了應先洗後切之外，還應儘量縮短切菜與烹調之間的時間，最好是現切現煮。

POINT 104 含草酸的蔬菜應先水煮再烹調

蔬菜中通常含有草酸，尤其是菠菜、莧菜、空心菜（空心菜）和茭白等。這些蔬菜雖然含有較多的鈣，但同時也含有大量的草酸，如表3所示。

表3 幾種常見蔬菜中鈣和草酸的含量

蔬菜名稱	100公克蔬菜中鈣和草酸的含量（毫克）		100公克蔬菜中可利用的鈣理論值（毫克）
	鈣	草酸	
空心菜	224	691	-30
莧菜	359	1142	-143
圓葉菠菜	102	606	-167
木耳菜	121	1150	-385

注：「-」表示食用100公克蔬菜後會出現的缺鈣數。

大量食用含草酸過多且未經特殊處理的蔬菜，不僅不能為身體提供鈣質，還會出現缺鈣現象。例如：100公克圓葉菠菜中含有102毫克的鈣，同時也含有606毫克的草酸，其中草酸與鈣形成不能被人體吸收利用的草酸鈣之外，剩下的草酸進入人體後，還會與體內167毫克的鈣形成不溶性草酸鈣而不能被小腸黏膜吸收，進而引起體內缺鈣現象。

此外，大量的草酸還會妨礙小腸黏膜對鐵的吸收；

草酸呈酸性，會腐蝕胃腸黏膜。由於過多的草酸會對人體帶來不利的影響，所以在烹煮此類蔬菜前，必須先將草酸除掉。

草酸易溶於水，尤其是水溫較高時，蔬菜中的草酸極易擴散到水中。因此烹調含較多草酸的蔬菜時，應先用沸水煮一下，使草酸溶到水裡。經過水煮後還可除去蔬菜的苦味、澀味，使其成為味道、營養俱佳的菜肴。

POINT 105 防止蔬菜水煮時流失營養的方法

為了達到保持蔬菜色澤或去除異味、澀味和草酸等目的，某些蔬菜在烹調前必須先加以水煮。

但從營養學的角度分析，水煮會增加水溶性營養成分的流失，例如：小白菜在100℃的水中汆燙2分鐘，維生素C流失率高達65％；燙10分鐘以上，維生素C幾乎損失殆盡。因此，應採用適當的水煮方法，才能減少蔬菜營養成分的流失。

採用沸水、水量多、時間短的水煮方式，可減少營養素的熱損耗。因為蔬菜細胞組織中存在氧化酶，能加速維生素C的氧化作用，尤其是在60℃～80℃的水溫中，其活性最高。在沸水中，氧化酶對熱不穩定，很快便會失去活性；沸水中幾乎不含氧，因而減少了維生素C因熱氧化所造成的損失。

水煮時如在水中加入1％的鹽，使蔬菜處於生理鹽水溶液中，也可減緩蔬菜內的可溶性營養成分擴散到水中的速度。

在水煮前應儘量保持蔬菜的完整，以減少蔬菜受熱和觸水面積。當蔬菜的量較多時，應分次水煮，不要一次全放進沸水中，以確保食材皆處於較高的水溫中。

水煮後的蔬菜溫度比較高，在離水後與空氣中的氧氣接觸而產生熱氧化作用，也是造成營養素流失的關鍵。所以，水煮後的蔬菜應及時冷卻降溫。常用的方法是用大量的冷水或冷風進行降溫散熱。前者因為蔬菜置於水中，在水的作用下也會使可溶性的營養成分流失；後者因沒有這種因素存在，所以效果更好。

據分析，蔬菜經正確的水煮處理後，維生素C的平均保存率為84.7％。

POINT 106 做菜餡時不要把菜汁擠乾

做菜餡時，由於鹽具有較高的滲透壓，而蔬菜細胞內汁液的濃度低於外部鹽的濃度，致使蔬菜細胞內汁液透過細胞膜向外滲透，使菜餡出水而影響品質。

為了避免菜餡出水，一般人都會在把蔬菜和肉餡攪拌在一起之前，先將菜汁擠乾。殊不知這一作法會使大部分的可溶性營養成分流失，影響蔬菜的營養價值與鮮脆口感。

如何在做菜餡時可以不擠菜汁又不出水，以下提供兩種方法：

①先將調味料加進肉餡中調好味道，再將剁碎的蔬菜分次加進去。每次加完蔬菜後都要充分攪拌，藉此動作把蔬菜中的汁液攪拌到肉餡裡去。最後依個人口味斟酌添加調味料，再次攪拌均勻即可。

②將洗淨瀝乾的蔬菜剁碎後，用沙拉油或香油攪拌均勻，要用餡料時再加入事先用調味料和好的肉餡並拌勻，這樣的菜餡就不易出水了。因為蔬菜餡先拌上油之後，被一層油膜包裹住，避免與鹽接觸，蔬菜中的水分就不容易向外滲透，既可避免營養成分流失，又可保持肉餡的鮮嫩可口。

POINT 107 讓蔬菜恢復新鮮的方法

新鮮蔬菜都含有較多的水分，有的蔬菜含水量高達98%，因此，水分含量是蔬菜新鮮度的重要指標。此外，蔬菜新鮮與否還與其組織結構特點有關。

蔬菜細胞壁中含有果膠物質，具有很強的黏著力。果膠與纖維素結合在一起會使細胞黏結，使蔬菜組織硬實挺拔，烹煮後的口感清脆爽口。

如將新鮮蔬菜存放在濕度不大的室溫中，蔬菜會因水分蒸發而凋萎，同時也會引起細胞間的果膠物質在酶促下發生水解，導致蔬菜的硬度下降，影響品質。

要使凋萎的蔬菜返鮮，方法是將蔬菜浸泡在含有食用醋的水中。

水可以經由細胞膜滲透到細胞內，同時在酸性環境下，可以抑制果膠物質的水解，因而能夠使蔬菜重新吸入水分並恢復飽滿挺實、質地脆嫩的狀態。

POINT 108 鮮薑保鮮的方法

①把鮮薑洗淨晾乾，再切成較厚的片，裝入廣口瓶中，倒入白酒（鮮薑與白酒的重量比例為2：1）浸泡鮮薑，蓋緊瓶蓋。要料理時記得使用乾淨的筷子夾取，用多少夾多少。

②將少量黃沙（要保持濕潤）放在罈子裡，把鮮薑埋在裡面，隨用隨取，久藏不壞，鮮薑也不會乾掉。

POINT 109 保存蒜的方法

將蒜放入網袋裡，置於通風處，可以降低蒜的發芽率。

也可以將蒜去皮，放進乾燥的玻璃瓶中，再倒入沙拉油封存，要用時以乾淨的筷子夾取，此法可延長蒜的保存期。

此外還可以將蒜去皮後，放進微波爐內稍微加熱以除去一部分水分，再置於冰箱冷凍庫保存，隨吃隨取，十分方便。

POINT 110 醃漬過熟蔬菜的方法

蔬菜和水果組織中含果膠物質，其中原果膠具有黏著力，與纖維組織結合會使細胞黏結，進而使果蔬組織硬實挺拔，具有脆度。隨著果蔬成熟，原果膠在原果膠酶的作用下，轉變為果膠和果膠酸，黏連作用減小，脆度降低，譬如過熟的黃瓜和甜椒，其組織容易因變軟而失去彈性和脆度。

過熟的蔬菜，如黃瓜或甜椒，在醃漬前，可用石灰水浸泡後再醃漬，以增加醃製品的脆度。因為石灰水（氫氧化鈣）與果膠酸作用會生成果膠酸鈣，果膠酸鈣可在細胞間隙裡使細胞相互黏連，使過熟的蔬菜組織再現硬實挺拔的狀態，提高醃製品的口感脆度。

POINT 111 取蛋白的方法

料理時若只需要蛋白的話，除了使用蛋黃分離器之外，還有一個更方便快捷的方法是：以雞蛋的尖頭中心部位為圓心，用刀尖將蛋殼鑿出一個直徑約1.5公分的圓

（只要完成圓周的三分之二即可），將鑿開的蛋殼碎片取下，將雞蛋尖頭部位向下傾斜，蛋白即可從孔洞中流出，蛋黃則留存在蛋殼內繼續短期保存。

POINT 112 剝栗子殼的方法

栗子煮熟後，就不容易剝掉外殼。但只要掌握要領，其實要剝栗子殼並不難，方法是：待栗子冷卻後，放入冰箱冷凍庫冷凍數小時，即可使內外殼分離，剝起來不僅快速，果仁也可保持完整。

POINT 113 番茄去皮的方法

番茄去皮有以下兩個方法：1.在番茄的底部劃上十字刀口，放進熱水中燙一下，取出浸入冷水中，剝皮時從十字刀口往下撕，很容易就可將番茄皮去掉。2.用湯匙將番茄從上到下、從左至右輕輕地刮一遍，要全部都刮過，且力量要適中，經此步驟處理後的番茄皮可以很容易撕下來。

POINT 114 核桃仁去皮的方法

將核桃仁放入熱水中浸泡10分鐘，用牙籤即可挑去皮。不過核桃仁的薄皮具有營養，應儘量保存。

POINT 115 馬鈴薯去皮的方法

馬鈴薯去皮的方法很多，可依據料理時的用途選擇適合的方式。

新鮮的馬鈴薯以炒、燒、燉等方式料理時，可使用削皮刀去皮。新鮮的馬鈴薯含水量較高，塊莖脆嫩，皮薄色淺，洗去泥土後，往往用手指甲輕刮即可除去表皮，不一定要使用削皮刀。

若需要用熟的馬鈴薯（如馬鈴薯泥）為食材時，可採用以下方法去皮：1.用刀在洗乾淨的馬鈴薯上面劃一個十字，馬鈴薯煮熟後，刀口處會自然裂開，即可很容易將皮剝除。2.將馬鈴薯洗乾淨，一切為二，放入蒸鍋中蒸熟，待馬鈴薯稍涼後，便能容易地剝去外皮。3.將馬鈴薯洗乾淨，在外皮上用刀切一圈，再放入沸水中煮熟，取出立即浸入冰水中，10幾秒後撈出，馬鈴薯皮很容易就脫落了。

POINT 116 芋頭去皮不癢的訣竅

芋頭必須去皮才能食用。由於芋頭的黏液含有草酸鹼，若去皮的方法不當，會使手等接觸部位發癢或過敏。處理芋頭前可先在手上塗一層食用油（或戴手套），可避免芋頭的汁液接觸到手，手就不易發癢或過敏。

還有一個方法是：將芋頭裝在一個布袋內（不能裝得太滿），用手捏住袋口，將布袋在地上反覆搓打幾分鐘，芋頭皮就會自行脫落，再將芋頭洗乾淨即可料理。

POINT 117 擠檸檬汁的訣竅

想要方便又快速的擠檸檬汁，可以將檸檬用保鮮膜包覆起來，放進微波爐中加熱30～40秒，待檸檬變得柔軟後就能輕鬆地擠出汁了。這是因為微波爐加熱是由裡到外，能夠穿透檸檬內部，破壞其內部結構，使汁液容易流出。

POINT 118 瓜果不宜接觸鹽和鹼

瓜果在雕刻過程中或保存期間，不可接觸到鹽和鹼。一旦接觸到鹽時，會因為滲透作用使瓜果失水而變軟；若接觸到鹼，則會使瓜果腐爛變質。

POINT 119 雕刻好的食物應放入明礬水中保存

雕刻食品在使用前，要放在約0.1％濃度的明礬水溶液中保存。因為明礬是含有結晶水的硫酸鉀和硫酸鋁的複鹽，易溶於水，可水解成氫氧化鋁的膠狀物，具有很高的吸附力，能吸附水中雜質和有機物等，並且與這些物質一同沉入水底，使水變得乾淨清澈。食品雕刻完成後浸放在明礬溶液中，可保持成品的質地脆嫩，色澤如初，延長保存時間。

2

烹調的衛生與健康

POINT 120 預防細菌性食物中毒的方法

細菌性食物中毒是因食用了被有害細菌汙染的食物。細菌容易汙染動物性食材，如肉、蛋、奶等，其中又以熟食最常見。一年四季均會發生此病，以天氣炎熱時最多。

細菌性食物中毒常在食用了被汙染的食物後24小時內發病，主要症狀是嘔吐、噁心、頭暈、頭痛、腹痛、腹瀉和發燒，體溫可達39℃。嚴重的話還會引發脫水、休克，病程多為3～4天。預防細菌性食物中毒要注意以下四點：

①千萬不要吃病死或死因不明的畜、禽肉。

②烹調時，必須徹底加熱煮熟。尤其是由動物性食材所烹調的熟食，在烹煮時，肉塊不要太大，否則肉的中心難以熱透。

③廚房用具和容器要嚴格做到生食、熟食分開，避免交叉汙染。

④保存在冰箱裡的肉製品，食用前應回鍋徹底加熱。

POINT 121 不可任意烹煮河豚食用

河豚屬於魨科，品種多達九十餘種。新鮮河豚除肌肉無毒外，其頭部、眼、血液、內臟（尤其是卵巢及肝臟）均存在有毒物質，稱之為河豚毒素，屬於劇毒類，是目前自然界中發現最毒的非蛋白質物質之一。

死亡時間較長的河豚，內臟的毒素會逐漸滲透到肌肉中。有的河豚，如蟲紋河豚、暗魚東方豚和雙斑東方豚等，不僅內臟有毒，肌肉也有毒。河豚毒素的耐熱性很強，用一般燒、燉、煮的烹調方式都不能消除這種毒素。河豚毒素只需300毫克，即可讓一個成年人死亡。

鑑於河豚毒素對人體的毒害作用，民間早有「拚死吃河豚」的說法，意思是只有不怕死的人才敢吃這種含有劇毒的食物。雖然河豚味道鮮美，但對一般家庭來說，千萬不要隨便烹調食用，以防中毒。

POINT 122 不宜生吃淡水魚

根據水產、醫學專家對淡水魚所進行的調查發現，淡水魚感染肝吸蟲囊狀幼蟲的情況比較嚴重。人或牲畜生食或半生食這些水產品後，幼蟲的蟲卵隨即進入體內，主要寄生於肝內膽管系統，寄生1個月後，變為成蟲並開始排卵繁殖。人體染上此病後，主要症狀是慢性消化系統機能紊亂、膽囊炎和肝腫大，對人體健康造成極大危害，因此不能生食或半生食淡水魚。

實驗還證明，約1毫米的魚片，放入60℃、70℃、75℃的熱水中，分別需要15秒、6秒、3秒方可殺死魚肉中的蟲卵；放入100℃的熱水中，幼蟲很快就會被殺死。因此，炒、爆等短時間加熱烹調時，要儘量把淡水魚切得薄一些、小一些；烹煮整條魚或大塊魚肉時，應儘量採用燉、燜、燒等方式。由於肝吸蟲不但耐乾燥，還耐食醋和鹽醃，因此採用延長加熱時間的方法，才可徹底清除蟲卵的汙染。雖然薑、蒜等具有消毒殺菌的作用，不過並不能殺死肝吸蟲。

POINT 123 不宜食用死鱔魚、死甲魚、死蟹

鱔魚、甲魚和蟹的營養價值都很高，肉中含有大量的組氨酸，是鮮味重要的組成成分，因此均為鮮美的佳肴。但是死掉的鱔魚、甲魚和蟹不能食用，因為其體內的組氨酸在酶和細菌的作用下，很快會產生組胺。組胺是一種毒性很強的物質，成人若吃進超過100毫克的組胺，就會發生組胺中毒，輕者會頭痛、頭昏、口乾、心慌、噁心嘔吐、全身皮膚發紅發癢，嚴重時會出現呼吸困難、昏迷不醒等症狀。

實驗證明，已產生大量組胺的鱔魚、甲魚和蟹，即使在120℃的溫度下燒煮，組胺也不容易被破壞。所以烹調鱔魚、甲魚和蟹時，務必新鮮，最好是活殺即烹。

經低溫冷凍的鱔魚，雖然體內的某些細菌會逐漸被殺死，但大多數細菌都還是長期保持休眠狀態，況且這些細菌產生的毒素往往不會被消滅。所以為了食用上的安全，在-6℃～-12℃之間冷凍儲存的鱔魚不宜超過10天，在-12℃以下冷凍儲存也不建議超過20天。

POINT 124 吃蟹的禁忌

蟹肉味道鮮美，然而，吃蟹時除了不能吃死蟹外，

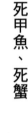

還必須注意以下幾點：

①要清洗乾淨：蟹螯、蟹殼上常會附著泥沙，必須用清水洗刷乾淨。蟹腹裡的腸臟等不可食用的部分也應清除，因為這些部位很容易滋生並繁殖細菌。

②火候要足：蟹若沒煮熟，大腸桿菌等就不容易被殺死，吃了之後易引起腹瀉。

③不可食用過量：蟹是寒性食物，食用過量容易腹瀉，對胃病患者的影響更大。吃蟹時，可適量佐以薑、醋，一則去腥，提升美味；二則殺菌，並可祛寒。

④勿與含較多單寧酸的柿子等植物性食物一起吃，以免產生結石，使消化道梗阻。

POINT 125 吃蟹前要「三除」

吃蟹前要去除蟹腮、蟹胃和蟹心。蟹腮位在蟹體兩側，呈條狀排列，形如眉毛，是蟹的呼吸器官，常附著致病細菌；蟹胃位在蟹體前半部，呈三角形，內有大量汙泥和致病細菌；蟹心緊連著蟹胃，位於蟹黃中間，味澀，所以也必須去除。

POINT 126 不宜食用的禽、畜器官

若食用了某些禽、畜等體內具有正常生理功能的器官，會影響人體健康，因此應仔細地處理。

①雞、鴨的尾脂腺（也叫尾腺、羽脂腺）必須清除乾淨：尾脂腺即尾尖，俗稱屁股，是淋巴最集中的部位。淋巴中的巨噬細胞具有很強的吞噬病毒、病菌等有毒物質的能力，但吞食後只能儲存於囊內，不能分解，時間一長，尾脂腺就成為儲藏病毒和致癌物質的「倉庫」，因此烹調前應將尾脂腺切除。

②雞、鴨的肺必須清除乾淨：雞、鴨肺中的肺泡細胞具有明顯的吞噬功能，能夠吞噬雞、鴨所吸入的微小灰塵顆粒和各種致病細菌。雖然有些病菌可能會被中性細胞消滅，但肺泡中仍殘留少量死亡病菌和部分活病菌，所以烹調前必須將肺除去。

③畜體的甲狀腺必須清除乾淨：甲狀腺位於胸腔入口處的正前方，與氣管的腹側面相連，是成對器官。甲狀腺所含的成分主要有甲狀腺素和三碘甲狀腺氨酸，經過烹調也不容易被破壞，食後易引起中毒。

④腎上腺必須清除乾淨：腎上腺俗稱副腎或小腰子，位於腎的前端，呈褐色，跟甲狀腺一樣不能食用，必須去除。若不慎誤食，會發生腎上腺素過剩，擾亂代謝，輕者噁心嘔吐，嚴重者出現瞳孔放大等中毒症狀。

⑤淋巴結必須清除乾淨：淋巴結多位於家畜腹腔溝、肩胛前和腰下等處，呈圓形，俗稱「花子肉」，是動物體內的防疫器官，也是微生物和異物的聚集處。

⑥羊懸筋必須清除乾淨：羊懸筋又名蹄白珠，是羊蹄內發生病變的一種病毒組織，通常呈串形或圓粒形。

⑦兔子的臭腺必須清除乾淨：兔體有三對腺體，其味極臭，必須摘除，否則與肉同煮時，就會產生異味，無法入口。這三對腺體及所在位置分別為：白色鼠鼷腺，雄兔位於陰莖背兩側皮下，雌兔位於陰蒂背兩側皮下，該腺體分泌物為黃色且奇臭；褐色鼠鼷腺，緊挨著白色鼠鼷腺；直腸腺，位於直腸末端兩側壁上，呈長鏈狀。

POINT 127 不宜食用的魚器官

魚在烹調前除了必須去鰓之外，還要清除以下較容易被忽略的組織及器官：

①魚腹內的黑膜必須清除乾淨：魚的腹腔內壁有一層薄薄的黑膜，這種黑色薄膜是魚腹中的保護層，一方面保護腹腔內壁不受腹內各種器官的摩擦，另一方面可防止內臟器官分泌的各種有害物質透過腸壁滲透到肌肉中。這層黑膜是魚腹中各種有害物質的集中處，應儘量清除乾淨。

②鯉魚的筋必須清除乾淨：鯉魚脊背兩側各有一條白筋，是造成鯉魚特殊腥味的物質，更屬於強發性物（中醫稱「發物」，指某些食物易引發舊病，或使新病加重），不適於某些病人食用，在烹調前務必把筋抽出來（方法詳見第38頁「53去除河魚土腥味的方法」）。

③魚膽必須清除乾淨：各種魚類的膽都有毒性，不能吃，必須摘掉。清洗魚的時候，應避免把魚膽弄破；若不小心弄破魚膽並汙染到魚肉，必須用黃酒、小蘇打粉塗抹在被汙染的魚肉表面，再用清水反覆清洗，才可進行烹調。因為魚膽中含有魚膽毒素，毒性很強，具有耐熱、耐酸的特性，在烹調過程中不易被分解。

POINT 128 豬肝在烹調前要反覆用清水浸泡

豬肝是豬體內最大的毒物轉接站與解毒器官。豬體內各種有毒的代謝物和混入飼料中的某些有毒物質（如農藥等）都聚集在肝臟中，肝臟將這些物質解毒後，經腎臟隨尿排出。有時肝臟未能將毒性物質排除乾淨，或解毒功能下降，一些有毒物質就會殘留在肝臟。因此在烹調前應將豬肝反覆用清水浸泡，除去存留的有毒物質。

POINT 129 不宜食用太鮮嫩的炒豬肝

豬肝內寄生著各種寄生蟲和致病細菌，經長時間加熱，都可被殺死。因此爆炒豬肝時，炒的時間應稍長些，把豬肝炒得老一點，確保病菌已被殺死。炒得過於鮮嫩的豬肝，不建議食用。

POINT 130 不宜吃未煮熟的涮羊肉

吃涮羊肉時，有人喜歡只涮到七、八分熟，不僅不衛生，而且很容易感染旋毛蟲病。

羊肉中往往會寄生旋毛蟲的幼蟲，如果吃未完全煮熟的羊肉，旋毛蟲的幼蟲便會進入人體，在人的腸道內一週即可發育為成蟲；成蟲交配後經過4～6天，就會產生大量的幼蟲。這些幼蟲進入血液，周遊全身，最後定居於肌肉中，會引起噁心、嘔吐、腹瀉、發燒、頭痛、肌肉疼痛以及小腿肌肉劇痛等；幼蟲若進入腦和脊髓，還會引起腦膜炎等症狀。

POINT 131 不宜吃沒有煮熟的鱔魚

鱔魚的營養價值很高，一般鱔魚中含18％的蛋白質，脂肪含量1.4％，並富含無機鹽等營養素，其中鐵的含量比鯉魚、黃魚高出一倍以上，維生素A的含量高出20％以上。鱔魚肉含有人體所需要的多種胺基酸，尤其是組氨酸含量較高，構成了鱔魚的鮮美味道。中醫認為，鱔魚性溫，可以補中益氣，對虛損、氣血不調、風濕等有一定的食療作用。

但鱔魚體內常會寄生鐵線蟲的蟲卵，爆炒鱔魚時加熱的時間若太短，不足以殺滅這些蟲卵，一旦蟲卵進入人體，其外殼經過消化液溶化後，幼蟲會穿過腸壁而引發疾病。通常食用後半個月左右會出現發燒、厭食、渾身困乏無力等症狀。

當蟲卵發育為成蟲後，就會在皮下潛行，致使各部位皮下出現節狀疙瘩，醫學上稱為「匐行疹」（又名移動性幼蟲疹）。藥物很難將成蟲殺死，只有手術才能將寄生蟲取出。因此，食用鱔魚時務必要燒熟煮透，切勿一味追求軟嫩、味鮮而影響身體健康。

POINT 132 醃肉不宜高溫油煎和油炸

醃製的魚肉、鹹肉、臘肉中含有較高的脯胺酸亞硝胺，在高溫油煎、油炸下會發生脯胺酸脫羧基作用，產生致癌性的亞硝酸吡咯烷。

根據實測，醃肉、醃魚經過油煎或油炸後，大約有90%的樣品中都能檢測出有致癌性的亞硝酸吡咯烷，若未經過油煎或油炸則未檢出這種致癌物。

因此，食用醃肉製品時建議採用加熱溫度不超過100℃的蒸、煮等方法較合適，也較健康。

POINT 133 生吃雞蛋對人體的危害

有人認為生吃雞蛋能清喉養肺、強壯身體，這是錯誤的。生吃雞蛋對人體不但無益，反而有害。

①食用生雞蛋，易患腸胃炎：以肉眼觀察雞蛋外殼似乎密不透風，細菌無法通過；但若在顯微鏡下觀察，會發現雞蛋外殼布滿小孔，這些小孔比致病細菌大幾十倍、甚至幾百倍，因此，隨時都可能有病原體侵入雞蛋裡，不少雞蛋都含有細菌、黴菌和寄生蟲卵。如果食用未經加熱處理且遭病原體感染的雞蛋，就會出現畏寒、發熱、噁心、嘔吐、腹痛、腹瀉等食物中毒症狀。

②食用生雞蛋，蛋白質不易被人體消化吸收：生雞蛋的蛋白質結構緻密，在胃腸道內不易被蛋白水解酶水解；此外，生雞蛋的蛋白中含有抗胰蛋白酶，會抑制胰酶對蛋白質的催化水解作用。根據實測，生雞蛋的蛋白質只有20%可被人體吸收利用。

③生吃雞蛋會增加肝臟負擔：大量未經消化的蛋白

質進入消化道，在大腸受到細菌所含的酶催化，會發生腐敗現象，產生較多有害人體的有毒物質，例如：胺、酚、氨、吲哚、硫化氫等。這些有毒物質雖然一部分可隨糞便排出體外，但還有一部分會被腸道吸收後進入肝臟，由肝臟進行解毒，進而加重了肝臟負擔。如果肝功能損害患者食用生雞蛋，就可能發生中毒，出現頭痛、頭暈、血壓下降或升高等症狀。尤其是一、兩歲的幼兒，體內各種器官都還很脆弱，特別是消化器官，絕對經不起強烈的刺激。因此，給嬰幼兒吃的雞蛋一定要煮熟。

④食用生雞蛋，不利於鐵的吸收：生雞蛋中的某種蛋白質能與鐵結合，進而阻止人體對鐵的吸收。

⑤食用生雞蛋，會阻礙人體對生物素的吸收：生雞蛋的蛋白中含有一種對人體有害的鹼性蛋白質——抗生物素蛋白。這種抗生物素蛋白在腸道中會與食物裡的生物素緊密結合為一種不溶性複合物，阻礙人體對生物素的吸收，而生物素是人體內羧化酶的輔酶，為人體所必需。人體一旦缺乏生物素，會引起食慾不振、全身無力、肌肉疼痛、皮膚發炎、脫眉、頭髮變白等症狀。

⑥食用生雞蛋，會抑制消化液分泌：生雞蛋有特殊的腥味，會刺激神經末梢，引起反射性嘔吐，並會抑制唾液、胃液、腸液等分泌，導致食慾不振、消化不良。

POINT 134 不宜吃毛蛋、臭蛋、染色蛋

①毛蛋不能吃：

所謂毛蛋，是指雞蛋在孵化過程中，受沙門氏菌或寄生蟲的感染，或者受溫度、濕度的影響，使孵化中的胚胎停止發育生長而死亡的死雞胎。

在孵化過程中，胚胎的新陳代謝和胚胎死亡後細菌對蛋白質的分解作用，毛蛋中的蛋白質、脂肪、無機鹽和維生素等營養成分已發生很大的變化，營養價值大幅降低。此外，由於毛蛋是受精蛋，細菌會隨同精液進入蛋內，致使蛋白質分解，產生硫化氫、胺類和糞臭素等有害物質及致病細菌。根據食品衛生檢測證明，毛蛋中含有大量的沙門氏菌和肉毒桿菌，一般人若吃了被上述病菌感染、烹調過程中又未完全加熱的毛蛋，不僅失去了從蛋中攝取營養的意義，還可能引起食物中毒，嚴重者會出現脫水、昏迷、抽搐等症狀，甚至死亡。

②發臭的蛋不能吃：

有人認為，已經發臭的蛋經過煎、蒸、煮後，臭味減輕，便可以食用。事實上，臭蛋經烹調後雖可去除一部分揮發性較強的腐敗物質，使臭味減輕，也可殺死細菌和黴菌，但臭蛋中的胺類、亞硝酸鹽、毒素等有害物質依然存在，吃了之後會引起噁心、嘔吐等中毒症狀。且胺類和亞硝酸鹽在人的胃酸作用下會形成亞硝酸胺，過多的亞硝酸胺會刺激人體誘發癌症。

③紅藥水染的雞蛋不要吃：

民間傳統上有生兒育女時要發紅蛋的習俗。一些人會使用醫藥品紅汞（俗稱紅藥水）染雞蛋，認為這麼做既可以染紅雞蛋，又可以消毒，沒有壞處。事實上，吃紅藥水染的雞蛋對人體非常有害。紅汞的主要成分為2％紅汞和98％酒精或水的酊劑，是一種外用消毒藥。其消毒原理是：用藥液塗抹後，可緩慢地釋放汞離子作用於細菌的酶，達到殺傷細菌的目的。如果用紅藥水染雞蛋，汞會穿過蛋殼表面的氣孔，滲透到蛋白和蛋黃中，食用後對身體不利。現代人大多以食用級色素來染紅蛋，或者以不染色的土雞紅蛋來取代。

POINT 135 海帶用清水浸泡可除去金屬汙染物

海帶中的重金屬，尤其是砷化合物的含量，在海水被汙染的情況下，常會超過食品衛生所訂的標準。砷化合物大多是有毒的，若攝取過量會引起急性或慢性中毒。由於砷化合物一般為水溶性，可透過浸泡的方式加以去除。實驗證明，砷化合物含量較大的海帶用水浸泡24小時後，含砷量通常可達到食品衛生標準規定的要求。因此在漲發海帶時，只要用大量的清水浸泡，並且勤換水，即可保證食用安全。

海帶含有豐富的碘，食用後可有效預防甲狀腺腫大。但由於碘易溶於水，用清水浸泡時會使碘隨著水而大量流失。解決的方法是：先將海帶放入蒸鍋中蒸熟，再用清水浸泡洗滌，就可以防止碘的流失了。

POINT 136 去除農藥殘留的方法

以下幾種簡易的方法，可有效去除殘留在蔬菜瓜果上的農藥：

①浸泡水洗法：主要用於葉類蔬菜，例如：菠菜、金針、韭菜、萵苣、小白菜等。作法：先將外層的葉片丟棄，再將內層的菜葉逐片沖洗，然後用清水浸泡至少10分鐘。浸泡後再用流動的水沖洗兩、三遍。黃瓜、番茄等瓜果類，沖洗時可用軟毛刷刷洗。此種方法是清除蔬菜、水果上的汙物和去除殘留農藥的基本方式。

②鹼水浸泡法：有機磷殺蟲劑在鹼性環境下會迅速分解，故此法是去除農藥汙染的有效方式，可用於各類蔬菜瓜果。方法是：先將蔬果表面的髒汙沖洗乾淨，再放入1％～2％的鹼水中浸泡5～15分鐘，最後用清水仔細沖洗三遍即可。

③去皮法：適用於蘋果、梨、奇異果、黃瓜、胡蘿蔔、冬瓜、蘿蔔等。由於這類蔬菜瓜果表面農藥量相對較多，故此法是去除殘留農藥較好的方式。

④儲存法：適用於蘋果、奇異果、冬瓜等不易腐爛的蔬果，一般可存放15天以上。這是由於農藥在存放過程中，隨著時間延長，可緩慢地分解為對人體無害的物質，使農藥殘留量慢慢減少。

⑤加熱法：常用於芹菜、菠菜、小白菜、圓白菜、青椒、四季豆等。方法是：先用清水將蔬果表面的汙物洗乾淨，放入沸水中2～5分鐘即撈起來，然後用清水洗一、兩遍。氨基甲酸酯類殺蟲劑隨著溫度升高，可加快分解。

POINT 137 水果簡易消毒法

吃水果前可採用以下方法，將農藥淨除乾淨：

①去皮法：農藥大多殘留於水果表面，只要去除水果的外皮，就可減少接觸到農藥的機會。在除去外皮之前，要先將水果清洗乾淨，雙手才不會因沾染到農藥而不小心吃下肚。

②水洗法：水果在食用前，都應以「浸泡、流動、刷洗、切除」四項原則仔細的清洗，也就是先以流動的清水浸泡15～20分鐘，再以流動的小水沖洗，接著開大水並用軟毛刷刷洗，最後切除蒂頭與根部。

③有機的水果也要清洗：有機的水果並不代表完全不用藥，有的只是使用天然肥料來代替農藥，但並不代表對人體完全無害。所以即便是購買有機水果，食用

前還是要仔細清洗，才能吃得健康又安心。

POINT 138 扁豆必須煮至熟透

扁豆中含有皂素和紅血球凝集素，皂素對胃黏膜有較強的刺激作用，紅血球凝集素會破壞人體細胞，降低細胞的攜氧功能，使紅血球凝集而引發中毒。中毒者通常於吃了扁豆後數分鐘至4小時發病，會出現噁心、嘔吐、腹痛、腹瀉，少數人可能還會有頭痛、頭暈、四肢麻木、胸悶、心慌等症狀。

扁豆中的毒素在長時間的高溫下可完全被破壞而失去毒性，因此在烹煮扁豆時，尤其是秋扁豆中含有較多的凝集素，必須煮熟燜透，使毒性消失才可食用。若烹煮後的扁豆顏色較綠、口感生硬、豆腥味較重，表示毒素沒有被消除而易引起中毒（如吃扁豆餡餃子、涼拌水煮脆扁豆和快炒扁豆等，均容易引起中毒）。燜扁豆則因加熱時間較長，吃了之後很少發生中毒現象。為了使扁豆熟透，在炒的時候，扁豆的量最好不超過鍋容量的一半；用油煸炒後，加入適量的水並蓋上鍋蓋，以100℃小火燜10分鐘左右，其間需用鍋鏟翻動數次，以使扁豆能夠均勻受熱。

其他的豆類，如大豆、蠶豆、白鳳豆等也含有類似的毒性，烹煮時應注意同樣的問題。

POINT 139 食用新鮮金針容易中毒

新鮮的金針中含有名叫秋水仙鹼的化學物質，雖然本身不具有毒性，但進入人體後，經腸胃吸收，在體內會被氧化成有毒的氧化二秋水仙鹼。此化學毒物主要會對胃腸及呼吸系統產生強烈的刺激，中毒情況常發生在食用新鮮的金針後30分鐘至數小時，會出現噁心、嘔吐、腹痛、腹瀉、頭暈和冒冷汗等症狀；重度中毒者還會出現腹部持續性疼痛、心悸、四肢無力、面色蒼白、血壓下降，甚至出現急性腎功能損害、血尿、尿少等，還會引起粒細胞缺乏症，血小板減少和再生障礙性貧血、脫髮、抽搐、重症肌無力以致呼吸抑制或多重器官功能衰竭等。成人致死量為3～20毫克（即每公斤新鮮金針中秋水仙鹼的含量）。

POINT 140 預防食用新鮮金針中毒的方法

新鮮的金針味道濃郁，富含蛋白質、胡蘿蔔素和維生素P等，如果烹調前能夠適當處理，吃了還是對健康有益。建議的處理方法如下：

①食用新鮮金針時，應摘除花蕊。一次不要吃太多，以不超過50公克為宜，因為50公克新鮮金針中含0.15～1毫克秋水仙鹼，這個含量通常不會引起中毒。

②秋水仙鹼易溶於水，在食用新鮮的金針前，應以沸水燙過，再浸泡在冷水中2小時以上（中間要換一次水），然後再加熱烹調，吃了就不會中毒。

③經過水煮或日曬後的金針乾製品，在加工過程中，秋水仙鹼已經被破壞，是無毒性的，用溫水泡開後即可烹煮。

POINT 141 不宜生食鮮藕

鮮藕營養豐富。中醫認為，藕具有補心益胃、滋陰養血的作用，食藕還可涼血散瘀。

但是鮮藕不宜生食，因為生藕會寄生如薑片蟲等寄生蟲，很容易引起薑片蟲病，造成腸損傷和潰瘍，引起腹痛、腹瀉、消化不良等。

POINT 142 未成熟的青番茄勿食用過量

發綠的番茄通常還沒成熟，這種青番茄含有生物鹼，但番茄中的生物鹼與馬鈴薯所含的生物鹼結構不完全相同，這種生物鹼的毒性遠比馬鈴薯低，因此未成熟的青番茄可以食用。但若大量食用，可能會出現頭暈、噁心、嘔吐和全身疲勞等症狀。

成熟後變紅的番茄，其中的生物鹼就會逐漸消失。

POINT 143 不宜食用已腐爛的薑

鮮薑具有溫經活血、祛痰利火、排毒去味的作用，是具有特殊香味和辛辣味的辛香料。薑若腐爛了，即使尚存些辛辣味，也不能再食用。經研究證明，鮮薑在腐爛過程中會產生一種毒性很強的有機物黃樟素，會使肝細胞發生病變，還可能誘發肝癌和食道癌。即使只是食用少量腐爛的薑，仍會對肝細胞造成傷害，尤其是對有肝病變的人危害更大。因此，新鮮的薑應妥善保存，若腐爛就應該丟棄。

POINT 144 不宜食用生木耳

生木耳中含有一種卟啉類光敏感物質，進入人體後會隨血液循環分布到人體表皮細胞中。此時若人體受到太陽照射，就可能引發日光性皮膚炎、皮膚疹等疾病；如果食用過多，還會引起呼吸道黏膜過敏而發生呼吸困難的症狀。此類物質不溶於水，就算新鮮木耳經過水洗、浸泡，也無法降低其毒性，所以不建議食用新鮮木耳。

乾木耳經過日晒處理，在曝晒過程中，卟啉類物質可自行分解，因而乾木耳是無毒的，可安心食用。

POINT 145 預防毒蘑菇中毒的方法

夏秋陰雨時節是蘑菇生長最快的時期，由於毒蘑菇與可食用蘑菇均生長在樹林、草地等地，有時不易分辨，因此經常發生毒蘑菇中毒事件。

有毒的蘑菇種類繁多，最常見可致人於死的就有十幾種。毒蘑菇中毒可分為胃腸炎型、神經精神型、溶血型、多臟器損傷型等四種類型。潛伏期從7、8小時到30小時不等。毒蘑菇毒素的化學結構頗為複雜，目前尚無特效解毒藥。

毒蘑菇大多色彩鮮豔，對於絕大多數人而言，預防毒蘑菇中毒最有效的方法是：不採集、不食用野生蘑菇。

POINT 146 不能吃發芽、變綠的馬鈴薯

馬鈴薯的表層中都含有少量龍葵素，根據實測，每100公克馬鈴薯中含有1.7～19.7毫克龍葵素。

少量龍葵素對人體無害，但發芽、變綠的馬鈴薯，尤其是在芽眼處，龍葵素含量可達到20毫克／100公克，多者甚至高達40～45毫克／100公克。當龍葵素含量達到38～40毫克／100公克時，就會引起中毒。

龍葵素的毒性表現為：對機體有溶血作用，即破壞

紅血球；對黏膜有強烈的刺激作用；同時還會抑制人體內膽鹼酯酶的活性。食用後數分鐘至數小時內即可發病，輕則咽喉、口內瘙癢、噁心、嘔吐、腹痛、腹瀉等；嚴重者會因心臟、呼吸麻痺而威脅到生命。

因龍葵素對熱比較穩定，加熱烹調也不會被破壞；再者，馬鈴薯發芽或變綠後，營養價值也隨之降低，因此發芽或變綠的馬鈴薯不要食用。

POINT 147 有酒味的南瓜不宜食用

南瓜是深受歡迎的料理食材，味甘甜，尤其是老南瓜，含糖量較多，深受人們喜愛。但是如果南瓜存放的時間過長，已散發出酒味或皮已經腐爛，就必須丟棄。

因為南瓜的瓜瓤存放一段時間後，會由於空氣潮濕或空氣不流通，而發生無氧發酵分解，生成酒精，改變南瓜原有的營養價值。食用這種南瓜後，易使人產生頭暈、嗜睡、全身無力及上吐下瀉等中毒症狀。

外皮腐爛的南瓜更不能食用，因為腐爛的南瓜內部含有大量的亞硝酸鹽，若大量進入人體內，會發生急性缺氧性中毒；若少量在體內積累，與仲胺形成致癌物亞硝胺，會對人體健康造成重大威脅。

POINT 148 不宜生吃紅薯

紅薯中含有澱粉、纖維素、可溶性纖維素等，其中的澱粉分子結構緊密排列成膠束狀，與人體內澱粉酶接觸面少，因而不易被澱粉酶水解成醣類，故不能被人體吸收和利用；同時，生的紅薯中還含有氣化酶，生吃紅薯容易出現腹脹。

因此，紅薯必須蒸熟或烤熟後再食用，才具有保健益壽的作用。

POINT 149 食用野菜要適量

野菜富含營養素，較少受到汙染，具有保健作用。但據實測，大部分可食性野菜，如馬齒莧、蒲公英等含有較多的亞硝酸鹽和硝酸鹽，醫學界已證明，硝酸鹽和亞硝酸鹽對人體健康具有很大的危害：一方面，亞硝酸鹽與體內的仲胺作用後，形成致癌性極強的亞硝酸仲胺；另一方面，亞硝酸鹽會使體內血紅蛋白氧化成高鐵血紅蛋白，因而失去攜氧能力，造成組織缺氧，進而引起胸悶、心慌等症狀。

另外，野灰菜、野莧菜、榆葉、洋槐花等野菜含有較多的光敏物質，會引起食用者的植物神經紊亂，對光和熱特別敏感，經烈日晒後易引發皮膚炎。

為了預防因為吃了野菜而發生不適或中毒症狀，在採集和購買時一定要謹慎挑選，食用時應多浸泡、煮熟，棄湯而食，或晾晒1～2天後再吃，並且不宜多吃。

POINT 150 醃菜時要醃透才可食用

尚未醃透的鹹菜，千萬不要急著吃，否則會引起頭昏、噁心、嘔吐、胸悶等症狀。因為蘿蔔、白菜、芥菜等蔬菜中均含有一定量的硝酸鹽，在醃漬過程中，硝酸鹽會被細菌還原成亞硝酸鹽，亞硝酸鹽進入體內會使正常的血紅蛋白變成高鐵血紅蛋白，失去攜氧能力，使人因缺氧而引起中毒症狀；另一方面，亞硝酸鹽與體內仲胺易形成致癌物亞硝酸仲胺。

剛醃漬的蔬菜，亞硝酸鹽含量會逐漸增加。一般而言，青菜（如白菜、芥菜等）醃了7～8天後，亞硝酸鹽含量將達到最高峰（雪裡紅醃至第20天達到最高值）；當亞硝酸鹽含量升至最高值後，會開始逐漸下降，醃至30天左右，硝酸鹽和亞硝酸鹽濃度會降到最低。

同時，蔬菜在醃漬的過程中，亞硝酸鹽含量的變化與溫度、鹽的濃度等因素有關，例如：鹽的濃度為5%時，溫度愈高，產生的亞硝酸鹽愈多；10%濃度的鹽次之；15%濃度的鹽則不論溫度多高，亞硝酸鹽含量均無明顯變化，因為這種濃度的鹽不利於細菌活動。

因此，醃漬蔬菜時最好多放鹽，且存放溫度不宜太高。

POINT 151 泡菜含鉛的原因

泡菜吃起來不但爽口，還具有開胃助消化的作用。泡菜中含有的鉛來自泡菜罈，尤其是用新罈醃漬的泡菜，含鉛量通常大幅超過標準。

在製作菜罈的過程中，為了讓罈子的表面光潔，不會滲漏，必須在表面塗上一層釉彩，而絕大多數的釉彩中都含有鉛化合物。由於泡菜水是酸性的（pH值5左右），經過長時間浸泡後，釉彩中的鉛會釋出，使泡菜中的鉛含量大大增加。如果經常食用新罈醃漬的泡菜，會造成鉛在體內累積，影響身體健康。至於舊的泡菜罈由於已經過多次浸泡，釋出的鉛相對比較少。

實驗證明，將新菜罈放入稀釋過的醋酸中浸泡數日後，再醃漬泡菜，鉛的含量即可大大降低。因此，為了健康著想，在選擇醃漬泡菜的菜罈時，最好「喜舊厭新」，新罈也必須用稀釋過的醋酸浸泡後再使用。

POINT 152 苦杏仁必須反覆用清水浸泡

杏仁的營養豐富，含有蛋白質、脂肪、核黃素等營養成分。但生杏仁中尚含有苦杏仁苷，食用後在體內會分解成氫氰酸，屬於劇毒物質。當氫氰酸被身體吸收後，氰離子便會與細胞色素血紅蛋白結合，使得人體不能正常呼吸，窒息死亡（氫氰酸的致死量為0.4～1毫克）。杏仁中以苦杏仁所含的苦杏仁苷最多，約含3%，比甜杏仁（約含0.11%）高出近三十倍。

苦杏仁苷遇水即可分解成氫氰酸而溶於水中，氫氰酸遇熱則易揮發。因此，杏仁應用冷水反覆浸泡，再經煮熟，方可食用。

含有氰苷的果仁，除了杏仁之外，還有苦桃仁、苦扁桃仁、櫻桃仁、梅仁、枇杷仁、李子仁等，若不小心誤食，極有可能中毒。

POINT 153 易被黃麴毒素汙染的食物

食物一旦被黃麴黴菌汙染後，在適宜的溫度（37℃左右）和濕度（相對濕度為80%～85%）下，很快就會繁殖而產生毒素，稱為黃麴毒素。經動物實驗證明，黃麴毒素是一種劇烈性致肝癌毒素。

黃麴毒素主要在黃麴黴菌體內產生，而後分泌到被汙染的食物中。這種毒素還可經由食物轉移到母乳中。被黃麴黴菌汙染的食物，就算經過烹調、加工，也不能完全破壞其毒性。但是鹼可以將黃麴黴菌破壞成無毒的物質，並溶於水中。

黃麴毒素主要會汙染糧食及其製品，如花生和花生油、玉米、稻米、棉籽和棉籽油。相較之下，豆類則不易被汙染。

黃麴毒素主要集中在黴變的糧粒中，凡是表面上長有黃綠色黴菌，或破損、皺縮、變色、變質的花生、玉米、稻米，都可能已被黃麴毒素所汙染。

POINT 154 少吃煙燻製品

國內外衛生組織已公認：3，4－苯並芘是很強的致癌物質，可以經由皮膚、呼吸道和消化道引起癌病變。3，4－苯並芘是由於煤炭、木柴和石油等不完全燃燒而產生。

食物經過煙燻燒烤時，不完全燃燒所產生的煙中含有大量的3，4－苯並芘，會附著在食物表面，並逐漸滲入食物內部。另外，燻烤中的食材本身，其組成成分也會因溫度過高而發生化學變化，產生有毒的3，4－苯並芘，如煙燻羊肉串等。為了身體健康，應儘量少吃煙燻製品。

POINT 155 不宜食用已變質的油

油脂在貯藏過程中，由於外在條件（空氣、陽光及微生物等）的影響，會發生化學變化，產生油耗味，味道也會變得苦澀，也就是所謂的「油脂酸敗」。

酸敗的油脂不僅風味變壞，且油脂中所含人體必需脂肪酸和油脂裡的脂溶性維生素都會被破壞，降低油脂的營養價值。經動物實驗證明，長期食用酸敗的油脂，會對人體健康造成極大危害，輕者引起嘔吐、腹瀉，重者會引起肝臟腫大。據研究，酸敗油脂所含的過氧化物會損害人體內主要的酶系統。

POINT 156 食用油不宜反覆加熱

食用油經過長期反覆加熱以及不斷地接觸空氣（也就是一般所稱的回鍋油），不僅會使其中的脂溶性維生素A、D、E遭到破壞，同時油脂因受高溫而發生化學變化，進一步產生無揮發性的有毒物質。這些有毒物質均可附著在食物表層，並逐步滲透到食物裡，人體攝入後，會出現肝臟腫大、消化道發炎、腹瀉等症狀。

油炸食材時，切勿使用過量的油，或者用同一鍋油反覆高溫油炸食物。一旦發現使用過的油已呈現渾濁、沉澱、有油耗味，或加熱時會起泡，冷卻後黏度增大，即表示油已變質。

POINT 157 炸油的處理方法

過年、過節時，通常會油炸一些魚、蝦、肉及肉製品等食物，使用的油量較平常多。但這些只用了一次的油，丟掉實在可惜，可以採用以下方法處理：

①趁著油還溫熱時，將油裝入較大的容器中，注意從油的上層開始裝，不要將油攪渾。底下所剩較渾濁的少量油可裝入較小的油罐中，儘快使用完畢。油中的殘渣可用濾紙或紙巾濾出。

②較大容器中的油充分冷卻後，置於陰涼處保存。

③注意油炸順序，儘量將需裹麵粉的油炸物放到最後炸；腥味較重的魚，最後使用少量油來炸，剩下的油可棄之不用。

POINT 158 焦糊的食物對人體有害

從焦糊的食物中，可以驗出國際衛生組織公認會引發癌症的物質3，4－苯並芘。

食物受到長時間高溫煎烤後，表面的水分大量蒸發，會發生焦化現象，引起食物中蛋白質等營養成分發生複雜的化學反應，產生致癌物質3，4－苯並芘。因此從防癌保健的角度出發，在煎、炸、烤時，應採用低溫的方式，儘量避免食物表面焦糊。

POINT 159 散裝鮮奶品質不可靠

基本上不建議直接向酪農購買散裝鮮奶，因為這些鮮奶沒有經過衛生檢疫和加工處理，品質比較不可靠。

透過衛生檢疫，就可避免不宜飲用的鮮奶流入市場。如剛生產過的母牛，初乳中含有較高的激素，對人體健康會產生不良影響；患有疾病的母牛所產的鮮奶含有病原菌，也不宜飲用；母牛容易得乳頭炎等病，酪農常會使用抗生素治療，在餵藥後3天內，牛乳中仍會殘留抗生素，這樣的鮮奶也是不能上市的。所以，直接購買沒有經過衛生檢疫的鮮奶，品質堪慮。

市售的瓶裝或盒裝鮮奶都經過消毒或殺菌處理，並且在密閉無菌的條件下進行包裝，品質比較安全可靠。

而酪農現擠現賣的方式，其中擠奶的環境衛生、容器的清潔消毒、榨乳員的健康狀況及雙手的清洗消毒，都是無法保證的。有些鮮奶雖然經過煮沸，但往往暴露在空氣中，失去了殺菌的意義。

酪農所零售的鮮奶，通常沒有商標、廠址、生產日期、保存期限等說明，因此禁止在市面上銷售。從衛生和健康的角度出發，消費者應選用經過衛生檢疫和殺菌消毒的鮮奶，對健康才有保障。

POINT 160 熱牛奶不宜放在保溫杯中

保溫杯中的牛奶，隨著時間的推移，溫度會逐漸下降，在20℃～40℃時，杯子裡的細菌會在富含蛋白質的牛奶中迅速繁殖，通常只需20分鐘左右就能繁殖一代，經過3～4小時後，杯中的牛奶就會變質。使用溫奶器時，如溫度控制不當，也會使牛奶變質。嬰兒喝了會引起腹瀉、消化不良等中毒症狀。

另外，保溫杯及溫奶器所維持的恆定溫度，會讓牛奶中微量的維生素被破壞，長期飲用會影響孩子的健康。因此，牛奶應儘快喝完，不宜長時間保存在保溫杯中。

POINT 161 酸掉的牛奶不宜當優酪乳飲用

優酪乳是採用新鮮全脂牛奶為原料，加入乳酸菌，經保溫發酵所製成的乳製品，酸甜可口，風味獨特，容易消化並具有保健作用。

因保存不當而變酸的牛奶，是由於牛奶中的細菌大量生長繁殖造成腐敗變質的結果。優酪乳與變酸的牛奶很容易區別，優酪乳味道清香，乳酪凝結均勻，乳水交融為一體，無氣泡；變酸的牛奶帶有一股酸臭味，並且因牛奶變質而產生凝塊破碎，乳水分離，有氣泡。

喝了腐敗變質的牛奶會引起中毒，出現噁心、嘔吐、腹瀉等症狀，對人體健康有害。

POINT 162 勿喝未煮熟的豆漿

生豆漿中含有抗胰蛋白酶、皂苷等有害物質，飲用後會產生噁心、嘔吐、腹瀉等症狀，也會導致蛋白質代謝障礙。將豆漿煮沸後，再維持小火微滾5～6分鐘，豆漿中的有害物質即會被破壞，可提高豆漿的營養價值。

POINT 163 豆漿不宜飲用過量

飲用過多的豆漿會引起腹脹、胃部不適，嚴重者會出現腹瀉，主要是由於食用過多的蛋白質所引起的消化不良。另外，豆漿中含有的棉子糖和水蘇糖在人體內不能被消化吸收，但它們卻是腸道內細菌的營養物，當細菌在腸道內生長繁殖，就會產生大量氣體，引起腹脹。

建議每日豆漿的飲用量為：成年人每日一～二次，每次250～350毫升；兒童每日200～250毫升。

POINT 164 勿飲以工業用酒精製造的酒

飲用工業用酒精製造的酒會造成中毒，輕者眩暈、昏睡、頭痛、消化障礙、耳鳴、視力模糊；中度中毒者會呼吸加速、運動失調、局部癱瘓、煩躁、虛脫、視神經萎縮；嚴重者會迅速陷入昏迷，因呼吸衰竭而死亡。中毒的原因是因為工業用酒精中含有較多甲醇所造成。

甲醇主要影響神經系統，尤其對視神經和視網膜的作用更強。甲醇在視網膜外轉化成甲醛，甲醛會抑制視網膜的氧化磷酸化過程，使膜內無法合成三磷酸腺苷，細胞發生退行性變化，造成視神經萎縮，雙目失明。

甲醇在人體內會氧化成甲醛和甲酸。甲醛的毒性比甲醇高三十倍，甲酸也比甲醇高六倍。由於人體內甲酸和其他酸類的增加積聚，往往還會引起酸中毒現象。

由於甲醇易引起人體中毒，因此，酒的品質和標準都有明確規定，甲醇含量不得超過0.04公克／100毫升。有些人為了牟取暴利，以工業用酒精或甲醇製造假酒販賣，甲醇含量往往比規定高出幾百倍、甚至上千倍。一旦飲用了假酒，勢必造成中毒，不可不慎。

POINT 165 識別鹽真偽的重要性

食鹽在食品衛生方面，容易出現以下隱憂：

①誤食亞硝酸鹽而導致中毒：亞硝酸鹽是一種化工產品，為白色不透明結晶，形狀很像食鹽、白糖和酵母粉，常被人當作鹽而誤用，引起中毒。人體若一次攝入0.2～0.5公克的亞硝酸鹽，就會引起食物中毒，攝入3公克就會導致死亡。因此，不要食用來路不明的鹽，或從非正規管道買鹽。

②誤買私鹽：私鹽通常以不加碘的食鹽來冒充碘鹽出售。有的商人只顧牟利，卻不顧民眾生命安全和健康，甚至把工業用鹽當作食鹽出售，把品質衛生不合格的鹽當作食用精鹽出售。

③礦鹽含有較多的硫酸鹽，如不去除，會又苦又澀，影響消化吸收。

④某些地區的井鹽含有可溶性鋇鹽，鋇對人體有毒害作用，會引發急性中毒。一次若大量攝取，極可能造成死亡。

POINT 166 冰西瓜不宜多吃

西瓜性味甘寒，過分的涼寒刺激會減弱正常的胃蠕動，影響胃的功能。因此，脾胃虛寒、消化不良、食慾不振以及患有胃炎、胃潰瘍者，最好不吃或少吃西瓜，否則會引起胃痛、腹脹、腹瀉。尤其是剛從冰箱裡拿出來的西瓜，不要立刻就大塊朵頤，應該置於室溫下回溫後，再少量食用。

3

南北乾貨漲發的技巧

POINT 167

各種乾貨的漲發方法

乾製品（也稱乾貨）是指新鮮食材經過脫水或乾燥後的產品，例如：脫水蔬菜、海參、魷魚、蹄筋等。與新鮮食材相比，乾製品的體積與重量顯著減少，具有乾、硬、老、韌等特色，在烹煮前必須經過漲發的過程，才可料理。

漲發的目的是使乾製品重新吸收水分，儘量恢復到原有的形狀、鮮嫩和鬆軟的狀態，並除去腥臊氣味和雜質，以便烹調。

漲發乾製品需在一定條件下進行，水分向乾製品內部滲透的速度，也會受到許多因素影響。例如：有些乾貨在乾製過程中經過高溫處理，或長期風吹日晒，或貯存過久，使組織內部的蛋白質嚴重變性，變得凝固而堅硬；澱粉也嚴重老化，失去重新吸收水分的能力。因此，這類乾製品的複水性差，恢復水分的速度也較緩慢。

用真空冷凍乾燥的乾製品，其組織中的蛋白質幾乎不變性，澱粉老化程度不大，大量親水基團（又稱疏油基團，可吸收水分或溶解於水）沒有變化，仍然具有良好的吸附水分能力，複水性比較好，複水速度也較快。有些乾製品本身結構特別緊密，外表還有一層疏水性物質（如脂膜），讓水分很難向內擴散和滲透，例如：海參、魷魚等許多海味乾製品都屬於這種結構。

有些乾製品結構疏鬆，內部分布著大量的毛細孔（毛細孔具有吸附和凝聚水分的能力），例如：香菇、木耳、金針菇等，只要浸泡在冷水中就能漲發，恢復鮮嫩。

水分向乾貨內部的傳遞速度，還與水溫有密切關係。水溫升高，水的擴散速度和通過細胞膜的滲透速度便會增快。所以，高溫可提高水分向乾製品傳遞的速度，也就是加快水發速度。

至於如何控制漲發的水溫，則要依據食材的性質及吸水能力而定。在冷水中即能漲發的乾貨，應儘量在冷水中漲發，因為用冷水可減緩高溫所引起的物理和化學變化，例如：香氣逸散、呈味物質浸出、顏色變化等。而在冷水中難以發好的乾貨，或要加快水發速度，可用熱水漲發，但所流失的營養成分和色香味的變化會比較大。香味比較突出的乾香菇，應儘量用冷水漲發。

水分向乾貨內部的滲透量，會隨著浸泡時間延長而增加。所以在一定程度上，水發時間愈長，乾製品所增加的水分也就愈多，複水率也愈高。水發時間應以多長為宜，則與複水率及複水速度有關。複水速度取決於乾製品漲發的方法、結構和水溫。在一定的複水率和水溫條件下，老、硬、韌的乾貨需要較長的漲發時間，小、嫩、軟等乾貨所需要的時間相對就可縮短些。

乾製品的種類很多，因產地、乾製方法和性質不同，有許多不同的漲發方式。其中最主要的有水發（冷水發、熱水發）、蒸發、鹽發、鹼發、油發等。每一種乾貨適合哪種方法，應根據成分、結構、乾製時所用的方法、乾燥速度、雜質含量而定，才能達到理想的漲發效果。例如：魷魚、墨魚適合用鹼發；蹄筋、肉皮適合用油發；木耳、香菇適合用水發；蓮子、干貝適合用蒸發。

POINT 168 漲發乾貨必須用清水浸泡回軟

漲發乾製品時，若是採用鹼水泡發，必須先將乾貨用水浸泡回軟。因為乾貨經水浸泡後可除去雜質和汙物，使食材變軟，泡發時容易吸收水分，內外膨脹均勻，漲發速度快，不會損害食材的外觀和風味，且較能恢復食材原有形狀。用鹼漲發魷魚等乾製品時，需先用水浸泡回軟，待乾製品肌肉細胞內外吸收少量水分後，再進行鹼發，即可緩和鹼水食材外層的直接腐蝕，促進鹼水向細胞間擴散的速度和均勻性，達到內外一致，發透發好，筋性強，提高食材的品質。

不先經冷水浸泡的乾製品，若直接用鹼水浸泡，則會因食材受到鹼水腐蝕而發生溶化現象，失去食用價值。

POINT 169 漲發的鹼水調配法

由於鹼水具有腐蝕性和脫脂作用，使用前務必掌握好鹼水的濃度。鹼水過稀，漲發乾製品時，食材難以發透；鹼水過濃，食材組織容易受到損傷，會流失較多的營養成分。因此，必須根據乾製品的性質，選用適宜的浸泡鹼水及濃度、溫度和漲發時間。一般選用的鹼水有以下兩種：

一種是食用鹼（純鹼，學名碳酸鈉，又稱蘇打）溶解在水中形成的碳酸鈉水溶液，即呈鹼性。因為碳酸鈉在水中被水解：

$$Na_2CO_3 + H_2O \longrightarrow NaHCO_3 + NaOH$$

但食用鹼的鹼性比較弱，只適用於不會太過堅硬的食材。

另一種是火鹼（氫氧化鈉 NaOH），可用食用鹼、生石灰（CaO）和水依照一定比例配製而成。其比例是：

食用鹼：生石灰：水＝7%：3%：90%

這三者混合後，會產生以下反應：

$$Na_2CO_3 + CaO + H_2O \longrightarrow 2NaOH + CaCO_3\downarrow$$

反應溶液經過冷卻過濾，除去碳酸鈣沉澱後，所得到的澄清液，即為火鹼溶液，鹼性較強，漲發性好，用來漲發乾貨，可加速食材吸水速度，縮短漲發時間，使食材色澤潔白，複水率高。特別是對吸水性較差的食材，用石灰鹼水漲發，效果更好。

但是由於火鹼的鹼性較強，腐蝕性也強，在漲發過程中，要時時注意食材色澤、體積及回軟程度等變化，檢查漲發程度，掌握好漲發時間。發好後應立即撈出，避免食材受到腐蝕。

POINT 170 鹼發食材需立即以清水浸泡

乾製品經過鹼水浸泡後，食材的體積會變大，重量也會增加。但由於細胞外水分的濃度會逐漸高於細胞內水分的濃度，因而影響細胞的滲透壓，降低水滲透到細胞內的速度，使食材的吸水量仍不夠充足，所以並未完全達到漲發的目的。

若將經過鹼發的食材浸泡在清水中，組織內部殘留的鹼水就會向清水中擴散，進而使內部的鹼水濃度降低，逐漸恢復細胞正常的含水量。所以，乾貨在鹼發後反覆用清水浸泡，一方面可減少或除去食材內部鹼水的殘留和異味，以免影響口感；另一方面還可使部分未完全發透的食材繼續吸收水分，體積繼續膨大，達到最佳的漲發效果。

POINT 171 鹼發過的食材不能再火發

食材經過鹼發之後，質地已變得酥鬆軟嫩，如果再加熱火發，會加速鹼對蛋白質的腐蝕，促進蛋白質水解，生成各種胺基酸，並在熱鹼水中分解。輕者會使食材失去脆度、韌性、嫩度和營養價值，重者會使食材分解溶化，無法食用。

POINT 172 魷魚和墨魚的漲發方法

魷魚和墨魚通常都使用鹼水來泡發。作法：將魷魚或墨魚放入清水中浸泡2～3小時，使食材回軟。然後依每500公克魷魚或墨魚用40～50公克鹼粉和適量清水（以能淹過乾貨為準）的比例，調製成鹼水，將乾貨放入鹼水中浸泡8～12小時，即可發透。最後將魷魚或墨魚取出，摘去背部的軟骨，剝去外皮，將鹼水徹底清洗乾淨，再放入清水中浸泡備用。

POINT 173 魷魚等乾貨用鹼發的原因

鹼發是漲發乾貨常用的方法之一。適用鹼發的乾貨通常具有以下特性：質地乾硬，外皮有一層脂質薄膜，蛋白質含量豐富，脂肪含量低，肉質堅厚，吸水慢而不易發透，如魷魚、章魚、墨魚、海螺等乾製品。

新鮮的魷魚、墨魚體內均含有多種蛋白質，並以各種方式交聯在一起，形成高度有組織的空間結構。由於蛋白質分子未結合的極性基團與水結合，與網狀結構毛細孔作用，使新鮮魷魚或墨魚肌肉中含有大量的水分。因此，新鮮魷魚或墨魚肌肉組織中的蛋白質處在凝膠和溶膠狀態。經過脫水乾燥後的乾製品，食材肌肉組織中的蛋白質嚴重變性，空間網狀結構遭到破壞；加之表皮有一層含有大量疏水性物質（脂質）的薄膜，所以在冷水或熱水中漲發，水分子都難以進入。若將乾製品用清水浸泡回軟後，再放入鹼水中浸泡，也就是進行鹼發，則鹼水會與乾製品表皮的脂質發生皂化反應，使其溶解於水中，進而使漲發的食材表層呈半透膜狀態，能讓水和簡單無機鹽通過。進入肌肉組織的凝膠體內的水分子透過氫鍵或毛細孔作用，被束縛在蛋白質網狀結構中，形成凝膠狀態。另外，食材處在 pH 值很大（即鹼性）的環境中，蛋白質遠離等電點範圍，形成負電荷的離子（帶負電荷）。由於水分子也是極性分子，進而增強了蛋白質對水分子的吸附力，加快漲發的速度，縮短漲發的時間，可在較短時間內使乾製品體積膨脹，重量增加，恢復成新鮮的狀態。

POINT 174 乾魷魚（乾煸用）不宜用鹼發

結締組織是機體的保護組織，並賦予機體韌性和伸縮性。

結締組織在80℃以上的水中長時間受熱，特別是在鹼的作用下，會發生化學變化，產生可溶於水的明膠，使整個組織變得柔嫩、滑爽。魷魚肌肉組織中的結締組織含量少，肉質較柔嫩，在用鹼水漲發的過程中，有一部分膠原蛋白質會被分解形成明膠。

因此，用鹼水漲發的魷魚，若長時間烹煮，就會因過於軟爛而「化掉」，難以維持一定的形狀，使菜肴無法達到酥香的風味。

POINT 175 鮑魚乾宜用鹼發

鮑魚是爬附在淺海低潮線以下岩石上的一種單殼軟體動物，因其貝殼呈耳狀，故又名「石耳」。鮑魚屬於珍貴的海產，營養價值高，蛋白質含量19％，更含有鈣、磷、鐵和維生素等。

漲發鮑魚的方法有很多，但以鹼發較合適。因為鮑魚質地乾硬、肉質細密，吸收水分較慢，漲發時若不用鹼水，而用冷水、熱水交替，會因漲發時間較長，而造成鮑魚返生回硬的現象，失去軟滑的口感。

將鮑魚用鹼水泡發的方法：鮑魚放入冷水中浸泡至回軟，除去內臟，在肉厚處切兩、三刀，再放入清水中浸泡至完全回軟，接著放入熱鹼水中浸泡4～9小時。

熱鹼水調配法：50公克生石灰、100公克純鹼（碳酸鈉），加入250公克沸水攪拌均勻，待石灰和鹼完全溶解後，再加入250公克冷水攪勻。靜置澄清後，取清水使用。

剛浸泡時應經常翻動，使鮑魚能夠漲發均勻。待浸泡至鮑魚肉表面光亮，全部漲發回軟，再用清水反覆沖洗，浸泡至鮑魚身大而明亮，色呈淡黃，有較強的彈性時，即可撈出。

POINT 176 海螺乾的漲發方法

海螺是一種海生軟體動物，種類很多，常見的有香螺、紅螺、玉螺等。泡發海螺乾一般是用溫水泡軟後，再煮到螺肉完全軟了，然後放入鹼水中泡發。用純鹼水溶液加生石灰來泡發乾海螺，漲發程度較充分且均勻，可使螺肉表面光滑，質地脆嫩。詳細的方法為：

將海螺乾用冷水或溫水泡至回軟。將適量的生石灰、純鹼和水攪拌均勻，把已泡至回軟的螺肉放入溶液中，待螺肉完全漲發後，用清水反覆漂洗，將石灰鹼水及異味完全清洗乾淨，即可烹調。

POINT 177 燕窩的漲發方法

燕窩有白燕、毛燕、血燕之分。白燕是金絲燕第一期所築的巢穴，是金絲燕在吞食海中的小魚、蝦和藻類後，經胃液消化再吐出的黏液所築成，其色白而略透明，品質較佳。

毛燕是金絲燕第二期所築的巢穴，是用唾液和自身的絨毛做成；還有一種是用海藻、柔軟植物纖維混以少量唾液做成，這種燕窩品質較差。

血燕則是築於懸崖上的燕窩。由於築巢時間較久，燕窩被石縫中滲出的礦物質浸潤，從而成為血燕，為燕窩中的上品。

漲發燕窩時應採用熱水浸泡，以鹼水提質的方法：先用開水將燕窩泡至回軟，放入清水中漂洗，將燕毛等雜質摘淨，然後用清水浸泡，要食用時再進行「提質」。

提質就是將經過上述處理後的燕窩放入熱鹼水中浸泡（鹼水的比例為：15公克燕窩，750公克開水、3公克純鹼），直至燕窩體積膨脹約三倍，手捏起來有柔軟滑嫩的感覺，肉質不發硬時為止。然後將燕窩取出，用熱水將上面的鹼水漂洗乾淨。

如果第一次提質沒有達到預期效果，可將鹼水倒掉，另換鹼水，再泡一遍。

在提質的過程中，若發現燕窩有糜爛現象，表示鹼水太濃，或者浸泡時間太長。燕窩糜爛會失去其營養價值，因此用鹼水泡發時，應掌握鹼的用量和浸泡時間。

從營養學的角度來看，用鹼水漲發燕窩雖然會破壞燕窩的一部分營養成分，但可使燕窩漲發率大幅提高，通常可以漲發出原燕窩重量的八～九倍；同時還可使燕窩迅速回軟發透，縮短漲發時間，色澤潔白，質地柔潤，並可除去雜質和腥味。

POINT 178 適合用油發的乾製品

油發又稱為「炸發」，就是將乾貨放入熱油鍋內，借助油的傳熱作用，使乾貨的水分蒸發，進而變得蓬鬆酥脆。這種漲發方式主要適用於結締組織較多、膠質豐富、彈性較佳的動物性乾貨食材，如肉皮、蹄筋、魚肚等。

結締組織中主要含有膠原蛋白質和彈性蛋白質。膠原蛋白質是由三股多肽鏈組成的螺旋體，具有高度結晶性，結構緊密。利用低溫油的傳熱作用，使乾貨受熱均勻，結締組織內的膠原蛋白質和彈性蛋白質在乾熱條件下會收縮，使結締組織的結構更為緊密；在達到一定緊密程度和溫度時，乾貨組織結構內部殘存的氣體和殘存結合水，受熱後轉變成游離水（又稱自由水）並且汽化，其膨脹力超過了乾貨組織結構的收縮力，進而使乾貨突然膨脹，從漲發前的緊密結構轉變為漲發後的海綿狀結構，達到漲發目的。

利用油發乾貨，能使食材體積膨脹，質地鬆脆，形態飽滿，易於發透，浸泡時能迅速吸水回軟，食材光潔美觀，味道醇正。

POINT 179 油發時的油溫不宜過高

油發乾貨時，通常會將乾貨和冷油一起下鍋，然後讓油溫逐漸升高，食材緩慢受熱，使裡外受熱均勻。當加熱到一定溫度和時間，食材組織中的膠原蛋白質便會收縮回軟。70℃油溫經60分鐘的浸炸後，收縮可達到50％。這個階段稱為「油焐」。接著再升高溫度，使食材發透。

剛開始油發時，若油溫過高，食材表面驟然受熱，水分迅速蒸發，在熱量還未傳遞到食材內部時，食材表面就會因大量失水而形成一層硬殼，進而阻止食材內部膨脹，造成外焦裡生，漲發不均勻；外表發黃變黑，並產生焦糊味；在浸泡回軟時，形體容易破碎，腐爛變質，影響品質。

POINT 180 乾製品含水量對油發品質的影響

含水量偏多的乾製品（拿起來稍重，捏起來稍軟）和含水量過少的乾製品（拿起來偏輕，色泛白而無光澤，質地粗糙生硬），在進行油發時，都不容易充分膨脹。

新鮮食材的含水量較多，一般在70％～90％。動植物食材組織中的水分存在狀態為：一種是存在於細胞間隙中，以毛細作用力所吸附著，稱為游離水，性質與普通水一樣；另一種是以氫鍵與蛋白質、澱粉、糖中的極性基團相結合，由於結合強度不同，可分為結合水和半結合水，這部分水沸點高於100℃，冰點低於0℃。

乾製新鮮食材時，如果沒有把游離水完全除淨，即乾製食材還保有一定濕度，在油溫60℃的油焐階段，乾製食材（如肉皮、蹄筋）中的膠原蛋白質即被水解成明膠，形成凝膠狀態。水解程度與乾製食材中的水分含量、油溫呈正比。這樣就失去膠原蛋白質的特性，即收縮性會下降，導致結構緊密度降低，使乾貨在漲發時無法達到膨脹的效果。所以，新鮮食材（如新鮮豬皮等）不能直接用油發。

過於乾燥的乾製品（即在乾製時，不僅除去食材中的游離水，也把與蛋白質結合的結合水和半結合水除去一部分），在油焐時，受熱一段時間後，食材並不能收縮回軟，或者收縮甚微。這樣正式油發時，漲發的效果就會不夠理想。這時由於乾製品組織內部結合水含量太少，因而加熱後，轉化成的游離水少，其汽化力無法超過乾貨組織結構的收縮力，因而無法產生強大的爆發力，不能使乾製品完全漲發。

因此，唯有乾製食材呈半透明狀、具有光澤、表面光滑、硬中帶軟的才可用油發，並可達到很好的漲發效果。

有經驗的廚師在油發蹄筋時，往往會先把太乾的蹄筋放在清水中沖洗，若是太濕則會先晒乾後再進行油焐。這樣可使過於乾燥的蹄筋吸收些水分，過濕的又能晒去一部分水分，使蹄筋的含水量正常，有利於漲發。

POINT 181 油發後的乾貨要放入溫鹼水中浸泡

乾貨經油發後，體積膨脹，質地酥脆，但含有大量的油脂，有時還會有異味。因此要將油發後的食材用溫水浸泡回軟，再放入1％的溫鹼水中輕輕地搓揉，讓油脂與鹼接觸，發生化學反應，產生有機酸鹽而溶於水中，同時也除去油膩味、異味等。最後再用清水反覆漂洗，以除去鹼液。透過以上方式處理，可使油發後的食材柔軟蓬鬆，色澤潔白，清爽無異味。

POINT 182 油發肉皮時要再回炸一次

肉皮乾製品大多是用油發，作法是將乾肉皮與冷油一起下鍋，然後用微火慢慢加熱，並不斷翻動。由於肉皮中的膠原蛋白質具有高度結晶性，遇熱會收縮，因此加熱到一定溫度和時間，肉皮會收縮而捲起。從外觀看，當有一粒一粒小白泡出現時（肉皮表面半結合水受熱而汽化），應立即把肉皮從鍋中撈起，一方面可使鍋內的油溫繼續升高，為下一步漲發做準備；另方面是讓肉皮進一步收縮，使其組織之間更加緊密，以利於下一步漲發。待油溫升高後，將肉皮第二次下鍋回炸。由於熱力的作用，使肉皮組織中殘存的結合水（其沸點比較高）轉變成游離水，由於汽化產生的膨脹力超過肉皮組織結構的收縮力，因而會使肉皮突然膨脹。待肉皮膨脹到飽滿鬆脆時，撈出來放進5％的鹼水中浸泡回軟，再用清水漂洗乾淨即可。

魚肚、魚皮和蹄筋因含有膠原蛋白質，都可以用油漲發，方式與油發肉皮相同。

POINT 183 乾肉皮的漲發技巧

乾肉皮即豬皮的乾製品，經漲發後，稱為「假魚肚」。無論是涼拌或熱炒，經常使用得到。要使乾肉皮得到色澤黃白、富有彈性、酥鬆透裡的最佳漲發效果，應掌握下列技巧：

①選料：肉皮部位不同，漲發後的品質也不一樣。豬後腿皮、脊背皮組織內所含的膠原蛋白質較豐富，油發後效果最理想；而夾心皮、下五花皮組織中的膠原蛋白質含量少，彈性蛋白質含量多，油發較困難，容易有硬心。因此，乾肉皮應選用後腿皮和脊背皮進行漲發。

②必須把肉皮上的脂肪清除乾淨：肉皮上如有脂肪，會影響傳熱的速度，造成受熱不均勻，引起局部蛋白質變性，使肉皮不能完全漲發。

③肉皮必須乾透：如果肉皮的水分太多，在油焐階段，肉皮中的膠原蛋白質被水解成明膠，降低了膠原蛋白質的收縮性，在漲發中便不能膨脹起來，影響品質。

POINT 184 下五花皮的油發技巧

下五花皮組織中的膠原蛋白質含量少，所帶的脂肪是網狀皮下所儲備的脂肪，不易清除，會妨礙水分蒸發，使肉皮的濕度較大，因此，豬的下五花皮較不易漲發。

如果在油焐階段溫度較高，時間過短，油發起來就會比較困難，而且容易硬心。解決的方法是延長溫油漲發的時間，即延長油焐階段。在油焐階段，油溫不宜太高，約在40℃為宜。將肉皮與冷油一起下鍋，用微火慢慢加熱，待油熱後，保持此油溫，一直到乾肉皮受熱捲起，表面有一粒一粒小白泡突起時，將肉皮撈出，再用熱油發透即可。

POINT 185 蹄筋可採用半油水漲發

蹄筋主要是由膠原蛋白質和彈性蛋白質組成，除了可以用油發外，還可以採用半油水漲發，即在漲發過程中，先以油發（油焐階段），後以鹼水漲發。

用半油水漲發蹄筋的特點是：漲發量高，1公斤品質好的乾蹄筋，可漲發到5～6公斤，且顏色潔白，質地柔軟，滑潤爽口。這是單純用油發或水發所不及。

半油水漲發技術的關鍵在於：油焐階段不能使蹄筋表面產生小氣泡，否則在鹼發時，食材表面會出現孔隙或腐蝕。為此，在油焐時，要將油溫控制在120℃以下。在鹼發時，要掌握鹼水的濃度和溫度，否則會影響品質。

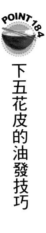

以半油水漲發蹄筋的方法是：先用熱水將蹄筋上的雜質洗掉，然後晾乾。將晾乾的蹄筋與冷油一起下鍋，用微火慢慢加熱，油溫控制的最佳範圍是：蹄筋逐漸由硬變軟，體積逐漸收縮變小，油面上不斷排出小氣泡（因食材中的水分排出）。在油焐階段，要勤翻動，使蹄筋受熱均勻，同時根據蹄筋形狀的大小，油焐時間通常控制在半小時至1小時為宜。

油焐結束後，將蹄筋撈出，放進2％濃度的熱鹼水中煮半小時，水溫控制在40℃～50℃之間，浸泡1～2小時，撈出洗淨，再放入熱水鍋（40℃～50℃）燜2小時左右，至蹄筋無硬心時取出，放入清水中浸泡，使其吸收水分，達到最佳品質。

發好的豬蹄筋，有時筋頭內會有一塊殘留的肉，在浸泡清理時要除淨，否則會使蹄筋的口感變硬，不夠軟嫩，色澤也不美觀，保存時易腐敗變味。

POINT 186 干貝、蝦米適用蒸發法

蒸發法就是把乾貨放在容器中用蒸氣使食材發透的一種方法。在密閉的條件下，蒸氣能夠達到比水沸點還高的溫度，因而具有比水更強的傳熱能力，可以迅速地使乾貨回軟漲發，恢復原有的形狀與鮮味。使用蒸發法可使食材不散不亂，保持原形，整齊美觀，並能保留食材中較多的鮮香風味和營養成分。

適用蒸發法的食材通常都是一些鮮味濃、脂肪多、易散碎、易溶化的乾貨，如干貝、蝦米、蝦皮、雪蛤和蓮子等。

作法：將干貝洗淨，除去外層老筋，放入碗中，加入清水、蔥、薑和酒去除腥味，然後放進蒸籠或電鍋中，蒸至可以用手撕成絲狀即可。將蓮子放入碗中，加入適量清水，用微火蒸20～30分鐘，即可烹煮。

POINT 187 乾蝦仁的漲發方法

蝦仁可以用蒸發、也可以使用泡發的方式來漲發。方法是：先將蝦仁用溫水漂洗乾淨，再用沸水浸泡約1小時，至蝦仁泡透回軟，將水瀝乾後，即可烹煮。

POINT 188 皮薄肉嫩的海參漲發時要少煮多泡

海參品種很多，大致可分為兩類：1.體表上有肉疣的，多為黑色，名為刺參或烏參；2.體表上無肉疣的，多為白色和灰色，名為白參或什色參，統稱為光參。

漲發海參乾製品的方法有水發和油發兩種，一般以水發最為常用。

採用水發時，要注意根據海參性質的差異，掌握漲發的方法。像皮薄肉嫩的紅旗參、烏條參、花瓶參等，可採用少煮多泡的方法。

因為皮薄肉嫩的海參，如煮發的時間較長、次數過多，容易使海參表皮熟爛流失。

漲發的方法：先將海參放進開水中浸泡12小時（可用保溫瓶保溫），然後換一次開水。繼續浸泡至海參回軟後，將海參開腹摘淨內臟，清除灰粒，洗淨後放入沸水中，用微火煮30分鐘；起鍋浸泡12小時，然後換水，再煮沸5分鐘，起鍋繼續浸泡。如此漲發2～3天，海參即可完全發透。

POINT 189 皮薄肉厚的海參漲發時要勤煮多泡

明玉參、禿參、黃玉參等皮薄肉厚，肉質細密，漲發較為困難，必須採用勤煮多泡的方式漲發。但煮的時間要短，水沸後需立即起鍋；浸泡時間則要長些，否則會使海參表皮熟爛流失，裡面卻還未發透，留有硬心。

方法：先將海參放進開水中浸泡回軟，開腹摘淨內臟，除去灰粒，煮5分鐘，浸泡12小時；換水再煮5分鐘，再浸泡12小時。如此反覆煮、泡四～五次，即可完全發透。

POINT 190 皮硬肉厚的海參漲發時要先燒後水發

大烏參、岩參、灰參等外皮堅硬，肉質較厚，僅用熱水漲發是發不好的。必須用火把這類海參的外皮燒焦，然後用刀刮去焦皮，直至露出深褐色的參肉時，再放入冷水中浸泡2天。待海參回軟後，撈起置入鍋內，加冷水，煮沸後起鍋，將水溫保持在70℃～80℃，燜2小時；然後取出海參，開腹摘淨內臟，除去灰粒，再放入冷水中浸泡2小時，撈出放入鍋內，加清水燜煮1～2小時，至海參完全發透後，撈出置於清水中浸泡備用。

POINT 191

不能用鹽水漲發海參

漲發海參時，採用水發的方式較合適。但如果水中含有鹽分，海參便不容易發透。

當用水漲發海參時，海參細胞外溶液的濃度低於細胞內的濃度，這樣，細胞內的滲透壓就大於細胞外的滲透壓，水在滲透壓的影響下，就能從細胞外向細胞內滲透，使海參不斷地吸收水分而漲發。如果浸泡海參的水中含有鹽分，會使海參細胞外的滲透壓升高，使水分向內部滲透的速度減慢。如果外部溶液滲透壓大於細胞內溶液滲透壓，會發生反滲透作用，致使海參的細胞失水，體積縮小。

同時，由於鹽也會擴散到細胞內，使蛋白質發生鹽析作用，降低蛋白質的持水性，導致海參不但不能繼續漲發，反而體積愈縮愈小。因此千萬不能用鹽水漲發海參。

POINT 192

用乾淨的器皿漲發海參

在水發海參時要注意所使用的器皿和水必須潔淨，不能沾染油、鹼等物質。

海參沾染上油脂後，會防礙吸水膨脹的能力，降低漲發的品質。同時，海參可溶解在油脂中，如果沾染太多油脂，會使海參腐爛變質，甚至化為烏有。海參遇鹼後，尤其是在熱介質中，海參中的膠原蛋白質會被水解成明膠，使海參的肉質變軟，失去彈性，降低品質。

POINT 193

消除漲發海參苦澀味的方法

海參生長在海底，以吞食海底的微生物維生，因此，海參體內含有大量灰粒成分。切開海參，即可見到這些白色微粒，若不清除乾淨，吃起來就會有苦澀味。

清除方法是：將已發好的海參切成所需的形狀，每500公克海參，用250公克白醋加500公克開水，澆入海參中拌勻後稍待片刻。海參遇醋後即會收縮變硬，由於灰粒屬於鹼性物質，與醋中和後即可溶於水中。隨後將海參放在清水中浸泡2～3小時，至海參回軟，再用清水反覆漂洗至無酸味和苦澀味，即可烹煮。

POINT 194 漲發過的海參不能冷凍

漲發過的海參不能冷凍，因為其組織內含有較多的游離水，游離水在0℃即可結冰。漲發後的海參冷凍時，細胞間隙中的游離水會結成冰粒，使相鄰溶液的濃度增大，滲透壓升高，導致細胞內的水分不斷向外滲透，使得細胞間隙存在的冰粒也不斷增大。而且水結成冰後，體積膨脹，對細胞產生擠壓，進而使細胞脫水，並變形、破裂。解凍後，細胞內可溶性營養成分和風味會隨著水分而流失，並出現蜂窩狀，彈性減小。由於蛋白質因脫水而變性，口感變得不軟潤。因此，漲發好的海參應立即烹煮，或是存放在0℃～1℃的環境中。

POINT 195 水發魚肚的技巧

魚肚又名魚膠，是用大黃魚等魚類的鰾（魚腹中的沉浮器官）經脫水而成。

水發魚肚的方法：先將魚肚放入溫水中浸泡8～10小時，撈起來後放進水鍋中用微火煮2小時；起鍋離火，悶至鍋內水涼後，再將水燒開，鍋離火再悶至水涼，如此反覆數次，直至能用手指掐透魚肚為止。用溫水將魚肚上的黏液洗淨，再放入清水中漂洗，至魚肚發亮、有彈性即可。

POINT 196 魚皮的漲發技巧

魚皮是鯊魚皮的乾製品，由新鮮鯊魚皮經過水浸，刮去鯊鱗及魚肉後晒乾而成，是含豐富膠原蛋白質的海味。市場上常見的魚皮有整張的，也有切碎成塊的。

魚皮乾貨宜用水漲發，方法是：先將魚皮放入溫水中浸泡12小時，取出用開水燙30分鐘（肉質較老的可以再燙一次），洗涮去沙、去黑皮，洗淨後再用開水煮10分鐘；另換開水浸泡10小時，待魚皮完全回軟發透，撈出放入清水中浸泡備用。

POINT 197

魚唇的泡發技巧

由於魚唇的細胞組織相對較軟嫩，適合泡發。方法是：用清水浸泡約4小時，洗淨後瀝乾，加入沸水浸泡三～四次，直至泡軟為止。

POINT 198

魚翅的漲發技巧

魚翅是用鯊魚的鰭加工乾製而成。中醫認為魚翅對人體有補氣、補血、補腎、補肺和醫治虛勞的作用。因鯊魚的種類不同，魚翅的品種相當多。根據鯊魚鰭部位的不同，魚翅可分為背翅、胸翅和尾翅三種，一般以背翅最好，尾翅次之，胸翅最次。

魚翅乾貨宜用水漲發，通常需經過泡、煮、燜、浸、漂幾道程序。

由於魚翅有老嫩、厚薄、鹹淡的不同，漲發程序的繁簡和火候也就有所差異。漲發時，首先將魚翅的薄邊剪去，放入冷水中浸泡10～12小時；待魚翅回軟後，放入沸水中煮1小時；再用開水悶至大部分的沙粒鼓起後，用刀邊刮邊洗，除淨沙粒（若除不乾淨，可用開水再悶一次）；將翅根切去部分，放入鍋內燜透，老硬魚翅通常要燜5～6小時，軟嫩魚翅燜4～5小時；將燜透的魚翅取出放涼，即可出骨和清除腐肉。把清理好的魚翅放入鍋內再燜1～2小時，至完全發透後取出，用清水漂洗乾淨，除去異味。

以上漲發的方法特別適合翅板厚大、皮蒼老的魚翅。

POINT 199

漲發魚翅要剪去翅邊

魚翅的邊緣薄而嫩，含有極細的沙粒，又沒有翅針。漲發時，翅邊極易糜爛，並容易將細沙捲進翅肉內部，影響品質，所以在漲發前要把魚翅邊剪除。

POINT 200

煮發魚翅不能中途加冷水或用力攪拌

魚翅在漲發過程中，翅體和水的溫度都很高，如果中途加入大量冷水，翅體表面因受冷會急劇收縮，使表面崩裂，造成沙粒混入翅體內，難以刮除。

在漲發過程中，更不可用力攪拌，以防魚翅破碎，影響品質。

POINT 201 煮發魚翅要掌握火候和時間

魚翅乾製品質地堅厚而乾硬，較難漲發。漲發時，火候大小及燜的時間長短，會影響魚翅品質。漲發時，應採用小火燜煮的方式，不能開鍋。如果火旺水沸，會將魚翅表面煮開，翅面變腐，沙粒混進翅肉內，不易刮皮去沙。燜的時間若過長，翅表面也易破裂，鑽進沙粒，不易洗掉，影響口感；燜的時間若過短，則退不掉黑色的外膜和沙粒。

因此漲發時，應根據魚翅大小和老嫩程度，把不同的魚翅分開漲發。在煮和燜時，要掌握好火候和時間，以防止小而嫩的魚翅已爛、老而堅的魚翅卻尚未發透。

POINT 202 漲發魚翅不能用鐵鍋和銅鍋

漲發魚翅時，不要使用鐵鍋或銅鍋，因魚翅中的含硫蛋白質遇鐵、銅會產生化學反應，生成硫化鐵等，使魚翅表面出現黑色、黃色斑點，影響品質。

漲發魚翅時，最好選用不鏽鋼鍋來燜煮，或用木桶浸泡。

POINT 203 漲發魚翅不能沾有油、鹼、鹽等物質

煮發魚翅時或已發好的魚翅，都不能沾上油、鹼、鹽等物質，否則會使魚翅表皮溶化，影響品質。

發好的魚翅不宜在水中浸泡過久，否則會變質，失去食用價值。

POINT 204 漲發小且雜的魚翅宜少煮多燜

小而雜的魚翅，翅板薄且堅硬，沙粒較難去除，因此宜採用少煮多燜的方式漲發。方法是：先剪去翅邊，放入開水中浸泡，水溫降低後，另換開水繼續浸泡，直至能將沙粒刮淨為止。接著將刮淨的魚翅根部切掉，依肉質軟硬程度放入鍋中燜3～4小時，待魚翅完全燜透

後取出放涼，除去翅骨和腐肉，用清水漂洗乾淨即可。

魚翅已退沙並切去根部後，還可以使用蒸的方式將魚翅發透。方法：將已退沙並去除根部的魚翅放入鍋中，加水、蔥、薑、黃酒和少許花椒，蒸1小時左右，除去翅骨和腐肉；另換清水和佐料再蒸1小時，然後換清水和佐料再蒸，如此反覆數次，直至魚翅將近發透且無異味時，放入清水中浸泡即可。

POINT 205 魚骨的漲發技巧

魚骨又名「明骨」、「魚腦」，是鯊魚、鱘魚頭部的軟骨，含有豐富的鈣質和微量元素，對人體的神經、肝臟、循環系統等具有滋補作用。

漲發魚骨以蒸為宜，即將魚骨放入容器內，添加適量的水，蒸到發透。方法：先用清水將魚骨清洗乾淨，用沙拉油或香油拌一下，加水後蒸至魚骨回軟；再放進開水中浸泡，使魚骨漲發；接著用清水浸泡，直至魚骨變得柔軟透明，富有彈性，色澤潔白，即可烹煮。

因魚骨有大小和老嫩之分，所以蒸的時間也長短不一。一般色澤白亮、透明度高的是嫩骨，蒸30分鐘即可回軟；老一些的則可延長蒸的時間。

POINT 206 魚骨要油拌後再蒸

魚骨易被熱氧化分解，在蒸之前用沙拉油或香油拌一下，可使魚骨表面覆蓋一層油膜，防止魚骨直接因熱氧化分解而使魚骨溶化。這樣可以保持魚骨形整不散，質地柔軟，光亮透明，同時還能除去魚骨的腥味和異味，增添香氣。

POINT 207 燙發海蜇水溫不宜過高

海蜇是海產水母用鹽和明礬醃製後脫水而成，可分為海蜇頭和海蜇皮。海蜇皮由水母的傘蓋加工乾製而成，海蜇頭由水母的觸鬚部位加工乾製而成。

燙發的方式：用清水將海蜇浸泡發透（可在食用前1、2天浸泡），將明礬和雜質徹底洗淨，切成絲。用水燙時，待水燒至95℃左右（不可沸騰），把海蜇絲放入漏勺中，用湯勺舀鍋中的熱水淋在海蜇絲上，海蜇絲一收縮，立刻放入涼水中，然後再反覆漂洗浸泡，這樣，海蜇絲即可吸水漲發，恢復到原有的脆嫩狀態。

海蜇中含有膠原纖維，遇熱後會迅速收縮，溫度愈高，時間愈長，收縮程度就愈大。因此，燙發海蜇絲時，如果水溫過高，時間過長，海蜇絲會收縮捲曲成粒末狀，不但影響外觀，也會失去嫩脆口感，且不利消化吸收。

POINT 208 海蜇絲燙發後要用清水反覆浸泡

海蜇是經過鹽和明礬醃漬、脫水而成，味鹹而澀，腥味較重，同時含有細沙粒。海蜇經溫水燙發後，有收縮現象，需經過清水反覆漂洗浸泡，才能回軟，體積膨脹，質地脆嫩爽口，同時還可除去鹹味、苦澀味和腥味，並漂除殘留的沙粒，確保菜肴的品質和口感。

POINT 209 筍乾、玉蘭片和筍衣的漲發方式

筍乾也叫乾筍，是鮮筍經過水煮、壓榨成片後，再烘乾（或晒乾）、燻製而成。

漲發筍乾的方法為水發，作法：將筍乾放入開水中浸泡回軟，切成片或塊，放入冷水鍋內煮沸，然後改用文火保持水溫（以水不滾沸為準），30分鐘後，將筍乾撈出來，用開水浸泡10小時，再與洗米水一起煮10分鐘，接著換用開水浸泡，直至發透為止。漲發好的筍乾，色澤潔白或略黃，肉質脆嫩，沒有異味。

玉蘭片是由冬筍和鮮嫩的春筍加工而成的乾製品，因其片形和色澤與玉蘭花的花瓣十分相似而得名。

漲發玉蘭片的方法為水發，作法：先將玉蘭片放入開水中浸泡10小時，撈入冷水鍋中煮沸，再改用文火（以水不沸又能保溫為準）燜30分鐘。將玉蘭片取出後，以開水浸泡10小時，然後煮約10分鐘，再撈入洗米水中浸泡10小時，然後煮10分鐘，撈出再用開水浸泡，至玉蘭片色澤潔白或微黃、肉質脆嫩、無異味即可。

筍衣是加工玉蘭片時剝下的嫩皮，經脫水而成的乾製品。筍衣的漲發方法為水發，可參考玉蘭片的漲發方法。其質地鮮嫩，因此比較容易漲發。

POINT 210 用洗米水漲發玉蘭片、筍乾

筍乾、玉蘭片的組織中含有黃酮素類物質，此物質在漲發過程中遇鹼性水質（硬水）易發黑變黃。但是這種黃色物質在中性偏酸的水中可以轉變成無色的黃酮素。而稻米中含有硫、磷、氯等酸性元素，因此洗米水中性偏酸，用來煮發、浸泡筍乾和玉蘭片較容易漲發，同時能防止食材變黃發黑，保持脆嫩潔白。

POINT 211 煮發玉蘭片、筍乾不能用鐵鍋和鋁鍋

玉蘭片、筍乾都是鮮筍經過脫水乾燥製成的，質地乾硬、色澤潔白或略帶黃色。

玉蘭片、筍乾的組織中含有黃酮素類物質，會與鐵、鋁等金屬產生化學反應，形成藍色、藍黑色、藍綠色、棕色等不同顏色的物質。因此在煮發玉蘭片、筍乾或筍衣時，不宜用鐵鍋或鋁鍋，否則會使食材的色澤變成灰暗色。煮發時，最好使用陶瓷鍋、琺瑯鍋或不鏽鋼鍋。

POINT 212 漲發乾蓮子勿用冷水浸泡或冷水下鍋

已脫掉蓮衣的蓮子在漲發時，絕對不能用冷水浸泡或用冷水下鍋燒煮，否則會有硬心而煮不爛，口感不綿軟。

正確方法：將乾蓮子放入鍋中，加入足量的開水（水超過蓮子5公分），加蓋悶10分鐘，再開火煮10分鐘，最後離火悶10分鐘。另一方法：將乾蓮子加入適量開水蒸15～20分鐘，即可發透。

蓮子含較多的果膠物質，組織比較堅硬，在水中加熱，可以使蓮子組織細胞間的果膠物質完全轉化成可溶性果膠和果膠酸，使蓮子的組織變軟，口感綿密。冷水（尤其是硬水，即含有礦物質的水）中含有大量鈣離子，會與果膠酸生成果膠酸鈣。果膠酸鈣具有黏性，易使蓮子組織中的細胞黏結在一起，變得堅硬，所以燒煮不爛。因此，不能用冷水燒煮或浸泡蓮子。

未精製的紅糖中也含有大量的鈣，所以，蓮子也不能與紅糖一起煮。

POINT 213 脫水蓮子的蓮衣要用熱鹼水搓除

乾蓮子是用藕的種子加工乾製而成。市售的蓮子有兩種：一種是未去蓮衣；一種是去蓮衣和蓮心。

要將乾蓮子表皮的蓮衣去掉，必須用熱鹼水搓。蓮子與鹼的比例為100：5。用刷子反覆輕搓蓮子去皮，待水漸呈紅色，將蓮子撈出，換乾淨的熱水，再用刷子將蓮子搓洗乾淨。

因為蓮子表皮含有較多的果膠物質，果膠物質具有黏著力，使得蓮衣與果仁緊密地黏在一起，就算用水煮也不能脫去蓮衣。

如果用鹼水搓，熱鹼水可使蓮衣和果仁之間的黏合物果膠水解，生成無黏性的果膠酸鈉鹽而溶於水中，蓮衣就會與果仁分離，使蓮子變得潔白。

用鹼水浸泡、搓洗蓮子時，動作要快，力道要均勻，否則容易使蓮子破碎。同時由於蓮子中含有黃酮素，遇鹼容易變紅，所以脫掉蓮衣後，一定要用清水反覆將鹼液漂淨，否則蓮子變紅會影響外觀和品質。

POINT 214 腐竹宜用溫水漲發

腐竹是黃豆磨漿燒煮後，豆漿中蛋白質遇熱凝固，在豆漿表面凝結成的薄膜，捲成棒狀後，再經脫水乾製而成。因此，腐竹中蛋白質含量比較高，約為50.5％，脂肪為23.7％。

腐竹用溫水浸泡才能達到裡外軟硬一致，如用冷水泡發則容易外爛、裡硬而發不透。

由於腐竹呈捲棒狀，而冷水溫度低，水向腐竹內部滲透會比向表皮擴散困難得多，表皮會先吸收水分而溶化，容易造成外皮已化、內部仍未發透的情況。如果採用溫水或開水漲發，因水溫高，水分在腐竹中擴散、吸附的速度加快，短時間內，水分即可擴散到腐竹內部，使其裡外軟硬一致。

POINT 215 用豆皮做煎炸食品的漲發技巧

豆皮是黃豆磨漿燒煮後凝結乾製而成的半乾性豆製品，皮薄透明，半圓而不破，色澤乳白微黃光亮，是高蛋白、低脂肪、不含膽固醇的營養食物，也是素食中的上等食材。

豆皮的吃法有許多種，可炒、煮、煎、炸，或做素食。用豆皮來炒、煮時，可用水浸濕或直接撕成條狀，加入雞蛋、調味料到湯中煮沸2分鐘即可。但用來做豆皮包肉等煎炸食品時，就不能採用以上的漲發方法。

以下以豆皮包肉的作法來說明：取一張豆皮平鋪在砧板上，撒上適當的太白粉，將拌好的肉餡攤在豆皮上約3公分厚，再蘸少許濕太白粉，蓋上另一張豆皮，使其與肉餡貼好，用刀面拍幾下後，切成長方形小塊。鍋中倒油燒至170℃，放入切好的半成品，炸至金黃色，即是豆皮包肉。用此法漲發豆皮，豆皮不破碎，而且豆皮與餡料緊密結合，造型美觀。

POINT 216 香菇不宜用熱水浸泡

香菇是食用菌類中的珍品，含有豐富的蛋白質、多種維生素和無機鹽。香菇中的揮發性成分多達二十種，形成主要的香氣。香菇的美味成分除了有多種α－胺基酸外，還含有不同的核苷酸，如5’－鳥苷酸即是香菇和蘑菇中的主要呈鮮味物質。香菇在人工乾燥的過程中，由於酶的作用，使5’－鳥苷酸得以不斷積累，因此，乾香菇比新鮮香菇鮮美可口。

乾香菇在烹煮前必須泡發。泡發時不宜用熱水，且浸泡時間也不宜過長。因為熱水容易使香菇中揮發性的香味物質受到破壞，失去或減少香菇特有的香氣，同時也使呈鮮味物質分解，降低香菇的鮮味。

正確作法：將乾香菇放入30℃左右的冷水中浸泡30分鐘，待菇蓋全部吸水軟化，撈起並稍微把水分擠乾，即可烹調。乾香菇在泡發前，可先在陽光下晾晒，經紫外線照射，能夠促使存在於菇類中的麥角固醇轉化成維生素D，有利於人體對鈣的吸收。

泡發香菇時，可在水中放入少許白糖調化，既可加快吸水而漲發，又可減少香菇中鮮香物質的流失。這是因為含糖水溶液能通過菇類組織的細胞膜擴散到細胞內部，使細胞內溶液的濃度增加，加速水分子向細胞內擴散和滲透。

POINT 217 快速漲發乾香菇的方法

一般都是採用水發方式，但由於將乾香菇泡軟需要較長時間，且多少會使菇類的鮮香味流失，所以可採用以下快速發菇法：在碗裡加入菇類及能蓋過菇類的水，放入微波爐中加熱3～5分鐘，菇類即可吸水膨脹。

用微波爐加熱，熱量能直接深入乾香菇內部，可以在較短時間內達到所需溫度，透過熱力作用可加速水分的擴散和滲透速度，能使乾香菇快速漲發。

POINT 218 木耳和銀耳宜用冷水漲發

木耳、銀耳均為乾製品，既可以用冷水發，也可用熱水發，但冷水比熱水效果好。用冷水漲發，由於水溫低，吸收水分比較困難，要想恢復成木耳、銀耳原來的鮮嫩狀態，需要時間。若用熱水發，因水溫高，水分在木耳、銀耳中擴散、吸附的速度快，可縮短漲發時間，並且發透。

但是水溫過高時，會使木耳、銀耳細胞內的果膠物質水解，形成果膠酸，失去脆度。同時還會使食材的細胞破裂，無法吸收水分，以致漲發失敗。因此，木耳、銀耳最好用冷水緩慢漲發，這樣既可達到脆嫩的口感，也較不會失敗。

POINT 219 猴頭菇的漲發方法

猴頭菇又稱刺蝟菌、猴頭菌等，是一種大型真菌，為稀有的野生食用菌，多寄生於松樹、樺樹、櫟樹的枯死部位或母枝的斷處。因其子實體圓而厚，表面長滿肉刺，模樣很特別，遠看很像金絲猴的頭，因而得名。

猴頭菇宜用水發，作法：將猴頭菇放入冷水中浸泡24小時，再移入開水中浸泡約3小時，撈出後摘掉表面的針刺，除去老根，洗淨後加入蔥、薑、酒，蒸1～2小時，即可烹調。

POINT 220 竹笙的漲發方法

竹笙是寄生在腐爛竹子上的一種形如竹筒狀的菌

類，其子實體呈條狀，外包赤褐色竹殼，竹殼內的竹笙由菌蓋、菌傘、菌柄三部分組成，體呈條網狀，長十幾公分，質地柔軟。經脫水乾燥，即成竹笙乾製品。

竹笙的漲發方法是水發，作法：將竹笙放入溫水中浸泡至發透回軟，再用清水反覆漂洗，洗淨泥沙，至顏色潔白，即可烹調，如清湯竹笙、竹笙香菇雞湯等，味道鮮美，肉質嫩滑，清香襲人，富含營養價值。

POINT 221 水溫是漲發石花菜的關鍵

石花菜屬於海藻中的紅藻類，主要成分是瓊膠，是提供瓊脂（或稱洋菜、瓊膠）的主要原料。

做涼拌菜時，可用溫水（水溫40℃～50℃）浸泡石花菜，浸泡時間約為2小時。浸泡好後，用清水沖洗乾淨，去除根部及雜質等。

由於石花菜的主要成分是瓊脂，瓊脂不溶於冷水只溶於熱水，當水溫達80℃～100℃時，瓊脂會溶化，因此在浸泡石花菜時，水溫應掌握在40℃～50℃之間。如低於此溫度則發不透，口感發硬；若水溫太高，瓊脂會溶解，口感變糊。所以水發石花菜時，水溫是重要關鍵。

POINT 222 蝦子的漲發方法

將蝦子放在50℃的水裡淘洗去沙，再放入70℃～80℃的水中，浸泡2小時，即可漲發。

蝦子也可使用蒸發法，即先用冷水淘洗乾淨，再放入容器中，蒸5分鐘至蝦子發軟後，即可烹調。

POINT 223 乾海帶的漲發方法

海帶是海藻類植物，營養價值很高。乾海帶一般採用水發法來漲發，但海帶不宜長時間用冷水浸泡（除非海帶被重金屬汙染），否則會失去營養價值，尤其是碘的流失。快速漲發海帶可採用蒸發方式，即將海帶沖洗乾淨後，鋪在蒸鍋內，用大火蒸30～40分鐘，再用清水浸泡，所發的海帶會更柔軟爽口。

因為蒸氣可達到比水更高的溫度，能夠加快水分向海帶內部擴散的速度，使海帶吸水回軟，內外均勻漲發，同時又可避免內部營養素流失。

POINT 224 乾金針及菜乾的漲發方法

先將乾金針的硬蒂剪去，再用清水浸泡約30分鐘，洗淨後即可烹煮。浸泡菜乾的方法也是類似：用清水浸泡30分鐘，洗淨泥沙即可。如泥沙較多，可反覆換水至洗淨為止。

POINT 225 乾栗子去殼後適合蒸

用刀將栗殼劃十字或將底部切去，放入沸水中煮約10分鐘，取出後趁熱去殼、去衣，放入碗內或直接放入蒸鍋，水滾後蒸約20分鐘至熟。栗子含有大量的澱粉，栗子成乾後由於水分揮發，變得乾、硬、韌，如採用蒸的方式，蒸氣的熱度穿透性強，效果較好。去殼、去衣的乾栗子也可浸泡後，與米、雜糧、豆類等一起煮成粥，經此法漲發的乾栗子口感又香又甜。

4

掛糊、上漿和勾芡的技巧

POINT 226 掛糊或上漿的菜肴營養價值高

將食材掛糊或上漿後再烹調，是使食材營養成分不流失的重要方式。

食材掛糊或上漿，經高溫加熱後，糊、漿很快會凝結成一層薄膜，熱油難以浸入到食材內部，使食材不會直接與高溫油接觸，減少營養素與空氣接觸的機會，因而降低維生素的損失。另一方面，食材內部的水分和呈香味物質均難以外流，進而減少了水溶性營養成分的流失。蛋白質受到糊層的保護，不會因高溫而變性，脂肪也不會因高溫分解而失去營養功能。

如炒豬肝，豬肝過油後，維生素A保存不到50%；若在下鍋烹調前，用麵粉或蛋白上漿，則維生素A可保存59%以上。因此，食材經過掛糊或上漿後，不僅可減少營養成分的流失，還能保持菜肴滋味和鮮嫩口感。

POINT 227 掛糊或上漿的適用範圍

使用大火熱油的烹調方法，如炸、溜、爆、炒等，食材下鍋後，因油溫較高，水分會迅速蒸發，呈味物質也會隨著水蒸氣揮發而流失。食材因為失水太多，導致質地變硬，口感不佳，使菜肴缺乏新鮮口感。

因此用此類烹調方法製作菜肴時，必須事先在食材表面設置保護層，再進行烹調，以防止水分和呈味物質流失。在食材表面掛糊或上漿，就是在食材表面設置保護層。

食材經過掛糊或上漿後，菜肴具有以下幾點特色：

①可防止食材失去太多水分，減少營養成分的損失，確保菜肴特有的滋味和鮮嫩口感。

②由於食材表面有了保護層，所以能有效阻礙熱量快速傳導，可以緩和火力，進而使食材由表至裡均勻成熟，避免外面糊焦、裡面卻半生不熟的現象。

③食材掛糊或上漿後，經過加熱能固定形狀，美化食物的造型。

④掛糊或上漿，可使一些韌性較強的食材質地變得外焦脆、裡軟嫩，酥香可口。

POINT 228 用澱粉掛糊、上漿的原理

天然澱粉是白色顆粒。澱粉分子在小顆粒中以有序和無序狀緊密排列堆積，水分子很難進入澱粉顆粒中，因而澱粉顆粒不溶於冷水。但當澱粉顆粒浸泡在冷水中時，會有少量的水分子進入澱粉顆粒無序（非結晶）區域，使其體積略為膨脹。

當澱粉顆粒在水中加熱後，由於熱力的作用，水分子逐漸進入澱粉顆粒的有序（結晶）區域。由於外界不斷提供能量，澱粉顆粒內由原來排列緊密的狀態，逐漸轉變成疏鬆的狀態，使澱粉顆粒吸收大量水分，體積迅速膨脹。當澱粉顆粒的體積膨脹到一定程度後，顆粒便出現破裂現象，顆粒內直鏈澱粉或支鏈澱粉以單分子形式分散到水中，形成膠體溶液。由於澱粉分子是鏈狀或分支狀的大分子，彼此相互牽扯，形成黏性的透明膠體溶液，稱為「糊化澱粉」。從生澱粉加熱後形成糊化澱粉的過程，稱為「澱粉糊化」。

糊化澱粉溶液具有很高的黏性，能緊緊地、均勻地黏裹在食材外部，形成保護層，使成品鮮嫩飽滿。如果進行高溫油炸，則因糊或漿表面水分汽化而脫水，即成為「硬殼」，形成外脆裡嫩的菜肴。

勾芡也是同樣的道理。澱粉芡汁受熱後，吸水膨脹，最後使澱粉糊化，形成高黏度的膠體溶液，均勻地包裹在食材上，或使湯汁與菜互相融合，成為色、香、味、形俱佳的佳肴。

POINT 229 掛糊和上漿的區別

在餐飲業中，掛糊和上漿往往互相混稱，不加以區別，但實際上兩者是不同的。掛糊和上漿所用的原料都是澱粉、雞蛋和麵粉，但兩者的作法卻不一樣。掛糊是先用澱粉和水（或蛋液）調製成黏稠的糊，再把食材放進糊裡，讓糊把食材全部包裹起來。上漿則不必先調製糊，只把澱粉、蛋白及調味料（如料酒、精鹽等）直接加在食材上，一起拌勻即可。

從材料的比例和效果來比較，糊較厚，即澱粉比例大，多用於炸、溜、煎、貼等烹調方式，使菜肴具有香、酥、脆等口感；漿較薄，即澱粉的比例較小，多用於爆、

炒等烹調方法，使菜肴具有柔、滑、嫩等口感。

由此可見，掛糊和上漿在作法和效果上都有明顯的區別，如果以糊代漿或以漿代糊，都達不到預期的效果。

POINT 230 適合掛糊、上漿的澱粉種類

用來掛糊、上漿的澱粉必須具有：糊化速度快，糊化時的黏度好，並且具有較高的透明度，使菜肴呈現出明亮的光澤等特性。但不同的澱粉，由於顆粒內的結構緊密程度、顆粒大小、顆粒的組成（直鏈澱粉和支鏈澱粉比例）皆不同，因此糊化溫度、黏度、透明度差別也較大。

①馬鈴薯粉：顆粒大，且大小均勻，吸水力強，澱粉糊化所需溫度較低（一般為59℃～67℃），因而糊化速度快，糊化後可很快達到最佳黏度，在同樣濃度下是澱粉中熱黏度最高的。但馬鈴薯粉熱黏度的穩定性較差，再繼續加熱時，黏度會明顯下降，降溫後黏度雖有所升高，但幅度不大。馬鈴薯粉糊絲長，透明度較好，很適合用於上漿或掛糊。

②玉米粉：顆粒小，且大小不均勻，糊化溫度高（一般為64℃～72℃），因而糊化速度較慢，糊化時的黏度上升緩慢，透明度較差。玉米粉糊絲短，凝膠強度較好，熱黏度較穩定。在相同的濃度下，黏度比馬鈴薯粉糊的黏度低很多，但如果持續加熱，玉米粉糊的黏度下降小，也比較穩定。馬鈴薯粉糊的黏度比玉米粉糊高四倍；但若在95℃左右保持一段時間，則馬鈴薯粉糊的黏度下降較大，甚至比玉米粉糊的黏度還要低。降溫後，兩者的黏度均又升高，但玉米粉糊升高程度大，易於凝凍。因此使用玉米粉時，宜用高溫（95℃左右），以提高黏度和透明度。

③鷹粟粉：從玉米中提煉出來的高級澱粉，與市售的玉米粉略同，只是加工方式不一樣。提煉鷹粟粉的技巧較為精細，且鷹粟粉糊化後的黏度比玉米粉高，但在當作乾澱粉使用時，與食材的結合性較差。

④地瓜粉（番薯粉）：顆粒較大，糊化溫度較高（一般為70℃～76℃），熱黏度高，但不穩定，澱粉糊較透明，凝膠強度較弱。

POINT 231 掛糊、上漿的糊漿種類

糊、漿所用的材料基本上相同，如澱粉、全蛋、蛋白、麵粉、小蘇打、發酵粉等。一般常使用的糊漿有下列七種：

①水粉糊：用澱粉加水調製而成，多用於乾炸、焦溜，可使菜肴焦酥香脆，色澤金黃。這種糊主要是為了得到酥脆的口感，又稱「硬糊」或「乾漿糊」。

②蛋清糊（蛋白糊）：用蛋白、澱粉加水（或高湯）調製而成。用蛋清糊來掛糊，適用於烹調軟炸菜肴，能使菜肴具有鬆脆口感；如用來上漿，適宜滑炒、滑溜菜肴。但掛糊、上漿兩者所用的澱粉比例不同，上漿只用掛糊量的二分之一，這種漿主要用於質地鮮嫩、色澤潔白、口感清淡滑潤的白汁菜肴，如溜魚片、滑溜里肌等，可襯托出菜肴的色澤，使菜肴潔白如玉，晶瑩透明。

③全蛋糊：用全蛋與澱粉（或麵粉）加水調製而成。全蛋糊色澤淡黃，黏度較大，黏附力較強，食材黏掛不易脫落，並易於黏掛粒屑。如用來掛糊，適用於需油炸的菜肴，可使菜肴外酥脆、內軟嫩，色澤金黃；如用來上漿，適用於烹調需滑炒的菜肴，可使菜肴軟嫩柔滑，襯托出滷汁及食材的色澤，使菜肴更加鮮豔悅目。如烹煮茄汁風味的菜肴時，用全蛋糊上漿，色澤更佳。

④蛋泡糊（高麗糊）：將蛋白打發成泡沫狀，再加入澱粉或麵粉調製而成。蛋泡糊質地細膩，蓬鬆飽滿，色澤潔白，多用於鬆炸菜肴和甜食點心，成品外形飽滿，色澤銀白或淡黃，口感外鬆軟、裡鮮嫩，如軟炸香菇、高麗明蝦、高麗雞腿等。

⑤發粉糊（鬆糊）：在麵粉和澱粉（比例7：3）中加入適量的發酵粉和水調製而成。適用於掛糊鬆炸菜肴，可代替蛋泡糊使用。特點是能使菜肴漲發飽滿，色澤淡黃，鬆酥香脆。

⑥酥糊（蘇打糊）：依一定比例將雞蛋、麵粉、澱粉、小蘇打粉等攪拌均勻而成，適合於各種乾炸菜肴的掛糊，使菜肴口感酥鬆柔軟。

⑦脆皮糊：用老麵、麵粉、澱粉和水調製而成，只適用於掛糊。適合烹煮各種乾炸菜肴，可使菜肴外鬆脆、內柔嫩，漲發飽滿，色澤金黃。

POINT 232 調製水粉糊的技巧

調製水粉糊時，應先將澱粉（玉米粉或馬鈴薯粉）用水浸泡一段時間，讓澱粉顆粒充分吸水，然後再用已沉澱下來的澱粉調製成糊，用來油炸菜肴掛糊時，過油不易脫糊和濺油，炸出來的成品表面光滑，不易回軟，酥脆可口。如果用乾澱粉加水調糊後即直接烹煮菜肴，成品表面會疙疙瘩瘩，口感偏硬，並且易含有顆粒狀澱粉，過油時也容易濺起油花。

調製水粉糊時，需使澱粉顆粒充分吸水膨脹、完全糊化，才能夠達到最佳的黏度，緊密均勻地包裹住食材表面，具有防護層的作用；否則會因澱粉顆粒沒有充分吸水（未浸泡），糊化得不徹底，因而還有顆粒狀的澱粉；又因顆粒狀澱粉易吸收食材的水分而使成品變得堅硬，表面不光滑，影響品質。

POINT 233 判斷麵糊濃稠度的技巧

太濃稠的麵糊較不容易包裹在食材周圍，太稀則無法具有防護層的作用。判斷麵糊濃稠度是否合適的方法是：將一雙筷子放入拌勻的麵糊裡，垂直拿起後，麵糊能形成一直線滴落，就是合適的稠度。

POINT 234 調製全蛋糊或蛋白糊的技巧

新鮮蛋液中含較多的卵黏蛋白和類卵黏蛋白，都屬於黏蛋白，具有很高的黏稠性和拉力。缺點是不易將食材黏掛均勻，且易脫落。在調製全蛋糊或蛋白糊時，要先將蛋液打發成泡，以力的作用，破壞黏蛋白的部分空間結構，使空氣滲入到蛋白質內部，讓蛋液起泡，降低蛋液的黏度，便於緊密地、均勻地包裹住食材表面。同時，由於蛋液經過打泡後，蛋液中的黏蛋白吸收大量空氣，使糊內充入氣體，這些氣體在加熱過程中因膨脹而逸出，使成品更具有蓬鬆飽滿的口感。

調製全蛋糊或蛋白糊時，宜加入濕澱粉。因為蛋液的黏度較大，加入乾澱粉後，因澱粉顆粒被蛋液包裹，很難調得均勻。若加入濕澱粉（蛋、粉比例為1：0.5），澱粉顆粒充分吸收水分，並稀釋蛋液，在蛋液中較易分散開，容易與蛋液充分混合並調製均勻，上漿、掛糊都較方便，效果也比較好。

POINT 235 調製脆皮糊的技巧

用老麵、麵粉、澱粉、鹽加水攪拌調勻，靜置4小時，待其發酵後，再加入適量的油和鹼水攪拌，放置20分鐘即可使用。

添加油的目的是使糊漲發後具有一定的光滑度，油炸時易散開，防止熱油噴濺，使成品滑潤明亮。但必須等糊漲發後才可添加油，否則會影響酵母的發酵。

添加鹼水的目的是要中和發酵過程所產生的酸，以減少脆皮糊的酸味。但鹼的比例要適當，否則會使麵糊變成黃色或淡黃色，影響菜肴的營養和味道。

POINT 236 調製糊、漿濃度的技巧

掛糊、上漿時，糊、漿的濃度要根據食材的組織、結構性質、含水量和烹調方式的不同而定。如質地較老韌的食材，含水分少，糊或漿的水分較易向食材裡面滲透，因此糊、漿的濃度應該稀一些；若食材的質地較軟嫩，本身已含有較多的水分，糊、漿中的水分要滲透進食材中比較困難，所以糊、漿可以調得稠一些。

經過冷凍的食材，細胞破裂，水分大量外溢，使得食材表面的水分較多，糊、漿應較稠一些。脂肪多的食材（如肥肉、油脂等），糊、漿也應稠一點。

掛糊、上漿後是否立刻烹調，所用糊、漿的稀稠度也不同。

要立刻烹調的菜肴，糊、漿應較稠些，若糊、漿過稀，食材來不及吸收水分，烹調時因黏度不夠，會出現脫糊現象。若食材沒有立刻烹調，擱置時間較長，食材可從糊或漿中吸收部分水分，或蒸發掉部分水分，所用的糊、漿就應稀一些。

澱粉糊化後的黏度雖然與許多因素有關，但最重要的因素是糊或漿的稠度。一般來說，具有一定稠度的澱粉漿，經過糊化後，才有一定黏度，也才能緊緊地包裹在食材上，形成保護層，具有上漿、掛糊的作用。過於稀薄的澱粉漿，糊化後黏度不大，不能均勻地掛在食材

表面，便無法具有保護作用。因此採用的烹調方法即使完全相同，若食材的質地不同（如有些食材較老韌，有些較軟嫩），其本身的含水量不同，所用糊、漿的稀稠度也應有所調整。

POINT 237 調糊時應注意力道

調製蛋白糊、全蛋糊、澱粉糊等，在開始攪拌時，因為水和澱粉等尚未完全調和，濃度不夠，黏性不足，在力道上應該慢些、輕些。經過不斷的攪拌後，糊的濃度漸漸增大，黏性逐漸增加，攪拌的力道就可以加快、加重，直至黏稠為止。

調糊時切忌使麵粉出筋，即「上勁」。

如果調糊的時間過長、力道太大，澱粉中的蛋白質（即麵筋）容易析出，澱粉顆粒會填充在麵筋中，因而很難黏掛在食材上。同時由於澱粉顆粒吸水不足，使糊變得又乾又硬，成菜後糊層漲發得不飽滿，口感偏硬，不夠酥鬆香脆，影響品質。

POINT 238 調製蛋泡糊的方法

蛋泡糊是烹調中常見的一種糊類，質地細膩，蓬鬆飽滿，色澤潔白。包裹上此糊的食材經油炸後，漲發性強，外酥香、內鮮嫩，口感鬆軟可口。因為蛋泡糊是將蛋白打發，在打發的過程中，由於力的作用，破壞了蛋白質的空間結構，使得大量空氣進入蛋白質分子內部，使蛋白質體積膨脹而形成泡沫，再加入適量的乾澱粉和麵粉後，使泡沫均勻地分散在糊中而形成蛋泡糊。

蛋泡糊加熱後，糊內泡沫中的空氣排出，使糊層漲發得圓潤飽滿，成為外酥裡嫩、鬆軟可口的菜肴。

蛋泡糊呈白色泡沫狀，可以塗抹在食材表面，具有點綴和襯托的作用，也可作為西式點心的配料。

POINT 239 蛋白打發後呈泡沫狀的原因

蛋白中含有九種以上的蛋白質，其中卵黏蛋白質和類卵黏蛋白質屬於黏蛋白，黏性較大。在打發的過程中，液層產生了應力，導致液體向旋轉中心緊縮，破壞了卵黏蛋白質和類卵黏蛋白質特定的空間結構，使肽鏈伸展開來。

由於不停地打發，不斷地將空氣均勻而細密地滲入到蛋白質分子內部，肽鏈能夠結合許多氣體，使蛋白質體積膨脹至原來的八倍，形成氣相分散到液相中的氣液膠體溶液，即色澤潔白細膩的泡沫。泡沫是由溶有蛋白質的水形成薄膜，包圍著許多極小的空氣囊組成的。

隨著滲入到蛋白質中的空氣量增加，蛋白中的某些蛋白質（尤其是清蛋白）變性凝固的程度也不斷加大，泡沫變得堅硬，並失去流動性。若繼續打發，泡沫則變得易碎，並失去濕潤光澤的外觀，這時就不能與其他配料混合在一起了。因此在打發蛋白時，應控制打發的程度，才能確保所形成的泡沫具有適當的量和品質。

一旦泡沫達到所需程度，應立即使用，否則就失去其作用。因為蛋白打發成泡沫時，只破壞了蛋白質三、四級空間結構，這種變性是可逆的，即在一定條件下，又可恢復原有的特性空間結構。因此，蛋白打發後所產生的泡沫，在放置過程中，隨著氣體逐漸逸出，就會慢慢塌陷下去，恢復成原有的體積。

POINT 240 溫度對打發蛋白的影響

處於冷藏溫度下的蛋白，由於過於黏稠，要打發起泡會十分費力，需較長時間才可形成泡沫。提高溫度時，可以降低蛋白的表面張力，促進泡沫更快形成。當蛋白處於室溫時，蛋白泡沫可更快形成，達到更大的體積和更細膩的泡沫質地。溫度從20℃上升到40℃時，蛋白泡沫的穩定性逐漸降低，但變化程度不大。

POINT 241 調製蛋泡糊必須使用新鮮的蛋

蛋白中雖然含有九種以上的蛋白質，但具有起泡性的蛋白質只有卵黏蛋白質和類卵黏蛋白質，屬於黏蛋白，可增加蛋白質的黏稠性。這兩種黏蛋白質含量多寡，與蛋的新鮮度有關。新鮮的蛋中所含的黏蛋白質較多，蛋白的黏性較大，經過快速打發後，容易形成泡沫。

一旦蛋的新鮮度下降，黏蛋白即分解成糖和蛋白質，黏蛋白質含量降低，蛋白變得稀薄，打發時會影響起泡的品質。因此，調製蛋泡糊或裝點菜肴、製作糕點時，需選用新鮮的蛋。

POINT 242 白砂糖在蛋泡糊中的作用

蛋白所含的蛋白質中，對起泡有影響的是卵黏蛋白質和清蛋白質。在打發的過程中，只有卵黏蛋白質才會起泡，清蛋白質不會起泡，且與空氣接觸後即會凝固，使泡沫漏氣而塌陷，因而影響泡沫的穩定性，並使泡沫變硬，影響製品的柔軟性。

在打發蛋白的過程中，適時地加些白砂糖，可以避免過度打發蛋白。因為糖能夠減緩清蛋白質變性和凝固，延長形成適度的泡沫所需的攪打時間。另一方面，糖具有吸濕性，能吸收一定的水分，避免蛋白泡沫滲水，可提高泡沫的穩定性。

但若太早加糖，會延長蛋白起泡所需的時間，因此不要在開始打發蛋白前就急著加糖，應在開始形成泡沫後再慢慢加入。

含糖的泡沫圓軟、光滑、細膩，不會很快地滲水或塌陷，並能在一定時間內保持濕潤和彈性。

POINT 243 檸檬酸可增加蛋白泡沫的穩定性

蛋白泡沫產生後，加入檸檬酸或蘋果酸等有機酸，可降低蛋白（通常為鹼性）的pH值，使其更接近蛋白質的等電點，促使蛋白起泡，質地較蓬鬆和細膩。檸檬酸還可增加蛋白泡沫的穩定性，提升菜肴風味。

POINT 244 蛋泡糊勿混入油、鹽和蛋黃

蛋黃中的脂肪對蛋泡糊的泡沫而言，可說是消泡劑，會妨礙卵黏蛋白質起泡。這是因為脂肪的表面張力大於泡沫表面張力，進而將蛋泡糊中的泡沫拉裂，使泡沫內的空氣迅速逸出，降低泡沫的體積和穩定性。

蛋黃對蛋白的起泡作用之所以有不利影響，是由於其中含有的脂肪和卵磷脂都會延緩泡沫的形成，同時又會使蛋白泡沫變黃，影響成品的色澤。

鹽會促進蛋白質變性凝固，延緩泡沫形成和其穩定性。如果需要加鹽，應在把蛋白打發成泡沫後再加入。

因此打發蛋白泡糊時，須注意器皿的清潔衛生，不能

沾到鹽、油等消泡物質。同時，取蛋白時，應避免混入蛋黃，以確保糊體漲發飽滿，泡沫穩定，顏色潔白。

POINT 245 打發蛋白時要順著同方向

調製蛋泡糊時，首先要把蛋白打發成泡沫狀。打發時要順著同一個方向，這樣液層產生的力量比較集中，可使液體向旋轉中心緊縮，破壞卵黏蛋白質特定的空間結構，使肽鏈伸展開來。同時由於不斷使蛋白旋轉，將空氣滲入到蛋白質分子內部，肽鏈可以結合許多氣體，使蛋白質體積膨脹，形成潔白的泡沫。

如果不順著同一個方向，而是胡亂地打發，會因力量不能集中，無法破壞卵黏蛋白質的空間結構，使得空氣不能滲入到蛋白質分子內部，氣泡就不易形成，甚至會越來越稀。

POINT 246 蛋泡糊出現不同色澤的原因

製作蛋泡糊時，由於攪打蛋白的器具種類不同，會影響到蛋泡糊形成時的顏色。在銅質器皿中攪打蛋白，會帶有黃色；在鐵質器皿中攪打蛋白，會帶有粉紅色；在瓷質或玻璃器皿中攪打蛋白，則為雪白色。

多價金屬會與某種蛋白質形成配位化合物，不同金屬形成的配位化合物，所呈現的色澤是不同的。但這些配位化合物對人體無害，也不會影響蛋泡糊的營養價值，只會影響泡沫的色澤。因此，要想得到雪白的蛋泡糊，就不能用金屬器皿，應使用瓷質或玻璃器皿。

POINT 247 調製蛋泡糊的力道要輕，時間要短

蛋白經打發後，混入了大量空氣，會形成色澤潔白的泡沫，接著加入適量的乾澱粉和麵粉，輕輕地攪勻即可。如果攪拌時間過長或用力亂攪，氣泡會大量破裂，使裹入的空氣逸出，糊層出現塌癟現象，無法具有掛糊作用，烹調出來的菜肴不夠蓬鬆飽滿，影響品質和口感。

糊料調好後，要立即使用，不宜久存。因為蛋白打發成泡沫後，在放置過程中，原本滲入到蛋白質內部的空氣會逐漸逸出，使糊層塌癟，失去了掛糊的作用。

POINT 248 調製酥炸粉糊的方法

調製酥炸粉糊的步驟：1.將食材表面均勻地沾裹一層麵粉；2.將食材裹上蛋液（應先將蛋液打泡，以調整蛋液的黏度）；3.再將裹了蛋液的食材沾上麵包渣（麵包粉）。

由於蛋液的黏性較大，因而麵包渣能較牢固而均勻地分散在食材表面。但必須將食材上的粉糊壓緊，防止油炸時粒屑脫落。此糊適合乾炸類的菜肴，如炸蝦球、炸豬排等。

麵包渣是吐司去皮後搓成的粒屑。吐司是用發酵的麵團烤成，質地疏鬆飽滿，無黏性。經油炸後，容易脫水，並可迅速變脆，色澤金黃，香酥可口。食材沾滿了麵包渣，經油炸後，表面粗糙，容易吸收和沾裹較多的調味料，可增加風味。

此糊可將食材包裹得較均勻，油炸時不會露出食材，可防止油分浸入食物中；炸好之後，成品的收縮性小，不易變形，可完整保持鮮嫩的滋味。

POINT 249 食材先沾麵粉、蛋液，再沾裹麵包渣

有些食材表面比較光滑，含較多水分或帶有油脂，因此不能直接沾附蛋液。乾麵粉比較乾燥，又具有很強的吸附作用。因此可將食材先沾上一層乾麵粉，吸收食材表面的水分和油脂，形成一定的黏性，便可與食材牢牢地黏在一起，以便讓蛋液均勻地黏附上去。蛋液經打泡後，調整了黏度，便於掛附在沾滿了麵粉的食材表面。又因蛋液具有一定黏度，比較容易黏掛（用此方法，亦可黏掛花生碎粒、芝麻等）。這三道步驟缺一不可，且順序不能顛倒。如果將食材直接黏掛蛋液或麵包渣，不僅會掛得不均勻，也不牢固，甚至掛不住糊或掛得很少，油炸時，因油溫高，糊不僅易焦，也容易脫落，食材失去水分，致使菜肴收縮變形，造成色澤不均勻，口感不佳，失去了掛糊的作用。

POINT 250 調製酥炸粉糊的麵包渣宜選用鹹麵包

麵包種類繁多，有甜麵包、鹹麵包、酸麵包和奶油

麵包等，風味各異。調製酥炸粉糊時，所用的麵包渣應選用無糖或含糖少的麵包（或吐司），去皮後，搓成粒屑（亦可放入調理機內打成細粉）。可選用鹹麵包（或酸麵包），因為不含糖或含糖量較少。用這類麵包渣掛糊油炸菜肴時，著色慢，不易焦糊變黑，使菜肴的色澤金黃美觀。

如果使用含糖的麵包渣，油炸時，糖在高溫下會發生變化，生成黑色素，使食材很快就著色，最後形成黑紅色澤，並帶有焦苦味，嚴重影響品質。

POINT 251 水果拔絲要用發粉糊

拔絲是將經過油炸後的小型食材，放入用水或油熬濃的糖漿中翻炒掛勻，趁熱拔出糖絲的一種烹調方法。除了要掌握熬糖技術外，還需注意：放入糖漿中的食材表面不能有太多水分，否則會使炒好的糖漿因吸收水分而形成過飽和狀態，呈現返砂現象，影響出絲效果，降低拔絲的品質。

因此，含水量較多的水果，應先吸去水分，再用發粉糊進行掛糊。發粉糊是在麵粉和澱粉（比例為7：3）中加入適量的發酵粉拌勻，再加水調製而成。此糊油炸後，糊殼比較緊密，屬於酥脆的硬糊，不易使食材內部水分外溢，可避免糖漿返砂現象，確保拔絲的品質。

POINT 252 乾粉糊宜現拍現炸

在食材表面拍上一層乾澱粉或麵粉，這種糊稱為乾粉糊。此糊主要用於清炸類菜肴，如清炸里肌、清炸豬肝等。

拍過乾粉糊的食材經油炸後，體積不會縮小，可固定菜肴的形狀，外酥脆、內軟嫩多汁。

用乾粉糊時，要現拍現炸。因為乾澱粉或麵粉比較乾燥，吸附力較強，如太早拍粉，食材內部的水分會被乾澱粉吸收，經高溫油炸後，菜肴質地會變乾、變硬，失去外酥裡嫩的口感；同時，粉料因吸收太多水分，容易結成塊或粒，使食材表面的粉層不均勻，油炸後，外表不光滑，也不酥脆，影響品質。

POINT 253 食材劃刀後的掛糊方法

食材（如魚類或肉類）經過劃刀後，花紋之間要用麵粉或澱粉搓開才可掛糊，如烹調黃魚、菊花里肌等。其目的是利用麵粉或澱粉的吸附作用，將食材表面的水分和油吸去，使食物表面粗糙，便於掛糊或上漿，且糊層厚薄均勻，油炸時能防止互相沾黏，且花紋明顯，菜形美觀，色澤一致，口感酥香。

魚類或肉類經過劃刀後，肌肉細胞組織受損，汁液溢出較多；同時經過調味料入味後，食材表面的水分增多，黏性增加。如果刀紋之間不先用麵粉或澱粉搓開便直接掛糊或上漿，刀紋會被糊黏住，油炸後結成一團，花紋無法呈現，影響菜形美觀，同時也影響滷汁的黏掛和吸收，失去酥鬆香脆的口感。

POINT 254 冷凍食材要解凍後才可掛糊、上漿

使用冷凍食材容易切製成形，但不宜立即上漿或掛糊，必須待食材完全解凍後，用乾淨的紙巾將表面的水分擦乾，再掛糊或上漿。

食材在冷凍過程中（尤其是緩慢冷凍），由於冰晶的擠壓，使肌肉細胞膜破損，解凍（尤其是採取不正確的解凍法）後會溢出大量水分，使食材表面的水分增多，影響了糊或漿的濃度，糊化後黏度下降，容易出現脫糊、脫漿現象，影響品質。

POINT 255 水分較多的食材宜用乾澱粉上漿

食材經過酒、醬油、醋等調味後，表面含有較多水分，就不能再用蛋白或濕澱粉上漿，否則在過油時，由於漿過於稀薄、黏度小，不能緊緊地包裹住食材，就容易脫漿。正確作法是改用乾澱粉上漿，使其吸收食材表面的水分，形成稀稠合宜的漿液，達到最佳的上漿效果。

POINT 256 水分、油脂較多時應先拍乾粉再掛糊

有些食材表面有較多的水分和油脂，不易掛糊，一方面是因為水分會影響糊的稠度，使得黏度下降；另方

面是因為油脂的存在，使食材表面變得光滑，易使糊掛得不均勻，甚至掛不上糊。

因此，帶有較多油脂或水分的食材，應先拍上麵粉或澱粉，然後再掛糊。因為乾粉具有很強的吸附作用，可吸收食材表面的水分和油脂，讓食材表面變得乾燥而粗糙，便於均勻地掛糊或上漿，符合烹調要求。

POINT 257 依食材選擇不同的上漿法

食材上漿的方法有兩種：1.直接上漿法，即將蛋白、澱粉、水等分別放入食材中抓勻。這種方法適用於質地老韌、纖維較粗的小型食材，如牛肉、鮮干貝等。2.先將漿液調勻，然後再上漿，即將蛋白、澱粉、水等，依一定比例調勻，再將食材放入漿液中，抓勻漿透。此種上漿法適合質地細嫩、含較多水分的細小食材，如魚丁、肉片、雞絲等。

過於細嫩的食材，不應採用直接上漿的方法，否則不但漿不均勻，還會使食材的形狀散碎斷裂，影響品質和特色。

POINT 258 食材上漿後應放置片刻再烹調

食材上漿後不宜馬上烹煮，最好先放置一會兒，以30～40分鐘較合適。

因為食材上漿後放置一會兒，能調整漿液的濃度，使漿液與食材充分結合，過油時不易脫漿，使菜肴光滑有彈性；且放置時，食材能充分吸收漿液中的水分，使食材漲發得更加飽滿，成菜後軟嫩適口。

POINT 259 肉片上漿前要用清水浸泡

魚片、肉片、雞片等在上漿前，一定要先用清水浸泡。

浸泡後肌肉纖維中的蛋白質會充分吸收水分，使肌肉組織體積膨脹，並將殘存在肌肉內帶腥、臊味的血漿滲出。經此處理的食材色澤潔白，清爽不黏，容易使調味料滲透到食材內部，便於醃和上漿。同時，烹煮出來的菜肴色澤清新，鮮嫩可口。

POINT 260 魚片上漿要濃些

魚的肌肉纖維較細短，所含的水分較多，肌肉中結締組織含量少，因而肌肉質地較細嫩鬆軟，拉力較小。同時，魚片切片通常小而薄，因此在調製漿液時要濃一些，上漿要厚一點。這樣在烹調時才可保持魚片的完整美觀，口感鮮嫩，達到上漿的目的。否則上漿後在放置過程中，魚片內部的水分逐漸向外滲透，使漿液濃度變得過稀，無法達到一定黏度，過油時容易脫漿，使魚片散碎或捲曲，質地變老，失去鮮嫩的口感和完整的形態，降低品質。

POINT 261 蝦仁上漿前要用鹽醃

蝦仁含較多水分，上漿後，不僅漿中的水分難以向裡滲透，而且蝦仁內部的水分還會向外滲透，使漿液的濃度變稀，達不到一定的黏度，過油時便容易脫漿。

蝦仁在上漿前要先用鹽醃一下，使蝦仁細胞內溶液的濃度低於細胞外的濃度，這樣水就可從細胞內透過細胞膜向細胞外滲透，可以擠出部分水分，上漿時就能掌握好漿液的濃度，確保糊化後可達到一定黏度，避免脫漿。同時由於鹽向細胞內部擴散，使部分蛋白質發生鹽析作用，改變了其原有的功能，使蝦肉變得扎實，便於入味，成菜品質鮮嫩可口。

POINT 262 新鮮干貝上漿的要領

新鮮干貝的肉質鮮嫩味美，營養豐富，被譽為海鮮珍品。在烹調油爆干貝、滑炒干貝時，均需先上漿。如果上漿不得法，會使干貝脫漿、體積收縮、質地變老。

干貝上漿，可採直接上漿法，作法：先將干貝用少許鹽、酒等調味料醃好，再放入蛋白（500公克干貝加入2個蛋白），用手不停地抽打（動作要輕柔，避免蛋白起泡，以及干貝被打碎），直至蛋白全部被干貝均勻吸收後，再取適量澱粉（蛋白與澱粉的比例為1：0.5）加入干貝中調勻，最後再加入少許已化的豬油或沙拉油拌勻，靜置片刻，即可烹煮。

干貝水分含量較高（約80％），這是干貝口感細嫩的主要原因。因此採用直接上漿時，應先用蛋白液，後用乾澱粉，因為蛋白的黏度較大，與干貝結合後，可緊緊地包裹住干貝，加熱時可防止干貝失水而變老。如果先加乾澱粉，因澱粉的吸濕性較強，易使干貝失水過多，受熱後體積收縮，質地變老，影響品質。

POINT 263 冷凍肉品上漿的要領

肉類經過冷凍（尤其是緩慢冷凍）後，由於冰晶的擠壓，使蛋白質的持水力下降，細胞被冰晶擠壓而變形，甚至破裂，如果解凍方法不當，會降低肉的品質。因此，冷凍肉品在上漿前，首先要採用正確的解凍方法，即將肉類放在15℃～20℃的溫度中，讓其自然回軟解凍；也可使用微波爐解凍。

肉類經充分解凍後，切成肉絲或肉片，用少量清水浸泡，以增加蛋白質的持水性，同時去除腥、臊味。然後放入少許鹽，輕輕地攪拌至有輕微的黏度。少量的鹽能增加蛋白質的持水性，使肌肉組織漲發。最後再放入少量的乾澱粉拌勻。

上漿後靜置片刻，使蛋白質充分吸水，以免退嫩；同時也讓澱粉充分吸水，徹底糊化，增加與食材的黏附性，防止過油時脫漿。

POINT 264 避免脫糊或脫漿的訣竅

脫糊、脫漿是指食材掛糊或上漿後，在烹調過程中，糊或漿與食材分離。最主要的原因是糊或漿的黏性不夠，不能緊緊地包裹住食材。因此，在烹調時應注意糊、漿的黏度和特性，靈活應用。

①澱粉漿要充分浸泡。澱粉如果沒有充分吸水，糊化得不夠徹底，就會影響澱粉的黏度。因為澱粉的黏度會隨著糊化程度而增加，完全糊化後，澱粉的黏度最高。所以，澱粉漿在使用前應提早浸泡，使澱粉顆粒充分吸水膨脹，得到最佳黏性，增加與食材的黏附性。

②食材在掛糊或上漿前，表面有較多的水分，易使糊或漿的濃度降低，影響糊化後的黏性，以致附著力不強。因此在掛糊或上漿前，必須把食材表面的水分除去。

③澱粉顆粒不溶於水，形成的澱粉漿液為懸濁液。

澱粉漿液在放置過程中會出現分層現象，而由於澱粉比重較大，為1.5～1.6公克／立方公分，故澱粉會沉於容器底部。掛糊、上漿時，要將漿液充分攪拌均勻，防止漿液稀稠不勻。

④要掌握好糊、漿的濃度。掛糊、上漿的濃度要根據食材質地老嫩、是否經過冷凍、烹調間隔時間的長短等因素，加以適當調整。

⑤如果加熱時火太小，油溫過低，食材下鍋後，不能很快使澱粉黏度達到最高點，就會影響澱粉漿在食材上的黏附力。

⑥翻動食材的次數不宜過多。適當翻勺，可使油溫維持穩定；但若翻勺次數過多、過猛，則會破壞澱粉膠體溶液，使黏度下降。

⑦調味料對澱粉的黏度也有較大影響。如澱粉漿與醋、糖一起加熱時，會糊化得較慢，降低黏度。

POINT 265 勾芡的妙用

勾芡是根據烹調的要求，將芡汁均勻地澆淋在菜肴上或湯中，使菜肴中的湯汁達到一定稠度，增加湯汁對食材的附著力。其道理是芡汁中的澱粉受熱膨脹、糊化後會產生具有一定黏度的澱粉膠體溶液，使菜肴中的湯汁變得透明、發亮。勾芡具有以下幾種妙用：

①澱粉膠體溶液的黏性較大，色澤光潔，具有一定的透明度，外觀滑潤。因此經勾芡的菜肴，色澤透明，光潤鮮豔，並且被澱粉膠體的薄層所包裹，不致因水分蒸發和氧化而乾癟變色，可以延長菜肴的滑潤美觀。

②一些大火快速烹調的方法，如溜、爆、炒等，因加熱時間短，食材和醬汁無法全部滲透到菜肴中，兩者難以融合。經勾芡後，汁液的黏性和濃度驟然增大，所形成的澱粉膠液緊緊裹在食材上，使菜肴鮮美入味。

③有些菜肴要求表面香脆、內部鮮嫩，為了防止烹調時的湯汁滲入到食材表層，失去香脆的口感，可採用澆汁或臥汁的方法勾芡，即將調味料和澱粉漿在鍋中調好，形成澱粉凝膠，使呈味物質吸附在澱粉凝膠的結構中，然後再裹在食材表面。這樣烹調出來的菜肴，表面香脆、內部軟嫩，味道鮮美可口，如油爆雙脆、溜黃魚和咕咾肉等。

④一些以燒、燴、扒等烹調方式製作的菜肴，如紅燒魚、紅燒蹄膀等，加熱時間長，湯汁也較多，食材和調味料中的呈味物質會溶於湯汁裡，使食材與湯汁不夠協調融合。經過勾芡後，由於形成澱粉膠體溶液，使湯汁的濃度增大，黏度產生變化，食材與湯汁交融在一起，提升菜肴的風味。

⑤有些菜肴湯多菜少、食材下沉至底部，表面只見湯而不見菜。經勾芡後，芡汁形成膠體溶液，不僅湯汁變得滑潤可口，而且湯汁的濃度增加，食材也因浮力增大而浮至湯面，如蛋花湯和酸辣湯等，美觀味鮮。

勾芡雖然是改善菜肴口味、色澤、形態的重要技巧，但並不是所有的菜肴都要勾芡，或者適合勾芡。一般而言，口味清淡、食材質地脆嫩、湯汁本來就稠濃的菜肴，便不需要再勾芡。

POINT 266 芡汁的種類及適用範圍

芡汁主要是澱粉加水調製而成。各種菜肴所用芡汁的稀稠度不同，必須根據不同的烹調方式和菜肴特色而定。大致可分為以下兩大類：

①厚芡：粉汁濃度比較大的芡汁。厚芡中澱粉與水的比例為1：1.2。依作用不同，又可分為包芡和糊芡。

包芡的芡汁最濃厚，黏性也較大，能使滷汁黏裹在食材表面。適用於溜、爆、炒等烹調方式，例如油爆雙脆、炒腰花等。包芡的特點是菜肴吃完後，盤中幾乎見不到滷汁。糊芡的芡汁比包芡略稀，能使湯汁成為薄糊狀，湯菜融合，柔軟滑潤。適用於燴菜，如燴魷魚絲、豆腐羹等。

②薄芡：芡汁通常較稀薄，澱粉與水的比例為1：1.5。依其作用不同，又可分為流芡和米湯芡。

流芡的芡汁比較稀，作用是使滷汁稠濃，一部分的芡汁黏附在菜肴上，增加菜肴的滋味和色澤；一部分的芡汁呈流體狀態。適用於以燒、扒、溜等烹調方式製作大型菜肴，例如紅燒蹄膀、扒雞等。米湯芡（奶湯芡）的芡汁最稀薄，是黏附不住食材的。勾芡的目的是使菜肴的湯汁略稠些，以便食材上浮，提升口感。適用於烹調口味清淡的菜肴，如燒海參等。

POINT 267

勾芡食材的種類及特點

勾芡用的澱粉，應具有澱粉糊的熱黏度高、熱黏度穩定性好、透明度高、膠凝強度大等特點，才能滿足菜肴與勾芡的要求。常用的勾芡澱粉有綠豆粉、馬鈴薯粉、玉米粉、紅薯粉等，各有不同的特點：

①以綠豆粉來勾芡，是很好的選擇。綠豆粉糊化後，黏性較佳，熱黏度穩定性較好，酸對綠豆粉的黏度影響不大，其透明度和膠凝強度都比馬鈴薯粉高；但在相同的濃度下，綠豆粉的黏度則比根、莖類澱粉低。因此，勾芡時應適當掌握用量，綠豆粉與水的比例為1：2。

②馬鈴薯粉糊化後雖能很快達到最好的黏性，熱黏度大，但穩定性較差，即長時間加熱，或多攪拌或冷卻後，黏度會明顯下降，尤其在酸性條件下加熱，黏度很快就會降低。

③玉米粉糊化溫度高，在64℃～72℃之間，糊化時，黏度上升比較慢，透明度較差。但長時間加熱（加熱到95℃），或不斷地攪拌時，黏度下降不大。降溫後，黏度升高的程度較大，但在相同的濃度下，黏度比根、莖類澱粉低。因此，勾芡時應適當掌握用量，玉米粉與水的比例為1：2.5。

④紅薯粉的色澤較暗，無光澤，黏性差，用於勾芡時較容易變稀。

POINT 268

勾芡的方法

不同的菜肴，不僅使用的芡汁濃度不同，勾芡的方法也不一樣。勾芡要根據烹調方式和菜肴品質，分別採用淋汁、澆汁和臥汁三種方法：

①淋汁：在菜肴即將煮熟時，將調好的芡汁淋入鍋中，用鍋鏟輕輕推勻，使菜肴的湯汁變得濃稠，湯菜融合。此法適用於燒、燴等。

②澆汁：菜肴烹調好裝盤後，將調配好的芡汁和調味料一起加熱攪勻並煮熟，迅速均勻地澆在菜肴上，使菜肴汁明油亮。此法適用於蒸全雞、全魚等。

③臥汁：將滷汁、芡汁與調味料一起下鍋加熱至糊化、黏性強時，再將烹煮好的食材加入拌勻，使芡汁黏附在菜肴上。此法多用於需要表面呈現酥脆口感的溜菜。

POINT 269 勾芡的最佳時機

勾芡的時間點是烹製菜肴的關鍵，太早或太慢，都會影響品質。太早勾芡，菜肴還未煮熟，芡汁中的澱粉因加熱時間過久，水分蒸發過多，容易焦糊變味；同時芡汁加熱過久會失去黏性，造成脫芡現象。若太慢勾芡，則因澱粉糊化得不徹底，而有生澱粉味；同時由於菜肴已完全熟透，而芡汁卻是冷的，要使澱粉糊化，還必須加熱升溫，在鍋內進行翻炒，勢必造成菜肴受熱時間過長，使食材老化，失去鮮嫩滑潤或酥脆爽口的口感。

菜肴即將煮熟時，是勾芡的最佳時機。但菜肴中的湯汁必須適中，若湯汁太多，芡汁的濃稠度會不夠，不容易包芡；若湯汁太少，芡汁會過於稠厚，影響口感，同時也容易焦化黏鍋。

POINT 270 何謂「對汁芡」

「對汁芡」是指加了各種調味料的芡汁。根據菜肴的要求，在烹調前先將所需的調味料和粉汁調勻，待菜肴烹調接近成熟時即倒入鍋中，主要適用於爆、溜、炒等大火熱油快炒。因為這類菜肴烹調時間短，速度快，火旺油熱，如果還要花時間將調味料逐一下鍋，勢必會影響烹調的速度，而且味道也不易調準，同時多種調味料的味道不容易在短時間內滲透到食材內部。

使用「對汁芡」能使菜肴口感脆嫩柔滑、入味。

POINT 271 對汁芡要從勺邊淋入

烹調菜肴需使用對汁芡時，淋汁前要先將粉汁與調味料調勻，利用晃勺或小顛翻的方法，從勺邊澆入芡汁。因勺邊溫度高，芡汁易糊化，可很快達到最佳黏度；並且隨著炒勺的翻動，芡汁會逐漸被食材吸收。此法可將芡汁淋得均勻，色澤一致，達到勾芡的效果。

如果將芡汁直接淋在食材上或一下子全部倒入鍋內，由於鍋內溫度突然下降，芡汁中的澱粉不易糊化，或糊化得不均勻，因而黏度不大，食材吸收芡汁的速度也不一致，不能很快地產生預期中的味道，影響品質。

POINT 272 勾芡時菜肴與湯汁的油量不宜過多

勾芡是利用澱粉在糊化過程中吸收湯汁而膨脹，然後澱粉顆粒破裂形成黏稠液體。如果菜肴中的油量過多，會影響澱粉糊化的黏度；同時，食材表面已被油膜包圍而形成光滑表面，易使芡汁包裹不住菜肴，出現菜肴、湯汁、芡汁三者脫離的現象。由於湯汁中的油太多，芡汁不易分散，容易堆積在一起，形成芡粉疙瘩，使食材無法充分吸收調味料，影響菜肴風味。

因此，需勾芡的菜肴不宜放太多的油，可待勾芡後，再重新淋油，使菜肴汁明油亮。

POINT 273 勾芡後不宜再調味

用粉汁勾芡時，需待菜肴的味道、顏色都已經調好後再進行。因為勾完芡後再加入調味料，會把芡汁沖散，也會使湯汁的黏度下降，有時還會使芡汁變得稀薄。另外由於芡汁已裹住食材表面，阻礙調味料擴散到食材內部，以致無法入味，影響口感。

一般菜肴在勾芡後快起鍋時，可以在芡汁表面上加些油、蔥末、薑末、火腿末等，可提升菜肴風味，且不會影響芡汁的稠度。

POINT 274 勾芡淋油後勿不斷翻攪

勾芡後，菜肴的湯汁會變得濃稠，並附著在食材表面，待淋油後，就不要再翻攪。若翻勺次數太多，油會影響澱粉的黏度，使芡汁變稀，造成脫芡現象。

POINT 275 避免芡汁渾濁的技巧

① 湯汁未滾沸即勾芡，會使湯汁泛白，變得渾濁。

② 使用水澱粉時，下完芡汁後不要立即攪動，待澱粉開始糊化（約3秒鐘）再攪拌，否則芡汁會變得渾濁。

POINT 276 燴羹湯宜在微沸狀態下勾芡

湯煮沸後，調好味道，轉小火，使湯保持在微沸狀態，才可勾芡。待澱粉開始糊化再攪動（約3秒鐘），湯汁才會勻滑清爽，光澤美觀，否則芡汁易變得渾濁。

在湯未沸騰時即勾芡，會使湯汁泛白，失去光澤；若在湯極為沸騰時勾芡，粉汁來不及勻開，便會糊化成團，失去勾芡的作用。

POINT 277 用炒麵糊勾芡較不易失去黏性

西餐中無論湯和菜，勾芡時不用澱粉，而是用奶油炒麵糊（法語 roux，亦作乳酪麵粉糊，或簡稱炒麵糊）。用澱粉勾芡的湯或菜，多燒、多攪後就會出水，失去黏性；但用炒麵糊勾芡就沒有這些問題。西式濃湯之所以濃郁而鮮美，便是因為炒麵糊的作用。

所謂奶油炒麵糊，是法國菜常用的增稠劑，用奶油和麵粉炒過所形成的麵糊。以植物油或動物油炒均可。

奶油炒麵糊的作法：麵粉與油的比例為1：1。在乾淨的鍋中倒入油，加熱至40℃～50℃（油若過熱，麵粉會變焦），再把油倒入麵粉中攪拌均勻，以120℃～130℃的微火慢慢地炒，將麵粉炒乾、炒透，至淡黃色（顏色不可過深，否則會影響湯品的色澤）、有香味即可。

POINT 278 用澱粉勾芡不宜多滾多攪

澱粉糊化後的黏度大小，與澱粉中單分子的直鏈澱粉和支鏈澱粉的分子量大小有關，分子量愈大，黏度也愈高。澱粉糊若過度加熱，有部分的直鏈澱粉和支鏈澱粉被水解成低分子量，而使黏度下降。

勾芡後，適當地攪拌均勻，使溫度維持在一定狀態下，便於澱粉能夠充分的糊化，增加黏度。但過度攪拌或高速攪拌，會破壞膠體溶液，使直鏈澱粉彼此靠近形成膠束而沉澱，致使黏度下降，湯汁容易變稀。

POINT 279 明油在烹調中的作用

明油，又稱尾油，是指菜肴勾芡後或菜肴在裝盤前淋入適量的油脂，以達到提香增色的目的，多用於涼拌菜或者清淡的湯品。主要具有以下作用：

①可增加菜肴的香氣和滋味：明油所增加的香氣主

要來自三方面：1.油脂本身的香氣，如小磨香油具有獨特芝麻酚的濃郁香味。2.明油中加入了其他調味料的複合香味，如蔥油、花椒油分別具有的蔥香味、麻味。3.明油油脂熱降解後，形成一些帶有香氣的酯類，淋上明油後增加了厚重的味感，可增加食慾。

②可增加菜肴的顏色和明亮度：如乾燒魚淋上紅油，可讓菜肴更加紅亮；青椒炒洋蔥淋上明油後，菜品翠綠中襯托著白紫色並泛著油亮光澤，使人食慾大增。這是由於明油的部分油脂在高溫作用下發生乳化而與芡汁融合，增加了芡汁的透明度，並減少芡汁對光線的吸收；其餘大部分油脂則吸附在芡汁和菜肴表面，形成薄薄的油脂層，可將照射在菜肴表面的光線反射出去，達到「明油亮芡」的目的。

③對菜肴、湯類具有保溫作用：由於脂肪具有保溫功能，使菜肴內的熱量不易散發出來；同時由於油脂蘊熱量大，散熱速度慢，明油油脂本身較高的溫度也能有效地維持菜肴的溫度。由於熱菜、湯類最佳的品味溫度在50℃～80℃，淋上明油後具有更好的保溫效果。

④具有滋潤滑鍋的作用：淋上明油後的菜肴，潤滑度提高，便於晃鍋和翻鍋，可避免黏鍋。

⑤可防止水分揮發，維持食材細膩的口感：如肉類醬製完成後淋上明油，可以浸潤肉塊表面，有效地阻止內部水分逸出，保持肌肉纖維的水分，使菜肴細膩不鬆散，便於加工。

POINT 280 淋明油的最佳時機

明油可以彌補勾芡不足之處，與勾芡緊密相連，不可太早或太遲。

太早淋明油，菜肴還沒有熟透，明油的油脂易深入食材內部，增加菜肴的油膩感；且太多的油脂亦不利於芡汁黏附，會導致芡汁變稀，使湯汁渾濁，無亮度，甚至還會帶有生澱粉味。

若太晚淋明油，則芡汁中的澱粉已糊化黏鍋，使得菜肴過熟，連帶影響到外觀和口感。

因此，為了達到明油的效果，必須在菜肴烹製成熟並勾芡後再淋。淋上明油後的菜肴不宜過度攪拌，應迅速起鍋，以避免脫芡或糊芡。

POINT 281 淋明油宜以滾油現做

花椒油兼具花椒的麻香及油脂的濃香，經常用於熗、拌類的涼拌菜及燒、炒類的熱炒菜。

花椒油的製作，有溫油作法和滾油作法。可先做好裝入容器內隨用隨取，也可現做現用。

採用滾油、現用現做的方法製作花椒油明油，具有油汁清亮、香味濃郁等特點。以炒菜時淋花椒油為例，作法：製作前，先將菜肴炒熟，熄火，將事先切好的蔥絲或蔥末集中放在鍋中菜肴的中間；取一支乾燥的炒菜勺，在另一鍋中放入20粒花椒左右，倒入適量（約20公克）植物油，以小火加熱（慎防迸濺），待花椒變黑、油冒煙後，快速淋在鍋內的蔥絲上，並用炒菜勺攪拌。成菜光澤度明顯，油香伴著蔥香和麻香，味道非常好。

POINT 282 依菜肴選擇不同的明油

明油的油脂可分為動物性油，如雞油、豬油、豬骨髓油等；植物性油，如蔬菜油、沙拉油、香油、花生油等；複合味油，如蔥油、蒜油、花椒油、辣椒油（紅油）等。一般家庭常用的是小磨香油（麻油），可廣泛用於各類葷素菜肴及湯品中。

此外也可根據菜肴的汁色和口味，選用適合的明油：一般白汁或黃汁菜肴可選用色澤淺淡、透明的熟雞油、熟豬油等；口味清淡的菜肴可選用色淺味淡的油，口味較濃的菜肴可選用味道較重的油；動物性食材可選擇植物性油，植物性食材則可選用動物性油脂，以達到營養互補的作用。

明油的用量要根據菜品的不同靈活調整：如乾燒、醬爆類湯汁稠濃的菜肴，要少用明油；燒、扒、溜類芡汁較多的菜肴，則可適當增加明油的量。

5

糧穀類食物的烹調技巧

POINT 283 去除小米中細沙的技巧

小米、大米、燕麥等糧穀類食物中，難免會混有極少量的細沙，若不除去，不僅阻礙咀嚼，嚴重者還會損傷牙齒。除沙的方法：將小米放入碗中淘洗後，一邊繼續向碗裡加水，一邊晃動碗，使碗裡的米隨著水向下漏入容器中，反覆多次，最後比重較大的細沙會留在碗底，用水沖去即可。另外，人們常將小米等糧穀放入專用的簸箕裡，透過不斷地搖動，可將沙石等雜質集中並清除。

POINT 284 正確洗米的方法

研究指出，附著於米粒表面的細米糠比米粒本身更有營養。細米糠的蛋白質含量高達14％，比米粒高6％，而且胺基酸構成比較符合人體需要。此外，米糠中維生素 B_1 的含量超過米粒一倍以上。所以，洗米時動作要輕柔，不要用力反覆搓洗，用水量和洗米次數不超過三遍，避免用流水沖洗，水溫也不宜太高。米應當現洗現煮，切忌洗完後用水長時間浸泡。如果需要浸泡，則必須將浸泡的水和米一同下鍋煮，即可避免可溶性營養素流失。米洗了三次後，維生素流失的情況如表4所示。

表4　米經沖洗後，維生素含量（毫克／100公克）與流失情況

維生素＼沖洗前後	沖洗三次		
	沖洗前	沖洗後	流失率（％）
維生素 B_1	0.1	0.04	60.0
維生素 B_5	1.9	1.0	47.0

POINT 285 洗好的米宜浸泡後再煮

烹煮米飯時，發生的變化主要是澱粉糊化。澱粉糊化需要足夠的水和熱量，水分滲入到米粒內部也需要一定時間。所以將米洗乾淨後，放置一段時間，可使米中的澱粉顆粒在加熱前先吸收水分而膨脹，不僅可縮短糊化時間，也能促進米中的澱粉糊化完全，煮出來的米飯飽滿清香，不易夾生。

但浸泡時間不宜太長，否則煮出來的飯會太軟爛。另外，浸泡米的水需和米一起下鍋煮，可避免可溶性營養素流失。

POINT 286 煮飯用開水可減少營養素流失

用開水煮飯，比用自來水更能減少營養素流失。因為自來水中含有氯氣，用這樣的水煮飯，米飯中維生素B_1流失的速度會與煮飯時間呈正比，約流失30％左右。而燒開的水，氯氣已蒸發，較能減少營養素流失。

POINT 287 用陳米煮出好吃的飯

米若放太久，變成陳米，不僅營養價值降低，還會有陳米味。陳米味的產生主要是米中的脂肪被脂酸酶分解後，經氧化形成的羰基化合物所致。據研究，陳米中的C_3～C_6羰基化合物含量相當於新米的十倍，其中己醛和戊醛是形成陳米味的主要成分；也有人認為陳米味與二甲基硫醚有關。用離氨酸去除陳米味，具有不錯的效果，方法是在700公克的陳米中加入1公克離氨酸鹽，即可消除異味。

一般家庭去除陳米味的方法還有：將陳米洗淨後放入鍋中，加入熱水浸泡1小時左右；加入1湯匙植物油或葷油攪拌均勻後加熱，待水沸騰後，將鍋蓋打開1～2分鐘，再加蓋燜熟。用此種方法煮好的飯不會有陳米味，與新米一樣油潤光亮，充滿香氣。

POINT 288 米飯焦糊時的處理訣竅

①燜飯時，如果出現焦糊味就要立即關火，用飯勺將焦糊的米飯挖起來，在焦糊處倒入一些冷水，蓋上鍋蓋，開小火繼續燜熟即可。

②可以用2～3段蔥白插入燒焦的飯中，插到鍋底，加蓋，用小火繼續燜熟，即可除去焦糊味。

③米飯不慎燒糊後應立即關火，在米飯上放一塊麵包皮，蓋上鍋蓋，5分鐘後，焦糊味即可被麵包皮吸收。

POINT 289 烹煮玉米類食物宜添加少量鹼

人體所需的維生素B_5，又稱抗癩皮病維生素。人體內可由蛋白質中的色氨酸轉化成維生素 B_5，平均每60毫克色氨酸可以轉化成1毫克維生素 B_5。但玉米蛋白質中的色氨酸含量較少，同時，玉米中的維生素 B_5 與糖或蛋白質是以結合態存在，人體並不能吸收和利用結合型的維生素 B_5。因此，長期以玉米為主食的人，容易發生維生素 B_5 缺乏症，臨床主要表現為皮炎、癡呆等。

如果在烹煮玉米或用玉米做成的食物時，加些鹼（用量約為0.6％），就可使維生素 B_5 從結合型轉變成游離型，進而被人體吸收和利用。加了鹼的玉米，維生素 B_5 釋放率可達37％～43％。

POINT 290 烹煮白米類食物勿加鹼

煮稀飯時，添加少量的鹼，可促進澱粉糊化，讓米飯熟得快。同時，糊化澱粉的黏度在鹼性溶液中較穩定。因此，人們習慣煮稀飯時加點鹼。

但是白米中含有維生素 B_1，在中性或酸性環境中對熱較穩定，在鹼性溶液中對熱則變得極不穩定。如在pH值大於7時（鹼性環境中）加熱，會使大部分或全部的維生素 B_1 受到破壞。同時，鹼性環境也會影響人體對無機鹽的吸收和利用。

因此，煮稀飯時加入鹼，會降低米飯的營養價值，不建議使用這種烹煮方式。

POINT 291 玉米粉和大豆粉併用可提高營養價值

玉米中的脂肪、膳食纖維、磷、鐵、鉀、硒及維生素 B_2 的含量均高於稻米和麵粉，尤其是新鮮玉米含有豐富的 β－胡蘿蔔素，可為人體提供維生素A。

但玉米中的蛋白質含量不高，品質也不佳，主要是缺乏離氨酸和色氨酸，並不能滿足人體的營養需求。大豆中的蛋白質含量高，所含的必需胺基酸種類齊全，比例合適，而且富含玉米蛋白質中所缺乏的離氨酸和色氨酸。如果將玉米和大豆混合食用，胺基酸之間具有互補作用，進而提高玉米蛋白質的營養價值。

因此，在不影響口感的情況下混合食用玉米粉和大豆粉，其營養價值優於單獨食用玉米粉。

烹煮大麥、白米的黃金比例

實驗證明，經常食用依大麥3、白米7的比例煮的麥飯，能使人體血糖值大幅下降，也有利於抑制因膽固醇過高引起的心血管疾病。

大麥中含有水溶性膳食纖維β－葡聚醣，具有阻止血糖上升及降低血中膽固醇濃度的作用。

研究還發現，大麥中含有維生素B群和維生素E，女性中老年人食用後，能有效降低罹患乳腺癌的風險。

八寶粥、臘八粥富含完整營養素

白米或糯米中的營養是不完全的，缺乏不少營養成分，例如：蛋白質含量較低，蛋白質中離氨酸比例不足，維生素、無機鹽不足等。而八寶粥、臘八粥的營養較為均衡，更符合人體需要。熬煮八寶粥、臘八粥所用的食材，除了白米或糯米外，根據各地不同的飲食習慣，所用的食材也不盡相同，通常還有小米、大麥、薏仁、黃豆、綠豆、紅豆、花豆、黑豆、核桃仁、花生仁、紅棗、山藥、蓮子、枸杞、葡萄乾等，用這些糧穀類、豆類、乾果類等食材混合熬製成的粥，營養價值自然大幅提高。

八寶粥、臘八粥是蛋白質互補作用的實際應用，也符合營養學提倡的食物多樣化。由於各種食物的營養價值都不同，沒有任何一種食物可包含人體所需的全部營養素，唯有儘量多方面攝取不同種類的食物，才能彌補單一食物的營養缺陷，以便獲得更全面的營養。例如：穀類缺乏離氨酸，而豆類的離氨酸含量比較高，小米中含較多亮氨酸，各種堅果類富含人體必需脂肪酸以及各種微量元素和多種維生素。所以，用五穀雜糧等多種食物混合煮粥，能夠充分發揮胺基酸的互補作用，使其相互取長補短，提高蛋白質的利用率，維生素、無機鹽、植物化學物等營養素也可得到適當補充。因此，八寶粥、臘八粥是營養完整的食物。

用糙米煮粥的技巧

糙米是穀粒經粗加工後，除去一些外層，而大部分的穀皮、胚芽和胚乳仍得以保留的稻米。糙米含有較多的膳食纖維、維生素B群、維生素E和微量元素等，是除了腎臟病人之外，老幼皆宜的營養食品。但糙米也有口感欠佳、不易消化等缺點。如果採用適當的方法，將糙米熬煮成粥，既營養又美味。

熬煮糙米粥的關鍵：糙米洗淨後，先浸泡1～2小時（根據季節和室內溫度而異，冬季浸泡時間長些，夏季短些），然後依一般煮粥的方式烹煮即可。

糙米經過較長時間浸泡後，纖維素等組織的細胞壁被水分子充分浸潤，再經過充分的熬煮後會變得軟爛，很容易消化。以下提供蝦米糙米粥的烹煮方法：

①糙米100公克，洗淨並浸泡2小時，入鍋。

②小排骨200公克，洗淨，汆燙去腥，撈起入鍋；蝦米20公克，以冷水浸軟，去雜質，入鍋。

③鍋中加入2000毫升水，所有食材加熱煮成粥，邊煮邊攪拌，以防糊鍋。

④待米粒煮成糜狀、排骨熟爛，加少許鹽（約1～2公克），熄火，撒上適量胡椒粉，即可食用。

此粥充滿鮮味，具補氣血、使氣色明亮、改善濕疹、皮膚病、增強抵抗力的作用。除蝦米糙米粥，也可熬煮地瓜糙米粥、羅漢果糙米粥（具有瘦身作用）等。

POINT 295 製作麵茶的方法和訣竅

麵茶屬粥品之一，主要原料是小米麵（或麵粉亦可）、芝麻醬等，兩者皆含有豐富的維生素B群、無機鹽和微量元素，經常食用可有效預防因維生素B_1缺乏所引起的腳氣病。

麵茶的作法：先煮開水，同時將小米麵放入碗中，用少許冷水將小米麵調成糊狀；待水煮沸後，將小米麵糊倒入鍋中，並不斷地用勺子推攪；待再次燒沸後，以小火維持片刻，粥即熬熟。將熬好的粥盛入碗中，表面淋上一層芝麻醬，撒上少許芝麻鹽，即可食用。熬好的麵茶顏色鮮黃，質地細膩，味道香濃，既營養又可口。

麵茶要做得好吃，需注意以下幾點：首先，不能缺少芝麻鹽。作法：用桿麵棍或調理機把芝麻碾碎，加入少許鹽即可。其次，芝麻醬內需加適量香油攪勻，這樣不僅解決了芝麻醬太乾而無法淋灑的問題，還可使麵茶的味道更香濃。第三，要注意掌握加水量，不要太稀。

熬煮時要不停地推攪，以防糊鍋。

POINT 296 杏仁茶的製作方法

杏仁茶的製作方法有很多種，最常見的是：把甜杏仁和糯米放進食物攪拌機或果汁機中，倒入適量水，蓋上蓋子，開始攪拌，直到杏仁和糯米攪碎至沒有明顯的顆粒為止。在鍋子裡放入一點水，根據個人口味加入適量冰糖，用中火慢慢煮，直到冰糖完全化開。拿一個空碗，上面蓋一塊乾淨的紗布，把榨好的杏仁糯米汁倒進碗裡，然後收起紗布的四角，用力擠壓，把杏仁和糯米的渣滓過濾掉（也可用細網目濾網過篩），才能確保杏仁茶香滑的口感。接著把濾好的杏仁米漿倒進鍋中，煮沸後盛入小碗，即可食用。

POINT 297 油茶和茶湯的製作方法

油茶，又名油炒麵（大陸民族風味小吃），是將油炒麵加入熱開水沖泡而成。作法：將麵粉放入鍋中，用微火乾炒至麵粉呈麥黃色；另起鍋放入牛骨髓油，用大火燒至油將冒煙時，立即倒入熟炒麵裡拌勻，備用；將黑芝麻、白芝麻用微火炒出香氣，核桃仁炒熟去皮，切成細末，連同瓜子仁一起倒入炒麵中，即成油炒麵。

要吃的時候，將沸水加入油炒麵中沖攪成稠糊狀，加上適量的砂糖和桂花糖汁攪勻，即可食用。所用的油可以是牛骨髓油，也可以用奶油或香油。油茶呈稠糊狀，質地細膩，甜潤中帶著濃郁的酥油香氣，適合老人家食用。炒油炒麵時，依個人喜好，可加糖，也可以將糖換成鹽，另外也可不加油炒。炒的過程中要注意掌握火候，並不斷地用鍋鏟翻炒攪勻，防止焦糊。

茶湯是一種將糜子米（稷米）水磨成粉，盛在碗裡，用煮沸的水沖燙而成的小吃。因為粉細，水的沸點高，所以一沖即熟。撒上紅糖、桂花，即可食用。食用時，糖的甜，桂花的香，糜子米特有的清香，以及既綿軟且略帶柔韌的口感，使人既可解饞又能果腹。

中醫認為，糜，其味甘，微寒，可止瀉，利煩渴，除熱，治咳，逆上氣，不僅有豐富的營養價值，還有防病治病的功效。

POINT 298 黑米的營養成分和烹煮方法

稻米中有許多珍貴的種類，包括紅米、紅香米、紫糯米、黑米等，均屬於水稻，味道、口感和白米不同，營養成分也有區別。表5為白米（精米）、白糙米、黑米的營養成分比較。

表5　白米、白糙米、黑米營養成分比較

營養成分	白米	白糙米	黑米
蛋白質（%）	7.04	9.52	13.10
離氨酸（%）	0.16	0.46	0.51
脂肪（%）	1.40	2.50	3.06
維生素C（毫克／公斤）	0	0	23.93
維生素 B_1（毫克／公斤）	1.70	3.60	6.89
維生素 B_2（毫克／公斤）	0.70	1.04	2.82
維生素 B_6（毫克／公斤）		0.43	0.54
維生素E（毫克／公斤）		0.41	0.60
錳（毫克／公斤）		59.00	141.00
鐵（毫克／公斤）		41	52.20
鋅（毫克／公斤）		18.90	83.00
銅（毫克／公斤）		19.90	64.00

由表5可見，糙米比白米具有更豐富的營養素，黑米的營養素含量又比糙米更高。黑米的蛋白質含量比白米高〇．五～一倍，錳、鋅、銅等無機鹽高一～三倍。此外，黑米還含有白米所缺乏的維生素C、葉綠素、花青素、胡蘿蔔素及強心苷（強心配醣體）的特殊成分。

黑米若與其他藥物互相配合，對於治療營養不良性水腫、缺鐵性貧血、肝炎以及缺乏維生素 B_1 所引起的腳氣病等，具有一定的食療效果。食用黑米對慢性病患者、恢復期病人、孕婦、幼兒、身體虛弱者有滋補作用。如用黑米釀酒或煮紅糖粥，是虛弱病人或產婦的滋補品。

總之，黑米是一種藥、食兼用的大米，集色、香、味、營養保健於一身，故有「補血米」、「長壽米」之稱。

但由於其穀皮纖維緻密，若依一般烹煮白米的方式，很難把黑米煮得熟爛，其營養價值也就難以被人體吸收了。因此，食用黑米時，一定要充分浸透、煮熟。熬煮黑米紅豆蓮子粥的作法：黑米、紅豆洗乾淨後，用水浸泡約6小時，再加入蓮子和適量水煮沸，以小火煮約1小時，加入花生繼續煮約30分鐘，放入冰糖再煮5分鐘，熬煮成的粥味道香甜，可調養身心。

除了浸透、煮熟的方法外，還可將煮熟的黑米放入調理機中打碎後再食用，也十分有利於營養素的消化和吸收。烹煮黑米時，要注意以下兩點：

①黑米在浸泡之前，可用冷水輕輕淘洗，但不要揉搓，以免黑米中所含的色素溶出。

②烹煮時，泡黑米用的水要一起煮，不能丟棄，以免營養成分流失。

POINT 299 適量的高粱可強健腸胃

無論是幼兒、年輕人還是老人，吃點高粱都大有益處。中醫認為，高粱具有溫中健脾、固腸胃、止吐瀉的作用。若幼兒出現胃腸功能不佳或者腹瀉、食積症狀時，吃些高粱炒麵具有強健腸胃的作用。作法：將高粱麵（以高粱製成的麵條）成在文火上乾炒，炒熟後加入適量白糖混勻，即成高粱炒麵。另一種作法：在炒鍋中放入少許油，加入高粱麵炒熟，也可以放入碾碎的芝麻和花生一起拌炒，再加些白糖。食用時，將炒麵調成糊狀後即可餵食幼兒。

高粱有促消化、利小便、止咳喘、補氣清胃的作用。對於有消化不良、體質較弱、工作壓力大、精神緊張等症狀的中青年人，適量的吃些用高粱烹煮的高粱黑豆紅棗飯，同樣具有保健作用。作法：將高粱米50公克、黑豆20公克以溫水浸泡4小時後，加入紅棗10顆、白糖10公克一同蒸熟。

高粱做成的補陰益壽粥（甘蔗高粱粥）則具有滋陰潤燥、清熱解毒作用，適合老年人食用。作法：將150公克泡軟的高粱米在清水中熬煮成粥，將甘蔗榨汁取500公克左右，放入粥中，攪勻後燒煮片刻，即可食用。

用高粱煮成的飯或粥，口感上較為粗糙，可將其磨粉做成點心。有一種名叫高粱粑的點心，作法：將高粱米磨成粉後，加入泡打粉、白糖、雞蛋和適量的水調至黏稠，揉成麵團；將高粱麵團壓平後蒸熟；下油鍋稍炸，撒上少許芝麻，即可食用。

胃腸功能稍差的人如不適合吃高粱粑，可以做成高粱羹，作法很簡單：在烹煮銀耳羹或玉米羹時，放入少許高粱粉即可。

POINT 300 蕎麥麵是老幼皆宜的健康食品

蕎麥主要有甜蕎和苦蕎兩種，因苦蕎種子含有蘆丁（芸香苷），故也稱蘆丁苦蕎。蕎麥的營養價值很高，蛋白質含量比稻米、麵粉都高，並富含離氨酸；脂肪中的油酸、亞麻油酸含量亦較高。蕎麥中含有蘆丁，此成分具有降低人體血脂和膽固醇的作用，並可軟化血管。由於苦蕎中的蘆丁含量比甜蕎高出數倍至數十倍，其藥用價值遠高於後者。蕎麥中還含有維生素P等黃酮類物質，可增加毛細血管的緻密度，降低其通透性和脆性，具有止血作用。有些黃酮成分還有抗菌、消炎、止咳、平喘、祛痰的作用，故蕎麥有「消炎糧食」的美稱。

蕎麥麵最適合與肉末和黃瓜一起涼拌。最好用羊肉末，因羊肉有溫補養胃的功效，與性涼的蕎麥搭配，可避免傷胃；配以爽口的黃瓜，可使蕎麥麵口感更清爽。

蕎麥麵是老幼皆宜的健康食品，但一次不宜食用過多。蕎麥麵條煮熟後可稍微泡軟後再食用，口感更好。

POINT 301 煮綠豆湯的技巧

綠豆湯應是清而發綠，香而爽口。但是在熬煮綠豆湯時，往往會發紅變渾，失去綠豆湯應有的風味。以下介紹幾種煮綠豆湯的方法：

①將綠豆洗淨，瀝乾後入鍋，倒入沸水（以浸過綠豆一指為準）煮沸後，改用中火，當水分快要蒸發乾掉時（注意防止黏鍋），再加入大量的沸水，繼續煮20分鐘，綠豆即可酥爛，湯色碧綠。

②將綠豆洗淨，用沸水浸泡20分鐘，撈出放入鍋中，再加足量的水，大火煮半個小時即可。

③將綠豆洗淨，用沸水煮10分鐘。冷卻後，將綠豆放進冰箱冷凍4小時，取出再煮，綠豆即可軟爛。

④將綠豆洗淨，放入燜燒鍋中，加入適宜的水量後蓋上內鍋鍋蓋，在瓦斯爐上加熱，待沸騰2～3分鐘後迅速將內鍋放入外鍋內，蓋好外鍋，保溫1小時左右，綠豆即可酥爛。此方法的優點是方便且節約能源。

POINT 302 適量的薏仁具有滋補作用

薏仁的營養價值很高，除富含維生素B群和維生素E之外，還含有抗癌的有效成分硒元素。薏仁的食療作用主要有健脾利水、利濕除痺、清熱排膿、清利濕熱。

但薏仁性微寒，不適合單獨煮粥或吃太多。建議可與豆類，如紅豆煮成薏仁紅豆粥；還可煮湯，如夏秋季與冬瓜一起煮成冬瓜薏仁排骨湯，既可佐餐，又能清暑利濕；更適合與一些具溫補作用的食物一起煲湯，如將雞腿、番茄與薏仁一起燉煮，就有很好的滋補作用。

POINT 303 燕麥營養又瘦身

就營養價值而言，燕麥在穀類作物中占有較高地位，幾乎沒有其他糧穀類的缺點，營養成分十分完整。燕麥與其他穀類三大營養素含量，整理如表6。

表6　燕麥與其他穀類三大營養素含量比較（%）

食物名稱 \ 營養素	蛋白質	脂肪	醣類
燕麥	15	8.5	64.8
黃玉米麵	8.4	4.3	70.2
蕎麥麵	10.6	2.5	72.2
小米	9.7	3.5	72.8
中筋麵粉	9.9	1.8	74.8
高筋麵粉	9.4	1.4	75
稻米	7.8	1.3	76.6

從表6可見，燕麥的蛋白質含量明顯高於一般穀類。燕麥的蛋白質中含有人體所需的全部必需胺基酸，尤其是富含離氨酸；脂肪含量也高於一般穀物，吃了容易有飽足感。燕麥的脂肪中含有大量亞麻油酸，具有降低血脂的作用；糖類含量低於一般穀類，最適合糖尿病人食用。燕麥含有的皂苷和豐富的膳食纖維，具有降低血清

膽固醇、三酸甘油脂、β－脂蛋白（低密度脂蛋白），以及增加飽腹感、減肥瘦身等效果。

最常見的是將燕麥片加入牛奶中一起食用。也可以煮燕麥八寶飯，作法：將燕麥、黑糯米、長糯米、糙米、大米、黃豆、蓮子、薏仁、紅豆等加水浸泡1小時，煮熟即可。八寶飯有很高的營養滋補作用。

POINT 304 糯米美味又保健，但勿過量

粽子清香軟糯、口味多樣，不僅是端午節的時令美食，也是食補食療的保健佳品。

糯米是粽子的主要材料，含有蛋白質、脂肪、澱粉、維生素（A、B群、E）及纖維素、鈣、磷、鐵等多種營養素。糯味甘性平，有潤肺暖脾、補中益氣、縮小便之功，對久泄食減、煩熱止咳有輔助食療作用。

粽子的配料也多為食療佳品，例如：紅棗有補脾和胃、益氣生津，降脂降壓和防止血管破裂等作用；核桃、松子仁、栗子、蓮子、香菇、雞肉、鴨肉、蛋等，具有健腦、補腎、益脾等食療功效；紅豆具有律津液、利小便、消脹、除腫、止吐等功能，富含較多離氨酸，適合與糯米混合食用；綠豆則有清熱解毒、利尿消腫等作用。

粽子雖然好吃，卻不可多食。因為糯米中含有較多的支鏈澱粉，黏性大，食用過量不易消化，易出現胃酸過多、腹脹等症狀。肉粽含脂肪較多，吃太多會增加血液黏稠度，加重心臟負擔，嚴重者會誘發心血管疾病。

POINT 305 紫心地瓜的營養高於一般地瓜

紫心地瓜（又名黑薯、紫紅薯）因顏色紫黑而得名，其營養和藥用價值優於一般地瓜。

紫心地瓜富含花青素，含量高達2～8毫克／100公克，具有抗癌、抗衰、防病等作用，而普通地瓜幾乎不含花青素。

紫心地瓜含硒量也很高，每100公克可達13～19毫克，是一般農產品的幾十倍。硒是人體必需的微量元素，有提高人體免疫力、改善消化系統、促進營養吸收、增強身體解毒功能、減輕有害重金屬對人體的危害等作用。此外，硒更是人體重要的抗癌元素。

紫心地瓜含有豐富的膳食纖維，能有效刺激腸道蠕動，具有潤腸通便的作用。紫心地瓜含有的黏液蛋白可抑制過多的膽固醇在血管中沉積，有防止血管硬化、保持血管彈性的作用。

烹調紫心地瓜的最佳方法是依30％的比例與米合煮成飯。由於白米缺乏離氨酸，而紫心地瓜富含離氨酸，兩者搭配具有蛋白質的互補作用。

POINT 306 粥的功用及煮粥的技巧

糧穀類食材經過充分熬煮後，其中的澱粉粒吸水膨脹並徹底崩解，澱粉分子溶出而使水變黏稠，食材和水融為一體，此即為粥。

粥食體積大，能量密度低，同樣重量只有米飯熱量的三分之一左右。食粥後，在滿足飽腹感的同時，可在一定程度上預防熱量過剩；又由於粥富含水分，可為人體提供排泄廢物的溶劑；食入的粥進入人體消化器官後，不需經過多的咀嚼、攪拌而直接成為食糜，很容易被人體內的澱粉酶消化並充分利用。因此，粥食是最易於消化吸收，又具有和胃、健脾、潤肺等培元補氣等功能的食物。煮粥時則要注意以下幾點：

①根據體質狀況、口味和季節，選擇適宜的食材及藥材：糧穀類及豆類是基本的食材，再依個人體質和喜好添加其他配料。如用玉米粒加紅棗、桂圓、枸杞等熬煮美容粥；用小米、青菜等熬煮瘦身粥；用百合、銀杏等熬煮止咳潤肺粥；用紅棗、人參、牛肉、白米等熬煮補氣精力粥；用薏仁、蓮子、龍眼等熬煮安神粥。身體虛弱者可加入適量的芡實、山藥、栗子、糯米、黑芝麻等進行補益，血糖高者可多加些薏仁、燕麥、黑豆、大麥等。夏季可多以綠豆煮粥，秋冬季則可多加紅豆等。

②粥的濃稠度要適宜：粥的稠度很重要，清朝的袁枚在《隨園食單》中，依據稠度對粥作了定義：「見水不見米，非粥也；見米不見水，亦非粥也。必使水米融洽，柔膩如一，而後謂之粥。」根據經驗，食材（指糧食和豆類，配料不計在內）與水的比例大約1：10為宜，太稀則缺乏飽足感，太稠則能量密度過高。冬春季節，粥宜稠些；夏秋季節，粥宜稀些。

③需掌握好火候：要以大火燒水，小火熬粥，且中

途不能斷火，並勿中途加冷水。

④不要加鹼：有人認為煮粥時加鹼，可讓粥易爛、黏性大、口感好，於是習慣在煮粥時加些鹼，但這種作法並不可取。煮粥加鹼會使食材中的維生素受到嚴重破壞。若要增加粥的黏度和適口性，可以添加適量的糯米、大麥粒、黃米，以及適當增加熬煮的時間。

⑤需事先備好食材：煮粥的食材和配料需事先精心準備好，一些糧穀及豆類中難免混有沙、石等雜質，需要提前挑揀除去；煮粥用的一些豆類及糙米、黑米等不易熟爛，也需提前浸泡。

POINT 307 快速煮粥的技巧

首先將白米淘洗乾淨，用水浸泡約1小時，放入冰箱冷凍至完全結凍後備用。

需要煮粥時，將冷凍白米取出，直接放入沸水中開大火煮10分鐘，即可煮好一鍋粥。在烹煮過程中要不斷地攪拌，以免糊底。

將白米煮成粥主要是澱粉糊化的過程，而澱粉糊化需要足夠的水分和熱量。生米經過低溫冷凍後，化學結構被破壞，內部組織變得鬆散，放入沸水中後，沸水的熱能很容易傳導到米粒的內部，可加速生米糊化成粥。

POINT 308 要燜飯不要撈飯

白米中含有的水溶性維生素和無機鹽等營養素，在加熱過程中極易溶於水中，若烹調方法不當，很容易造成流失。例如：使用撈飯（一種先煮後蒸的飯，先將米煮至七、八分熟，撈出後再蒸熟）方式煮飯，若將米湯棄之不用，則維生素 B_1 會流失70％～80％；若採用蒸飯的方式，維生素 B_1 保存率達60％以上，其他維生素B群的保存率也都相對較高。

POINT 309 炒出黃金蛋炒飯的技巧

所謂黃金蛋炒飯，是將米飯炒好後使蛋包裹住米粒，炒出的飯呈漂亮的金黃色。作法：先下油，熗鍋，待油熱後即下米飯，炒至米粒在鍋中跳躍時，把整顆蛋下到鍋裡，用鍋鏟翻炒均勻即可。要達到「蛋包飯」的效果，應掌握下列幾個技巧：

①一定要用冷飯，且最好是隔夜飯，不能用熱飯。因為熱飯中的澱粉已全部糊化，黏度較大，不易將米粒分開；而米飯冷卻後，澱粉部分老化，黏度下降，有利於蛋液包裹住每顆米粒。

②由於冷飯中的水分已有部分流失，飯粒表面比較乾硬，因此在放入米飯炒時，需慢慢地淋入少許水，直到飯粒表面不再乾硬，再開始翻炒。千萬不要一口氣加太多水，否則飯粒會黏糊在一起。

③蛋不能事先打散，要整顆雞蛋下鍋後用鍋鏟攪開，被蛋白包住的米粒會呈銀色，被蛋黃包住的米粒會呈金色，兩種顏色混合在一起，有絕佳的視覺效果。

④佐料可以根據個人喜好配以大蔥、洋蔥等。一般配料應切成粒狀，大小以不超過米粒二～三倍為宜。

POINT 310 蛋炒飯好吃的祕訣

蛋炒飯若炒不好會有蛋腥味，飯粒乾硬、不香。為避免這些現象，要注意以下幾點：

①一般一鍋不要超過三人份，量多不易炒勻。

②將蛋打入鍋中，炒到至少半熟，再將飯倒入一起快炒，就比較不會有蛋腥味。

③蔥花要煸得老一些，待顏色焦黃，產生明顯蔥香味後再放入米飯煸炒。煸炒時要將黏結在一起的飯團用鍋鏟壓散，並順著鍋底翻動食材，將下面的食材不斷地翻炒上來，以求熟度與顏色保持一致。炒飯時，火要大，油要熱，鍋要滑，手要快。

④飯炒好前，將事先準備的蔥花撒入鍋內，加入少許鹽或醬油，充分翻炒後即可。蔥的量最好多些。

飯粒中的老化澱粉經過加熱並吸取蔥屑中的水分後會糊化，按此方式炒的飯，粒粒分明，有咬勁而不乾硬，香而不膩，兼具主、副食功能。

POINT 311 發酵過的麵食含豐富維生素B群

穀物中的礦物元素，除極少部分以無機鹽形式存在外，大部分皆與有機物結合，或者本身就是有機的化學組成，這些形式的礦物元素都不易被人體吸收和利用。如穀物中含量最多的磷，主要以植酸鹽形式存在，植酸中的磷不易被人體吸收和利用，因此至少有60％的磷會被排出體外。

穀物中的植酸還會與鈣、鎂、鉀、鋅等形成不溶性的植酸鹽，影響人體對穀物中這些元素的吸收和利用，致使穀類食物中礦物元素吸收和利用率較低。又由於人們從糧食中易攝取過多的植酸，它會在體內與從其他食物中攝取的礦物元素形成不溶性植酸鹽，因而也影響了其他食物中無機鹽的吸收和利用。

麵團經過酵母發酵，由於酵母在代謝過程中會產生較多的活性植酸酶，可使磷、鈣、錳、鉀、鋅等從植酸中分解出來，形成無機鹽形式，易於人體吸收和利用。

麵團經過酵母發酵後，植酸含量會減少15％～20％，可溶性鋅可增加二～三倍，鋅的吸收率可增加30％～50％。根據實測，麵粉經過3小時發酵後，其中的植酸被破壞60％。

酵母菌在生長繁殖過程中，還能增加麵團中維生素B群的含量。因此多吃酵母發製的麵製品，可提高穀類中礦物元素和維生素B群的利用率，對人體健康有益。

若使用自發麵粉或發酵粉做發酵麵食，雖然麵團可以發起來，但所流失的營養較多，因為其中沒有酵母菌，只有小蘇打等幾種產氣的化學物質，不僅不能提高營養價值，反而會破壞麵粉中的維生素B群等營養素。

POINT 312 用酵母發麵團勿加鹼

用酵母發麵團不要加鹼，可避免麵粉中的維生素B_1遭到破壞，同時還能避免因為加了鹼而影響人體對無機鹽的吸收和利用。

純酵母菌加入麵團內，在25℃～30℃的溫度下，即可利用麵團中的醣類和其他物質生長繁殖，並且利用酵母自身分泌的酶，將醣類逐步分解。在經過一連串生化反應後，產生大量的二氧化碳氣體和少量酒精等，使麵團膨脹發起，蒸熟的饅頭既蓬鬆柔軟，又略帶酒香味。

由於放入麵團中的酵母純度較高，不像老麵夾雜大量乳酸菌、醋酸菌，所以沒有微生物產酸過程，麵團發起後不會變酸，因而不用加鹼中和。但如果發麵時間過長，沾染了雜菌，最後仍可能會使麵團變酸。

用酵母發麵時，至少4小時內不會變酸，尤其是在溫度不超過30℃時，對酵母菌繁殖是有利的，對雜菌生長繁殖則相對不利。因為最適合乳酸菌生長繁殖的溫度為37℃，最適合醋酸菌的溫度為35℃，因此，當發酵時的溫度不超過30℃時，麵團就不會太快變酸。

POINT 313 用酵母發麵團宜添加少量糖

新鮮酵母屬於生物膨鬆劑，與其他活的微生物一樣，要使它充分發揮作用，就需為其提供充足的營養。因此在使用新鮮酵母發麵團時，可加入少量的糖作為酵母活化時的營養，以使酵母迅速恢復活力，加快生長繁殖，有利於二氧化碳生成，使麵團膨脹多孔，富有彈性。

但加糖也不能過量，一旦超過一定的濃度，糖液的滲透壓會增大，使酵母細胞內的水分脫出，使酵母細胞萎縮，抑制酵母的生長繁殖，不利於麵團的漲發，導致延長發酵時間，甚至會使麵團發不起來。

一般砂糖與酵母的比例為1：1，或糖可更少些。酵母的用量為麵粉重量的1.5％～2％時，效果最好。

POINT 314 油脂含量高的麵團不能用酵母發酵

純酵母菌加入麵團中，在溫度25℃～30℃下，酵母菌可利用麵團中的醣類及其他物質不斷地生長繁殖，並產生大量的二氧化碳氣體和酒精，使麵團出現蜂窩組織，同時體積膨大。但若麵團中含有較多的油脂，油脂會在澱粉顆粒周圍形成油膜，使澱粉很難分解成糖，進而使酵母的繁殖和發酵受到限制，影響麵團發酵速度。因此，含有較多油脂的麵團不能用酵母發酵。

POINT 315 泡打粉快速發麵的技巧

使用老麵或酵母發麵所需時間，一般短則數小時，長則需1天的時間。若使用泡打粉發麵，可更加省時省力，作法：以500公克麵粉加入10～12公克泡打粉的比例，將其拌勻，用溫水和麵，靜置10分鐘鬆弛。要注意，麵不能和得太硬，以免影響口感；饅頭、包子等不能等水開才下鍋蒸，要溫水即下鍋。

POINT 316 發麵團時判斷鹼量是否適宜的方法

使用老麵發酵的麵團，需加入食用鹼來中和麵團中的酸，而鹼的量是否適宜，是發麵成功的關鍵。鹼的量太少，成品往往會發酸、黏；鹼的量若太多，成品顏色會變深，且有明顯的鹼味。可以經由看、聞、抓、拍、嘗等方法，檢查麵團的酸鹼度是否適宜，方法如下：

①看：將麵團切開，如果看到刀切的截面出現均勻如芝麻大小的氣孔，就表示鹼量合適；若出現細長條形的小孔，麵團顏色發黃，表示鹼放得太多；若出現不規則的大孔，麵團顏色發暗，表示鹼放得太少。

②聞：扒開麵團，如聞到酸味，則鹼放得太少；如有鹼味，則鹼放得太多；若只聞到麵香味，則鹼量適宜。

③抓：用手抓起麵團，若發沉、無彈性，則鹼太多；若不發黏，也不發沉，而是具有彈性，則鹼量適宜。

④拍：用手拍麵團，若發出「嘭嘭」聲，則鹼量適宜。

⑤嘗：與聞相似，麵團的口感若發酸，表示鹼放得太少。方便的話，可以取少量揉勻的麵團放在爐子上烤熟，從顏色和口感上判斷鹼量是否適宜。

POINT 317 不同水溫對調製麵團的影響

用麵粉製作麵條、饅頭、麵包等，具有的筋力較強，且富彈性。因為麵粉中含有麥穀蛋白質和麥膠蛋白質。在麵粉中加水和成麵團時，麥穀蛋白質和麥膠蛋白質會迅速吸水潤脹，經過充分揉搓，滲入大量空氣，使麥膠蛋白質和麥穀蛋白質發生氧化，生成較多的分子間二硫鍵，進而在麵團中形成堅實的網狀結構。網狀結構中包裹著初步潤脹的澱粉粒及其他非水溶性物質。這種網狀結構即麵團中的濕麵筋，具特殊黏性、可塑性和彈性。

用同種麵粉和成麵團，其麵筋的產生率與許多因素有關。其中，水溫是很重要的關鍵。用不同溫度的水調製成的麵團，麵筋的產生率不同，麵團的性質和用途也不一樣。

①用冷水（冬季時需用30℃左右的微溫水）調製的

麵團，質地細密，筋力足，拉力大，富有韌性和可塑性。製成熟品後，色白，硬實爽滑，有咬勁，適合用來做麵條、水餃、餛飩等。

②用沸水調製麵團（指水溫在70℃以上的熱水，也包括沸水），筋力小，韌性差，色澤發暗，具有柔、黏和略帶甜味的特點。製成熟品後，呈半透明狀，口感細膩柔黏，主要用於蒸餃、燒賣、鍋貼、薄餅等。

③用溫水調製麵團（水溫為50℃左右），質地處於冷水麵團和沸水麵團之間，韌中有柔，柔中有韌，富有可塑性，便於成形。熟製後不易變形走樣，色澤也較白，最適合用來做花色餃子。

正常的麵粉，用溫度35℃～50℃的水調製成麵團，麵筋的產生率最高，因而麵團的筋力最大。隨著水溫下降，麵筋的產生率逐漸降低，到了0℃時，就幾乎不能出筋了。因為麥穀蛋白質和麥膠蛋白質生成麵筋網絡除需經過充分揉搓外，還需在一定的溫度下進行，其反應速度會隨著溫度升高而加速。但當溫度超過70℃後，蛋白質會發生變性而凝固，無法形成麵筋，因此用沸水調製成的麵團，筋力小，韌性差，同時由於部分澱粉被水解而會略帶甜味。

POINT 318 用冷水調製麵團需加適量食鹽

用冷水調製麵團時，因水溫較低，對麵團出筋會有影響。若添加少量食鹽（麵粉量0.1％左右），即可提高麵團的延展性和彈性，因為麵粉中形成麵筋的麥膠蛋白質和麥穀蛋白質能溶解在稀的食鹽水溶液中，食鹽是電解質，能解離成正、負離子，吸附在蛋白質表面，增加蛋白質與水的結合力，因而可加速麵筋的形成。但是食鹽具有雙重性，濃度稀時，可提高蛋白質與水結合的能力；濃度高時，卻能促進蛋白質變性凝固，影響麵筋形成。

POINT 319 用冷開水調製麵團可增強筋力

用硬度大的水（水中含有較多的鈣鹽和鎂鹽）調製麵團，會影響麵團的筋力。因為硬水中的鈣鹽和鎂鹽會減弱麥膠蛋白質和麥穀蛋白質與水結合的能力，影響麵筋的形成，降低麵團的彈性和延展性。

硬水經煮沸後，即可除去部分的鈣鹽和鎂鹽。因此，用冷開水調製麵團時，可提高麵筋生成率，加強麵團的彈性和延展性。

POINT 320

揉搓程度對麵團的影響

要使麵團更容易出筋，除了需注意水溫之外，還與揉搓程度有關。因為形成麵筋的麥穀蛋白質和麥膠蛋白質加水潤脹後，在揉搓時會進入大量空氣，使麥穀蛋白質和麥膠蛋白質中的氫硫基（-SH）發生氧化，生成分子間二硫鍵，所形成的網狀結構即是麵筋。但是過度揉搓後，分子間二硫鍵受到破壞，形成分子內的二硫鍵，即麵筋網狀結構瓦解，強度下降，使麵團變軟。

由於揉搓麵團施力的程度不同，麵筋生成的差別也不同。不同麵食製品，要求不同的麵筋含量，所以在麵團揉搓程度也應有所區別。例如：用冷水調製麵團需用力反覆揉搓，達到光滑、糯潤、柔軟、不沾手為止。用沸水調製麵團應以揉勻為度，不宜反覆揉搓，否則就會失去燙麵的風味。用溫水調製麵團，要比用沸水調製的麵團多揉一些，使之上勁，具有一定韌性；但比用冷水調製的麵團要少揉些，防止全部上勁，失去柔糯的特點。

POINT 321

和麵時不黏手的訣竅

和麵時，手持一雙筷子，在麵粉中緩緩加水的同時，用筷子向同一個方向（順時針或逆時針皆可）攪動麵粉，若攪動時稍感吃力，可改為將筷子握在手中攪動麵粉，待水量適宜且大部分麵粉濕潤成團時，將沾黏在筷子上的濕麵粉清理乾淨，再用手蘸少許水將麵和在一起。如果手指上沾有少許麵粉，可再蘸少許水，繼續將麵和成軟硬均勻的麵團。使用此法和麵，不僅可避免和麵時黏手的困擾，而且和好的麵較沒有疙瘩。

POINT 322

和好的麵團應覆蓋濕布

麵團和好後，應用潤濕的蒸籠布（乾淨的濕布或保鮮膜亦可）覆蓋於麵團表面，以維持柔潤狀態，有利於麵團發酵。麵團發酵時間從半小時至數小時不等，在此期間，麵團表面的水分會有不同程度的揮發，尤其氣候太乾燥時，若不採取保濕措施，麵團表面很快就會出現風乾龜裂現象，不利於麵團進一步加工。將乾淨潤濕的布覆蓋在和好的麵團上，可防止上述現象發生。

麵團發好之後，由於濕布上的水分已揮發，往往會黏在麵團上，不易拿下來，此時只要用手取少許水輕拍布面，使其恢復濕潤狀態，即可容易取下。

POINT 323 不同麵食的麵團軟硬度有區別

餃子、烙餅和麵條是喜歡麵食的人常吃的主食。要做得好吃，和麵是重要關鍵。

製作烙餅、餃子和麵條的麵團，因和麵時加入的水量不同，麵團的軟硬度也有區別。其中以烙餅的麵團最軟，因為不需要在水中煮，將麵團和得軟一些，有利於麵團發得更充分，烙出的餅更可口。

製作餃子的麵團要軟硬適中。若太硬，煮出來的餃子口感欠佳，擀皮費勁，易黏不牢而煮破；若太軟，則需用較多薄麵，擺放時易沾黏在一起，煮時易破皮。

製作麵條的麵團相對要比較硬，擀出來的麵條一則有咬勁，二則不亂湯。

POINT 324 讓手擀麵筋道爽滑的訣竅

要使手擀麵吃起來筋道爽滑，關鍵在於和麵。和麵時，加入適量的雞蛋和鹽，和成稍硬的麵團，充分發透後再擀製即可。添加雞蛋、鹽的比例，一般為500公克麵粉加入2公克鹽及一顆雞蛋或蛋白為宜。

POINT 325 油脂可增加點心酥鬆的口感

油脂具有起酥作用，廣泛用於點心的製作中，可有效改善烘焙製品的柔軟和酥鬆度。這是由於油脂能夠以條狀、薄片狀和球狀分散到麵團中，在蛋白質、澱粉周圍形成油膜，阻止澱粉和蛋白質黏結成密實的塊團，潤滑成品的結構，使麵團的黏度下降，增加麵團的可塑性，達到麵團的酥鬆的口感。另外，油脂還具有充氣作用，因此當油脂和麵粉充分混合或高度攪打時，油脂會分散成細小的顆粒，並裹入許多空氣，使麵團體積增加，在熱力的影響下，就能形成酥鬆的結構。

POINT 326 適合作為起酥油的油脂

不同的油脂，起酥效果各不相同。一般可塑性大的油脂，起酥效果較好，如奶油、豬油等。因為奶油、豬油均屬於含有一定量液體油的固體脂，固體脂以極細小的晶體分散於液體油中，因此，固體網絡並不是堅硬不動的，在微粒中可以滑動，因而使它呈現柔軟狀態並可展開。當它被攪入麵團中時，以條狀和薄片狀分散開，能使蛋白質、澱粉顆粒表面全部形成油膜，潤滑面積較大，起酥效果也較好；而像牛油這種比較硬質的油脂，可塑性較差，難以條狀或薄片狀均勻分散到麵團中，因此起酥效果不好；至於液體植物油，由於表面張力作用，僅以球狀微粒分散到麵團中，潤滑面積小，起酥效果比較差，不適合作為糕點的起酥油。

由上可知，當油脂處於半固體時，可塑性大，適宜作為起酥油。

POINT 327 蒸饅頭宜冷水入鍋

蒸饅頭的正確方法是在鍋內加入冷水，放入饅頭後再加熱逐漸升溫，這樣可使饅頭均勻受熱，鬆軟可口。因為當水溫逐漸升高時，饅頭中的氣體開始膨脹；而繼續升溫時，麵筋的網絡會失去彈性；再繼續加熱，麵筋網絡中的澱粉充分吸水膨脹而糊化，饅頭即可蒸熟。

如果用熱水蒸饅頭，因生冷的饅頭外表突然遇到熱氣，表面澱粉糊化，出現黏結，阻礙水蒸氣滲透到內部，熱量也無法向裡面傳導，容易造成饅頭內部澱粉糊化不徹底而沒有熟透，或延長蒸的時間，影響品質和口感。

POINT 328 判斷饅頭、包子是否蒸熟的訣竅

蒸饅頭、包子，時間太短，容易不熟；時間過長，容易黏底且浪費能源。判斷是否蒸熟的方法：一手將蒸鍋蓋掀開，另一手輕拍饅頭或包子，如有彈性，表示已

經熟了；或者用手指輕按饅頭，若按壓的凹陷會立即恢復原狀，也代表已經蒸熟了。

POINT 329 避免蒸好的包子塌陷的技巧

剛蒸好的包子在打開鍋蓋時顯得特別飽滿，但慢慢地就會塌陷下去，影響外觀。要避免這種現象，最好在蒸好掀蓋之前先轉小火，並將鍋蓋打開一條小縫，讓多餘的蒸氣散發後再打開鍋蓋。造成包子塌陷的原因主要是火力過大，以致鍋內的蒸氣太多，使包子吸收大量蒸氣，待蒸氣突然減少後，包子就會塌陷。

POINT 330 蒸包子不掉底露餡的技巧

防止包子底部破皮露餡的方法：1.麵團的軟硬度要適中，過軟則易破皮；2.擀皮時，中間要略厚，周邊要薄些；3.蒸籠上鋪的布要濕潤，若不使用蒸籠布，則需在蒸籠上刷一層油或鋪上菜葉；4.包子蒸熟之後要立刻把鍋蓋掀開；5.掀開鍋蓋時，可以用筷子夾住蒸籠布的一角，將包子倒扣，使包子底朝上，即可避免包子底部破皮露餡，以及皮黏在布上面。

POINT 331 油炸饅頭省油又健康的訣竅

油炸饅頭吃起來香酥可口且作法簡單，但是由於饅頭是用發酵麵團蒸製而成，質地鬆軟，在油炸的過程中會吸附大量油脂，以致成為一種高熱量、高脂肪的食品。若採用以下方法，即可減少油的用量，吃得更健康。

將雞蛋打入碗中，放入少許鹽或糖，攪拌均勻後加入適量麵粉、水調成稀糊狀；將切好的饅頭片（約1公分）放入蛋糊中浸蘸；將兩面都蘸好的饅頭片放入油鍋中，以中火炸成金黃色。

炸出來的饅頭，蛋白質含量增加，油脂則比一般作法減少許多，鹹（甜）香可口。

也可在乾炸饅頭片之前，先準備一碗熱水，待油燒熱後，將饅頭片在熱水中浸一下，接著立即放入油中炸至金黃色後撈出，這樣的饅頭外焦裡嫩，而且較省油。若喜愛吃甜食，可在熱水中加入少量白糖。

POINT 332 煎與烙的區別

煎法和烙法雖然相似，但仍有以下差異：

①煎法必須在鍋內加入少量油脂；烙則可以不加油，如乾烙是既不灑水也不刷油的。

②刷油烙雖與煎法有些相同，但用油量比較少；且煎法是把油刷在鍋底，而刷油烙可刷在鍋底，也可刷在食物表面。水油煎與加水烙作法相似，風味也大致相同，但水油煎是在油煎後灑水燜熟，加水烙是乾烙時只烙一面，待呈焦黃色時，灑水蓋鍋蓋，邊烙邊燜至熟。

POINT 333 烙餅的其中一面要刷油

烙餅時，將擀好的生麵餅放入餅鐺（即烙餅用的平底鍋）後，要在麵餅表面塗上一層植物油，這是因為生麵餅放入平底鍋中受熱後，麵中的水分汽化，會使餅皮表面的水分減少，表面起泡，致使表面不平，待餅翻面後，不利於餅與平底鍋表面充分接觸，起泡部位若接觸過多則容易發糊變黑，接觸不夠便容易不熟。而刷上一層油後，由於油脂對麵餅表面具有軟化作用，起泡部位被軟化，有利於餅面與熱鍋的接觸；而且油脂還有提升加熱溫度的作用，利於餅在均勻受熱後能夠熟透。刷上少量油脂後烙出的餅，香軟可口。而餅的另一面，因不會起泡並可與平底鍋充分接觸，因此不必刷油。

烙餅時還要注意：餅翻面後要蓋上鍋蓋，這樣可減少水分揮發，聚集熱量，也利於讓餅加熱而熟透。

POINT 334 製作「烙餅攤雞蛋」的訣竅

在酷暑進入尾聲的「三伏」，吃一頓烙餅攤雞蛋不僅有「送伏迎秋」的寓意，也為酷暑中的人們提供豐富的營養。

作法：將雞蛋打入碗中，加入蔥末、鹽稍微攪拌均勻；平底鍋加熱，倒入植物油，稍微搖晃一下鍋子，讓油平均分散；將蛋汁倒入鍋中，待蛋液受熱成形後，將烙餅直接放在雞蛋上，轉小火，蓋上鍋蓋，靜待片刻；開蓋，用鍋鏟將雞蛋、餅翻面（注意不要將雞蛋與餅分開），蓋鍋蓋繼續以小火加熱，煎至兩面黃軟酥脆即可。

作法十分簡單，可當作主食，也可當作點心，早、午餐吃均可，並為人體提供較高的蛋白質和熱量。

POINT 335 製作「韭菜雞蛋餡餅」的訣竅

韭菜雞蛋餡餅是深受大眾喜愛的佳肴，可作主食，也可作點心，且兼具動、植物食品的營養；蛋香、脂香與韭菜的辛香混合在一起，對人的嗅覺產生很強的刺激。作法並不困難，只需掌握以下幾點訣竅：

①麵團要軟，這是做餡餅的關鍵。依照烙餅麵團的軟硬度和好麵之後，要充分發酵過，製作時需注意不要過多揉搓，以免摻入過多的乾麵粉。用發好的麵團製作的餡餅，軟而有韌性，不易破漏。

②韭菜清洗後瀝乾，使用時用紙巾將水分吸去，切碎，加入薑末，倒入植物油和香油拌勻。

③將蛋打入碗中，加入適量的鹽，稍微拌勻；油鍋中放油加熱，倒入蛋汁並將其攤熟；放涼後先切成絲，再切成丁，盛入另一碗中。

④在烙製前，將雞蛋丁放到韭菜上，再加入適量的甜麵醬拌勻。也可加入剁碎的蝦米、煸熟的香菇丁等。

⑤平底鍋加熱，將餡餅包好直接放在鍋子上，用手指按壓成形，在餅的一面刷上植物油，開蓋加熱；翻面後，蓋上鍋蓋烙至熟透。

鹽放入雞蛋中，韭菜吸乾水分後拌入植物油，要用前再拌勻，以上均是防止內餡出水的方法。同時要掌握火候。另外，在不破皮的範圍內，儘量多包一點內餡。

POINT 336 煮麵條要用小火

麵條本身水分少，所以煮麵條時，水量要多，否則麵條外表的粉質受熱糊化，會使水變稠發黏，影響水的對流傳熱能力，麵條不易糊化。開水下麵條後，應立即改用小火煮。由於麵條是不良的傳熱體，內部不易達到澱粉糊化所需的溫度，所以煮麵條要用小火，以保持水面沸而不騰為準，以將麵條煮透、煮熟、不糊湯為宜。如果用大火，水始終處於劇烈沸騰的狀態，由於水溫較高，使麵條表面澱粉開始糊化並出現黏膜，水分不容易向裡滲透，熱量也較難向裡傳導，使麵條表面已糊化的澱粉溶於水中，煮出來的麵條會發黏、硬心、糊湯。

POINT 337 煮麵條不黏鍋的技巧

煮麵條時，水量要多，同時可加少許油和鹽，並等水沸騰後再加入麵條。加少許食用油可增加潤滑度，使麵條下鍋後既不易結成塊，又不易黏鍋，麵湯也不易外溢；加少量鹽，可使麵條口感筋道且不容易糊爛。

POINT 338 炒米粉不糊爛的訣竅

先將米粉用冷水或溫水浸泡1小時，注意不能用熱水，否則米粉在炒的過程中容易斷碎。泡軟後立即撈出瀝乾，用筷子將米粉翻散，即可避免炒的時候結成團。

炒米粉時，一定要等到所有的食材都入味，並且有七、八分熟了再下米粉，以免炒得太久而變得糊爛。米粉下鍋後，需立即少量多次地加高湯或水拌炒，以免米粉遇熱黏鍋。當米粉與配料拌炒均勻後，蓋上鍋蓋，以小火燜煮片刻，使米粉充分吸飽湯汁，味道會更加濃郁。

POINT 339 做涼麵的訣竅

做好涼麵的關鍵是煮麵條和晾麵條。煮麵條時，火要大，水要多，不能煮得太熟，見麵條浮起、斷生即可。晾麵條，就是把煮好的麵條撈出來，過冷開水，以洗去麵條表面的澱粉糊，然後瀝乾水分，把麵條晾涼、冷透後，隨即拌些香油，防止麵條黏在一起。做成的涼麵麵條，要條條分散開來，吃起來才有韌性，最後拌上個人喜好的調味料即可。

麵條中的澱粉經加熱後，澱粉分子逐漸被溶解，形成溶液狀態，成為糊化澱粉。麵條中的澱粉糊化後，具有彈性和柔軟性。但若麵條煮得時間較長，則麵條中的糊化澱粉又會進一步水解成糊精，使麵條軟爛成糊，失去彈性，影響口感。

POINT 340 常吃包餡的麵食好處多

包餡的麵食是許多人都喜歡的食物，如包子、水餃、燒賣、餛飩等，對身體具有以下好處：

①包餡的麵食味道鮮美，可增進食慾：由於各種鮮肉、蛋、魚、蝦和時令新鮮蔬菜均可以做成內餡，再放些個人喜愛的調味料，即可擁有特殊風味，吃起來香鮮可口，增進食慾。

②包餡的麵食營養素完整，符合人體需要：包餡的麵食既可作為主食，也可當作點心；既有葷菜，又有素菜，含有人體需要的多種營養素，具有各種營養素互補的作用，符合均衡膳食的要求。

③常吃包餡的麵食可防止偏食的習慣：不愛吃葷菜的人，優良蛋白質的來源會受到很大限制；偏食葷菜的人，又易導致熱量過剩及多種維生素、無機鹽的缺乏。包餡的麵食通常葷、素都有，含有人體必需的多種營養素，能夠改善偏食的習慣。

POINT 341 煮餃子要「開鍋煮皮，蓋鍋煮餡」

當餃子下鍋，用大湯勺推開後應立即蓋上鍋蓋。因為此時的餃子皮、餡都是生、冷的，比重較大，所以都沉在水中，蓋上鍋蓋的目的是為了減少熱蒸氣逸散，儘快使餃子熟透。煮至餃子上浮、水沸騰後，表示餃子餡已經熟了，應立即將鍋蓋掀開。如果是肉餡餃子，最好再加一次水，蓋上鍋蓋，待水再次沸騰時再開蓋，以確保肉餡已熟透。沸水向餃子傳遞熱量，使之隨著滾水不停地翻動，讓餃子外皮受熱均勻，使於餃子皮內澱粉完全糊化（即煮熟了）。用這種方式煮出來的餃子不塌陷，外皮不易煮破，而且風味好，不黏牙。

餃子下鍋後，如果一直蓋著鍋蓋煮，由於鍋內的蒸氣排不出來，溫度過高，水沸騰較為劇烈，使餃子上下翻滾，就容易把餃子煮破，影響口感和外觀。

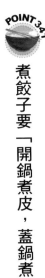

POINT 342 煮餃子不沾黏的技巧

煮餃子時，可在滾水中加入少量的鹽，待鹽完全溶解後，再下餃子，即可避免餃子稍涼後相互黏在一起，而且吃起來也較有咬勁。因為鹽可使澱粉糊化的熱黏度降低，並促使麵筋形成。

如果單純為防止餃子冷卻後黏在一起，可在餃子撈出稍微放涼後，將盛餃子的盤子端起來，或前後、或左右方向來回晃動幾下，即可將餃子晃散；也可適時地用筷子順著盤底將餃子翻動開來。使用以上方法，餃子吃到最後也不易發生黏連破皮的現象。但要注意，以上兩種方式都要在餃子撈出後的數分鐘內進行；若待餃子完全冷卻後再晃動或翻動，為時已晚。

POINT 343 「原湯化原食」的道理

所謂「原湯化原食」是指吃了麵條、餃子或米飯後，最好把煮這些食物的湯喝下，用以消化原食。

因為米、麵中含有大量溶於水的多種維生素，煮餃子或麵的湯中往往含有不少維生素（B_1、B_2、C）以及可溶性無機鹽。

據分析，煮熟的麵條中的維生素B_1只有煮麵條前含量的51％，其餘的49％除一部分流失之外，大都溶於煮麵條的湯汁裡。維生素B_1在人體內參加醣類代謝作用，使醣氧化並產生熱能，若缺乏會使食慾下降，醣代謝發生障礙。如果在飯後喝些「原湯」，可減少營養素的流失。

充分利用原湯中所含的營養素來增強身體消化吸收的能力，即是「原湯化原食」的健康理念。

POINT 344 煮餛飩不破皮的技巧

餛飩的皮比較薄，不能用大火煮，熱蒸氣也不能太多。要煮出湯不渾、皮不破的餛飩，祕訣在於：水沸之後再下餛飩；煮的時候不要蓋，以免蒸氣太多，導致餛飩破皮；水沸後即改為小火，將餛飩煮至浮起就熟了。

POINT 345 煮元宵的技巧

元宵是用餡心反覆滾黏糯米粉所製成的。採用此法製作的元宵，口感比較硬。要把元宵煮得均勻熟透，又不裂開漏餡，需要掌握一定的方法和技巧。

煮元宵的關鍵是「開水下鍋，小火煮」。當水沸騰後，先用勺子攪水，使水變成漩渦狀後再下元宵。這樣，元宵會隨著水而旋轉，就不會黏鍋糊底。當水再次沸騰時，元宵浮起，此時應轉小火（僅保持沸騰狀態即可），慢慢地煮，否則元宵易破。要注意隨時加些冷水，防止水劇烈沸騰，破壞元宵；另一方面，可使元宵受熱均勻，熟而不爛。

POINT 346 讓豆類綿密的技巧

豆類之中，有含較多蛋白質、脂肪的大豆（包括黑豆），也有含較多澱粉的小豇豆、豇豆及菜豆等等。這些豆類外皮堅韌，內部組織比較緻密，因而不易煮爛。下列幾種方法可在短時間內將豆子煮得軟爛：

①用水浸泡。無論用何種方法烹製豆類，均宜先用冷水或熱水浸泡一段時間（3～12小時），以便烹煮。由於乾豆中的澱粉顆粒和蛋白質經初步吸收水分而膨脹，因而可縮短糊化時間。

②將膨脹的豆類加足水煮沸，當水快沸騰時，再兌以冷水，使鍋內溫度下降至50℃以下，目的是利用溫差，使豆類外皮收縮，在突脹驟縮的過程中，豆類內部澱粉、蛋白質的特定結構被破壞（如澱粉膠束瓦解，蛋白質空間結構鬆弛），有利於水分滲透到細胞內，增加蛋白質的持水性，使澱粉吸水膨脹，促使細胞軟化，然後再用文火煮至豆子軟化為止。

③把泡水後膨脹的黃豆放入冰箱冷凍4～6小時，取出放入鍋中，加足水煮沸後，改用小火熬煮，即可在短時間內將黃豆煮得軟爛。黃豆經過浸泡後，吸水膨脹。當凍結時，首先是細胞間的游離水結成冰，由於冰晶擠壓，使細胞破裂，蛋白質空間結構鬆弛，澱粉膠束瓦解，增加了蛋白質的持水性，澱粉顆粒也吸水而膨脹，讓黃豆較易煮至軟爛。

④將黃豆洗淨，瀝乾水分，倒入鍋中乾炒，炒出香味後，立即倒入冷水中浸泡5分鐘，見黃豆膨脹、豆皮起皺紋時，撈出放入鍋中，加調味料和水，用大火煮開，再改用小火煮爛即可。

POINT 347 釀製酒釀的技巧

酒釀又稱糯米酒，是蒸煮過的糯米，在一定條件下，經過黴菌糖化後，酵母利用糖類和其他物質進行繁殖，將糖逐步分解，產生二氧化碳、酒精和香味物質。因此，酒釀具有撲鼻香味和鮮美的甜味。但是在釀製時，需掌握好要領，否則不僅達不到香甜的效果，甚至會發酸、發黴而無法食用。

①糯米飯要蒸透：因為微生物要利用糊化澱粉才能繁殖。為此，首先要將無黴變、無雜質的糯米洗乾淨，浸泡4小時（冬季用溫水浸泡6小時），讓糯米中的澱粉顆粒充分吸收水分而膨脹，以便於澱粉充分糊化，否則會蒸不熟，即糊化不完全。

②過涼：蒸熟的糯米，用水過涼，使米飯的溫度降至25℃～30℃，並使飯粒清爽，粒粒分開。但必須掌握好溫度，不可使糯米飯降至25℃以下。

③拌麴：這是製作的關鍵。首先要選擇甜酒麴。其次，比例要適當。甜酒麴太少，不易發酵；太多，又容易發酸或變紅。必須依正確比例把甜酒麴和蒸熟的糯米飯調和拌勻。最好趁著糯米飯在30℃左右時拌入酒麴，如果等糯米飯涼了再拌，會影響發酵。

④保溫發酵：在發酵過程中，最重要的是保溫，必須維持在28℃～32℃，在此溫度條件下，糯米飯才能發酵（酵母菌繁殖）、糖化（澱粉轉化為糖）和生成米酒。保溫時間：夏季1～2天，春秋季2～3天，冬季至少3天，即可出酒。

在製作酒釀的過程中，除了上述要領，還需注意：器皿要經沸水消毒後方可使用；整個過程要避免雜菌汙染，否則會導致酒釀酸味重、甜味輕，甚至發黴變質。

POINT 348 正確保存澱粉類食物的方法

米飯、饅頭、燒餅、麵包等米、麵類的熟食品，放入冰箱中貯藏保鮮，雖然可延緩食物發黴，但這些食物會變硬、乾縮，不僅口感變差，而且食用後不易消化吸收，失去營養價值。

糧食經過加工處理後，尤其是經過加熱後，其中的澱粉在熱力作用下，由分子緊密排列而成的膠束結構被打開，膠束隨著熱力作用逐漸被溶解，最後膠束全部崩潰，澱粉分子被分散出來，形成溶液狀態，稱為澱粉糊化。

糊化澱粉具有一定的黏度、彈性、透明度和柔軟的口感，澱粉糊化後才能被人體內的澱粉酶水解成葡萄糖，繼而被吸收和利用。

但是含有糊化澱粉的饅頭、米飯等食物若在2℃～10℃的環境中存放，糊化後的澱粉分子間又容易重新排列形成膠束，這個過程稱為澱粉老化（或稱返生）。老化澱粉的黏度下降，口感由鬆軟變為發硬，不僅口感差，還因與人體內的澱粉酶接觸面減少，因而不易被水解成葡萄糖，降低了老化澱粉的吸收利用率。

冰箱保鮮室的溫度恰好是2℃～10℃，是糊化澱粉老化最適宜的溫度。因此，若將澱粉製品放入冰箱中保鮮，正好加速了澱粉老化，使製品不僅口感變差，也使澱粉在人體內的吸收利用率降低。即使重新加熱，也只能使部分老化澱粉恢復成較鬆散、無定型的結構，使得澱粉製品變軟，而且加熱絕對不能使老化澱粉完全恢復到原來的糊化澱粉狀態。

所以，正確保存澱粉製品的方法是：將饅頭、米飯等放入冰箱冷凍庫中急速冷凍，即可防止澱粉老化，使食物仍可保持糊化後的澱粉特性。加熱後食用，口感如初，馨香鬆軟，利於消化和吸收。

POINT 349

讓乾硬麵包變軟的方法

在鍋中放水，滴入幾滴食用醋，將乾硬的麵包放入鍋中稍蒸片刻，關火後繼續悶一會兒，麵包就會變軟，不僅味道不變，還很新鮮。

6

烹調菜肴的方式和技巧

POINT 350 烹調的作用

①消毒滅菌：生的食物無論多麼新鮮，都帶有微生物、寄生蟲卵或有毒的蛋白質。這些對人體健康不利的物質都是由蛋白質構成，蛋白質加熱後即會變性，失去其生物活性，因此，可藉由烹調達到消毒滅菌的目的。但不同的細菌對高溫的抵抗力有差別。一般腸道病菌需要80℃～100℃，甚至更高的溫度才能被殺死。因此，烹調方式要根據食物種類和衛生程度來選擇。

②易被人體消化吸收：食物中的各種營養成分，如蛋白質，必須經過加熱，使蛋白質空間結構發生變化，形成變性蛋白質，才能被身體內的蛋白酶分解成胺基酸，進而吸收和利用；穀類中的澱粉，必須吸水膨脹，遇熱使澱粉糊化，形成糊化澱粉，才可被人體內的澱粉酶水解成葡萄糖；脂肪在熱力作用下，才能發生乳化、分解作用。食物經過烹調，就等於先在人體外對食物作初步的消化工作，進而減輕人體內消化器官的負擔，使食物更容易被消化吸收。

③能促進食慾：食物經過烹調，可除去異味和腥膻等氣味，提升食物的外觀和口感，並賦予食物獨特的風味，以誘人的色、香、味、形刺激人們的食慾。

POINT 351 造成食物營養素流失的原因

①切洗時的損失：食物在烹調前必須加以清洗，由於食物表面均有皮包裹著，洗滌時尚不致流失營養素；但經刀工處理後，食物的外皮被切破，汁液內可溶性營養素隨著汁液而流失；並與空氣的接觸面增加，進而使食物中的維生素被氧化破壞。

②烹調時的損失：食物內各種維生素對熱十分敏感，因此在煮、煎、炸等烹調過程中，維生素容易被破壞，加熱時間愈長、溫度愈高，營養素被破壞得愈嚴重。因此，烹調食物的原則是：只要食物能熟，加熱時間應愈短愈好，以避免流失過多的營養素。

③飲食的損失：飲食習慣也會使食物中的營養素遭受損失。如：吃菜棄湯，會使可溶性營養素平白損失，因為湯裡面的營養素含量比菜還多；喜食用鹼煮成的粥，以致米中的維生素 B_1 被破壞；採用「撈飯法」烹

煮米飯時，將煮飯的米湯丟棄，也會損失部分營養素。

總之，食物真正的營養價值不僅取決於食物中固有的營養成分，也與烹調過程中營養素的變化以及飲食習慣等因素密切相關。只有使用合適的烹調方式，才能使食物中的營養素發揮最大的效能。

POINT 352 烹調方式對營養素含量的影響

①短時間加熱：

包括爆、炒、溜、涮等，利用熱油或沸水大火快速成菜，是損失最少營養素的烹調方法。因為快速高溫加熱，加快蛋白質變性速度，食材表面蛋白質因變性而凝固，細胞孔隙閉合，使食材內部的營養成分和水分不會外流，既可使菜肴口感鮮嫩，又能保留許多營養成分。

②長時間加熱：

包括煮、蒸、燉、燜、滷、煨、燒、燴等方式。

◆煮：將食材放入較多的湯汁或清水中，先用大火煮開，再以中小火煮爛的烹調方法。在此過程中，湯汁或清水不僅具有傳熱的作用，更有良好的溶解作用。食材中的醣類、蛋白質會部分水解並溶入湯汁中，無機鹽（如鈣、磷等）也會溶於水中，脂肪則較無明顯影響。但水煮往往會使水溶性維生素（如維生素B群和維生素C）遭受損失，且煮沸時間愈長，水溶性維生素溶解得愈多，流失的也就愈多。由於部分蛋白質、醣類、無機鹽溶於湯中，所以煮食物的湯汁（如肉湯、雞湯、米麵湯等）應善加利用。

◆蒸：利用蒸氣的高溫使食物熟透的烹調方法，溫度通常在100℃以上。用蒸法烹煮食物時，食物與水的接觸面少，可溶性物質流失的也相對較少。蒸過的食物由於本身的浸出物及呈味物質流失較少，因而保留了菜肴的原汁原味，營養素損失不多，是較健康的烹調方法。

◆滷：將食材水煮後，再放入事先調配好的滷汁中滷泡，使味道滲入食物中的烹調方式。食材經過水煮，部分營養素（如維生素B群、維生素C和無機鹽等）已溶於湯汁中；煮熟的食物放入滷汁中，又使部分維生素、無機鹽溶於滷汁；水溶性蛋白質也會浸入滷汁中，同時也可減少一部分脂肪。所以，湯汁和滷汁中含有許多營養素，應善加利用。

◆燉：將食材放入湯鍋中，先用大火煮開，再轉小火燉至酥爛的烹調方法。燉可使水溶性維生素和無機鹽溶於湯汁中，僅有一部分維生素會被破壞，部分蛋白質水解。其中的肌凝蛋白、肌肽及部分被水解的胺基酸溶於湯汁中，使湯汁味道鮮美；不溶的、堅韌的膠原蛋白質在燉煮時，與熱水長時間接觸，變成了可溶性的白明膠，溶於湯中使湯汁變得黏稠。這些湯汁應好好利用，不宜丟棄。

③高溫加熱：

包括炸、煎、烘、烤等。此類烹調方式對營養素的破壞力較大，因為溫度較高，所有的營養素或多或少會受到損失，尤其是維生素流失最多。如主食採用高溫油炸，會使維生素B_2、B_5損失約50％，維生素B_1幾乎完全流失；肉類中的蛋白質因高溫而發生化學變化，產生難以消化的物質，進而降低蛋白質的營養價值；脂肪因高溫而分解，聚合生成有毒的有害物質。

因此，在製作麵食時，應多用蒸、烙，少用油炸。烹調肉類時，以炒最佳，煮、蒸次之，烤、炸則較不建議。關於烹調方式對動物性食物營養素的影響，請詳見下頁表7。

POINT 353 油作為傳熱媒介的特點

傳熱媒介在烹調中的作用：從受熱的鍋底吸收熱量，使自身的溫度升高，再把熱量傳遞給溫度較低的食材。油是烹調加熱時主要的傳熱媒介之一，有以下特點：

①油脂的熱容量是0.49卡／公克（1公克油脂溫度上升1℃所需吸收的熱量，稱「熱容量」）。水的熱容量為1卡／公克。因此，在熱量相等的情況下，油上升的溫度比水高出一倍以上。油脂在加熱過程中，不僅油溫上升快，上升的幅度也較大；若停止加熱或減小火力，溫度下降也較迅速，便於烹飪過程中火候的控制和調節。

②油溫（一般為200℃～300℃）能達到水溫二～三倍的高溫，它與食物的溫差，比水與食物的溫差大得多，所以，食物在單位時間內能從高溫的油中獲得大量的熱量，快速成熟。

③用油作為傳熱媒介，一方面食材表面吸收大量熱量，使表面水分有足夠的蒸發潛熱（指液態蒸發成氣態

表7 動物性食物烹調前後的維生素含量比較（每100公克食物中的毫克數）與保存率（%）

食物名稱	處理與烹調情況	硫胺素			核黃素			菸鹼酸			維生素A（I.U.）		
		烹調前	烹調後	保存率	烹調前	烹調後	保存率	烹調前	烹調後	保存率	烹調前	烹調後	保存率
炒豬肉絲	切絲，用油炒1.5～2.5分鐘，加醬油	0.43	0.37	87	0.20	0.16	79	3.8	2.5	66	—	—	—
蒸豬肉丸子	絞碎，加入太白粉、醬油及水拌勻，做成丸子，蒸1小時	0.43	0.27	63	0.20	0.17	85	3.8	2.8	74	—	—	—
炸豬里肌	切成片，加入太白粉、醬油及水拌勻，於沸油中炸1.5分鐘	0.43	0.25	57	0.20	0.12	62	3.8	2.5	66	—	—	—
清燉豬油	切塊，加入六倍水及少許鹽，用大火煮沸，接著以小火煨約30分鐘	0.43	0.23	53	0.20	0.11	55	3.8	1.1	29	—	—	—
紅燒豬肉	切塊，用油煸3分鐘，加入醬油和水，用大火煮沸，再以小火煨約1小時	0.43	0.17	40	0.20	0.12	62	3.8	2.6	68	—	—	—
炒豬肝	切片，加入醬油和太白粉，油炒3分鐘，加入少許水	0.32	0.31	97	3.5	3.3	94	14.9	12.1	81	13260	7600	57
滷豬肝	將整塊豬肝放入沸水中並加調味料，煮1小時	0.32	0.23	72	3.5	2.2	63	14.9	10.9	73	13260	11460	86
炒蛋	蛋去殼，打散，油炒1～1.5分鐘	0.10	0.08	80	0.38	0.36	95	0.1	0.1	100	—	—	—
煎蛋	蛋去殼，以熱油煎，俗稱荷包蛋	0.10	0.08	80	0.38	0.36	95	0.1	0.1	100	—	—	—
水煮蛋	雞蛋置於水中，中火煮沸10分鐘	0.10	0.08	80	0.38	0.36	95	0.1	0.1	100	—	—	—

注：參閱謝桂珍編著《營養與烹飪指南》，第56頁，表3-19。 I.U.為國際單位

吸收的熱，稱為「蒸發潛熱」）而汽化，水分流失較多；另一方面因加熱的時間縮短，食材內部的水分流失較少。正因為食材內部和表層水分的流失相差較大，所以能使食物具有外焦裡嫩的口感，也使質地鮮嫩的食材成菜後，維持原本的爽脆軟嫩。

④用油作為傳熱媒介，水分只出不進，呈香、呈味物質濃度增大，使味道變得更濃郁。有些食材還會吸收部分油脂，使菜肴的香氣濃郁，風味更佳。

⑤食材經過油加熱處理後，因油溫較高，各種化學成分發生了多種化學反應，產生了呈香物質，使菜肴具有特殊香味。同時，油脂又是呈香物質的溶劑，因此加熱形成的揮發性呈香物質溶解於油脂中，避免呈香物質揮發，使得菜肴的香氣和味道更加柔和協調。

POINT 354 目測油溫的技巧

不同的食材，烹炸時所需的油溫不盡相同。油溫的高低可用以下方法判斷：

①低溫：將一小塊麵糊滴入油鍋中，若麵糊沉到底部後再慢慢浮上來，此時的油溫大約為160℃，適合較厚的肉類、根莖類蔬菜、需要炸兩次的食材第一次油炸。

②中溫：若麵糊沒有沉到底，在一半處就浮上來，油溫為170℃～180℃，適合所有食材。

③高溫：若麵糊立刻在油鍋表面散開，這時的油溫大約是190℃，適合需回炸（炸第二次）的食材。

POINT 355 過油的技巧

過油又稱滑油，將上好漿的食材入油中滑散至七、八分熟，呈白色即可。一般多用於爆、滑溜、滑炒、燴、氽等烹調方法烹煮動物性菜肴。過油的成敗，攸關著菜肴的特色和風味，務必掌握好以下過油的要領：

①過油前要將鍋子洗乾淨，大火燒熱，倒入少量油，遍布全鍋後將油倒出。接著熱鍋後，再倒一次油。目的是先用油潤滑鍋子，避免沾鍋。

②掌握好油溫，一般油溫在60℃～130℃之間。油溫若太高，食物易黏結，表皮會因失水過多而變得脆硬，失去柔軟鮮嫩的口感；油溫若太低，食物易脫漿、脫糊，

顯得乾癟。

③依食材的性質不同，過油時的火候也不一樣。例如：雞絲、魚絲、肉絲，雖然食材的形狀都是絲，但性質各不相同。特別是魚絲的質地比較細嫩，過油時的油溫就需比肉絲低得多。如果油溫過高，魚絲的質地就會變老，色澤也會變得灰暗。軟嫩易碎的魚片，就要使用小火低油溫，才能使成品不失色、不變形，既鮮又嫩；至於質地較老的肉片，宜用大火高溫油滑透。

④食材下鍋後，右手持勺，自右向左劃幾下，再倒劃幾下，使食材分開，不要黏在一起，但力道不可過大。

POINT 356 食材在過油前宜先汆燙

食材經過刀工切割後，需先用沸水汆燙後再過油，以除去食材中的腥、膻異味和血汙，並減少水分，以防止食材汙染到油脂，可保持油脂的潔淨；並使菜肴的口感清爽滑嫩，形態固定，不互相黏連；縮短烹調時間，提高菜肴的品質。

POINT 357 過油時食材要分散下鍋

過油的食材需經過上漿或掛糊處理，外表都沾有一層濃稠的漿或糊。過油時，除了在調製漿或糊時要加點油之外，還要根據食材的分量和油溫高低，逐漸分散下鍋，使菜肴絲、丁、條、片分開，均勻受熱，清爽俐落，色美且形狀整齊。若將全部食材同時下鍋過油，食物會黏在一起，結成一團，很難滑開，造成受熱不勻，不僅影響菜肴的形狀和色澤，更會生熟不均勻。

POINT 358 過油至八分熟即可

斷生俗稱「八分熟」，即是把食材加熱到接近成熟的狀態。食材經過過油後，還要再加以烹調，如果過油過得太熟，烹調成菜時，口感就會變得老硬或酥爛，散碎不成形，顏色變暗，失去鮮味；相反的，過油時如果沒有達到斷生的程度，就會延長烹調時間，造成菜肴色澤不鮮豔，有時還留有異味，影響品質。因此，過油要以斷生為度，才有利於下一步的烹調。

POINT 359 過油時食材黏鍋和焦老的原因

食材黏鍋的主要原因有：1.鍋子不乾淨，不夠滑潤；2.烹煮時沒有使用「熱鍋溫油法」，食材冷，油溫高，鍋底熱，產生的上推力自然較小；3.食材上漿過濃，投料時沒有分散下鍋，以致食材結成塊狀，沉入鍋底而黏鍋；4.油與食材的比例不當，油少料多，沒有及時迅速地將食材推散滑開。

至於食材出現焦老現象，主要原因有：1.上漿方法不當而脫漿；2.油溫過高，加熱時間過長；3.料少、油多等。

POINT 360 避免過油時黏鍋的方法

使用熱鍋溫油，即可避免過油時黏鍋的困擾。所謂熱鍋溫油，即是在食材下油鍋過油之前，先使乾淨的鍋子均勻受熱，待鍋底燒熱冒煙時，倒入適量的冷油，待油溫適宜（46℃～70℃）時，迅速倒入食材並滑散。依照此方式，通常較不會黏鍋。

當冷油注入高溫的炒鍋時，鍋底把熱量傳遞給冷油，與鍋底接觸的油最先受熱，體積膨脹，比重減輕，因而上升，鍋面上的溫油因比重大而下沉，形成油體對流。這時倒入食材就不易沉降至鍋底，而是被向上湧起的熱油托住，或隨著油體對流而漂動。同時，當食材倒入鍋中時，首先接觸到的是溫油，而溫油的黏度比熱油大，食材下沉速度受到阻礙，不會很快地接觸到鍋底。過油的食材逐漸受熱而膨脹，體積增大，比重減小，降低下沉的速度。待食材與鍋底接觸時，食材外部的漿、糊已糊化成形，過油後的食材色澤潔白，口感滑嫩。

POINT 361 適合油滑雞絲、魚片的油溫

油滑雞絲、魚片時，油溫以70℃～80℃最適宜。因為雞、魚的肌肉組織中，結締組織含量少，以致雞絲、魚片的質地非常鮮嫩，過油時若溫度過高，會使食材的鮮味和水分因受熱而流失，口感變老，色澤褐暗，失去鮮嫩的特點。油滑雞絲、魚片時，使用70℃～80℃的油溫，既可保留食材潔白的色澤，又能防止斷絲破碎，使

菜肴滑嫩爽口，營養豐富，形狀整齊美觀，風味絕佳。

POINT 362 適合油滑富含蛋白質食材的油溫

食物組織中絕大部分的蛋白質經50℃～75℃熱處理後，即會發生變性。由於熱力作用，破壞了原來蛋白質的特定空間結構，形成不規律的伸展肽鏈，稱為「蛋白質變性」。變性的蛋白質，因肽鏈伸展開，因而有利於蛋白質水解酶的作用，促使蛋白質水解，便於人體吸收和利用。人體只能吸收和利用變性蛋白質。油滑含豐富蛋白質的食材時，只要油溫在80℃左右，就可以使蛋白質變性，便於人體消化吸收。由於蛋白質熱變性具有很大的溫度係數，即溫度每升高10℃，蛋白質變性速度將提高六百倍，因此，含豐富蛋白質的食材在過油時，油溫以80℃為宜，時間不需太長，就可以達到八分熟。

如果過油時油溫超過80℃，或過油時間太長，則蛋白質會進一步脫水而變硬，使食材失去鮮嫩口感。如果油溫高達130℃時，則蛋白質將分解成各種胺基酸，還會進一步發生氧化分解，聚合成揮發性物質或有色物質，使菜肴的營養價值降低、變色。因此，含豐富蛋白質的食材在過油，不應太高溫或時間太久。若一定要高溫過油，應用蛋白、太白粉等將食材上漿或掛糊，以保護食材的色澤與營養成分。

POINT 363 煸肉前宜先過油

「煸白肉」這道菜，選用的是豬五花肉，肥多肉厚，含有較多脂肪。烹煮前先用油滑一下再煸，能除去一部分脂肪，減輕油膩感。在過油時，肉表面的蛋白質遇熱變軟凝固，孔隙閉合。煸炒時，肉內部的脂肪不再外溢，因而成菜既入味又軟嫩，肥而不膩。

POINT 364 煸炒肉絲前宜先過油

肉絲富含豐富蛋白質，口感鮮嫩。肉絲上漿後，先用溫油滑炒，使肉絲中的蛋白質變性凝固而收縮，外表澱粉糊化成形，再進行煸炒時，就不會將肉絲炒碎，形狀整齊，清爽俐落。

POINT 365 水滑法的烹調要領

用水代替油將食材滑透的烹調方法，稱為「水滑法」（又稱「以水代油烹調法」）。使用水滑法烹調菜肴，有助於降低脂肪含量，又符合過油的基本要求。只要掌握好要領，效果相當於過油。

水滑法的作法：水沸騰後，改用小火，使水維持在微沸狀態，接著將掛好漿的食材均勻地撒入鍋內。記住不能一下子全部投入，以防互相黏在一起。然後轉大火，沸騰後，待食材煮至八分熟即撈起，放入冷水中過涼（不能泡太久）後撈出。由於食材突然間遇冷，外表的漿糊會凝固，呈滑嫩狀態。因此採用水滑法，只要火候控制得當，則成菜潔白，質地嫩滑，口感清淡不膩。

水滑法可烹煮葷菜、半葷菜、涼拌菜等，如炒肉絲、榨菜肉絲湯。

POINT 366 燒法的特色及步驟

「燒」是以湯水作為傳熱媒介，主要食材經過初步處理後，熗鍋添加湯水、食材，大火燒開，然後轉為中小火長時間加熱，使食材酥爛入味，再改中火或大火收汁即可。燒可分為紅燒、白燒、醬燒、乾燒四種。紅燒常用醬油、糖，做出來的湯汁濃稠有味；白燒和紅燒的區別在於白燒不加糖及有顏色的調味料；醬燒是將甜麵醬、豆瓣醬、番茄醬煸炒後，再加入其他調味料及適量高湯，放入炸過的食材中燒煮入味。不論動植物食材或質地老嫩，均可以燒法燒製成菜。主要步驟如下：

①食材初步熟處理：可在此過程中去除食材中的血汙和腥膻味，以確保菜肴滋味鮮美，同時避免在燒製的過程中出現大量泡沫，影響成菜的色澤和質地。先將食材作初步的熟處理，還有利於同一道菜中的所有食材成熟的時間一致，並縮短正式燒煮的時間；此環節利用蛋白質受熱變性和澱粉糊化的原理，在正式燒煮之前可使食材定形，增進菜肴的色澤和光澤。初步熟處理的方法主要有水煮、過油、油煎和煸炒等。

②調味燜燒：燒製成菜的主要階段，一般會經歷熗鍋、添湯、下料、調味和燜燒等步驟。此階段的關鍵是要燒透、入味、燜透；添加湯汁的量要適當，若過少，

食材會因未熟而糊鍋，過多又難以收汁而影響品質。

③收汁成菜：燒的最後一個步驟，可使滷汁變得濃稠，提升菜肴的品質和口感。

POINT 367 收汁的方法

收汁成菜可說是「燒」的成敗關鍵。方法主要有以下四種，可根據食材的性質、菜肴特色和烹飪要求，選擇適當的方法。

①蒸發收汁：利用水從液態變為氣態並揮發，使滷汁減少，以完成稠汁成菜的過程。適用於蒸發收汁的食材，質地不宜太嫩或太老，若太嫩，食材容易散碎；若太老，則不易酥爛。

②勾芡收汁：利用澱粉糊化的原理，使澱粉顆粒分散於水中，形成澱粉溶液，達到增加湯汁濃稠度的過程。一般紅燒類的菜肴大多採用勾芡收汁，如紅燒魚、紅燒海參。勾芡收汁時，首先要注意加入芡汁的時機，要在鍋中的湯汁保持沸騰時加入；其次要掌握好芡汁的分量，這便需要視食材烹煮時的情況和成菜的要求而定。

③糖收汁：利用糖使湯汁變得稠濃的過程。原理是利用蔗糖來增加溶液的濃度，同時在加熱過程中，蔗糖發生分解，斷裂的氫鍵與水結合，達到收汁的目的。此法適用於口味酸甜的燒菜，如紅燒肉、糖醋排骨。

糖收汁首先要掌握加糖的時機和目的。菜肴加糖分為三個時機，其目的各不相同：菜肴剛入鍋時加糖，作用是去腥、解膩、增鮮，用糖量較少；在菜肴加熱過程中加糖，主要作用是賦予菜肴甜味，具有調味的目的，糖的用量可根據菜肴口味而定；在菜肴成熟並酥爛後加糖，主要作用是收汁，糖的用量較多。其次，糖收汁時應用大火，但要注意控制時間，以避免發生焦糖化反應，使菜肴的顏色變黑，口味變苦。此外，還要注意菜肴的總體甜度，掌握好不同時機加糖的分量和比例。

④自然收汁：適用於富含膠原蛋白的食材，此類食材經長時間燜燒後，膠原蛋白質分解並溶解到湯汁中，使湯汁變得濃稠的過程。其原理是膠原蛋白質受熱後分散、溶解到湯汁中，進而提高湯汁的濃度，達到收汁的效果，如紅燒蹄膀、乾燒岩鯉。

自然收汁的關鍵在於：必須選用富含膠原蛋白質的

食材，以確保膠原蛋白質的含量；加熱要充分，一般使用中小火長時間加熱，使膠原蛋白質能夠充分分解並溶解到湯汁中，才有利於收汁。

實際上在烹調時，以上的收汁方法往往不是單獨使用，而是幾種方法綜合運用。例如糖醋排骨，就運用了蒸發收汁、自然收汁和糖收汁三種方法。

POINT 368 乾燒的技巧及步驟

「乾燒」是川菜特有的烹調方式，作法是將經過初步熟處理的食材，放入兌好味道的湯汁中，先以大火燒沸，再改為中小火慢燒，直至燒煮到食材入味、湯汁濃稠時，最後用大火收乾湯汁。乾燒是燒法的一種，適用於質老筋多、鮮味不足或質地鮮嫩的食材。又因此類燒法均採用自然收汁，不勾芡，而有別於其他燒製方法。

乾燒菜品色澤棕紅，亮油無汁，醇厚鮮香，質感細糯，富有營養。烹製乾燒菜肴時，需注意以下幾點：

①乾燒菜的味型應根據食者的口味，加以靈活掌握。乾燒菜的口味有辣與不辣之分，其食材亦可分為有腥味和無特殊異味。在烹調有腥臊味的食材時（如鮮魚類），調味料以豆瓣醬、辣椒醬、乾辣椒為主，白糖、醋為輔，成菜味型多呈鹹辣中帶有甜味。若是烹調無特殊異味的食材（如素菜類），調味料以醬油、鹽等為主，成菜味型多呈鹹鮮味。在收汁成菜時，若是鹹鮮味，應加入食用油和香油；若為鹹辣味，最好加紅油（即辣油）和香油。辣椒的使用量也要根據食者的口味而增減，一般川菜的乾燒菜，辣味較重，北方辣味較輕。

②乾燒菜的配料應根據主料的不同而變化。如在燒製腥味較重的魚類及海參時，通常會加入肥瘦相間的肉末、香菇末、冬筍末等，可使菜肴提味增鮮；若是素菜類的食材，可加入肥瘦相間的肉末、榨菜絲，也可加蝦米末、火腿末等，藉此改善成菜的風味，增加口感。

③要注意乾燒時的火候，切不可用大火急燒，而要用中小火慢燒，並使其自然收汁，否則食材不易入味且極易焦糊。

④在收汁成菜時，要根據食材的大小，採取不同的方法。若食材的形狀較小（如乾燒四季豆、乾燒蹄筋），應一手端鍋不停地晃動，使食材在鍋中旋轉，另一隻手

持湯勺舀適量的熱油順著鍋邊淋入，待燒至味汁無水氣且全部沾裹在食材上時，即可盛盤。若食材為體大形整的魚類時，應不時地用湯勺舀湯汁澆淋在魚身上，再用小火慢慢收汁，待湯汁約剩食材的四分之一時，將魚取出擺放於盤中，另在鍋中的湯汁內加入適量的熱油，用湯勺不停地推炒，待炒至味汁無水氣且呈黏稠狀時，起鍋澆淋於盤中的魚上即可。

POINT 369 糟製菜肴的特色

糟味菜是以酒糟為主要調味料，將食材經糟鹽醃、或用糟滷浸泡、或加糟汁滑溜等方法烹製而成，具有糟香濃郁、鮮鹹回甜的特點。依製作酒糟的方法不同，可分為紅糟、白糟和黃酒糟三種。由於各地所產的糟不同，烹調出來的菜肴也具有獨特風格。

糟味菜的糟製方法有生糟法和熟糟法。生糟法是指將生的食材經過一定的刀工處理，用鹽醃漬後放入酒糟中（也可直接將食材浸於香糟滷中），密封浸漬數小時或數天後，將食材拿出來烹調再食用的方法，例如：浙江「糟青魚乾」、「糟蛋」均用此法糟製。熟糟法是將食材經過熟處理（通常用水煮法），初步調味後，放入容器中，加入香糟滷浸漬數小時，入味後取出即可食用，如「糟香毛豆」、「糟腰花」等。

POINT 370 溜菜的烹調方法及注意事項

「溜」是將食材經刀工處理後，掛糊或不掛糊皆可，放入不同溫度的油鍋中炸、滑，或放入鍋中水煮，或置於汽鍋中蒸等初步的加熱處理。接著另起油鍋，油熱時用蔥、薑等爆香，煸炒佐料，投入主食材，倒入芡汁，翻炒均勻後盛盤。此外，也有另一作法是將食材先初步加熱後，另調製芡汁淋在上面。

溜是結合多種烹飪技術的烹調方式，應用較廣，常見的溜法有：焦溜、滑溜、醋溜、軟溜、糟溜、糖溜等。因溜法較多，其菜肴便各自具有不同的口感和味道，例如：「焦溜」菜肴具有外焦裡嫩、口味鮮香的特點，「滑溜」菜肴則是口感軟嫩，「醋溜」菜肴通常酸辣甜鮮。烹煮家常溜菜時，注意事項如下：

①主要食材需經過初步的加熱處理，且溫度要掌握得宜。若使用油鍋加熱，食材上的糊掛得愈厚，油溫應愈高；漿若掛得愈薄，油溫應愈低。

②食材的形狀除特殊者外，一般都不宜太大，以便提高加熱溜製的速度。

③湯汁不宜多，若能做到「菜食盡、芡（湯）汁無」的效果是最好的。

以下提供「家常醋溜白菜」的烹調方法：取大白菜柄約300公克，洗淨，順切4.5公分長、1.5公分寬的條狀，乾紅辣椒10公克，順切成細絲，蔥、薑、蒜（共8公克）切成細絲和小片。鍋中倒入植物油約1公升，燒至七、八分熱時，將白菜條放入鍋中炸軟，呈泛黃色時撈出，瀝去餘油。另起一鍋，放油10公克，燒熱後先放入辣椒絲炒紅，再放入蔥、薑、蒜爆香，倒入高湯約40公克，加醬油、糖、醋、鹽、料酒、花椒水，煮開後用太白粉勾薄芡，慢慢將芡汁淋入白菜中，翻拌均勻，淋上適量的香油，即可盛盤。

此道典型的醋溜菜肴，採用的是「臥汁」溜法，酸辣爽口。

POINT 371

焦溜菜的烹調特點

焦溜，又稱脆溜、炸溜，屬溜菜的一種，是將食材切塊、掛糊、過油後，再淋上醬汁或與醬汁拌勻而成。成菜具有焦嫩、酥香、汁稠、味厚、潤滑的特點。以下提供「焦溜乾果雞翅」的作法：

①將雞翅洗淨、瀝乾，放入加有料酒、蔥段、薑片、花椒的水鍋中，煮至剛熟即撈出，抽去中間的骨頭，用鹽、雞粉、醬油拌勻醃一下。

②將馬鈴薯洗乾淨，蒸熟剝皮，壓成細泥。另將核桃、腰果用溫油炸至金黃焦脆，用刀切碎，與馬鈴薯泥和勻，加鹽、雞粉調味，填入醃好的雞翅中內備用。

③打一顆蛋，加太白粉攪勻成蛋糊，雞翅放入蛋糊中拌勻，使其均勻地掛上一層蛋糊，投入五至七分熱的油中，炸至金黃焦脆且內熟，撈出瀝油。

④鍋中留適量的油，炸香蔥花、薑末，放入醬油、高湯、鹽、雞粉等調味，勾入濕太白粉，淋上香油，推勻，將炸好的乾果雞翅倒入鍋中，均勻翻炒，盛盤即成。

這道焦溜乾果雞翅，吃起來外酥裡嫩，鹹香味美。

POINT 372 家常熗菜的烹調要領

「熗」是將食材切成絲、條、丁等較小形狀，入鍋中水煮至一定程度後撈起，用清水泡涼，瀝乾水分；或過油後撈起，瀝去餘油。拌入鹽、花椒油、雞粉、薑末等調味料的烹飪方法。

烹調熗菜所選擇的動物性食材必須是純肌肉組織、少量結締組織和有部分內臟，不能用骨骼和脂肪組織。可多選用水產類食材，如魚、蝦類，尤其是蝦仁經常在熗菜中當作配料使用。植物性的食材則以質地脆嫩，能保持理想形狀，味道清馨、熗製入味者為佳，如芹菜、菠菜、青椒、四季豆、高麗菜、胡蘿蔔等，這些蔬菜色彩鮮豔，誘人食慾。烹調熗菜的要領如下：

①要掌握好熟度：熗菜大多用熟料，可根據食材的性質和熗菜的要求，選擇烹煮方法，無論是煮、焯、滑、醬、燙，均應掌握好食材的熟度。

②熗菜的鹹味調味料應以鹽為主，不可用深色的醬、醬油代替，否則會破壞菜肴的色澤。

③必須放雞粉和花椒油，以提高菜肴的鮮香味。

④成菜後要稍候再食用，可使菜充分入味。

用以上方式烹煮的熗菜，具有菜見本色、利口不膩、淡雅清香、回味悠長的特色。

POINT 373 家常熬菜的烹調要領

「熬」是將食材的形狀切得小一點，放在盛有底油的鍋中，輕輕煸炒或不煸炒皆可，放入調味料，加點高湯，煮開後轉小火熬，待食材熟透後即可食用。熬菜的特點：質地軟爛，半湯半菜，清鮮味馨，家常風味濃，常食益胃、久食養人。烹煮熬菜時要注意以下幾點：

①烹煮熬菜應選用易熟的食材，動物的骨骼、結締組織和內臟均不宜用來熬製。

②熬菜時，添加的湯量不宜太少，通常以沒過食材為準。熬菜煮滾後，就不宜再加湯。

③熬菜的火候不宜過大，開鍋後不必熬太長時間，否則菜肴過於熟爛會影響口感。

④熬菜的主要食材和配料不需先加熱處理，成品不必勾芡，以保持口感淡雅清馨為宜。出菜前可根據個人

口味加點香油、胡椒、香菜等。

POINT 374 醬爆菜肴的烹調要領

「醬爆」是用炒熟的甜麵醬，爆炒已預熟的主食材。醬爆中的醬需炒透、炒出香味，並炒去部分水分，使之與食材融為一體。醬爆菜肴具有色澤醬紅明亮、滑嫩爽口、汁裹其肉、鹹中帶甜、醬香濃郁等特色。醬爆屬於難度較高的烹飪方法，需掌握以下技巧：

①選料：必須選用肉質鮮嫩、蛋白質含量豐富、結締組織較少的食材，如雞胸肉、里肌肉等。其次，要選擇紅褐色或棕褐色、鮮豔有光澤、具有醬香和脂香、鹹淡適宜、黏稠適度的醬料。

②刀工處理：切食材不宜過大或過小，一般以1.5公分見方為宜，且要均勻一致。切之前應將食材放入冷水中浸泡，一是除去異味，二是可使食材吸水助嫩。但浸泡時間不可太久，以免流失鮮味。

③上漿和醃製入味：醃製所用的調味料不宜太多、太雜，以免掩蓋食材的鮮味，常用的有蔥、薑、酒、鹽、胡椒粉；鹽要少放，以免口味過重。澱粉可多放，以利於爆製過程中的掛漿；但也不能過多，否則會影響口感。

④過油：醬爆的食材過油時，油溫要控制在100℃左右。若油溫太高，食材下鍋後易出現黏連、外殼變硬、水分流失過多、色澤發黃等現象；若太低，則容易脫漿，爆製時難以掛漿。過油後要將餘油瀝乾淨。

⑤醬爆成菜：炒醬是醬爆的關鍵，一般以中火把醬炒至棗紅色；油量要適宜，油、醬、食材三者的比例約為1：2：10，但還是要視烹煮時醬的稀稠度適當調整比例；待醬炒去水分變得黏稠時，再加入適量的糖繼續炒；待醬、糖炒至發黏，用湯勺撩起能成一條線時，立即放入食材，翻炒均勻，即可盛盤。

POINT 375 烹煮菜肴油不宜多

清炒蔬菜或肉類，放點油，除了油具有傳熱作用外，還可以調和菜肴的滋味，增進食慾。但做菜用油與其他調味品一樣，應以適量為宜，多放有害無益。

若放太多油，會造成油膜包裹在食材上，使其他調味料不易滲透到食材內部，影響成菜後的味道，失去鮮嫩爽口的口感。且油量過多時，勾芡困難，著芡不均，易結成芡粉疙瘩，使汁、料分離，甚至產生油膩感。

POINT 376 乾炒的特點及烹調關鍵

乾炒，也叫乾煸，是將切配好的食材用中火加熱煸炒，使食材脫水成熟，再加入調味料煸炒，使調味料充分滲入食材至見油不見汁，達到乾香、酥軟、化渣的烹飪方法。

乾炒時的調味步驟是確保菜肴色澤、質感和口味良好的關鍵，應注意以下幾點：

①需掌握好火候和時間。火候若過大，會出現食材外硬裡不化渣的現象；若火候過小，則達不到乾香、酥軟的口感。時間也要掌握得宜，若加熱時間太長，會變得乾韌老硬；若加熱時間過短，則會軟嫩不香。

②要達到酥軟、乾香、化渣或軟嫩、清鮮的效果，烹煮時就要注意區別食材內部水分和外部水氣。烹煮時，除了乾煸魷魚外，均要煸乾水氣，而不是炒乾水分。

③在炒牛肉、鱔魚等帶有腥臊味的食材時，調味料以豆瓣醬、乾辣椒、花椒和花椒粉、紅油為主，菜肴的味道多呈麻辣味；炒豬肉、雞肉等無特殊氣味的食材時，調味料以乾辣椒、蔥白、生薑等辛香料為主，成菜的味道則是香辣或鹹鮮。

④切忌放太多醬油，否則成菜色澤發黑，無法達到棕紅或深紅的要求。

⑤烹調用油要掌握好用量及選好種類。用油量過多，食之膩口；若過少，則成菜乾癟。至於油的種類，煸炒動物性食材時用植物油，煸炒植物性食材時用豬油或葷、素油各半。

POINT 377 牛肉絲滑嫩可口的訣竅

牛肉肉質比較老、纖維粗，故應逆紋路切絲，然後用醬油、薑片等調味料醃一下，臨下鍋前再加入蛋黃、植物油、料酒、太白粉等抓拌。

炒的時候要適當多加點油，用中小火並不停地翻炒，使牛肉受熱均勻。

POINT 378 煸炒牛肉絲宜先用小蘇打粉醃漬

牛肉絲在上漿時，可先加些小蘇打粉（小蘇打粉和牛肉絲的比例是1：100）拌勻醃漬10分鐘，然後分多次加水（共加65公克左右），反覆拌勻，讓水充分滲透到牛肉絲裡；接著再上漿，入溫油中滑炒，再煸炒，牛肉絲便會十分滑嫩可口。

因為牛肉老嫩，除了與肉質中結締組織含量有關外，也與肌肉中蛋白質的持水量有關。尤其是肌肉的柔軟性和多汁性，主要取決於肌肉中蛋白質的持水量。因此，結締組織比較多的牛肉，如果增加其肌肉中蛋白質的持水量，就能夠提高肉質的嫩度。

牛肉經小蘇打粉醃漬後，肌肉即處於鹼性狀態，肌肉中的蛋白質在鹼性環境中，電荷排斥力增大，使原有特定的蛋白質空間結構鬆弛，因而有更多的水與蛋白質的氫鍵結合，提高了蛋白質與水的結合能力。

因此，牛肉用小蘇打粉醃漬之後，先吸收一定的水分，又能使其在烹調後保留更多的水分，吃起來口感鮮嫩。

POINT 379 用牛肉片快速上菜的方法

用牛肉片烹製菜肴，可選用經調味料醃漬過的冷凍或新鮮牛肉片，也可使用滑過油的牛肉片。此外，運用以下方法也可事半功倍：牛里肌肉切片，加入糖、嫩肉粉、料酒各半小匙，太白粉1大匙、少許胡椒粉及蔥段抓拌均勻，醃十幾分鐘使之入味，再放入沸水中燙至肉色變白，放涼後分裝成小袋冷凍。經此處理的牛肉片可用於炒菜、炒飯，方便快速。

炒菜時，可先將其他食材炒熟，再加入牛肉片翻炒，使肉片吸收湯汁，時間不可過長，以免肉質變老。

POINT 380 炒肉絲宜先用薑汁醃漬

適量生薑，切成小塊，磨碎後過濾取汁。肉絲、片、丁在上漿前，先用薑汁（500公克的肉加1湯匙薑汁）攪拌均勻，醃漬半小時後，再上漿進行滑油溜炒。成菜後肉質鮮嫩，香味濃郁，並且無生薑的辛辣味。

生薑是烹飪時經常使用的辛香料，具有去腥、增香的作用。另外，生薑還具有嫩化肉類的妙用。因為生薑中含有蛋白質水解酶，具有一定的專一性，能將肌肉結締組織中的膠原蛋白質水解成柔軟、滑爽的明膠，提高肌肉的鮮嫩度。

POINT 381 用嫩肉粉醃肉

將牛肉或豬肉等切成片或絲，用嫩肉粉（150公克的肉需用5公克嫩肉粉）、水（約50公克）攪拌至水完全被肉吸收時，加入少許太白粉、油拌勻，放入1℃∼5℃冰箱中冷藏20分鐘，然後過油備用。用嫩肉粉醃漬的肉，口感會特別鮮嫩。

肌肉的咀嚼強度，主要決定於肌肉中結締組織膜的強度。所以，降低肌肉中結締組織膜的強度，就可以減低肌肉咀嚼強度，進而提高其嫩度。結締組織膜是由膠原蛋白質組成，其含量可達85％。膠原蛋白質含量決定了肌肉的老嫩程度。因為膠原蛋白質呈纖維狀，其分子由三條肽鏈組成的三股螺旋纏繞在一起，每一股又是一種特殊的螺旋體，因此構成了組織韌性。膠原蛋白質可被木瓜酶（植物蛋白質水解酶）水解成柔軟的明膠，使得結締組織形成無定形團塊，肌肉軟化，嫩度提高。

嫩肉粉中主要含有從木瓜中提取出來的木瓜酶，具有一定的專一性，可將結締組織中的膠原蛋白質水解成柔軟、滑爽的明膠，提高肌肉的嫩度。嫩肉粉為白色微小顆粒，含有鹽分。將肉片或肉絲醃漬後，放入1℃∼5℃的冰箱中冷藏24小時後再烹製，效果最佳。（編註：有些嫩肉粉中含有亞硝酸鹽等物質，使用時請斟酌用量，以食材重量的0.5％左右為宜。）

POINT 382 油爆魷魚的烹調技巧

油爆魷魚時，如烹調技巧欠佳，會使魷魚老韌，色澤不佳，失去特有風味。因此應掌握以下烹調要點：

①必須辨別魷魚自然捲曲的方向，再進行刀工處理。刻花時要深淺一致，否則會影響菜肴品質。

②刻花的紋路必須全部一致，否則整條魷魚會顯得凌亂不堪，捲曲不一，影響菜肴外形。

③刻花後的魷魚應放入清水中浸泡。由於水的滲透

壓作用，可以避免魚片內部的水分沿著刀切面而流失。

④烹調前應將魷魚片用沸水燙一下，使表面蛋白質凝固，以包裹肌紋間隙中的水分。

⑤要用高油溫（一般以180℃～210℃為宜）進行爆炒，才能使口感脆嫩。

POINT 383 炒魚片不散碎的訣竅

炒魚片所用的魚，最好選擇肉質緊密、纖維較長、結締組織少、肉厚少刺、色澤潔白的魚類，如鯛魚、黑魚、鱖魚、比目魚等。

切魚肉時，要順著肉紋切，魚片厚度要有0.5公分以上，不能太薄，否則下鍋後會收縮成團，肉質容易變老。

加醃料抓拌時，應用鹽和蛋白醃拌，避免使用深色醬油和蛋黃，否則熱炒時魚肉容易變色，影響外觀。

炒魚片時應用70℃～80℃的油溫快速汆燙，待肉色變白時立刻撈出，可使魚肉定形，防止斷絲破碎，使成菜滑嫩爽口。因為魚的肌肉組織中結締組織含量少，魚片質地鮮嫩，過油時若溫度過高，會使魚片中的鮮味和水分受熱而揮發，致使肉質變老。魚片經汆燙撈出後，另起油鍋，將其他配料略炒，再加入魚片一起炒熟，魚片較不易散碎。

POINT 384 炒蝦仁的技巧

炒蝦仁時若烹調技術不當，會使蝦仁體積縮小，口感變柴，色澤不佳，失去蝦仁特有的風味。因此，應掌握以下的技巧：

①蝦仁的血水需漂洗乾淨，以免影響色澤。

②洗淨後，用乾淨的紗布包住蝦仁，充分吸乾水分，否則不易入味。

③將蝦仁用少許料酒和鹽浸漬10分鐘，輕輕抓拌後瀝乾，並用紙巾擦乾。料酒具有去腥增鮮的作用。

④用蛋白和太白粉將蝦仁上漿。表面裹上一層薄薄的粉漿後，經高溫爆炒，粉漿很快會凝固成一層薄膜，使蝦仁內部的水分和營養素不容易流失，可避免蝦仁因高溫使其內部的水分溢出、體積縮小、口感不脆嫩。

⑤蝦仁屬於易熟的食物，烹調時必須待油熱後才能

下鍋，蝦仁顏色一改變就可立即盛盤。

⑥待配菜炒熟後，再放入蝦仁，快速炒勻即可。

POINT 385 烹調蝦子的訣竅

①做白灼蝦時，在煮蝦的湯裡放幾片檸檬，可去腥增鮮。

②做蒜蓉蝦或焗烤蝦時，從蝦背上將殼剪開，但不要剝去殼，這樣更容易入味。

③煮龍蝦時，要用大火，若用小火容易煮得太熟而失去鮮味。

④處理大蝦時，在腹部切一刀，炒的時候可以較快熟，且較易入味。

⑤炸蝦時，時間要短；再回鍋炒時，動作要迅速，蝦肉才不會老。

POINT 386 綠葉類蔬菜宜用大火快炒

蔬菜，尤其是綠葉類蔬菜，應採用大火快炒的方式烹調，即加熱溫度為200℃～250℃，加熱時間不超過5分鐘，以防止維生素和可溶性營養成分流失。

大火快炒時，鍋內溫度高，可使蔬菜組織內的氧化酶迅速變性失活，防止維生素C因酶促氧化而流失。葉類蔬菜用大火快炒，可使維生素C保留60%～80%，維生素B_2和胡蘿蔔素可保留76%～94%。而用煮、燉、燜等方式烹調蔬菜，維生素C會大量流失，如大白菜切塊煮15分鐘，流失的維生素C達45%。大火快炒時，由於溫度高，翻動勤，受熱均勻，成菜時間短，可防止蔬菜細胞組織失水過多，避免可溶性營養成分的流失；同時，葉綠素破壞少，原果膠物質分解少，既可保留蔬菜的脆嫩，色澤翠綠，又可保留營養成分。

POINT 387 根莖類蔬菜宜燒或燉

對於一些根莖類、新鮮豆莢類蔬菜，如馬鈴薯、藕、芋頭、四季豆等，燒、燉的方法比起熱炒，所流失的營養素較少。以每100公克馬鈴薯和胡蘿蔔的烹調為例，不同的烹調方法，其營養素的留存率如表8和表9所示。

表8　馬鈴薯經過炒、燉、燒後的維生素C存留率比較

烹調方法	烹調前（毫克）	烹調後（毫克）	存留率（%）
炒：去皮、切絲，用油炒6～8分鐘，加鹽、醬油	20.8	11.8	54
燉：去皮、切塊，加水及調味料，大火煮10分鐘，小火煮30分鐘	20.8	12.9	71
燒：切塊，用油煸5～16分鐘，用水煮5～6分鐘	20.8	16.6	98

表9　胡蘿蔔經過炒、燉後的維生素C存留率比較

烹調方法	烹調前（毫克）	烹調後（毫克）	存留率（%）
炒：切片，油炒6～12分鐘，加鹽	4.75	3.20	79
燉：切塊，加水及調味料，燉20～30分鐘	4.75	4.38	83

從表8和表9可見，燒和燉更適合根莖類蔬菜。因為用來燒和燉的食材切塊較大，暴露在空氣中的表面積比切絲小；食材先用油煸過，表面有一層保護性油膜，亦可減少氧化損失。

POINT 388 蔬菜應將莖、葉分開烹煮

莖葉類蔬菜，如芹菜（香芹除外）、茼蒿、空心菜等，炒的時候應將葉子摘去，單獨用莖部，炒出來的菜口感好且色澤一致。

因為這類蔬菜的莖所占比例大，葉子占蔬菜可食部分的比例相對較小；莖與葉由於組織結構不同，受熱後兩者的成熟度也不一致，若不將葉子摘去而全部一起炒，往往葉子已熟爛而莖卻不熟，且炒爛的葉子會嚴重影響菜肴的感官品質。

摘下來的葉子不要扔掉，可用來單炒、煮湯、涼拌。

POINT 389 炒菜前需把水瀝乾

蔬菜經水洗滌或水煮後，在烹調前，必須把蔬菜的水瀝乾，例如：炒白菜、炒木耳、炒綠豆芽等。若將食

材從水中撈出後就投入鍋中大火快炒，不僅會濺油，而且會愈炒水分愈多，影響成菜的口感和味道。

POINT 390 大火快炒蔬菜時不宜太早加鹽

大火快炒蔬菜時，為使蔬菜口感脆嫩爽口，避免產生過多的湯汁，不可太早加鹽，且用量也不宜太多。

適合以大火快炒的蔬菜，通常含有較多水分，質地鮮嫩，容易煮熟。烹調時，若太早加鹽，會使滲透壓增大，造成水分和水溶性營養素溢出，失去脆嫩口感，也會降低蔬菜的營養價值，影響菜肴的風味。

POINT 391 炒蔬菜時應加熱水

新鮮蔬菜的細胞間含有大量原果膠，具有黏性，可將細胞黏結在一起，使組織堅硬、挺拔。當蔬菜加熱時，蔬菜細胞間的原果膠轉化為可溶性的果膠和果膠酸，因而使蔬菜軟化。尤其是果膠物質含量大的蔬菜，如胡蘿蔔（8％～10％）、包心菜（5％～7.5％）等，在烹調中需要加熱一定的時間，以促進果膠物質轉化，使組織變軟。含水量少的蔬菜還可另外加水，彌補蔬菜本身水分的不足，以促進轉化。但如果加的是冷水，則蔬菜不易煮軟爛，因此必須添加煮沸過的熱水。因為冷水中含有較多的鈣、鎂離子，會與果膠酸形成果膠酸鈣，具有黏性，易使蔬菜細胞黏結，使組織堅硬，致使蔬菜不易軟爛；而煮沸過的熱水，鈣、鎂離子含量少，再者，添加熱水也不會使菜肴因突然降溫而影響成熟的速度。

硬水中含大量鈣離子，未精製的紅糖中也含有大量的鈣，所以用硬水烹煮或加入未精製的紅糖烹煮時，含果膠物質較多的蔬菜都較不易軟爛。

POINT 392 蔬菜不宜用微波爐烹調

蔬菜中的維生素C具有遇熱不穩定等特點，很容易受到烹調方法的影響。表10顯示的是以大白菜、黃瓜、綠豆芽和洋蔥為食材，分別採用大火快炒1分鐘、蒸煮7分鐘和微波爐（高功率）烹調2分鐘等三種不同方法烹調後，測定上述蔬菜維生素C的流失量。

表10　蔬菜用不同方法烹調時，維生素C的流失量（％）

蔬菜名稱	大火快炒	蒸煮	微波爐烹調
大白菜	4.1	4.1	12
黃瓜	20.3	5.5	56.3
綠豆芽	19.0	36.7	51.9
洋蔥	29.0	27.0	56.4

由表10可見，使用微波爐烹調蔬菜時，蔬菜中的維生素C流失最多，這是由於微波爐的熱效率較高所致。因此，建議避免用微波爐烹調蔬菜。

POINT 393 胡蘿蔔用油烹調營養價值高

胡蘿蔔是烹調時常見的蔬菜，口感脆嫩，味甜鮮美，營養豐富。胡蘿蔔中含有較豐富的β－胡蘿蔔素（又稱維生素A原），在人體小腸內可轉化為維生素A。維生素A具有很重要的生理功能。但維生素A和β－胡蘿蔔素都屬於脂溶性物質，易溶於油脂中，而不溶於水，因而在人體內的消化吸收效果與油脂有很大的關係。三份分量相同的胡蘿蔔，一份生食，另一份用微量油脂烹調後熟食，第三份則用足量的油脂烹調後熟食，其β－胡蘿蔔素的消化吸收率分別為10％、30％、90％。由此可看出，β－胡蘿蔔素在體內消化吸收率與油脂的量呈正比，胡蘿蔔熟食，其營養價值比生吃更高。

POINT 394 蘿蔔不同部位的吃法

不同的蘿蔔部位所含的營養成分不同，因此應採用不同的吃法，以獲得較佳的烹調效果和營養。

從蘿蔔的頂端向下至3～5公分處為第一段，此段維生素C含量最多，但口感有些硬，適合切絲、條，快速烹調，也可以切絲煮湯，或搭配羊肉做成內餡。

蘿蔔中段含糖量較多，口感較脆嫩，可切丁做沙拉，也可切絲用糖、醋涼拌，或者炒、煮也很可口。

蘿蔔中段至尾段有較多的澱粉酶和芥子油一類的物質，有些辛辣味，具有助消化、增食慾的作用，可用來醃拌，還可以燉、炒、煮湯等。

POINT 395 番茄加熱後營養價值最高

番茄是一年生茄科草本植物，色澤鮮豔，果實肉厚汁多，酸甜可口，營養豐富。

番茄含有菸鹼酸（維生素 B_5），其含量在果蔬中居首位，主要生理功能為調節神經系統，降低血清膽固醇。番茄也含有豐富的茄紅素，茄紅素具有很強的抗氧化功能，能消除自由基，保護細胞，使去氧核糖核酸及其基因免遭破壞，能阻止癌變進程、降低動脈粥樣硬化的機率。

研究發現，番茄顏色愈紅，所含的茄紅素愈高。茄紅素屬於脂溶性，易溶於油脂而不溶於水中，因而在人體內的消化吸收效果與食用方式有很大關係。經烹調後的番茄較生番茄有較好的防癌作用，因此，番茄烹調後熟食，營養價值比生食高。

番茄中的維生素C在烹調時不易被破壞，因為番茄中含有較多的檸檬酸、蘋果酸，而維生素C在酸性環境中不易被氧化破壞，因此，番茄即使煮熟，維生素C的流失量也較少，這是其他蔬菜所不能及的。

POINT 396 炒蒜薹時宜先水煮

蒜薹（又稱蒜毫，大蒜中抽出的花莖）纖維組織結構細密，質地艮硬，不易煮得軟爛，調味料也很難擴散到組織裡，因而味道不鮮美。烹調時，可先用沸水煮一下，破壞其果膠物質，使纖維組織變軟，便於入味。

POINT 397 炒四季豆的正確方法

四季豆需先在水中浸泡數分鐘，去頭尾後洗淨，放入加鹽的沸水中汆燙後，撈出瀝乾，切斜片，這樣不僅好看且易炒熟，與肉一起炒時，肉不會炒得太老。經汆燙過的四季豆還可除去澀味。炒的時候一定要大火快炒，而且不可加蓋燜燒，以避免顏色變黃、變黑。

POINT 398 炒青椒的訣竅

油亮碧綠的青椒，肉厚脆嫩，富含維生素C和β－胡蘿蔔素。若想在烹調後仍能保持色澤翠綠、口感脆嫩、營養豐富的特點，應注意掌握以下要點：

①一般素炒青椒不宜放醬油，否則菜色會變得暗淡、黃綠，味道亦不清香，失去新鮮口感。

②炒青椒要用大火快炒，炒的時候加少許鹽、雞粉、醋，烹炒幾下即可盛盤。這樣其色澤及維生素、果膠物質在短時間高溫下變化不大，炒出來的青椒不僅能減輕辣味，減少維生素的流失，還可以使色澤翠綠清新，口味清淡爽脆。如烹炒時火太小，炒的時間過長，青椒會因受熱而浸出大量湯汁，所含的維生素C溶於湯汁中，葉綠素發生變化，菜肴變成黃綠色，影響風味。

POINT 399 莧菜不宜用大火熱油快炒

莧菜分紅、綠兩種，除了煮湯外，多用來炒菜。炒莧菜如用大火熱油快炒，成菜後不僅會失去鮮嫩感，而且還有一股難聞的怪味。炒莧菜的正確方法有兩種：

①冷鍋冷油中放入莧菜，再用大火炒熟。

②冷鍋（不放油）中倒入莧菜，然後開火，翻炒至熟後盛盤，依個人口味添加油和調味料拌勻即可。

用以上方法炒莧菜，滑潤爽口，不會有異味。

POINT 400 生炒芋頭絲的要點

芋頭又稱芋艿，是營養豐富的蔬菜，不但可以做成美味佳肴，也可以做甜食點心。芋頭中除含有澱粉、蛋白質外，還有鈣、磷、鐵、多種維生素和乳白色的黏液。黏液中主要含有皂角苷和草酸等，對皮膚黏膜有強烈的刺激作用。皂角苷易溶於水，但形成的膠體溶液仍具有很強的刺激性。皂角苷對熱極不穩定，遇熱即被破壞。因此在生炒芋頭時，應掌握下列幾項要點：

①芋頭去皮時，手如接觸了芋頭上乳白色的黏液，就會奇癢無比。可將手放在爐火上來回烤，沾在手上的皂角苷便可被破壞，癢的感覺即會消失。

②經過刀工處理後，應用鹽醃漬片刻，以除去部分苦、澀等異味，同時還可增加芋頭的爽脆感。

③芋頭在生炒前，應先焙乾水分，即把鍋燒熱，把醃漬過的芋頭絲放入鍋內，焙乾水分。芋頭絲內水分中含有的皂角苷，遇熱即可分解。

④ 炒芋頭絲時，可加點香醋，能去異味、增香味。

POINT 401 炒茄子不要去皮

吃茄子去皮是錯誤的作法和觀念。因為茄子表皮及表皮與肉質的連接部位，含有大量有益於人體健康的物質，如蘆丁和維生素E。蘆丁是一種黃酮類化合物，有軟化血管的作用，對防止小血管出血很有幫助。

茄子中維生素E的含量很高，具有增強體內抗氧化物質的活性，進而減弱和清除導致衰老的自由基，達到抗衰老的目的。此外，多吃茄子還可減少老人斑。

營養學家提出茄子可以降低體內膽固醇，這是因為茄子在體內被分解後的多種成分，能夠與過多的膽固醇結合後排出體外。因此，患有動脈硬化、心臟病和膽固醇高的患者，平時應多食用未削皮的茄子。

POINT 402 避免茄子吃油的技巧

茄子無論是炒還是炸，都很費油。以下幾種方法，可避免烹煮茄子時使用太多的油：

①鍋子燒熱後，直接將茄子放入鍋中乾煸。注意火不可太大，以免茄子焦糊。待茄子中的水分大部分被榨出且肉質變軟後先起鍋，然後再用油烹煮。

②以油炸方式燒茄子時，將茄子切好適當大小，可用鹽水浸泡，瀝乾，均勻地沾一層麵粉再油炸，經此方式處理可使茄子減少吸油量，並使內部營養不流失。

POINT 403 巧吃芹菜葉

芹菜的營養豐富，各種營養成分都比瓜類更高，並含有揮發性芳香油，能促進食慾和刺激血液循環。芹菜葉的營養成分比芹菜莖還高，如β－胡蘿蔔素含量較莖高出六倍，維生素C含量是莖的四倍，鈣含量是莖的二倍。芹菜葉入菜勝過芹菜莖，所以應多吃芹菜葉。

芹菜葉可以清炒，也可以煮湯。作法：將芹菜葉洗乾淨後，放入冰箱中冷凍，由於冰晶的擠壓，使細胞膜破損，因而放入肉湯時，芹菜葉細胞內的揮發性芳香油會溶出，使湯頭格外清香。

POINT 404 馬鈴薯絲先用冷水漂洗後再烹調

馬鈴薯中含有大量澱粉，切成絲後，其組織細胞破裂，表面會溶出較多的澱粉。在烹調前，先將馬鈴薯絲用冷水漂洗，洗去表面溶出的澱粉，即可提高爽滑的口感。否則一經加熱後，表面的澱粉很快就會溶解到湯汁內，遇熱則會糊化、變黏，失去爽脆的口感；如果火候掌握不當，極易黏鍋糊底，影響品質。

POINT 405 馬鈴薯口感脆嫩的祕訣

馬鈴薯中含有2.5%左右的原果膠物質，存在於相鄰細胞的細胞壁間的中膠層，具有將細胞黏結在一起的作用，使馬鈴薯的組織變得很硬實。當馬鈴薯加熱到一定時間後，原果膠會逐漸轉化成果膠或果膠酸，使組織變軟，失去脆度。

但醋酸能抑制原果膠物質轉化成果膠或果膠酸，因此，馬鈴薯切片或切塊後，可放入加了醋的水中浸泡再烹煮，即可避免原果膠物質轉化，保持脆嫩的口感。

如果想要吃口感綿軟的馬鈴薯，就不要用含醋的冷水浸泡，應先加熱至熟軟，再加醋調味。

POINT 406 馬鈴薯泥爽口細膩的祕訣

馬鈴薯蒸熟、剝皮後，要馬上趁熱搗爛成泥。若待馬鈴薯放涼後再搗，則易存在顆粒而較難搗碎成泥狀，而且透明度會降低，影響口感。

馬鈴薯經過加熱後，其中的澱粉在熱力作用下，澱粉分子緊緊排列成的膠束結構會被打開，膠束隨著熱力作用逐漸被溶解，最後膠束全部崩潰，澱粉分子被分散出來，形成溶液狀態，稱為「糊化澱粉」。糊化澱粉具有一定的黏度、彈性、透明度和柔軟的口感。但是糊化澱粉冷卻後，分子間又重新排列形成膠束，這一過程稱為「澱粉老化」。老化澱粉的黏度、透明度都會降低，就不易搗成透明泥狀。老化澱粉不僅影響口感，還會降低澱粉在人體內吸收利用的效果。

要快速做出美味的馬鈴薯泥，可採用以下方法：將蒸好、剝皮、稍涼的馬鈴薯掰碎，放入食品袋內，排出多餘氣體，將食品袋的開口折好壓在下面，用擀麵棍在上面壓、擀幾下，即可將馬鈴薯壓成泥。

做馬鈴薯泥時，通常不選用粉質的馬鈴薯，而是選擇含澱粉較少的品種，做出來的馬鈴薯泥才會爽口細膩。薯泥的作法是在搗成泥狀的成品中，加入鹽、牛油、全脂牛奶拌勻，放在篩子上過濾即成。

POINT 407 涼拌菜調味的祕訣

涼拌菜調味的順序是先加佐料，如花椒油、香油、糖、醋等，使涼拌菜入味，待要食用時再放鹽，這是使涼拌菜有好口感的祕訣。因為加鹽後若放置過久，食材會因細胞外滲透壓高而脫水，造成營養素流失，味道因稀釋而變淡，失去香脆口感。

POINT 408 「拌菜」的烹調要領

「拌」是將可食性的生食或經烹調後放涼的熟食，切成絲、條、片、丁、塊等不同形狀，倒入醬油、醋、辣椒油等調味料拌和而成的烹飪方法。因用料和成品風格上的差異，還可細分為生拌、熟拌、混拌和溫拌等。

拌菜的用料比較廣泛，一般家裡做拌菜時，大多選用質地鮮嫩、水分充足、氣味清新且可生食或水煮的植物性食材，例如：黃瓜、番茄、櫻桃蘿蔔、胡蘿蔔、香菜、白菜、苦苣菜、海帶、綠豆芽、芹菜、豆腐、粉皮（絲）、小蔥、青蒜等。

動物性食材多用禽、畜類的肌肉組織、結締組織（筋、腱、膜等部位）、蛋、內臟（心、肝、肺等）。調味料主要用糖、鹽、芥末油、芝麻醬、大蒜、香油、辣椒油、醋等。

拌菜的特色是口味鮮鹹酸辣、口感脆嫩爽口、清涼不膩、促進食慾。烹調要點如下：

①拌菜用料要注意衛生，需洗乾淨或確實煮熟。

②食材形狀宜小不宜大，便於入味。

③混拌的食材愈多愈好，愈多愈能顯現其固有特點。但用料比例可依個人喜好，不必固定。

④現食現拌，以防鹽、醋等調味料的滲透作用。

⑤不能缺少辣椒油，因其不只提供辣味，還有折光

作用，可使菜肴鮮豔耀眼，誘人食慾。

⑥要選擇品質好的調味料，尤其是醬油和醋，否則會影響菜肴品質。

⑦製作以動物性為主的拌菜時，調鹹味最好以鹽為主，避免湯汁過多，沖淡味道。

POINT409 荷包蛋口感軟嫩的技巧

在煎蛋的過程中，鍋內溫度會不斷升高，到蛋煎熟時，會使蛋的水分蒸發殆盡，失去鮮嫩口感，變得乾硬，影響荷包蛋的品質。

因此，煎蛋時，在即將煎熟之際，淋些冷開水，既可降低鍋內的溫度，又能增加蛋的水分，使蛋緩慢成熟，煎出來的荷包蛋，蛋黃鮮嫩，色味俱佳。

POINT410 蛋皮不易破碎的祕訣

蛋皮是烹煮涼、熱菜時常用的一種半成品。好的蛋皮需厚薄均勻，軟嫩不焦，色澤金黃。攪拌蛋液時，可加入少許太白粉水（太白粉和水的比例為1：1），既易於攪拌均勻，並可增加蛋皮的韌性和拉力，使蛋皮不易破碎。否則，若蛋皮的拉力小、韌性差，攤開和使用時極易破碎，影響品質。

POINT411 「雞蛋賽螃蟹」的烹調訣竅

所謂「雞蛋賽螃蟹」，實際上就是一種「攤雞蛋」。與傳統的作法相比，由於使用了較多的調味料，根據味的相乘原理，可使成菜更加鮮香適口，常吃不膩。作法：將雞蛋打入碗中，放入蔥末、薑末，再加入適量的糖、鹽、料酒、醬油、醋、胡椒粉、雞粉，將蛋液打散攪勻後，可依一般方式攤製成菜。在烹調時要注意：

①配料中除蔥末、薑末的量較多外，其餘調味料的量均較少，如料酒、醋等，加幾滴就可以了。

②要掌握好火候。由於加了糖等調味料，在雞蛋攤製的過程中容易產生類黑素。也就是說，與一般方式相比，採用此種方法更容易「攤糊」而影響品質。因此，要以中小火加熱、轉鍋、慢攤的方式，以避免攤糊。

POINT 412 炒蛋滑嫩細膩的技巧

打蛋時，要慢慢攪拌，不可太用力。若力道過大，會將大量空氣均勻地滲入到蛋白質分子內部，肽鏈結合了許多氣體後，使蛋白中的某些蛋白質變性凝固，失去過多水分，致使蛋液失去彈性。

將蛋汁倒入鍋中後，不要太急著攪動。若蛋汁起泡，可先將氣泡戳破，除去蛋泡裡的空氣，炒出來的蛋就會滑嫩細膩，否則口感容易偏硬。

另外，也可將蛋輕輕攪散後，加入少許糖，炒出來的蛋即會鬆軟可口。這是由於糖可以減緩蛋白質變性和凝固，同時還具有吸濕性，能吸收一定的水分。

POINT 413 煎魚不黏鍋、不碎散的技巧

紅燒、乾燒整條魚時，煎魚是重要關鍵。要煎得魚體完整、不破碎、略挺而黃，應掌握以下訣竅：

①將魚洗乾淨後，瀝乾水分，用廚房紙巾將魚體表面的水分吸乾，以防煎時濺油，並防止魚皮破掉。

②將鍋子洗淨，預熱後放入冷油，等油熱後，搖晃滑鍋，再把油倒出來，可使鍋子光滑不澀，避免黏鍋。

③要多放點油，油溫達130℃～170℃，下魚，再提高油溫，以除去腥味，增加香味。

④不宜過早翻動魚體，必須等到魚體蛋白質變性凝固後再翻面，否則魚體容易碎散，不能成形。煎的時間也不宜太長（因為還需要進一步烹調），否則魚肉容易變老發柴。下魚時，開始響聲較大，當聲音變小時，即可翻身煎另一面，見魚體緊縮發挺、微呈黃色即可。

POINT 414 魚煎得皮酥肉嫩的技巧

煎魚時，可在魚身拍一層麵粉。麵粉具有吸濕作用，可吸收魚體表皮水分，使魚體表皮不破裂，保持完整性。同時，魚下鍋時，油也不會外濺，魚肉較易酥爛。

POINT 415 煎肉排不黏鍋的技巧

「煎」是將食材切成薄片，用調味料醃拌入味後，

再以中火熱油煎熟。依以下方法可避免黏鍋：

①用熱鍋熱油，肉排較不易黏鍋。萬一黏鍋，可將鍋子離火，放在濕布上冷卻一下，肉排就容易翻動了。

②用調味料醃過的肉排很容易煎焦，所以在醃拌時，可在醃料中加入少許沙拉油，即可避免煎焦。

③要使用乾淨的油來煎，油入鍋後要將其鋪勻，以免黏鍋。

POINT416 判斷牛排熟度的訣竅

牛排煎得老或嫩，可根據煎的過程中浸出的肉汁顏色來判斷：肉汁尚未滲出時，叫生煎；滲出的肉汁為紅色，是五分熟；若肉汁是粉紅色，就表示牛排已全熟。

POINT417 油炸菜肴的種類及特點

「炸」是大火、大油量的烹調方法，適用範圍廣泛，也是許多烹調方法的基礎，如燒、溜等都需將食材油炸後再進行烹煮。油炸菜肴具有香、酥、脆、嫩等特點。根據食材的特性及製品的不同，衍生出多種油炸的方法，主要可分為：

①清炸：食材不需上漿掛糊，用調味料醃漬後，即可用大火油炸。清炸出來的成品外焦酥、裡鮮嫩。

②乾炸：先將食材用調味料拌漬，再經拍粉或掛糊後，下油鍋炸熟。乾炸菜肴外酥脆、裡鮮嫩、色褐黃。

③軟炸：將口感鮮嫩、形狀小的食材，先用調味料拌勻，再掛上軟糊（蛋白或全蛋糊），然後投入140℃的油裡炸。軟炸菜肴外皮略脆、裡鮮嫩。

④脆炸：將帶皮的食材（如全雞、全鴨），先用沸水浸燙，使外皮繃緊，並在表面掛上一層飴糖，經吹乾後，放入170℃～230℃的油鍋內，待食材炸至深黃色，降溫，直至食材在油內浸熟。脆炸菜肴皮脆、內嫩、滑香。

⑤酥炸：先把食材醃漬並蒸或煮熟後，在表面掛上全蛋糊（也可不掛糊），投入130℃～170℃的油鍋中。酥炸菜肴外酥香、內醇濃，如香酥雞、虎皮肉等。

⑥鬆炸：將食材去骨切成片或塊狀，經調味並掛上蛋泡糊後，放入140℃的油鍋中慢慢浸炸至熟。鬆炸菜肴漲發飽滿、鬆軟鮮嫩，如炸魚條、炸雞柳等。

POINT 418 複炸的特點及訣竅

複炸又稱重炸，適用於清炸或掛糊炸，以及表面要求酥脆的菜肴。初炸是為了固定食材的形狀，因此，油溫不宜過高，才能使熱量逐步滲透到食材內部，不至於外糊裡生。食材在熟透的過程中，因油溫不高，無法達到外皮酥脆的效果。但如果將食材繼續留在鍋裡加熱，則因時間過長，食材內的水分蒸發殆盡，致使菜肴變得老柴乾硬，達不到外焦裡嫩的口感。

食材經過油溫不高、短時間初炸後，即撈出；然後升高油溫，進行複炸。由於高溫熱油的作用，複炸可減少菜肴本身的含油量，食之不膩；複炸後，菜肴裡外受熱程度差距拉大，能夠達到外焦酥、裡軟嫩的效果。由此可見，複炸在油炸過程中是非常關鍵的。

複炸時需注意：初炸的油溫不宜過高，否則易使食材色澤不均，成熟不一致。但是，油溫過低也不行，會使食材中的水分浸出過多，菜肴口感變得乾硬。一般初炸的油溫最好掌握在140℃～160℃為宜。複炸時，應掌握在170℃～230℃。油溫絕不可低，否則食材中充滿了油，食之膩人，影響口感和健康。

POINT 419 油炸食品的油量要充足

油炸時，所需油量以食材的三～四倍為宜。油量多能產生較大的浮力，蓄存較多的熱量。尤其是油炸形體較大的食材時，充足的油量能防止食物沉底炸糊；油炸上漿、掛糊的食材時，能使澱粉很快糊化，脫水形成保護層，避免水分溢出。油多熱量就大，能使炸物受熱均勻、色澤一致，防止食材互相黏連；且投入食材後，油溫不至於急劇下降，可平衡食材溫度，達到最好的效果。

油量過少，上推力小，浮力不足，投入食材後，油溫會迅速降低，糊料不能迅速糊化，因而易脫糊，造成水分外溢，菜肴失去鮮嫩口感，易黏鍋糊底，影響品質。

POINT 420 油炸食材下鍋後要適時翻動

油炸時，食材應逐一分散下鍋，防止黏成一團。食材下油鍋後，不要急著翻動，否則食材表層的糊易脫落或者變形。正確作法是待食材定型後再翻動，翻動時要將黏在一起的食材用勺子輕輕推開。有些食材在油炸時要用湯勺不停地翻動，使其裡外熟度一致，待炸到最佳顏色時即迅速撈起。掛糊的食材一般炸至色澤金黃，蓉泥狀食材則炸至色澤金紅為佳。

POINT 421 乾炸方法及掌握油溫關鍵

乾炸的方法有兩種：1.將切好的食材醃漬入味後，掛糊入油鍋中炸熟；2.將切好的食材和調味料拌勻成餡，做成一定的形狀，再油炸成菜。乾炸菜肴的特色是：色澤金黃或金紅、外焦裡嫩、鹹鮮味美、甘香可口。如：乾炸魚球、乾炸雞餅、乾炸牛肉藕丸、乾炸蘿蔔肉丸、乾炸蔥串排骨。

乾炸菜肴所用的食材較廣泛，動物性和植物性均可，但無論何種食材，均需注意品質。

乾炸食材切好後的形狀必須是較小的條、塊、厚片、段或是粒、蓉、泥等。同時要求長短、寬窄、厚薄必須一致，不得有連刀現象。這不但可使成菜整齊美觀，更可使食材受熱均勻，同時上色、同時炸熟、同時入味。

經過刀工處理的食材必須經過醃漬。未經醃漬的乾炸菜肴，儘管色澤、形態都很美，但食之卻會如同嚼蠟，所以醃漬是做好乾炸菜肴的重要步驟。醃漬時，要注意鹽的用量，以占整個口味的八成左右為宜。鹽如放得太多，菜肴味道會過鹹，無法食用，同時也浪費食物。經醃漬後的食材，掛上雞蛋糊後，即可入鍋油炸。

入鍋油炸是乾炸菜肴成敗的關鍵，正確作法：鍋內放油，用中火將油溫燒至150℃～170℃，下掛糊或做成一定形狀的食材，炸至表面定型且約有九分熟時撈出，待油溫升高，再次入鍋複炸至色呈金黃（紅）、裡面熟透時撈出，瀝油後即成。入鍋油炸時要注意：用油量一定要充足，否則食物既不易炸熟，色澤也不均勻；並且一定要掌握好初炸與複炸的油溫。

POINT 422 菜肴炸得外焦裡嫩的訣竅

要烹調外焦裡嫩的菜肴，食材必須經過適當的掛糊處理，然後用低溫、短時間初炸成形後，再採用高溫熱油（油溫為170℃～230℃）進行複炸，才可達到成菜的要求。裹上糊的食材放入油鍋後，食材四周被高溫油包圍，表面在短時間內就會吸收大量的熱量，使表面上的水分因快速升溫而汽化，澱粉糊化脫水，結成一層發脆的外殼，形成外焦脆的口感。同時，食材內部水分受到糊殼的保護，減少水分的流失，能保存食材的汁液，使菜肴內部軟嫩，具有外焦裡嫩的口感。

如果用溫油炸，因油溫較低，食材表面所裹的澱粉糊化後，水分汽化速度比較慢，內部水分經過擴散後可及時傳至表層，這種表層汽化與內部水分擴散不斷地進行下去，致使菜肴口感變得乾硬，達不到外焦裡嫩的要求；有時還會使食材互相黏連在一起，甚至脫糊；同時也會使食材浸油，色澤變暗，食之膩人。

POINT 423 黃菜蛋片要用溫油浸炸

掛漿黃菜蛋片的液料是用蛋、澱粉和少許麵粉調製而成的糊狀物。煎成蛋片後，用溫油浸炸，使蛋片逐漸膨脹，定型後，再提高油溫，使澱粉迅速脫水，蛋片外層酥脆。

雞蛋中含有卵黏蛋白質，熱變性後會吸收空氣，使空氣形成細小的氣泡分散在澱粉周圍，使澱粉體積增大，同時食材還會吸收部分油脂，油脂也具有含氣性。因此，蛋片隨著油溫不斷升高而逐漸膨脹，使菜肴的形狀蓬鬆飽滿。如果將蛋片放入大火熱油中油炸，蛋片表面驟然受到高溫，澱粉糊化，迅速脫水形成外殼，因空氣進不去，無法膨脹，體積變小，口感變硬，影響品質。

POINT 424 清炸豬肝前應用沸水汆燙

豬肝內含有大量殘血、水分和汁液，用沸水汆燙後，可以除去一部分，同時也能除掉腥、臊味，吃起來更加清爽。清炸時，豬肝形狀整齊，色澤金黃，不汙染油脂。

POINT 425 油炸肉皮的訣竅

油炸肉皮時，應將皮面用針扎上密而均勻的小孔，便於熱量傳到皮層內部，使皮內膠原蛋白質受熱水解形成明膠而溢出；同時還能除去部分脂肪，使菜肴肥而不膩。在肉皮上扎細孔，膠原蛋白質經油炸後會收縮起皺，形成有規則的花紋，形態美觀，也便於黏掛調味料；同時可避免皮內因受熱汽化而起泡，撐破外皮，致使皮面脫落，影響品質。

肉皮主要由膠原蛋白質和彈性蛋白質組成，組織緊密，韌性較強，不易炸透。將皮朝下入鍋油炸，能夠多受熱，達到鬆酥漲發的要求，並上色均勻而牢固。油炸後應立即將肉皮放入冷水中浸泡，使皮層受冷而收縮，產生皺紋，可使菜肴形態更加美觀。

POINT 426 蹄膀要煮至七分熟再油炸

蹄膀肉質堅實，皮厚筋多，膠原蛋白質含量也較多。因此，蹄膀在油炸前，需先用水煮至七分熟，讓筋絡和皮中的膠原蛋白質充分吸水膨潤，分解成明膠，降低其韌度，達到柔嫩爽滑的效果。接著再用大火熱油油炸，皮中膠原蛋白質水解形成明膠後，遇到高溫，明膠結構中水分汽化而溢出，明膠的網狀結構收縮而起皺，成菜後即可肥而不膩，菜形美觀。

如果不將蹄膀煮到七分熟就油炸，會因膠原蛋白質沒有充分被水解形成明膠，油炸後不起皺，以致影響外觀，也不易黏掛調味料，並且會失去蹄膀柔嫩爽滑的風味，食之濃黏膩口。

POINT 427 油炸牡蠣的技巧

牡蠣肉質軟嫩、鮮味濃厚，營養豐富，是含鋅量最多的食物之一。此外，牡蠣還含有大量水分，因此在煮、炒、炸時，若技術不佳，容易因失水過多而使牡蠣體積縮小，影響外觀，並失去鮮嫩的口感。油炸牡蠣的技巧如下：

①牡蠣表面帶有腥味的黏膜，需先用淡鹽水洗淨，再用清水沖泡，否則會影響風味。

②把牡蠣用開水淋燙一遍，再用厚紙巾拭乾，便於上漿，油炸時也較不易脫漿。經沸水淋燙過的牡蠣，表面的蛋白質因受熱凝固，形成一層膜，可避免牡蠣內部水分大量溢出。

③應使用番薯粉（地瓜粉）上漿。因為番薯粉的吸水性強，又粗糙，便於黏裹均勻，可避免牡蠣在油炸時失去水分和鮮味。

④油溫180℃時即可下鍋，炸至牡蠣浮出油面、呈金黃色時，撈出。依此方式炸出來的牡蠣形態完整、酥脆、鮮味濃厚，食用時可蘸椒鹽。

牡蠣經過上述①、②、③步驟處理後，同樣適用於煮、炒等烹調方法。

POINT 428 炸魚丸的適當油溫

炸魚丸時，初炸油溫應掌握在120℃～140℃，有利於魚丸內部溫度逐步升高，澱粉吸水膨脹而糊化，氣室內空氣膨脹而產生空洞，使炸魚丸口感酥鬆軟嫩。待魚丸表面凝固定型後，再提高油溫。複炸時的油溫以140℃～160℃為宜，有最佳的油炸效果。

初炸時，如果油溫偏低，澱粉不能及時受熱吸水膨脹而糊化，氣室內空氣就不能及時受熱膨脹並產生空洞。油炸時間若太長，會使魚丸在油中變形並互相黏連。如果油溫過高，魚丸表面會迅速脫水而結成硬殼，熱量傳不進魚丸內部，以致失去酥鬆軟嫩的口感，且會外糊裡生、熟度不一、色澤不均，影響品質。

POINT 429 炸好的蛋鬆要用溫水浸泡回軟

蛋鬆經熱油油炸後，質地酥脆，並含有較多的油脂。用溫水浸泡後，能使蛋鬆吸水回軟，不易折斷變碎，形狀整齊美觀；同時還能除去內部所含的油脂，使蛋鬆鬆散俐落，香而不膩，易於調料入味，方便食用。

POINT 430 油炸蛋鬆的訣竅

蛋鬆色澤金黃，質地柔軟，細如髮絲，是冷拼、熱炒常用的配料。製作蛋鬆的食材比例：全蛋1顆，蛋黃2顆，油約1500毫升。

作法：將全蛋和蛋黃打勻，油加熱到150℃～155℃，將蛋液在距離鍋子40公分的高度，似細線般慢慢地汆入油中，並用筷子迅速在油中順著同方向攪動，至蛋液浮起呈鬆散狀後撈出，瀝油，使蛋鬆散開，即完成。

製作蛋鬆的關鍵是要掌握好油溫。油溫若過高，易使成品顏色偏深，並且不均勻；油溫若太低，則易黏連，影響蛋鬆的蓬鬆度。

POINT 431 油炸菜鬆的訣竅

把綠葉類蔬菜切成絲，經溫油油炸，使之呈翠綠色，蓬鬆美觀。油炸時應注意：掌握好油溫及油量要多。

作法：將切好的菜絲投入五倍量以上的乾淨油中，油溫控制在130℃～160℃，炸至菜絲色翠綠，無明顯的水分蒸發，並且酥脆時為佳。

POINT 432 油炸腰果的技巧

油炸腰果易成熟上色，若要將腰果炸得酥脆，又要避免顏色偏深，可採用下列方法：

將腰果放入沸水中煮10分鐘，撈出晾乾；投入溫油（90℃～130℃）中慢炸，使腰果內部水分蒸發；升高油溫到140℃～150℃，繼續油炸至腰果呈淺黃色為止。

POINT 433 油炸花生要用溫油

將花生放入80℃熱水中煮，撈出瀝乾，放涼，與冷油同時下鍋，用文火浸炸；或是不水煮，直接與冷油同時下鍋，用文火浸炸，效果較佳。如果用大火熱油，花生會炸得外焦裡生，色澤黑褐，口味變苦，無法食用。

花生質地比較乾燥，所含的水分較少。油炸時，油溫不能過高。因為花生表層水的汽化速度與獲得的熱量呈正比，如果油溫過高，單位時間內獲得的熱量太多，花生表層脫水的速度就會過快，而花生內部水分向表層擴散的速度遠遠不及表面水分的汽化速度，導致花生表層失水太多和溫度升得過高而變焦。

在較低的油溫下，花生表層水分汽化速度不至於過大，內部水分經過擴散後能及時地傳至表層，這種表層汽化與內部擴散不斷進行，可使花生脫去80％以上的水分，油炸出來的花生會又香又脆。

POINT 434 防止油炸花生返潮的方法

一般油炸花生放12小時後，尤其是在潮濕的環境中，就會因吸水而返潮，失去酥脆口感。若將炸好的花生，趁熱灑上一些白酒，攪拌均勻，稍涼後，再撒少許鹽，就不易返潮了。就算放一段時間，也可酥脆如初。

花生含有豐富的蛋白質，經過油炸，蛋白質顆粒周圍的水化膜已完全脫去，蛋白質特定的空間結構也已被破壞，使多肽鏈伸展開來，各種極性基團都已暴露在外面，這些基團透過氫鍵與水結合，在潮濕的空氣中，更加容易吸水而返潮，使花生失去酥脆口感。剛炸好的花生趁熱灑些白酒，攪拌均勻，白酒中的乙醇含量較大，可與已伸展開的肽鏈中極性基團透過氫鍵而結合，減少與水結合的機會，花生就不容易因吸水而返潮了。

POINT 435 油炸春捲的技巧

油炸春捲時，初炸的油溫不宜過高，否則會使春捲皮內的澱粉迅速糊化，並且脫水，由於成品很脆嫩，但內部餡料的水分來不及滲出，因而使成品容易回軟；油若過熱，則易使春捲焦糊，呈黑黃色。炸春捲時，應採用複炸法，才能獲得最佳口感。

作法：先用溫油（90℃～130℃）浸炸，使內部餡料的水分逐漸滲出，待外皮定型後撈出；再用熱油（130℃～170℃）複炸，即可得到表面金黃、外脆裡嫩、鮮香可口的春捲，並可保持較長時間而不回軟。

POINT 436 油炸馬鈴薯片的技巧

切好的馬鈴薯片要用鹽水浸泡，可以避免馬鈴薯片變色，確保成品色澤美觀。油炸馬鈴薯片應採用複炸法：先將馬鈴薯片放入130℃的油中炸熟，但不要炸上色，撈出後稍待片刻，再投入170℃的油中炸成金黃色，炸出來的馬鈴薯片外脆裡嫩，且不易回軟。

POINT 437 油炸山藥的技巧

山藥含有較多的澱粉和黏液，其中主要含有澱粉酶，澱粉酶能將澱粉水解成糖。因此，切開後的山藥表面含有較多的糖，如再以高溫油炸，糖即會發生焦糖化反應，使山藥變成黑褐色。

如果在油炸前先用沸水煮一下，一方面可減少山藥表面的糖（糖溶於水而流失）；另一方面可使澱粉酶失去活力，防止澱粉進一步水解。因此先將山藥水煮後再高溫油炸，成品便會是金黃色的。

POINT 438 油炸「開口笑」的技巧

油炸開口笑時，初炸應在油溫150℃時下料，並使油溫保持在140℃，待麵團油炸出裂口後，再慢慢邊炸邊升高油溫至170℃，升溫約8分鐘即可起鍋。

如果下鍋時油溫過高，會造成外焦內生，甚至不裂口；但初炸時的油溫若太低，則會造成麵團鬆散不成形。

POINT 439 油炸鍋巴的技巧

油炸鍋巴要求質地乾燥鬆脆，口感香酥無渣，色澤金黃，淋上滷汁後能吸收入味，吃的時候發出較大的吱吱響聲，風味獨特。油炸鍋巴的關鍵是嚴格選料及掌握好油溫。

做鍋巴要選用糯米或粳米，且厚薄要均勻，如太厚則不易炸透，太薄則易炸焦。食材不能濕，如果濕，最好在油炸前烘乾，因為水分含量太大，會延長油炸時間，以致色澤欠佳，同時吸油量較大，不鬆脆；更不能焦糊，否則色澤過深，影響美觀。

油炸鍋巴時，油溫不宜過高。若是大火熱油，鍋巴容易炸焦變糊，口感味苦；若是小火溫油，則炸不出酥透膨脹的口感。最佳油溫應掌握在230℃為宜，以這種油溫炸，鍋巴張力大（從厚度觀察約漲一倍），既省油又省時，口感香酥化渣。

POINT 440 烤的方式和技巧

「烤」是利用輻射熱直接把食物烤熟的烹調方法，分為：

①明火烤：火烤是利用熱空氣並伴有熱輻射的傳熱

形式。一般製作過程是把食材進行刀工處理後，再加調味料醃漬，或不加任何調味料，然後放在明火上烤熟並上色。用來烤炙的明火，大都使用木炭做燃料。這是一種傳統的烤炙方法，風味明顯，具有特色。缺點是煙霧太大，適合於露天、野炊。

②電爐烤：爐烤是將食材加工成形，經過調味料醃漬，然後放在電爐內烤熟並上色，此法的特點是火力均勻。烤的時候，使用的溫度範圍很廣，最低可在100℃以下，最高可達300℃以上。由於烤的時候溫度都較高，肉類易失去過多水分而變硬或焦黑，因此應注意以下要點：

首先，在未醃漬時，最好先將肉放入開水或熱湯內浸泡片刻，使肉進一步吸水，烤出來的肉才會鬆軟。

其次，要先用較高的溫度使食材表面的蛋白質變性，凝固形成一層硬殼，防止食材水分流失。然後加上清湯或水，使食材周圍的溫度降低，使熱能逐漸向食材內部滲透。如果食材體積較大，表層已經上色，而內部尚未熟透，可在食材上面覆蓋一層菜葉或錫箔紙，以保護食材表層不被烤糊。

第三，應注意順序。要一面烤熟後，再翻過另一面，不要翻來覆去地烤，這樣既費時費力，還不易熟透。

第四，可在烤爐中放一個盛水器皿。水受熱蒸發後會增加烤爐內的濕度，可使烤肉不焦黑、不變硬。食材烤熟後，應立刻從烤爐中取出，防止汁液流失過多。

POINT 441 避免燒烤食材黏在網上的訣竅

用明火烤，就是將食材切成小片或小塊，醃漬入味，然後放在鐵架上，用敞口式的爐火烤。由於火力較為分散，食材不易均勻熟透，需要較長時間才能烤熟。在烤之前，可在網子上塗醋或食用油，即可避免食物在翻面時黏在網子上。

若是燒烤魚類，可鋪一層鋁箔紙，並將鋁箔紙四邊摺起來，避免汁液流出，使網子保持乾淨。

POINT 442 烤雞腿的訣竅

要烤出外表金黃、肉質鮮嫩的雞腿需掌握下列要點：

①經調味料醃漬後的雞腿（一般需醃漬1天才可入味），水分較少（因在醃漬前必須把雞腿表面的水分擦乾，以便於雞腿快速吸收醃汁），調味料均附著在雞腿表皮上，一經烘烤，上過色的表皮極易烤黑，但雞肉卻不熟。為避免上述現象發生，在烘烤前一定要用清水沖洗掉多餘的調味料，同時讓雞腿吸收一些水分，烤出來的雞腿肉質就不會太硬，也不會過鹹。

②烘烤前要將雞腿上的筋絡切斷，防止雞腿烘烤後變形。因為筋絡是由彈性蛋白質和膠原蛋白質組成，膠原蛋白質加熱後會發生收縮，使雞肉縮小變形。

③烤箱要先預熱至180℃後再放入雞腿。當雞腿表面驟然受熱，表面蛋白質迅速變性凝固，會使細胞孔隙閉合，形成一層硬殼，雞腿內部的汁液不易流失，此舉可防止營養成分的流失，並使雞腿肉質保持鮮嫩。

④掌握低溫、長時間烘烤原則，一般以烘烤溫度不超過180℃，烘烤時間在25～30分鐘為宜。當雞腿內部熟透、表面呈現漂亮的金黃色，即可取出。

POINT 443 健康吃燒烤的方法

煤炭、木材在不完全燃燒後會產生許多煙，煙中含有大量的3，4－苯並芘，衛生組織已公認是致癌物質。如果用炭火明烤食物，煙中的3，4－苯並芘會附著在食物表面，並逐漸深入到食物內部，使食物內部也含有致癌物質。同時，燒烤食物中的許多成分也會因溫度過高（300℃以上）而發生複雜的化學變化，進而產生3，4－苯並芘等致癌物。因此，為了防癌保健，在食用燒烤食物時，應注意以下幾點：

①燒烤食物時，儘量不要用明火烤（即用木炭作燃料），應使用電爐或微波爐。烤的時候要嚴格控制溫度，不應超過300℃。

②食材先用調味料醃漬後再烘烤，可減少致癌物的生成。因為：1.調味料中的醬汁可降低燒烤時的溫度。調味料中的澱粉、糖、醬油等成分在受熱時，首先吸收熱量，然後逐步將熱量傳到食材內部，使食材內部受熱均勻，避免過熱，進而減少致癌物生成的機會。2.醃漬的調味料搭配檸檬汁、番茄汁和大蒜汁，可阻礙致癌物

的生成，因為這些物質都具有抗氧化和阻斷致癌物質合成的能力。

③食用燒烤食物時，應搭配番茄醬作為佐料。因為番茄中含有豐富的茄紅素，具有獨特的抗氧化能力，能清除自由基，保護細胞，使去氧核糖核酸免遭破壞，阻止癌變進程，並且阻斷致癌物質的合成。

④燒烤食物應與具有抗癌、防癌功能的新鮮蔬菜搭配食用。科學家經過大量研究證實：蔬菜確實具有防癌效果。如：大蒜、番茄、芹菜、高麗菜、胡蘿蔔、生薑、大豆、洋蔥、花椰菜等。

國外的一項研究報告指出，吃烤肉後聚集在體內的致癌物，吃了梨之後會明顯降低。因此，飯後吃顆梨，可以把積存在體內的致癌物大量排出。

POINT 444 蒸的方式和特點

「蒸」就是利用水蒸氣作為傳熱媒介，在持續高溫和較高的壓力下，蒸氣逐漸向食材內部滲透，使經過調味的食材熟透或酥爛入味的烹調方法。蒸的種類繁多：有以色澤命名的「清蒸」，有以口感命名的「滑蒸」，有以調味料命名的「粉蒸」，有以形態命名的「膏蒸」，有以裝盤方式命名的「扣蒸」，還有以烹調方法命名的「炸蒸」，和以成菜手法命名的「瓤蒸」等。蒸的方式使用較廣泛，有以下特點：

①菜肴用蒸的會比水煮更快熟，吃起來口感鮮嫩，熟而不酥。因為蒸籠或鍋蓋蓋緊後，籠內或鍋內的壓力較大，蒸氣溫度可高達120℃，因此同樣性質的食材，蒸比煮熟得快。所以，蒸製適合菜形大、韌性強、不易熟爛的食材。

②能保持菜肴形整不散。蒸製花色菜肴時，由於不需要翻動，能保持菜肴原有的形狀，且菜肴質地鮮嫩，色澤豔麗。

③菜肴香味濃郁，柔軟鮮嫩。蒸的時候，因加蓋密封，蒸的時間短，因而可以避免汁液、食材和調味料中的呈香物質溶於湯內或揮發。又因蒸的時候，容器內濕度呈飽和狀態，因而食材脫水較少，汁液損失小，可保留食材本身的鮮美滋味，口感特別柔軟鮮嫩。

④將可溶性營養素的流失降到最少。蒸的時候，食

材並不直接接觸湯水，因而避免了可溶性營養素的流失，保留菜肴的原汁原味，營養豐富。

POINT 445 蒸的火候種類

蒸製菜肴所用的火候，隨著食材性質和烹調要求而不同。一般而言有三種火候：

①大火滾水速蒸：適用於質地較軟嫩的食材，可維持菜肴鮮嫩。如清蒸魚時，用大火蒸10分鐘即熟。

②大火滾水長時間蒸：適用於全雞、全鴨、蹄膀以及其他質地堅韌的食材，可使菜肴口感酥爛。

③中火滾水慢慢蒸：適用於質地比較鮮嫩易熟的食材，以及經過加工的花色菜肴。用此方法可保留成品特有的菜形，飽滿光滑，鮮嫩可口，如蛋類、蔬菜、瓜果等。此法蒸製火候適中，蒸的時間短，能保持和降低容器內的溫度和蒸氣量。若用大火，籠蓋必須留一定空隙，以減少蒸籠內水蒸氣的壓力和所能達到的高溫，故又稱「放氣蒸製」。

POINT 446 蒸菜的要領和訣竅

烹調蒸菜的基本原理，是透過火的作用，使水蒸發成氣，利用蒸氣使食物熟透。蒸氣強弱和氣溫高低，關係到食物的成熟度。一般蒸氣溫度比水沸騰的溫度還高，在正常壓力下，蒸氣溫度為102℃，如果蒸鍋封閉嚴密，壓力大，氣溫就高，因而用蒸氣蒸製菜肴時，成熟速度較快。烹調蒸菜時應注意：

①嚴格掌握蒸菜的火候：烹調蒸菜要根據食材的種類和性質，掌握好蒸氣溫度和時間。質地較嫩的食材要用大火速蒸，否則會使菜肴口感變老，如清蒸魚。質地較老和塊形較大的食材，如全雞、粉蒸肉等，則應大火慢蒸，才能使成品酥爛。一些有造型的花色菜要用中等氣量蒸，蒸的時間也不宜過長，否則會影響成品色澤、形狀和口感。

②用於蒸菜的食材必須新鮮，調味宜輕不宜重：蒸製菜肴與油炸、油烹不同，很難將食材中的異味除去。加上蒸菜要求清爽順口，口味清淡，所以不能用太多的調味料。因此必須選用新鮮食材，才能確保菜肴的品質。

清蒸菜調味要輕，不宜過鹹。如果調味過重，則主味不突出，鮮嫩也會喪失。

③清蒸菜用油：蒸菜必須有一定量的油，才能保持菜肴的油潤度。如清蒸魚，因魚的脂肪少，必須補增一些油，一般會加入豬油等，再上籠蒸，才能使蒸出來的魚油潤光滑，味道鮮美。

POINT 447 螃蟹宜蒸不宜煮

螃蟹味道鮮美，肉質細嫩。但螃蟹不宜用水煮，否則會使螃蟹中的呈味物質和可溶性營養成分大量擴散到水中，失去蟹的鮮嫩風味和營養成分。尤其是海蟹生活在海底，以小蝦和其他海洋微生物為食，鰓中存有不少汙泥、雜質、寄生蟲等，如用水煮，這些東西會隨水進入腹腔，影響風味和衛生。

螃蟹採用蒸法為佳。因為蒸法比水煮溫度高，熟得快，可縮短烹製時間，保持鮮蟹的原味，吃起來口感鮮美，營養充足。同時，用蒸的也可以殺滅螃蟹體內的寄生蟲，減少蟹體內腸胃等對肌肉汙染的機會，確保肉質潔淨味美。另外，蒸蟹時無須翻動，可保持蟹體形態完整，乾爽俐落，色澤紅潤明亮。

POINT 448 蒸魚、蟹要水滾後再上籠

魚、蟹肌肉中的結締組織含量少，骨肉中的蛋白質主要由肌凝蛋白質、肌溶蛋白質和肌球蛋白質組成，膠原蛋白質在魚、蟹肌肉中的含量並不多，這是魚、蟹肌肉鮮嫩的原因。

肌球蛋白質和肌溶蛋白質都易分散於水和鹽中，在蒸魚、蟹時，如冷水上籠蒸，因容器和食材都是冷的，當溫度逐漸升高時，蒸氣遇冷後會很快地凝結成水，使得魚、蟹中的水分增多。由於水的擴散和滲透壓作用，使魚、蟹組織內可溶性成分逐漸析出，而魚或蟹的肌肉本來就較軟嫩，因而更加不能成形。

如在沸水時上籠蒸製，魚、蟹表面驟然受到高溫，使表層蛋白質迅速變性凝固，表面細胞孔隙閉合，即可保持整體結構的完整性，減少內部可溶性成分和水分溢出，保留魚、蟹鮮嫩的風味。

POINT 449 烹煮清蒸魚前應先汆燙

烹煮清蒸魚時，首先要將魚開膛掏淨內臟，挖淨鰓，洗乾淨放入沸水中燙一下，撈出後瀝乾水分，然後依烹調要求放入各種調味料，待水沸騰後上籠用大火蒸約10分鐘即可。這樣做出來的清蒸魚，肉質滑嫩，口味清鮮，不失原味，自然形態不變。

魚體經過沸水汆燙後，可以除去魚腥味、血汙和部分水分。同時，魚體表面蛋白質驟然接觸高溫，由於熱力作用，其特定的空間結構遭到破壞，迅速變性凝固而收縮，使表皮細胞孔隙閉合，防止魚體內部可溶性營養成分和水分外溢而流失，可完整保留魚肉的鮮嫩滋味，營養豐富，造型美觀。

POINT 450 蒸魚要用大火沸水速蒸

蒸製用魚，應選擇活的或非常新鮮的，重量為500公克左右。成菜後，魚必須無腥味，且帶有濃厚和鮮嫩清淡的口感。因此，必須採用沸水上籠，並全程以大火蒸製。因溫度高，氣大而足，加快了蒸的速度，可使魚肉肉質鮮嫩，原味醇正。大火沸水速蒸6～10分鐘，至魚眼發白，嘴張開，即表示熟透。

蒸的時候如火候過小，氣不足，導致蒸的時間過長，蛋白質會逐漸凝固、失水，使魚肉變柴，腥味較重，滋味不佳。如中途停止或放涼後再蒸，則品質將更差。

POINT 451 蒸魚宜在魚體下墊兩段蔥

蒸魚時在魚體下墊兩大段蔥，不僅具有增鮮、除腥的作用，還可以加速魚肉成熟。因為蔥能使魚體與容器間隔出一個空隙，蒸氣可在魚體周圍產生對流，熱量很快會被魚體吸收，進而使魚更快蒸熟。同時，魚皮也不會黏在容器上，可保持魚體完整，形態美觀。

POINT 452 雞油宜用蒸法提取

雞脂肪中的結締組織少，因而特別柔嫩，熔點低，易於溶化而出，因此用蒸法取雞油較合適。蒸的溫度均衡，出油快，油脂色澤金黃，香濃明亮，鮮美醇正，無其他雜質，符合烹調需要。

如果採用燒、煉、煎、熬取油，由於火候不易掌握，如火旺溫度高，易使油內的胡蘿蔔素發生氧化而脫色，雞油的色澤變得灰暗渾濁，失去鮮黃的特色，降低鮮味。

POINT 453 蒸帶皮菜肴時皮應朝下

蒸製帶皮的菜肴，如蹄膀、扣肉等，必須將皮面朝下擺入器皿中，才能使皮面鬆軟酥爛，色澤紅亮；裝盤時，便於翻扣，菜肴形整而美觀。否則，烹調時皮面易乾而收縮，調味料也不易滲透到食材內部，成熟後不易翻扣，影響品質。

POINT 454 蒸蛋軟嫩的技巧

蛋類中含有豐富的蛋白質，加熱到85℃，就會逐漸凝固成鮮嫩的半固體狀態（凝膠體），稱為蒸蛋（加入一些配料，即成為日式茶碗蒸）。如果蒸的時間過長，或蒸的時候氣太足、太猛，則因熱力作用，易使蒸蛋表面出現一層水，並呈現蜂窩狀，失去鮮嫩口感。

因為蛋液中的蛋白質在加熱到85℃時，由於熱力作用破壞了特定的空間結構，使多肽鏈伸展開成線性結構。已伸展開的多肽鏈又互相交織形成三維網狀空間結構，在網眼裡透過氫鍵與大量的水結合，水分散到溶質中形成膠體溶液，即為凝膠體。凝膠體中保持愈多水分，凝膠體就會愈滑嫩。蛋與水攪和蒸製成凝膠體（蒸蛋）後，若繼續加熱，因溫度過高，會破壞蛋白質與水的結合力，水分子會逐漸被排擠出來，使蒸蛋呈現蜂窩狀，降低軟嫩度。同時，蛋白質之間在熱力作用下互相結合形成更為聚集的凝膠網狀結構，使蒸蛋收縮，變得老硬。

POINT 455 蒸蛋要用溫水攪拌蛋液

想蒸出滑嫩的蒸蛋，除了要掌握火候外，加水調製也是重要關鍵。雞蛋與水的比例以1：2為宜，並且要用溫水攪拌蛋液，因為水經過煮沸後，已排除溶於水中的空氣，蒸出來的蛋表面光滑，軟嫩適中。

如果用冷水攪拌蛋液，因冷水中含有較多的空氣，蒸的過程中，空氣逐漸排出，易使蒸蛋出現蜂窩狀，失去鮮嫩口感。

POINT 456 豆腐宜先蒸或燙再烹煮

烹調前，將豆腐按照菜肴要求，經刀工處理後，上籠蒸製片刻，或用沸水燙一下，即可除去豆腥味。同時，豆腐也屬於蛋白質的凝膠體，含有較多水分，因而比較柔軟易碎。經過熱處理後，因熱力作用，將凝膠體中的水分排擠出來，蛋白質之間互相凝結，使豆腐變得軟而韌，不易散碎，形狀整齊，易於均勻掛糊，也容易吸收調味料，烹調時較易入味。除了蒸之外，還可用水煮、油炸、油煎等方法，即可烹調出風味絕佳的豆腐菜肴。

POINT 457 帶皮馬鈴薯、山藥宜蒸不宜煮

水煮馬鈴薯或山藥時，在水沸騰後，水的衝力作用很大，使得馬鈴薯、山藥的表皮容易破損，因而使可溶性營養成分溶於水中，造成營養成分的流失；同時，增加馬鈴薯、山藥的含水量之後，會使食材的黏性變小，滋味變淡，風味不佳。如果用蒸氣加熱，因蒸氣溫度高於水溫，且受熱均勻，不會直接與水接觸，可減少可溶性營養成分流失，並可避免食材吸收過多的水分，讓食材維持黏性大，色澤潔白，保留特有風味。

POINT 458 皮蛋剝殼和切開的訣竅

皮蛋是用新鮮的蛋和多種配料（生石灰、純鹼、食鹽、茶葉等）醃製而成，是利用鹼逐漸滲入到蛋殼後，蛋液中蛋白質遇鹼發生變性而凝固的原理。

皮蛋的蛋白呈茶褐色的膠凍狀，並有松葉般的針狀花紋，又稱松花蛋。蛋黃為墨綠色或橘黃色，呈膠液狀或全部凝固（老皮蛋），具有醇厚的獨特清香。

皮蛋中的蛋白質變性凝固後，可以直接食用。然而蛋白雖已凝固，但蛋黃還是流體狀（尤其是溏心皮蛋），不便於切製成形和食用。所以在食用前，可將皮蛋蒸幾分鐘後，蛋殼內一層薄薄的皮層會黏在蛋殼上，但不會

黏在蛋白上，剝殼時，既容易脫殼，又不會破壞蛋形；同時，蛋黃完全凝固，便於切開而不黏刀，更具有消毒殺菌、減輕澀味的作用。

POINT 459 水爆與湯爆的差別

水爆與湯爆的烹調方法很相似，都是將食材切好後，放入開水或沸水中汆燙斷生。兩者的區別：水爆是食材汆燙撈出後瀝乾水分，蘸調味料即可食用；湯爆後的食材裝入湯碗中，還要淋上一些調味好的湯汁，才可食用。

POINT 460 煮魚時要沸水下鍋

「煮」是一種常用的烹調方法，特點是菜肴清淡可口，軟嫩鮮香。

用煮法烹製魚類菜肴時要沸水下鍋，因為鮮魚質地細嫩，沸水下鍋能使魚體表面驟然受到高溫，體表蛋白質變性收縮凝固，進而保持魚體完整。同時，魚體表面蛋白質凝固後，孔隙閉合，鮮魚內所含的可溶性營養成分和呈味物質不易大量外溢，可保留魚的鮮美滋味。

如果冷水下鍋，隨著水溫逐步升高，魚肉起糊，表面不光滑，甚至破碎；其可溶性營養成分和呈鮮味物質會大量溶於湯內，影響菜肴的品質和風味。汆燙魚片時應將魚片切厚一些，否則煮熟後易鬆散，不能成形。

POINT 461 烹調方式對人體消化蛋類食物的影響

蛋類營養成分豐富，具有人體生長發育所必需的各種營養成分，因此，蛋類是飲食中不可缺少的食物。

烹調蛋類的方法很多，可以蒸、煮、煎和炸等。由於加熱時間、溫度高低等不同，也會影響蛋類在人體內的消化。

以雞蛋為例，帶殼雞蛋煮沸後再加熱5～7分鐘，最容易消化，一般消化時間為1.5小時，消化率幾乎接近100％；用油炒雞蛋，消化時間為2.5小時，消化率為97％；煎或炸的雞蛋，由於加熱溫度較高且時間較長，會造成雞蛋中部分蛋白質焦糊，因而消化時間需要3小時以上，消化率為81.1％，此外，蛋中的維生素等亦受到破壞，營養價值也隨之降低。所以，蒸、煮、炒的雞蛋，其營養價值比煎、炸高，人體也較容易消化吸收。

POINT 462 煮蛋的技巧

①煮蛋時，水必須淹過蛋，否則浸不到水的地方，蛋內的蛋白質會不易凝固。

②煮蛋應用中等火候。如火力過大，會使蛋殼爆裂；火力太小，會延長煮蛋的時間，不易掌握蛋的老嫩。

③煮蛋前，可先把蛋放入冷水中浸泡一會兒，以降低氣壓，再用冷水煮沸，蛋就不易破碎；煮好後，可將蛋放入冷開水中浸泡，利用熱脹冷縮的原理，便於去掉蛋殼，且蛋面也可較完整光滑。

④煮裂紋蛋時，可在鍋中放一些鹽再煮，裂紋蛋就不會再往大處破裂，蛋白也可在蛋中凝固，不會流出來，因為鹽能促進蛋白質凝固。

⑤新鮮蛋品在沸水中煮的時間若過長（超過10分鐘），蛋品（尤其是雞蛋）內部會發生一連串化學變化，在蛋黃周圍形成綠色，降低蛋品的營養價值。因此在煮蛋時，水沸後最多不能超過10分鐘。

POINT 463 煮熟的雞蛋勿放入生水中冷卻

將煮熟的雞蛋放入生水中冷卻是不正確的。因為雞蛋中有直徑為4～11毫米的氣室，煮蛋時，由於溫度升高，氣室內的氣壓也隨之升高，這時，氣室內的氣體就會被擠出蛋外。當把煮熟的雞蛋放入生水中時，溫度急速降低，氣室內的壓力也隨之下降，會使蛋殼外的生水和微生物通過氣孔而進入蛋內，使雞蛋受到汙染。

POINT 464 控制蛋黃軟硬度的訣竅

所謂三分熟水煮蛋，是水沸騰後再煮3分鐘即取出，剝殼食用時，蛋白凝結，蛋黃呈流黃狀；全熟水煮蛋，是水沸騰後再煮7分鐘後取出，食用時，蛋白凝結，蛋黃較乾硬；介於兩者之間，即五分熟水煮蛋，是水沸騰後再煮5分鐘後取出，食用時可見蛋白凝結，蛋黃軟嫩滑潤，但不流黃，易於消化吸收。

雞蛋中含有多種蛋白質，經加熱後都會變性凝固。但不同的蛋白質，其變性凝固所需的溫度不一樣。一般情況下，加熱到60℃時，蛋白中大部分蛋白質會開始變性凝固，但是蛋白中的卵黏蛋白質具有更大的抗熱能力，因此到66℃時，蛋白才會逐漸失去其流動性；到71℃時，整個蛋白會形成質地柔軟的凝膠。由於蛋黃中所含的蛋白質，受熱後凝固所需的溫度比蛋白所需的溫度稍高，所以在71℃時，整個蛋白已形成凝膠，蛋黃則只有部分凝結，得到溏心蛋的效果；若再繼續加熱，則蛋黃也會進一步凝固變硬，就成為全熟的硬心蛋了。

POINT 465 水波蛋不宜與糖共煮

在沸水中打入雞蛋、放入白糖，一起煮至沸騰，此種烹調方法不正確，也不健康，吃了這種水波蛋對人體健康有害。因為在長時間加熱下，雞蛋蛋白質中的胺基酸與糖之間會發生化學反應，生成糖基胺基酸，此種化合物不僅不容易被人體吸收利用，對人體也不利。

建議煮好水波蛋後，再加糖攪勻後食用。

POINT 466 煮水波蛋時宜在水中加少許鹽和醋

水沸騰並打入雞蛋後，因受水的衝力作用，易使雞蛋散開，致使水波蛋不完整。如果在滾水中加入少量鹽和醋，因這兩者都能加速蛋白質變性凝固，使雞蛋入水後立即變性凝固，不易被水沖散，形成完整的水波蛋。但鹽和醋的量不宜多，否則會影響水波蛋的味道。

POINT 467 煮牛奶時不宜加糖

煮牛奶時如果加糖，糖在加熱過程中會發生水解反應，生成果糖和葡萄糖，這些糖在一定溫度下，與牛奶蛋白質中的離氨酸發生化學反應，生成果糖基離氨酸，這種物質無法被人體吸收，因而降低了牛奶的營養價值。因此，喜歡喝甜牛奶的人，建議應等牛奶煮好後再加糖。

POINT 468 煮牛奶時應遠離異味物質

煮牛奶時，應防止周圍環境中存有異味物質，否則會使牛奶產生異味。如果煮牛奶時，旁邊有大蒜，煮出來的牛奶就會有怪味。因為牛奶中的脂肪酸和乳糖吸附異味的能力較強，容易沾染外來的味道，尤其是溫度在35℃時，吸附能力最強。所以，煮牛奶時要將周圍有異味的東西清理乾淨。

POINT 469 烹調干絲的祕訣

干絲是用純黃豆做的豆腐乾，切成細絲後，用高湯燴煮而成。干絲柔軟肥鮮、味美可口。要煮出好吃的干絲，應掌握以下要點：

①將干絲用鹽開水（水與鹽的比例為7：3）浸泡二～三次，每次間隔半小時，既可除去干絲的豆腥味，又可使干絲潔白柔軟。

②干絲本身味淡，因此必須用高湯（雞湯或豬骨高湯）一起燴煮。待高湯沸騰後，再倒入干絲。

③要掌握好火候。先用大火將高湯煮沸，接著改用小火燴煮約15分鐘，加調味料，使湯汁濃縮，干絲才能吸飽湯汁而漲肥入味。

只要掌握以上三個環節，烹煮出來的干絲柔軟肥鮮，湯汁乳白而濃，味道鮮美。

POINT 470 煮豆漿時不宜加紅糖

紅糖中含有較多的有機酸，會使蛋白質變性凝固而析出；有機酸與鈣會形成不溶性的鈣鹽，影響人體對鈣的吸收和利用。放入白糖雖不會產生塊狀物，但需在煮沸離火後再加，否則會影響人體對蛋白質的吸收和利用。

POINT 471 煮白斬雞的技巧

白斬雞（又名白切雞）的烹調方法，應採用「浸」法，即將水（或湯）煮沸，直接放入處理好的雞，改用小火，保持湯微沸，慢慢將雞浸熟。

浸雞時，沸水下鍋，隨即改用小火，使水處於似沸非沸的狀態，水溫始終維持在80℃～85℃，至雞浸熟為止。因為雞肉中的蛋白質含量較高（21.2％），並且含有大量呈味的含氮浸出物，如果用冷水下鍋，大沸水浸泡，會使雞肉中的蛋白質及其呈味含氮浸出物大量外溢而溶於水中，使雞肉失去鮮嫩口感；而且沸水不斷衝擊雞的表皮，造成收縮破裂，也會影響外形美觀。

POINT 472 煮白斬雞宜在沸水中加適量鹽

在浸雞的沸水中加入適量的鹽，可以增加肉質的鮮度。如一開始煮雞時就加鹽，會加速雞表皮的蛋白質變性凝固，使表皮細胞孔隙閉合，在表面形成一層保護膜，既不利於熱滲透，致使雞浸得太老；也不利於血汙等異味滲出，影響肉質鮮嫩味美的口感。

POINT 473 白斬雞浸熟後應用冷雞湯浸泡

白斬雞是一道冷葷菜肴，所以雞肉浸熟後，應用冷雞湯浸泡，一方面可使雞涼透，避免風乾變色；另一方面可使雞體進一步吸收水分和鮮味物質，口感更加鮮嫩。在熱浸煮階段不可避免地會使雞體內的水分減少，呈味物質擴散到湯汁中。待雞熟了之後，再放入冷湯中浸泡，通常浸泡約30分鐘即可，也有人會浸泡5～6小時。浸泡的時間愈長，雞肉愈軟嫩，味道愈鮮美。

POINT 474 做出滑嫩雞絲的訣竅

雞絲的老嫩，與食材有很大的關係。若用去骨的雞胸肉，受熱後容易過度變性凝固而流失更多的水分，使雞絲變得乾澀，嫩度降低，口感差。

製作雞絲需選用帶骨的雞胸肉，先蒸熟後去骨，再將肉撕成絲，就能保持雞絲滑嫩爽口。

快速做雞絲的方法可以採用微波爐加熱：將帶骨的雞胸肉放入微波爐中加熱3分鐘，翻面再加熱2分鐘，放涼後就可以剝雞絲了。

POINT 475 牛肚宜先煮後蒸

煮牛肚時若火候掌握不當，煮出來的牛肚不是發硬變老，咬嚼不動；就是過於酥爛，切絲時易於斷碎，沒有咬勁。建議採用「先煮後蒸」的烹調方式，比較適合。

牛肚煮至能用筷子戳動時，牛肚中的膠原蛋白質遇熱後變性收縮，體積縮小，不夠豐滿；將煮後的牛肚切塊，加少許高湯，上籠蒸製後，牛肚中的膠原蛋白質水解成明膠，明膠吸收水分後會使體積漲發。牛肚蒸過之後，體積會膨脹，可增加一倍左右，而且口感更加鮮嫩。在蒸、煮的過程中絕對不能放鹽，否則牛肚會收縮得像牛筋般堅硬。

POINT 476 煮牛百葉的技巧

牛百葉（即牛的第三個胃）質地較老，有韌性，烹調前要先煮熟。首先將牛百葉的黑膜去掉，放入沸水中汆燙一遍。接著將牛百葉和各種辛香料（如薑、蔥等）一起入鍋加水煮沸，撇去浮沫，用小火煮爛撈出，除去牛百葉上的油和雜質，洗淨後即可入饌。煮調牛百葉時，要掌握下列原則：

①牛百葉質地較老，不易熟透，因此煮的時候要使牛百葉完全浸沒在沸水中，保持文火、水微沸的狀態，使其能夠均勻受熱，熟度一致。

②因水分蒸發致水量減少後，應及時添加沸水，使牛百葉能完全浸泡在沸水中。

③檢查生熟時，可用筷子插入牛百葉內，如順利穿透，表示已經煮熟。牛百葉老嫩不同，煮熟的時間也不一樣，嫩的易煮透，應及時撈出，避免過於軟爛。

④煮好的牛百葉應放原湯內浸泡，防止風乾變色。

POINT 477 燉煮軟嫩牛肉的祕訣

燉出軟嫩牛肉的祕訣，主要有以下幾個環節：首先，要選擇適合用燉的、肥瘦相間的牛肉部位，如牛腩、胸口、肋條、前腿肉等。其次，燉煮牛肉前可用小蘇打粉醃漬，或在烹調時加入薑片（也可以事先用薑汁泡1小時），均可提升牛肉的嫩度。還有，在燉煮牛肉時，必須一次加足水量；若水量太少需加水時，只能加熱水，千萬不可加冷水。另外，鹽要在起鍋前加入；燉煮牛肉可加冰糖，會使牛肉顏色光亮。

肥瘦相間的牛肉，其組織中除了肌肉組織外，還夾雜著部分結締組織和脂肪組織。結締組織中的膠原蛋白質在70℃～100℃的水中長時間加熱後會水解成明膠，可吸收大量的湯汁，使肉質軟嫩；明膠還可以把肌原纖維隔開，防止肌原纖維聚積，使肉質酥爛；脂肪從脂肪細胞中溶化而出，可以阻止肌原纖維內的蛋白質因過度加熱而脫水、凝聚，使肉質變柴。同時，脂肪是呈味、呈香物質的溶劑，能吸收呈香物質，增添菜肴的滋味。

POINT 478 白切肉鮮嫩的訣竅

白切肉是用不加任何調味料的清水所煮的肉，又稱白煮肉，吃的時候再佐以沾醬，特色是肥嫩。使白切肉鮮嫩的訣竅：沸水下鍋，用微火浸熟。由於肉表面的蛋白質驟然遇到高溫收縮而變性凝固，孔隙閉合，內部的水分和呈味物質不會大量流出，保留了食材本身的營養成分和風味。因為肉是不良傳熱導體，肉塊又大，熱能在短時間內不能傳至內部，所以在沸水下鍋後，改用小火保持微沸狀態，使肉溫由外向內慢慢升高，直至熟透。

煮肉時，肉塊宜大不宜小。如肉塊切得過小，與水接觸面積增大，肉中的蛋白質、脂肪、呈鮮味物質以及可溶性營養成分會逐步擴散到水中，使肉的鮮味和營養價值降低。肉塊切得大些，與水接觸面積小，肉內的水分、營養成分、呈味物質擴散到水中的機會減少，煮出來的白煮肉特別鮮嫩味美。肉塊不能煮得過於酥爛，以能戳透肉皮為度；否則會造成皮肉分離，脂肪溶化，形狀糜爛，不利於切製成形。

POINT 479 滷肝的訣竅

肝如果料理得不好，會變得又老又硬，口感不佳。實際上，滷肝並不難，最主要的是要注意火候，並採用「浸法」烹調，作法如下：

將洗淨的肝用清水浸泡半小時；在冷水鍋中放入各種調味料（主要是蔥、薑、糖）煮沸後，放入料酒，離火放涼，放入已泡好的肝，用小火浸煮；在煮的過程中可用竹籤在肝上扎一些小洞，使肝更容易入味和煮熟；煮沸後關火，浸泡至肝熟為止。以此方法做成的滷肝，又軟又嫩，口感極佳。此外還要注意：鹽一定要在肝快熟時才加入，經浸泡即可入味。

肝內含大量水分和營養素，若用大火大沸的烹調方式，會使肝中的可溶性物質和水分大量外溢，致使肝失去鮮嫩口感；過早加鹽，則會加速肝表面蛋白質變性而凝固，使表皮細胞孔隙閉合，不利於熱的滲透，致使肝浸得太老而影響口感。

POINT 480 生雞腰宜用沸水燙熟

雞腰（雞睪丸）質地鮮嫩，若用水煮，會使雞腰爆裂、鬆散而使部分肉質溶於水中，影響品質。烹調前，應將雞腰反覆用沸水浸燙定型至熟，然後剝去衣膜，使雞腰完整不散，保持原形，質地鮮嫩，風味獨特。

POINT 481 魷魚、花枝要先汆燙再烹調

魷魚、花枝等經刀工處理後，要先用沸水或高湯汆燙再料理，即可除去部分腥味。食材表面的膠原蛋白質驟然遇高溫而收縮，花紋捲起，脆度提升，同時可避免料理時溢出過多水分，影響味道。

POINT 482 去除漲發品異味的方法

海參、蹄筋、魚皮等漲發後，仍帶有一些從內部溢出的溶膠體，具有異味。用一般加熱處理的方式，通常很難將此異味去除。如果先在油鍋中煸過之後，再用高湯煨煮，除去異味的效果較為理想。作法：開大火，用油滑鍋，加入適量烹調油，放入蔥、薑煸香，投入已漲發好的食材煸炒出水，加入料酒，待湯汁沸騰後，將食材倒出並把水瀝乾；再用清水沖洗，除去蔥、薑，再入高湯中煨煮，正式烹調時撈出（原湯汁不用）。

將漲發後的食材加以油煸時，因食材突然受到高溫，膠原蛋白質變性收縮，因而溢出大量水分，一些異味成分也隨著水分流出，可減輕食材中的異味；加入料酒，亦可增加香氣，去除異味；最後用高湯代水進行加熱處理，使食材吸收高湯中的水分和呈味物質，進一步吸水漲發，更可提升鮮味。用此方法對漲發的海參、蹄筋、魚皮等進行烹調前的處理，比一般只用熱水處理，效果更為理想，成菜後風味更加突出。

POINT 483 豬皮熬成凍的原理

豬皮中的蛋白質主要是膠原蛋白質，是由許許多多的α－胺基酸構成α－螺旋肽鏈，3個α－螺旋肽鏈纏繞在一起，並由它的副鍵保持形成特定的空間結構，成為韌性強的組織。膠原蛋白質在水中長時間加熱後，所有副鍵都被破壞，肽鏈伸展開；同時，部分肽鏈被水解，水解後各種肽鏈又進一步相互交聯成三維的網狀空間結構，在網眼交界處形成無數空隙，水即是通過氫鍵而存在這些網眼裡。這種水分散到膠原蛋白質中的膠體溶液，稱為明膠。明膠是一種柔嫩、滑爽而有彈性的透明半固體，即所謂皮凍。

凡含有膠原蛋白質的皮、筋、骨經過長時間與水加熱，都能夠形成明膠。明膠具有凝膠作用，含有1%明膠的水溶液，冷卻後即可凝固成透明的半固體狀態，因而可以作為膠凍製品。

豬皮中膠原蛋白質的胺基酸組成，與人體皮膚中膠原蛋白質的胺基酸組成較相似，在一定條件下，豬皮中的膠原蛋白質進入人體後，能夠在人體皮膚組織中重新合成皮膚組織所需的膠原蛋白質，可延緩皮膚衰老。

POINT 484 製作肉皮凍前的步驟

豬皮含有較豐富的膠原蛋白質，是製作皮凍和水晶菜肴的主要原料。做皮凍時，首先必須把肉皮上所帶的肥肉刮除乾淨，否則在加工過程中，油脂逐漸析出，在水熱力產生的衝擊力作用下，油脂變成微小粒狀，與水形成均勻的乳白液，會影響皮凍（或水晶菜）的透明度。豬皮用沸水汆煮後，皮面受熱，膠原蛋白質發生收縮，裡層的肥肉則變得鬆軟柔爛，這樣便容易刮淨肥肉，除淨油脂，同時還可以除去豬皮的異味。

POINT 485 製作肉皮凍蒸優於煮

製作肉皮凍或水晶菜肴的方法有兩種，即蒸法和煮法，而蒸法又優於煮法。因為在煮的過程中，如火力小，結締組織中的膠原蛋白質不能迅速充分進行變性和水解形成明膠；如火力大或長時間加熱，由於水沸騰引起的強烈對流，促使蛋白質相互碰撞的機會增多，凝聚成塊，並均勻地分散在溶液中，增加了溶液的渾濁度，導致溶液呈乳白色，失去明膠的透明度。另外，由於火力大，水分蒸發較快，若火候掌握不當，皮料易黏鍋糊底，產生焦糊等異味，影響膠體溶液的味道和色澤。

如果採用蒸法則不同，因為蒸氣的溫度（105℃～120℃）高於沸水溫度，故所需的時間短於煮法。結締組織中的膠原蛋白質經水解後即進行交聯，形成透明度較好的明膠。同時，由於用蒸氣作為傳熱媒介，因此不會發生液體對流作用，可避免蛋白質互相凝聚成塊，蒸出來的凍汁清澈如水，冷凝後凍體晶瑩透明，品質極佳。

POINT 486 肉皮凍或水晶菜不宜冷凍

皮凍或水晶菜在0℃以下冷凍後，水分在膠體內部網絡中間形成冰晶，會降低與膠原蛋白質結合的能力；溫度愈低，時間愈長，冰晶粒逐漸擴大，擠壓著蛋白質，使膠原蛋白質互相靠近，發生聚合凝集。

當皮凍的溫度回升到0℃以上時，皮凍內的冰晶融化，衝破膠體網絡而大量排出，使皮凍失水、破碎，食用時黏而無味，也不爽口，失去鮮美風味。

POINT 487 水晶菜不宜久放

水晶菜的主要成分是明膠。明膠存放在一般條件下，凝膠網絡結構會互相吸引，使彼此之間的距離縮短，出現收縮脫水現象，使總體的體積縮小，雖然原有的形狀不變，但口感欠佳。如果在存放過程中受到細菌、酸或高溫等因素影響，如在溫度35℃～40℃和較高的濕度下，明膠中的肽鏈會進一步被水解，形成較小分子量的多肽鏈和胺基酸，使黏度下降，失去凝膠能力，呈現出粉狀。明膠對酶的作用十分敏感，幾乎所有的蛋白酶都有把明膠水解的特性，使水晶菜肴破碎不成形。

POINT 488 製作雞凍、魚凍宜加適量豬皮

雞、魚的皮或肌肉中的結締組織少，因而膠原蛋白質含量也不多，可形成明膠的量少，不易凝膠，且彈性

差；而豬皮含有豐富的膠原蛋白質，是製作肉皮凍的重要原料。在製作魚凍、雞凍時，加入適量的豬皮，能提高凝膠強度和彈性，還可使滋味更加鮮美，風味獨特。

POINT 489 製作肉皮凍的技巧

將豬皮洗乾淨，用沸水汆煮後，將肉皮上的肥肉刮除乾淨，然後上籠蒸製；蒸好後的肉皮，切成小塊，放進食物料理機內，加適量的水，攪打成乳白色膠糊液體；倒入鍋中，加入適量黃酒、薑末、鹽、糖、少量的水煮沸，倒入容器內，讓其自然冷卻成膠凍。食用時，切成片，再根據個人口味，調製沾醬拌食或蘸食。

POINT 490 做魚丸不能先加鹽後摻水

製作魚丸的步驟：先將魚肉剁成茸（也可用食物調理機打成魚漿），目的是破壞肌肉纖維，使蛋白質能夠儘量析出；然後用水將魚茸稀釋，使蛋白質從組織纖維中分散到水中。魚肉肌球蛋白質的疏水鍵處在球體內部，親水基團則分布在球體外部，因此，肌球蛋白質能夠與水形成穩定的膠體溶液。接著向同方向攪拌，逐步加水（或一次加足水），繼續攪拌，使分散在水中的肌球蛋白質因為攪拌而產生應力，破壞其空間結構，使肽鏈伸展開，進一步交聯成三維網狀空間結構。加進去的水，透過氫鍵或靜電吸引力作用，存在三維網狀空間結構的網眼中，形成凝膠體，即所謂的「上勁」。當蛋白質處在凝膠體狀態時，才可吸收大量水分，因而口感鮮嫩。在攪拌過程中還混入大量空氣，使丸子保持較強的彈性。當魚肉中的蛋白質全部形成凝膠體時，表示吸收的水分和空氣已達到飽和，然後再加入適量的鹽，鹽溶於水中解離成Na^{+}和Cl^{-}，滲透到肉質內部，增加了滲透壓，使水分更容易進入內部，攪拌後即成膏狀。

鹽對蛋白質具有雙重作用：當鹽的濃度低時，能增加鹽溶蛋白質的溶解度，這點對魚肉蛋白質的作用不大，因為魚肉中的蛋白質主要屬於肌球蛋白質；當鹽的濃度達到5％以上時，可使蛋白質脫去水化膜而凝聚成粒。如果在製作魚丸時先添加鹽，攪拌後魚茸變黏成團，就會有一部分蛋白質沉澱成粒，而不能形成凝膠體，影響魚茸的吸水量。擠出的魚丸加熱後，表面不光滑，彈性不足，口感柴硬，滋味也不夠鮮美。

POINT 491 做魚丸要在內餡中加適量太白粉

魚肉剁成茸、攪拌成凝膠體後，除了添加調味料（鹽、雞粉等）外，還需加入少量的太白粉。因為太白粉加熱後吸水膨脹，糊化後黏度較大，可提高魚肉蛋白質凝膠體的強度，便於丸子成形，並增加彈性。

但太白粉的用量應適當，過少黏稠力不足，過多則丸子容易變硬，浮力小，影響品質。

POINT 492 汆燙魚丸要溫水下鍋

汆燙魚丸時，要用慢火溫水（60℃）浸至成熟，魚丸才能達到外表光滑爽口、彈性強、鮮嫩味美的效果。

如果水溫達到100℃，魚丸表層的水分會迅速汽化而膨脹，使魚丸體積膨大。當魚丸起鍋後，因溫度下降，魚丸中的氣又凝結成水，在大氣壓的作用下，魚丸體表收縮變癟，內部易出現蜂窩般的小洞，失去鮮嫩口感，且影響外觀和風味。

POINT 493 攪拌肉餡或魚漿要同方向

做肉丸或魚丸時，首先要將肉餡或魚漿加以攪拌，破壞蛋白質原有的空間結構，形成三維網狀空間結構，使蛋白質從溶膠狀態轉變為凝膠狀態。當蛋白質處於凝膠狀態時，才可吸收大量水分，做出來的丸子或肉餡口感才會滑嫩。

因此，要做出味美鮮嫩的丸子或肉餡，首要的技巧就是充分攪拌，使餡料所含蛋白質都處在凝膠體狀態。但是攪拌時，只能順著同方向，所產生的應力才會集中，也才能破壞蛋白質原有特定的空間結構，凝膠體方可形成。

若不順著同方向攪拌應力則會互相抵銷，已經形成的凝膠體也會因反向力的作用而破壞三維網狀結構，不僅水吸不進去，反而會溢出水分（因為破壞了水與蛋白質結合的能力），造成肉餡或魚漿變稀。

POINT 494 攪拌魚漿或肉餡時要控制溫度

攪拌魚漿或肉餡時，溫度應掌握在10℃。因此可在攪拌過程中添加適量碎冰代替水，以控制溫度。

蛋白質在20℃以上就可能發生變性而凝固。用機器攪拌時，因過度摩擦產生熱，會使溫度上升，使蛋白質發生熱變性而凝固，很難形成凝膠狀態，因而失去親水性，降低凝膠強度，失去彈性，口感欠佳，滋味不美。

POINT 495 完美的肉餡比例「三肥七瘦」

調製肉餡時，肥瘦比例非常重要。全是瘦肉或瘦肉過多，烹煮出來的菜肴就會乾、老、柴、硬，滋味欠佳，口感不好。

因為肥肉中的脂肪具有滋潤作用，同時油脂也是呈味、呈香物質的溶劑，本身還能吸收呈香味物質，因此油脂具有賦香作用。但是如果肥肉過多，肉餡不僅會過於油膩，加熱時脂肪也容易溶化，使肉餡鬆散變形，外表也不光滑。

最佳的肉餡比例是「三肥七瘦」，烹煮出來的菜肴軟嫩鮮香，風味較佳。

POINT 496 攪拌肉餡時要加適量的鹽

加鹽，是攪拌肉餡的關鍵環節。加鹽攪拌可進一步破壞肌肉纖維組織，使肉質更加細碎。此外還能增加鹽溶蛋白質的溶解度，增加蛋白質的持水力，使肉餡吸入較多的水分，具有彈性。

鹽的量以2%～3%為宜。過少（1%以下），鹽溶蛋白質溶解不夠，會使肉餡黏性下降而失去彈性；過多（5%以上），則因蛋白質變性，使持水性降低而失去黏性。

POINT 497 做丸子的綜合技巧

汆燙丸子時，應掌握下列要領：

①肉餡肥瘦比例要適當（三肥七瘦）：肉要剁得細膩均勻，使肌肉組織受到最大的破壞，擴大肌肉中蛋白

質與水的接觸面，即可增加持水量。

②加入適量的鹽：此舉除了可調味外，還可使水分子透過鹽的滲透作用進入細胞內，增加蛋白質的持水性，使丸子飽滿滑嫩。

③加入適量的太白粉：太白粉具有較強的吸濕性，能吸收水分而成為澱粉溶膠，加熱後，澱粉糊化，生成黏膠狀的糊化澱粉。在攪打肉餡時，加入適量水分後，再加入適量的太白粉，目的就是利用太白粉的吸水作用。當丸子汆入鍋內，水溫升高，蛋白質變性，水分向外溢出時，恰好澱粉也開始糊化，將向外溢出的水分緊緊吸附並呈黏膠狀，進而使丸子飽滿滑嫩。但是，太白粉不宜加多，否則丸子易老，影響口感。

④順著同方向攪拌：可破壞蛋白質原有的空間結構，形成三維網狀空間結構，使蛋白質從溶膠狀態轉變成凝膠。當蛋白質處在凝膠狀態時，才可吸收大量水分，丸子才會細嫩、飽滿、滑爽。

⑤掌握火候：汆丸子時，加熱時間不宜過長，以撇除水面浮沫後即起鍋為宜；否則水分若流失太多，丸子容易變老，口感不佳。

POINT 498 炸丸子餡料可加麵包粉

清炸肉丸子、清炸肉餅時，餡料內通常都會加些麵包粉，藉此增加丸子或肉餅的蓬鬆度，使炸出來的丸子、肉餅，口感外酥脆、裡鮮嫩。

因為麵包是用發酵麵團烤成的，澱粉已經糊化，質地非常鬆軟，再經高湯或水浸泡後，加進餡料內攪拌，可使餡料多孔蓬鬆，軟嫩不黏，不產生膩糊味；同時，因麵包粉可吸收大量水分，做成的丸子、肉餅較鮮嫩多汁，色澤金黃，風味獨特。但麵包粉不能加得過多，與餡料的比例應掌握在1：8。

POINT 499 掛霜菜宜使用白砂糖

掛霜菜是烹調甜菜肴的主要方法之一，作法是將糖加水，再加熱溶解成過飽和溶液，再將炸好的食材（如腰果、花生等）放入攪拌均勻，冷卻後，食物表面黏滿一層細細的白糖，好似霜雪，因而稱為「掛霜菜」。此菜是熱製冷吃，香酥化渣，甜味突出，口感嫩脆。

製作掛霜菜是利用蔗糖重結晶原理，將糖溶於水中，然後加熱，使水分蒸發，形成過飽和溶液（在一定溫度下，達到最高溶解度，稱為飽和溶液；糖的溶液濃度高於飽和溶液濃度，稱為過飽和溶液）。

糖溶液處在過飽和狀態時，黏度較大，趁熱放入食材，使糖漿緊緊地裹在食材外表，糖又重新形成晶體而析出。

製作掛霜菜所用的糖，最好選用純淨的白砂糖。因為純淨白砂糖的主要成分是蔗糖，在形成過飽和溶液時，不但易形成晶核，而且蔗糖分子會有秩序地排列，並被晶核吸附在一起，重新形成晶體。如果蔗糖飽和溶液摻有其他物質（如其他糖類、蛋白質、澱粉、果膠等），會使蔗糖分子運行受到阻礙，進而抑制晶核的形成，結晶要再析出就比較困難了。

因此，掛霜菜所使用的糖要純淨，不含任何雜質。綿白糖（綿白糖和糖粉類似，但不含玉米粉）主要的成分也是蔗糖，但在加工時加入了2％的轉化糖。由於轉化糖有抑制蔗糖晶核形成的作用，會影響掛霜菜肴的形成，因此綿白糖不宜用來做掛霜菜的原料。

POINT 500 掛霜菜要掌握好糖漿的濃稠度

製作掛霜菜在炒糖漿時，宜用中火，使糖漿均勻受熱，並掌握好糖漿的濃稠度。

如果火候偏大，糖分子間發生脫水等化學變化，不僅無法形成霜，反而會使顏色變黃；如果火候過小，熱力不夠，大部分的水分未蒸發，溶液的濃度偏低，未達過飽和狀態，冷卻後不能析出晶核，不易結晶，使食物發黏而回軟，影響掛霜的效果。

因此，只有當糖漿處在過飽和狀態，即糖漿濃度達80％～85％時，最適合掛霜。不同糖漿的濃度具有不同的沸點，如糖漿濃度為70％時，沸點為122.7℃；濃度80％時，沸點為111.6℃；濃度90％時，沸點為122.7℃。

因此，可以根據炒糖時糖漿的溫度來掌握其濃度。實驗證明，糖漿溫度達113℃時，即處於過飽和狀態，糖漿的濃度達80％～85％之間，最易掛霜。此外亦可觀察糖漿的濃稠度，如將糖漿舀起向下傾斜，糖汁呈半流體狀態，並在鍋鏟邊緣呈現大的薄片，即達到過飽和狀態。

POINT 501 掛霜菜炒糖的要點

製作掛霜菜時所用白砂糖，主要成分是蔗糖。蔗糖是雙醣（又稱二糖），與水長時間加熱後易發生水解反應，生成等量果糖和葡萄糖的混合液，稱為轉化糖。轉化糖不易結晶，還會抑制蔗糖結晶，影響掛霜菜的品質。

在炒糖時，為避免蔗糖發生水解反應，應注意：

①使用的器具必須乾淨，不能有油膩、酸、鹼類物質，因為這些物質都會促進蔗糖水解成轉化糖。

②需掌握好糖與水的比例，以3：1為宜。水若太少，糖因無法溶解而易焦；水若太多，炒糖時間會太長。為了縮短炒糖的時間，可以在水沸騰後再加入白砂糖炒。

POINT 502 掛霜菜的烹調要點

根據烹煮掛霜菜的原理，需注意的要點如下：

①糖與水的比例要適當，以3：1為宜，最大比例不應超過1：1。一般認為糖漿的濃度在75％為佳。

②炒糖時宜用中火，並使糖漿保持微沸狀態，有利於促使足夠的糖晶核形成，避免轉化糖的生成。

③投料時間要正確及時。糖漿溫度在113℃～115℃時，最適合投料；否則會因時間過長，溫度過高，形成焦糖化反應而生成棕黑色焦糖，影響食物品質。

④熟的食材裹黏上糖漿後，要立即降溫，並不停地輕輕翻拌，讓水分蒸發，使糖結晶。

POINT 503 拔絲菜肴應選用綿白糖

拔絲菜肴色澤金黃，味甜香脆，食之金絲縷縷，別具趣味。製作原理：利用熱力將蔗糖從結晶狀態轉變成無定形體（糖分子在空間不規則排列，又稱玻璃體）。當蔗糖處在玻璃體狀態時，具有熱可塑性，借外力即會出現縷縷細絲；在低溫時呈透明狀，並具有脆度。

在製作拔絲菜肴時，當糖水溶液加熱到飽和或過飽和時，蔗糖容易析出晶粒。晶體的存在，會影響玻璃體的亮度和脆度，還會影響出絲和絲的長度。轉化糖或澱粉糖漿可抑制蔗糖在過飽和狀態中析出晶粒，有利於蔗糖形成玻璃體。綿白糖中含有2％的轉化糖，用來製作拔絲菜肴，可避免蔗糖在過飽和狀態析出晶體，確保出絲的效果和口感。

POINT 504 拔絲菜肴在炒糖時宜加醋

在炒糖時，加幾滴醋，可以拉出較長的絲，並且不易斷。

因為蔗糖是雙糖，糖漿處在酸性介質中，會加速蔗糖水解成等量葡萄糖和果糖，也就是轉化糖。轉化糖具有抗結晶作用，可防止蔗糖在過飽和狀態出現晶粒，有利於玻璃體形成，便於出絲，且出絲效果更好。

但醋的量不宜過多，否則會使蔗糖全部轉化成轉化糖，形成糖稀，反而不利於出絲。

POINT 505 食材與糖漿溫度不宜相差過大

炒好的糖漿溫度和食材溫度不可太懸殊。如果食材溫度明顯低於糖漿溫度，當食材放入糖漿後，糖漿溫度猛然下降，會使糖漿失去流變性而凝固，影響效果。

POINT 506 掛霜或拔絲菜肴的食材處理

拔絲或掛霜菜肴的品質，除了與炒糖技巧有關外，也與食材品質有關。其中最主要的一點是食材表層不能含有水分。表面帶有較多水分的食材投入到過飽和糖漿中，會使糖漿因吸水而降低濃度，晶體不易析出，使食材回軟，影響效果；將食材放到無定形玻璃體糖漿中，會使糖漿因吸水而呈過飽和狀態，析出晶體，因而影響出絲。因此，不論是製作掛霜菜肴還是拔絲菜肴，食材表面絕不能有水分。必須用乾澱粉吸去食材表面一部分水分，掛上蛋泡糊後，再用動物性油脂炸。

因動物油脂含較多的飽和脂肪酸，在室溫時呈半固體狀態，即固體脂肪中含有一定量液態的油。這種油脂可塑性大，能以薄片狀分散在蛋泡糊表面，使蛋泡糊表面澱粉糊化後脫水產生的許多氣孔被封住，因而內部水氣排不出來，使糖漿能夠均勻地包裹住食材。如果用植物油炸，由於植物油中不飽和脂肪酸含量較高，在室溫時為液體，液體油脂表面張力大，只能以球狀微粒分散到蛋泡糊表面，而無法封住蛋泡糊表面的細小氣孔，水蒸氣就會從糊層內部透過氣孔不斷地向外排出，使糖漿的濃度降低，影響菜肴的效果和品質。

POINT 507 製作拔絲葡萄時應去皮

葡萄表面有一層光滑的皮，掛糊前必須將外皮剝去，否則不僅不易黏掛漿糊，甚至易脫糊。剝去外皮後，葡萄表面粗糙，易於均勻掛糊，成菜後可達最佳效果。

POINT 508 製作拔絲菜肴的烹調要領

拔絲菜肴製作精細，需注意的烹調要領如下：

①鍋子須擦洗乾淨，防止黏鍋發苦，確保菜肴美觀。

②將鍋燒熱，舀入一匙油滑鍋，倒去油，再下糖和水（或油），使鍋潤滑，防止黏鍋。

③各種炒糖方式的投料比例要正確，否則容易失敗。水炒法，糖與水的比例為3：1；油炒法，糖與油的比例為4：1。

④炒糖時，湯勺要不停攪動使受熱均勻，色澤一致。

⑤要正確掌握火候。炒糖時，火候不可過猛，溫度不宜過高，隨著溫度逐漸升高，糖色由白變黃，糖漿由稠變稀，無顆粒狀，這時溫度為160℃～170℃，即可投入食材翻拌均勻。

⑥糖的用量要與食材相當。糖漿太少，會使食材掛漿不勻；糖漿太多，則多餘的糖流入盤底，冷卻後會黏住，影響效果。

⑦食材的優劣，對菜肴成敗有重要影響。若食材選用含水量高的新鮮水果，在油炸之前，應先用乾澱粉吸去一部分水分，再掛上澱粉、蛋白糊油炸，可防止食材在高溫下，水分向外擴散到表層。

⑧炒糖漿與油炸食材應同時完成，且糖漿與炸好的食材，兩者的溫度差距不能太大。

⑨裝盤時，先在盤底抹上一層植物油，可防止菜肴上的糖漿沾黏盤子。

POINT 509 做鳳梨果凍不宜用新鮮鳳梨

明膠溶液具有凝膠作用，僅1％的明膠就具有作用，且黏度大，彈性佳。明膠中，除了色氨酸外，還含有人體其他全部必需的胺基酸，因此，明膠適合作為果凍食品的凝膠劑。但明膠對酶的作用十分敏感，幾乎所有的蛋白質水解酶都能把明膠水解，使其失去凝膠能力。

新鮮的鳳梨汁、木瓜、無花果等含較多能促進明膠水解的蛋白質酶，易使明膠失去凝膠能力。但蛋白質水解酶對熱敏感，在100℃水溫中加熱1分鐘即失去活性。

POINT 510 明膠的特點

目前烹飪上用的凝膠劑有兩種：1.植物性凝膠劑，如果膠、洋菜等，屬於多糖類物質，熔點較高，在80℃～100℃，不能為人體所利用，無營養價值。2.動物性凝膠劑，如明膠（吉利丁），主要成分是膠原蛋白質，熔點較低，為27℃～31℃，接近人體體溫，因而具有入口即化的優點，人體也較能吸收和利用。

明膠比洋菜更富有彈性，保存期限較長，但熱穩定性差。

POINT 511 避免鑲肉脫落的祕訣

鑲肉的菜肴，如黃瓜鑲肉、苦瓜鑲肉、香菇鑲肉等，蒸好之後，鑲肉很容易散碎或脫落，原因主要是肉餡的黏性不夠。因此在準備肉餡時要儘量剁碎一些，除了加調味料之外，還要加水，邊加水邊攪打上勁，攪成糊狀。同時在要鑲的食材與肉餡接觸的地方抹上一層太白粉，然後再鑲上肉餡，即可避免肉餡鬆脫，因為澱粉經加熱後形成的糊化澱粉具有一定黏性。

POINT 512 醋椒菜與酸辣菜的差別

醋椒菜（傳統的山東魯菜）與酸辣菜均屬於湯中帶有酸辣味的湯菜。醋椒類菜肴作法：食材經過處理後，鍋內加少許油燒熱，將白胡椒末用油煸炸至色黃，加入高湯，待食材成熟後起鍋時加入醋，即可呈現酸椒味，如醋椒魚。酸辣類菜肴則是將食材放入湯中，快要熟的時候，加醋和胡椒粉，即是一道具有酸辣味的湯菜。

7

熬一鍋好湯的祕訣

POINT 513

「湯」在烹飪中的地位和作用

廚師都非常重視一道湯所呈現的味道和品質，正如烹飪界常說的「無湯不成席」，「要得味道好，定用鮮湯煲」。前者的意思是，在宴席上，湯是不可或缺的一道菜；後者是，烹煮菜肴時也要用湯來調味。可見湯在烹飪中的重要性。想使菜肴呈現出本來的鮮味，就要善於用湯，即利用湯的鮮味來調味，做到「一菜一味」，使每種食材都能凸顯自己的味道，防止菜異而味同。

一道湯所用的食材極為多樣，既有動物性，也有植物性，這些食材的共同點是都有含氮浸出物，也就是鮮味物質。當食材加熱時，蛋白質受熱發生變性，溶解度增加，隨著加熱時間延長，溶解於水中的蛋白質逐漸增多，其中的含氮浸出物會滲透，使湯中帶有鮮味。呈鮮味物質十分複雜，有麩胺酸、鳥苷酸、肌苷酸、醯胺等四十餘種，其中最主要的是麩胺酸、鳥苷酸和肌苷酸。

湯的鮮味並非單一的，而是複合的。食材中特有的醇厚濃郁鮮味，無法被味精、鮮雞晶等所取代。因味精中的鮮味成分單一，很難做到一菜一味。而熬煮出來的鮮湯就不同了，煮湯食材中所含的呈鮮味物質有各自的主要成分，例如：母雞中含有較多的麩胺酸；鴨中含有離氨酸；魚、豬肉和火腿含有大量肌苷酸；章魚、魷魚、花枝多含丁二酸；冬筍、蘑菇、香菇、黃豆芽等植物性食材中含有鳥苷酸和天門冬氨酸。由於呈鮮味的主要成分不同，因此不同食材熬煮的湯，其味型也不同，能夠真正做到一菜一味，保留每種食材的原味。

俗話說「唱戲的腔，廚師的湯」，因此，烹飪工作者要重視鮮湯在烹飪中的作用。一般家庭也應掌握煮湯的技巧，煮一鍋好湯，全家人共享，使家庭生活更美好。

POINT 514

湯的養生保健作用

湯在一般人的飲食中占有重要地位。許多國家都推廣人民多喝蔬菜湯，認為蔬菜湯是良藥，可養生治病。一位著名的廚師曾表示，湯是餐桌上的第一佳肴，湯的氣味能讓人恢復信心，湯的熱氣能令人感到寬慰。由於湯在飲食中具有不可替代的作用，於是許多人「寧可食無肉，不可食無湯」。營養學家認為，喝湯可以開胃，促進血液循環，預防感冒，使人體獲得更多易於吸收和利用的營養素。醫生認為，在煲湯的過程中，各種食物的營養成分都能充分的滲出，產婦及病弱之人都要靠湯來補養身體，健康的人多喝湯更對健康有益。藥補不如食補，而食補的最好方法就是「湯補」。

美國有一項對六萬人的抽樣調查結果顯示，身體健康的人，大多經常喝各種富含營養的湯。此外還發現，在午餐前喝湯具有減肥作用，節食者如能每餐堅持喝湯，一年後能減少體內20％多餘的脂肪。經研究證實：喝雞湯能加快鼻腔黏液的排除，對感冒有一定的療效；對於身體缺水的病人，湯比水更具有滋補作用。

日本腫瘤專家對兩千六百人進行了長達17年的研究後得出結論：經常喝湯能防止胃癌。在日本，人們常用海洋中的動植物來煮湯，他們發現日本婦女乳腺癌發病率僅為北美的四分之一。科學家研究證明，對於血脂偏高但未出現併發症的多數患者，堅持飲用幾種保健湯後，血脂下降，病情也獲得控制。

民間婦女產後喝湯的習俗，也是有科學依據的。現代醫學研究認為，乳汁的分泌有賴於催產素，催產素是由多種胺基酸組成的蛋白激素。產婦在分娩時消耗了大量體力，急需補充營養。乳汁的主要成分是水及豐富的蛋白質、脂肪和醣類，所以，產後及早喝些營養豐富的湯，可增進產婦的食慾，補充營養，為分泌催乳素準備充足的水分和營養物質，有利於乳汁分泌和產後恢復。

用不同食材熬煮的湯，具有不同的養生保健作用：

①雞湯：雞湯味道鮮美，營養豐富，雞肉中的胺基酸溶解在湯裡，常喝雞湯，對於消化能力差的產婦和病人尤其有益。研究證明，雞湯中的脂肪酸能加快咽喉部及支氣管黏膜的微循環，促進黏膜分泌，消除上呼吸道病毒，輔助潤喉、化痰、止咳，對治療支氣管炎和感冒有一定的療效。雞湯是氣血虛弱、產後體弱者的營養佳品，一般人食用也能補充營養，增強食慾。

②大骨湯：豬骨中含有豐富的鈣質，將豬骨敲碎後加點醋熬湯，有助於鈣質溶解在湯中，小孩喝了可預防佝僂病。用牛骨熬湯，其藥用價值高於豬骨湯。因牛骨中含有磷脂類和磷蛋白，是人類大腦不可缺少的營養物質。牛骨中還含有骨膠原類黏蛋白、彈性硬蛋白，具有抗老化作用。人衰老的根本原因是骨髓功能衰退，而

骨髓老化便是因為缺乏類粘朊和骨膠原（又稱構造蛋白質）。因此經常食用大骨湯，有助於緩解人體組織老化，達到強健筋骨、養顏美容的效果。

③蔬菜湯：新鮮蔬菜中含有大量的鉀、鈉、鈣、鎂和葉綠素，這些物質溶於湯中，飲用後有利於身體對營養素的吸收，減少疾病發生。適量喝些蔬菜湯，還能促進人體細胞裡沉積的汙染物或毒素排出體外。

④麥麵湯：麵條湯中有大量的卵磷脂，被人體腸黏膜吸收後，可轉化為乙醯膽鹼，補充大腦神經細胞的傳遞介質，強化大腦的記憶力，有助於預防老年癡呆症。

⑤米湯：米湯中含有豐富的維生素 B 群、澱粉等營養素，不僅是消化不良、胃病、腹瀉、失水患者的食療佳品，還有豐潤肌肉、美白肌膚的作用。

此外，有些湯也對養生保健具有莫大助益。例如：對支氣管炎、扁桃腺發炎等特別有療效的羅漢果豬肉湯；可加快術後傷口癒合的鱸魚湯；治視力衰退及夜盲的枸杞葉豬肝湯；治甲狀腺腫大、毛髮枯少的豬胰淡菜湯；防治便秘、貧血的菠菜豬血湯；具補中下氣、寬胸膈的羊肉蘿蔔湯；以及能清熱化痰、消腫散結、舒肝除煩、治高血壓、肺熱咳嗽、通便、散肝氣的海蜇馬蹄湯等，種類繁多，可根據個人狀況和喜好食用。

喝湯要講究健康和科學。俗話說「飯前先喝湯，勝似良藥方」、「飯前先喝湯，苗條又健康」，這是因為飯前喝湯等於為消化道增加了「潤滑劑」，能使食物順利吞嚥。吃飯時再喝些湯，則有助於食物的稀釋和攪拌，有益於胃腸消化和吸收，可預防胃病。有些人吃飯時會把飯或饅頭泡在湯中，這是不好的飲食習慣。由於飯或饅頭中飽含水分後會使人懶得咀嚼，而在不經唾液中酶的作用下，直接吞入食物，必然會增加胃的負擔，日復一日，易生胃病。

餐前喝湯，不宜過多，並應緩緩嚥下。早晨時，人們經過一夜睡眠，流失的水分較多，因此，早餐前喝湯的量可多些。一般來說，晨起喝肉湯最佳，湯中富含的蛋白質和脂肪在體內消化吸收可維持3～5小時，能使人精力旺盛，並可避免中小學生於10～12時易發生的饑餓與低血糖現象。晚餐則不宜喝太多湯，否則易頻頻夜尿而影響睡眠。體胖者，餐前先喝總進食量三分之一的蔬菜湯，既可滿足食慾，又有利於增強體質。孕、產及哺乳期婦女、兒童和老人，更應常喝骨類湯，這是以食補鈣的好方法。另外，喝湯時不能只憑喜好每天只喝一種，應該要酸甜鹹辣等多種口味的湯交替上桌，更能增進食慾，使營養均衡。

POINT 515 湯的烹調方法

湯的烹調方法主要有煲湯、燉湯、汆湯、燴湯、煨湯、煮湯等六類。

①煲湯：將水煮後的主食材放入大瓦罐或湯鍋中，加入清水，大火燒開，以中火或小火加熱至主食材約七、八分熟，加入配料（有的配料需與主食材同時入鍋）及調味料，繼續加熱至所有食材都熟透即可，如：玉米馬蹄煲豬骨湯、黨參紅棗煲烏骨雞湯、白果煲老鴨湯等。

②燉湯：將水煮後的主食材及配料放入燉盅，加入湯汁及調味料，加蓋放入蒸籠，加熱至食材軟爛即成，如：參杞燉乳鴿湯、當歸燉羊肉湯等。

③汆湯：主食材經刀工處理後，加入澱粉及調味料上漿，放入調好味道的沸湯或沸水中，加入配料，水重開時，即起鍋，撒上蔥花、香菜末，加入胡椒粉、香油即成，如：三鮮湯、雞片汆絲瓜、羊肉口蘑湯等。

④燴湯：將所有食材放入調好味道的沸湯或沸水中，用太白粉水勾成濃米湯芡，一邊淋入蛋白或全蛋液，一邊用勺子攪動，使雞蛋成片狀，起鍋，加入蔥花或香菜末即成，如：雞蓉粟米羹、酸辣湯、西湖牛肉羹等。

⑤煨湯：將水煮後的食材放入瓦罐內，放入湯汁及調味料，加蓋密封，入烤爐或大煨缸內，加熱3～4小時，至食材軟爛時取出即成，如：罐煨羊肉湯、罐煨滋補雞湯、罐煨銀杏老鴨湯等。

⑥煮湯：將食材放入調好味道的湯或水中，煮熟即成。有的食材需油煎或油爆後，加入湯汁及調味料煮製成湯；有的食材是經煮或炸熟後的半成品，如丸子類等。常見的煮湯有豆腐魚頭湯、絲瓜魚腐湯等。

POINT 516 烹飪中常用的鮮湯種類

由於使用的食材不同，煮湯的方法和湯所呈現的風味及特點也不同。鮮湯可分為清湯和白湯兩大類。

清湯，又分為一般清湯和高湯（又稱上湯、頂湯）。特點是湯清見底，味鮮醇厚，製作技術複雜。

白湯，又分為一般白湯和濃白湯。一般白湯（又稱毛湯）呈乳白色，濃度較差，鮮味不足；濃白湯（又稱奶湯）色白、味鮮、濃度高、湯似乳。

清湯和白湯的特點不同，因而用途也不一樣。奶湯主要用於白色菜肴湯汁的烹調；清湯適用範圍較廣，用於中高檔菜肴的製作。

一般中餐做湯的方法有滾、煮、燉。滾湯多用於蔬菜及鮮嫩肉類；煮湯是把配料和水一起燒開，使味道融入湯內；燉湯是把配料放入燉盅，然後將燉盅放入半盛水的鍋中，加熱後，鍋中滾水會將配料燉熟，這種作法可保留配料和食材的精華。

POINT 517 煮湯前先汆燙動物性食材

煮湯時所選用的食材一般都是動物性，如雞、鴨、豬肉等。這些食材或多或少會含有腥、臊味，主要是血汙所致。煮湯時，先將食材放入冷水鍋中加熱，燙煮一下立即撈出、洗淨，即可除去大部分異味，食材也較清爽乾淨。然後再用乾淨的鍋子加清水，放入食材熬煮。鮮湯的湯汁澄淨潔白，浮沫少，無異味。

POINT 518 煮湯時食材與冷水一起下鍋

不論煮清湯或白湯，經過汆燙後的食材要與冷水一起下鍋，以控制蛋白質熱變性和凝固的過程。透過緩慢地加熱，使細胞內的脂肪、胺基酸、呈味物質等，在蛋白質凝固和食材收縮的緩慢過程中充分浸出，熬煮出來的湯，味道鮮美而濃郁。

如果食材在水滾後才下鍋，則食材外層驟然受到高溫，表面蛋白質迅速變性凝固，食材表面細胞孔隙閉合，阻礙了食材內部呈味物質浸出，進而減弱了湯汁的鮮純度，降低湯的品質。

POINT 519 煮湯時中途不宜加水

煮湯時，水要一次加到足量，不能中途添加冷水，否則會減弱湯的鮮味。當食材與水共煮時，受熱較均勻，在水分子對流作用下，熱量不斷地向食材內部滲透，水分子也有規律地向食材內部滲透，可溶性呈味物質從食材內部擴散到表面，自表面再擴散到湯汁中。若中途添加冷水，湯汁的溫度驟然下降，會破壞原來的均衡狀態。由於溫度下降，可溶性呈味物質從食材內部擴散到表面的速度減慢；食材表面因降溫而突然收縮，造成表層緊密，蛋白質凝固變性，細胞孔隙閉合，影響呈味物質溶出，使湯的鮮味減弱。

若湯料用的是帶骨的食材，如排骨、豬腿骨等，在冷水中逐步加熱時，骨組織疏鬆，骨中的蛋白質、油脂及呈味物質會逐漸溶於湯中。如突然遇冷，骨表面孔隙收縮，造成骨組織緊密，骨髓中的蛋白質、脂肪便不易溶出，減少了湯中的鮮味物質，影響口感。

POINT 520 湯太鹹的處理訣竅

煮好的湯如果太鹹，千萬不可以加水。建議採取以下方法來改善：加顆雞蛋；放幾塊豆腐；將番茄切成薄片放入湯裡；將一顆馬鈴薯去皮後放入湯中，小火煮十幾分鐘後撈出；將茶葉袋或一小袋麵粉放入湯中煮一會兒，湯就不會太鹹了。

POINT 521 煮湯時要及時撇沫

食材先經過快速汆燙後，放入冷水鍋中，大火煮開，及時轉為小火，使食材維持在95℃的水溫，食材中的血汙、異味物質就會逐漸從內部浸出。血中的血紅蛋白遇熱會變性凝固，體積增大，孔隙多，因而會吸附各種異味物質和油脂。由於比重輕，在熱力的推動下，上浮至湯面上，形成浮沫，必須及時清除，否則對湯的滋味、清亮度影響極大。

所謂浮沫要及時清除，就是要在湯沸騰之前，即95℃左右時撇除。如果來不及清除或沒有清除，水沸騰一段時間後，因水分的衝撞作用，會將浮沫沖散，混雜在湯汁中，浮沫就不易除淨，導致湯汁不純；若太慢才清除浮沫，還會帶走部分從食材中溢出的脂肪和可溶性物質，影響湯的清亮度、鮮味和營養價值。

POINT 522 煮湯時不宜撇除浮油

食材經過加熱後，油脂會不斷浸出。由於油脂不溶於水，比重輕，會漂浮在湯的表面，稱為浮油。如果太早把浮油撇去，湯中的營養成分、香味、鮮味物質就容易隨著水蒸氣揮發而流失，使湯的水分減少，不夠濃郁。

浮油在湯面上形成薄膜，可防止營養成分、香味和鮮味物質隨著水的蒸發而揮發，同時，浮油也是許多呈味物質的溶劑。所以，煮湯時不宜撇除浮油。尤其是熬製奶湯時，可利用油脂乳化而使湯變得乳白，富有膠性。

但是，過夜的鮮湯就必須將浮油撇淨。因為油脂所含的熱量高，散熱較慢，鮮湯本身又有一定的溫度，如果湯面上留有一層浮油，湯汁的熱量一時散發不出去，鮮湯就會變質、變味，嚴重時將無法食用。尤其是夏季時，更應注意防止鮮湯變味。

POINT 523 煮湯要添加少量的鹽

湯中添加鹽，除了調味之外，也對蛋白質溶解度有影響。在把食材下冷水鍋的同時添加少量的鹽，可使食材中的鹽溶蛋白質充分溶於水中，增加湯汁的濃度和營養價值。但是必須掌握鹽的量，否則適得其反。

鹽對蛋白質性質具有雙重作用，主要取決於鹽的量。煮湯時，如果添加過多的鹽，會因鹽具有較大的滲透壓，而使食材中的水分滲透出來；同時，鹽也會向食材內部擴散，導致食材內部蛋白質凝聚，呈味物質就難以浸出，影響湯的濃度和滋味。此外，由於大量鹽的作用，還會使已溶於水中的部分蛋白質發生鹽析作用而凝聚，使湯變得渾濁。

但如果只放少量的鹽，便具有鹽溶作用，低濃度鹽溶液可使蛋白質表面吸附某種離子，使蛋白質顆粒表面同性電荷增加，加強排斥作用，使蛋白質空間結構變得鬆弛，加強與水的結合，進而提高蛋白質的溶解度。

POINT 524 煮湯時辛香料不宜放太多

煮湯時，加入適量的蔥、薑、料酒等，目的是除去腥、膻、臊等異味，解膩爽口，提升湯汁的鮮美滋味。

但如果辛香料放得過多，則會影響湯頭本身的鮮味，也會使湯色既不明亮，也不美觀。

POINT 525 煮湯時要有豬骨墊底

煮湯時，一般常用整隻雞、鴨等大塊食材。這些食材體積大且較重，放入鍋內極易沉底。為了防止食材沉底，可先放些豬骨墊底，再放入食材。因為豬骨粗硬，互相交疊之後會產生空隙，有利於湯汁流動和熱量傳導，因而避免因鍋子底部直接接觸火焰，溫度較高，食材燒焦變糊，使湯汁變濁、產生異味等情況。

另外，豬骨含有大量的鈣、磷、鐵等無機鹽類和脂肪，可增加湯汁濃度，提高營養價值和鮮香味。

POINT 526 熬煮奶白湯的原理

湯汁變成奶白色的原因：

①因為用來熬湯的食材蛋白質變性、分解和水化作用：湯的食材中含有肌球蛋白質、肌動蛋白質、膠原蛋白質等多種蛋白質，各種蛋白質由於熱力作用：水解成各種多肽類，分散到水中，形成乳濁狀膠體溶液，使湯變成乳白色。同時，膠原蛋白質水解形成明膠，明膠能吸水而成凝膠狀，使湯變濃稠，冷卻後甚至可形成凍。

②脂肪乳化的結果：從熬湯的食材中析出的脂肪不溶於水，但由於水的熱力作用（由水產生激烈衝擊），使脂肪變成微小白粒狀，和水混合均勻分布，進而形成乳白色的乳濁液。但這種乳濁液並不穩定（因顆粒大，表面張力較大），經過靜置或冷卻後，脂肪小顆粒相互碰撞，形成較大的油滴，最後又與水分開而浮在水面（因脂肪比重比水小）。在形成白湯的過程中，由於食材浸出物中含有磷脂、可溶性蛋白質，油脂被水解形成甘油一酯、甘油二酯等，可降低油脂表面張力，使油脂很穩定地懸浮於水中，形成穩定的乳濁液，使湯汁呈現乳白色。如沙鍋魚頭、鯽魚白湯等，都因魚頭中含有磷脂，具有乳化作用，所以成為美味的奶白湯。

因此，整個熬煮奶白湯的過程中，既有化學反應，也有物理變化。

POINT 527 適合熬煮奶白湯的食材

熬煮奶白湯必須選用鮮味足，無腥、無膻氣味的食材。一般多選用蹄膀、豬腳、豬骨，以及雞翅膀、雞爪、雞骨等，因為這些食材中含有豐富的蛋白質和呈鮮味物質及油脂、磷脂等。磷脂是很好的乳化劑，可促使油脂乳化，使湯變成穩定的乳白色。而蹄膀、豬腳等帶皮、帶筋的食材，都屬於富含膠原蛋白質的食物。膠原蛋白質經過加熱後，會發生水解而生成明膠，使湯汁乳化和增稠，成為奶白湯。

熬煮奶白湯時，不建議用魚、牛肉、羊肉等食材。因為牛、羊肉都有特殊的膻味；魚類保鮮差，時間一久，不僅鮮味降低，還會出現腥味和苦味。若要煮魚湯，必須選用活魚，而且現煮現吃，才能品嘗到鮮美滋味。

POINT 528 奶白湯要以大火燒沸，中火熬煮

熬煮奶白湯的火候，建議先以大火煮沸後，再繼續用中火加熱，使湯維持在沸騰狀態，讓水的振動頻率增加。由於熱力作用，有助於脂肪乳化，均勻地分散於湯汁中；同時增加湯汁中蛋白質顆粒的撞擊，使蛋白質結成團狀白色小顆粒，進而使湯汁變白。熬煮奶白湯的時間，大約需要2～3小時。

POINT 529 清湯要以大火燒沸，小火熬煮

好的清湯，必須湯汁澄清，不能有渾濁乳化現象。因此，沸騰後，應立即改用小火，使食材中的呈味物質繼續溶出。由於火力轉弱，蛋白質等呈鮮味物質從食材內部溢出的滲透力也跟著漸弱；同時，水的衝擊力減少，可避免脂肪乳化和蛋白質顆粒聚集，使湯汁保持清澈。

由於熬煮清湯用的是小火，所需的時間較長，約需3～4小時。煮湯的火力與時間並不是固定不變的，可視湯的要求、食材類別以及形狀大小調整。

POINT 530 適合熬煮清湯的食材

熬煮清湯的食材要求與奶白湯不同。因為清湯的特

色是湯汁清澈見底，味鮮醇厚，因此所選擇的食材不能含有過多的脂肪，否則容易發生乳化作用，使湯汁變渾。如使用豬肉時，只能選擇瘦肉。選擇含膠原蛋白質少的食材，也是防止湯汁發生乳化作用的重要方法。

一般建議選用老母雞作為熬煮清湯的食材。也可加入豬排骨、豬大骨、豬瘦肉，以增加湯汁的濃厚感。但在用量上仍要以雞為主。因為禽肉中能溶於水的含氮浸出物含量較多，可說是清湯鮮味的主要來源。這些含氮浸出物包括肌溶蛋白質、肌肽、核苷酸、麩胺酸等含氮呈味物質。同時，禽肉中的結締組織較少，因而膠原蛋白質也較少，可避免湯汁變得既渾又稠。

一般來說，幼小動物的肉，其含氮浸出物比成年動物少。因此就同一種禽肉而言，含氮浸出物含量隨著年齡而異，幼禽肉含量較少，老禽肉含量相對較多。所以用老禽肉熬湯，可使鮮味突出，口感濃郁醇厚。

POINT 531 熬煮高湯的祕訣

高湯又稱上湯、頂湯，特點是湯清見底，無雜質，味道鮮美，醇厚濃郁，是最鮮甜的湯。熬煮高湯的過程，稱為「吊湯」。吊湯是一項細緻而複雜的技術，與熬湯、煨湯有很大的區別。

熬湯與煨湯不需將湯過濾後提清。而高湯是以清湯為基礎，用雞茸、肉茸等，把湯汁內的不溶物全部提吊出來，使湯汁純淨，澄澈如水，鮮濃味美。

烹煮高湯，是以清湯為基底，將其過濾，除去不溶物；再將雞肉或豬肉剁成泥，加入蔥、薑、黃酒和適量清水稍泡，浸去血水，放入已過濾好的清湯中，以大火加熱，同時以湯勺不斷地順著同方向攪動；待沸騰後，即改用小火，保持在微沸狀態（90℃～95℃），令湯汁中的不溶物與雞茸泥或豬茸泥黏結在一起而浮在湯面上，使其中可溶性蛋白質、胺基酸、含氮浸出物能完全溶入湯汁中；然後除去浮物，使鮮湯澄清。

如果需要更清澈的高湯，可以用這個「吊」過的湯汁為基底，再依上述方法提煉一～二次。

但吊湯的次數不宜過多，否則湯的鮮味會減少，濃度變淡，營養價值也跟著降低。

POINT 532

吊湯時攪動湯汁的技巧

用湯勺攪動使湯汁緩慢地旋轉，可增加湯中懸浮物顆粒、沉澱物與正在慢慢凝固的肉茸中蛋白質之間碰撞的機會，加強蛋白質的吸附作用。

但如果攪動得太快，可能會將上述的聚合物（如懸浮物顆粒、沉澱物等）打散，混雜在湯汁中，使得湯面上有更多的懸浮物，湯汁變得更加渾濁。吊湯時，湯不能大沸大滾也是同樣的道理，因聚合物會在水的衝擊下被打散，使湯汁渾濁。

吊湯時應順著同一個方向不斷攪動，力道要平均，使肉茸與懸浮物比較有規則地向同方向轉動。這樣既可增加它們的接觸面，便於吸附得更徹底；同時又不會打散懸浮物，使湯汁保持清澈透明。

POINT 533

吊湯添加雞茸、豬茸的原理

把雞茸、豬茸或蛋白加到清湯中，主要目的是利用蛋白質的吸附作用，清除肉中微小的渣質，提高湯汁的澄澈度。

雞肉、豬瘦肉或蛋白均含有豐富的蛋白質。吊湯前，將雞肉、豬肉剁成茸，使蛋白質充分從筋絡中游離出來，增加其表面積；同時，部分蛋白質緊密的空間結構被破壞，肽鏈伸展開，極性基團被暴露出來。吊湯時，隨著溫度升高，蛋白質緊密的空間結構完全被破壞，肽鏈完全伸展開，表面積增大，由於化學吸附作用（蛋白質極性基團由於靜電吸引力、氫鍵結合力）和物理吸附作用（分子間引力），吸附了湯汁中懸浮狀的渾濁顆粒和沉澱物。同時，由於蛋白質肽鏈伸展開，使得其結構變得鬆散多孔，因而比重減小，在熱力的推動下，上浮至湯面上，又可吸附浮在湯面上的脂肪。只要撇去浮在湯面上的懸浮物，就是一道味鮮而又清澈見底的高湯。

另外，用雞茸、豬茸吊湯，不僅湯汁清澈見底，還可增加高湯的鮮味。因為雞肉、豬肉都含有豐富的呈味物質（氮的浸出物），因此會使湯的鮮味更加濃厚。

此外也可用蛋白或浸泡過豬肉、雞肉的血水來吊製鮮湯，其作用一樣，只是鮮味較不足。

POINT 534 吊湯時添加肉茸的時機

用來吊清湯的食材無論是雞肉還是豬肉，都必須剁成很細的茸狀，並且愈細愈好。這樣，肉茸才能更快速、更均勻地分散在湯汁中，表面積更大，吸附能力也就愈強，吊清湯的效果也就愈佳。此外，肉茸必須在湯已經放涼的情況下加入。因為蛋白質變性凝固的溫度為60℃～80℃，如果把肉茸放入80℃以上的熱湯中，肉茸未擴散到湯汁中就會變性凝固成團，降低表面積，就不能發揮良好的吸附作用，會直接影響吊清湯的效果。

因此，原湯需冷卻至常溫後，再放入肉茸，使肉茸均勻地分散到湯汁中，然後再慢慢地加熱，使肉茸中的蛋白質凝固速度減慢，能完全地吸附湯汁中的不溶物，這樣才能使湯汁清澈見底，滋味醇厚。

POINT 535 適合熬煮素高湯的食材

熬煮素高湯時，必須選用新鮮、無異味、富含蛋白質、脂肪且呈味物質豐富的植物性食材。黃豆芽、鮮筍、香菇等正符合這些要求。

黃豆芽的蛋白質含量雖較少，但天門冬氨酸鮮味成分含量豐富。黃豆芽有豆腥味，在熬湯前，可用油先煸炒透之後，再加入沸水，大火煮沸，即是一道汁濃味美的素高湯。鮮筍的蛋白質含量也不多，但天門冬氨酸含量也很豐富，同時還富含鮮味物質核苷酸，用來煮湯，味鮮湯濃、香菇中除含有多種呈味胺基酸外，還有不同的核甘酸類呈鮮味物質，如5'－鳥苷酸；同時還含有多種香氣成分，使香菇具有濃厚的鮮美滋味。

因此，用黃豆芽、鮮筍、香菇熬製素高湯最適宜。

POINT 536 熬煮鴨奶湯不能加醋

將鴨肉或鴨架與水長時間共煮，在水的熱力和滲透壓作用下，呈味物質、可溶性蛋白質、脂肪等就會轉移到湯汁中。同時在長時間加熱下，部分蛋白質被水解成各種多肽類，分散到水中，形成乳濁狀膠體溶液，使湯汁變成乳白色。且膠原蛋白質水解形成明膠，明膠會吸水而成凝膠狀，使湯汁變稠，具有穩定鴨奶湯的作用。

另一方面，由於水沸騰後產生劇烈的衝擊，脂肪很快就被振盪而形成許多小油滴，分散在湯汁中，形成色澤潔白的乳濁液，因而稱為「鴨奶湯」。

明膠對酸非常敏感，遇酸後，會進一步被水解成更小分子量的多肽類物質，失去凝膠作用。同時，酸能中和部分蛋白質表面的電荷，使部分蛋白質表面電荷等於零。蛋白質顆粒不帶任何電荷，因而相互碰撞，凝聚而結塊，破壞原來的膠體，使得鴨奶湯容易變稀。

POINT 537 汆雞片湯的要點

「汆雞片湯」是一道以水為傳熱媒介的菜肴，特色是肉質潔白、鮮香軟嫩。汆燙時應掌握以下要點：

①選料：應選用肌肉組織較多、結締組織較少、肌肉纖維較細的雞胸肉為主要食材。

②採用低溫短時間加熱：雞胸肉逆紋切成薄片，雞湯煮沸改用小火，放入雞片，變色後即迅速撈出。這樣，雞肉蛋白質變性的程度才會適中，否則會造成蛋白質肌纖維聚攏、脫水，使雞片的口感變柴。雞片在沸水中加熱的時間，建議控制在1分鐘內。依個人口味，在湯中加入適量的鹽、胡椒粉、火腿片、豆苗等調味料和配料。

POINT 538 燉雞湯的要點

①燉雞湯前，要將雞油清除乾淨，以免過於油膩。

②將雞切塊放入清水中，水要淹過雞肉。大火煮沸後，撈出雞肉並洗乾淨。

③將洗淨的雞肉放入鍋中，加入薑片、蔥段、料酒及清洗好的枸杞、黨參、當歸（1片即可）、紅棗（4～5粒）、桂圓肉（3粒）、適量的鹽，加水沒過雞塊至少5公分，大火燉10分鐘，小火燉1小時（如果是老母雞，時間要延長一倍），調味即可。

④燉雞湯時，水量要一次加足，不可中途添水。

⑤調味時，可選用胡椒粉、蔥末、香菜末、香油等。

POINT 539 煮魚湯的技巧

要熬出鮮美可口的魚湯，選魚是一大關鍵。首先必須選擇魚肉嫩、鮮味足、營養價值高的活魚，如鯽魚、鱸魚、石斑魚等。煲湯時，最好先將魚煎一下，再放入冷水鍋中小火慢熬，使魚肉中的營養成分和鮮味物質逐漸溶解到湯汁中。魚湯會呈現奶白色，且魚肉不易散碎。因為魚經過油煎後，在熬煮時會析出油脂，由於水的熱力作用，使油脂被打成微小的白色脂肪顆粒，並與水混合均勻地分散，形成奶白色的乳濁液。魚中含有磷脂和可溶性蛋白質，具有乳化作用，可形成較穩定的奶白湯。

POINT 540 榨菜肉絲湯鮮嫩爽口的技巧

榨菜肉絲湯的特色是，肉絲必須鮮嫩爽口。如果將肉絲直接放在沸水中汆熟，就很難做出鮮嫩爽口的肉絲湯。因為肉絲中的蛋白質在100℃的沸水中，只要1分鐘即可達到鮮嫩的口感；若汆燙的時間太長，蛋白質會因過度變性而失去水分，以致肉絲口感粗硬，品質不佳。

要做好榨菜肉絲湯需掌握下列技巧：

①用上漿過油的方式使肉絲成熟。因為肉絲上漿後，表面有了保護層，再間接受熱，可防止肉絲中的呈味物質和水分外溢。以90℃～115℃油溫將肉絲過油，可使肉絲中的蛋白質均勻受熱，蛋白質變性程度適中，避免蛋白質嚴重失水，可讓肉絲吃起來軟嫩爽口。

②將榨菜絲用沸水汆燙後，與過油的肉絲一起放在碗內，將調好味道的鮮湯注入碗中，即是一道鮮嫩爽口的榨菜肉絲湯。

POINT 541 不加奶油的奶油味蛋湯

將2顆雞蛋打散、調勻；熱油鍋（建議用豬油），下蛋液，蛋液快凝結時，不炒散而炒成圓餅形；不加任何調味料，加入適量的白開水，然後用大火煮至湯色乳白、蛋香味出現時，倒入裝有調味料的湯碗內（蔥花、鹽、白糖、少許薑末，再淋上一點香油）。這道湯的特色是味鮮適口，香味濃郁，可媲美加了奶油的雞蛋湯。

POINT 542 烹煮鮮嫩蛋湯的技巧

要做出口感鮮嫩的蛋湯，可用下列方法：

①用高湯將雞蛋沖熟，將配料（如黃瓜、絲瓜、木耳）倒入沸騰的高湯中，汆一下後撈出。作法：將雞蛋打入湯碗內攪散。高湯用調味料（鹽、黃酒等）調好味道，待沸騰後，迅速將湯汁沖入盛裝蛋液的湯碗內，雞蛋即可沖熟，但熟而不老，形成一團金菊狀，然後將配料均勻地撒在湯內，即成為美味鮮嫩的蛋湯。

②用高湯勾芡。將高湯加入配料，用調味料調好味道，待湯汁沸騰，用太白粉水勾芡，接著將雞蛋打入碗中攪散，淋入湯汁中。粉汁與湯汁形成膠體溶液，不僅可讓湯汁變得滑潤可口，且由於湯汁的濃度驟然增大，雞蛋也因浮力增大而浮上湯面，使湯色美觀，鮮嫩可口。

POINT 543 煮豆腐湯不破碎的技巧

豆腐水分較多，軟嫩易碎，煮湯時若處理不當，極易破碎而難以成形。為避免豆腐破碎，在煮湯或烹煮菜肴時，必須將豆腐用鹽水（豆腐和鹽的比例是10：1）浸泡半小時（或用鹽水快速燙一下）。豆腐從鹽水中取出後，靜置5分鐘，使豆腐中的水分充分瀝出，再用紙巾擦乾並吸出多餘水分，最後再切成塊或絲。豆腐經此處理後，既可保持原狀不易破碎，亦可除去異味。煮湯時，先將其他食材充分煮熟後，再加入豆腐，並用小火慢慢烹煮，使豆腐入味。

食鹽溶液具有較高的滲透壓，鹽進入豆腐中，使大豆凝膠脫水而收縮變硬，烹調時就不易破碎。

POINT 544 奶油濃湯的烹調方法和注意事項

奶油濃湯是以油炒麵粉加牛奶、高湯及一些調味料調製而成。做好的奶油濃湯加入多種食材後，即可變化成不同風味的湯品。

作法：熱的油炒麵粉約400公克，沖入滾沸的牛奶約500毫升，慢慢攪拌均勻，再用力攪打至牛奶與油炒麵粉完全融為一體，表面潔白光亮、手感有勁時，再逐漸加入約1500毫升的高湯，用力攪拌均勻，然後加入鹽、鮮奶油，煮沸即可。烹煮時需注意以下要領：

①將牛奶沖入油炒麵粉攪拌時，溫度愈高，所形成的乳化狀態愈穩定（較不易變稀）。因此，油炒麵粉的

溫度需維持在90℃以上，才可沖入沸騰的牛奶；否則因溫差大，不易形成穩定的乳化狀態。

②攪拌的速度愈快速、愈有力，水與油分散得就愈充分，不易脫油，同時還有光澤。

③如湯中出現麵粉顆粒或雜質，可用細篩網過濾。

奶油濃湯可單獨飲用，也可以加入烤麵包丁一起食用。如加上其他食材，就可烹煮成各種奶油濃湯，如奶油花椰菜湯、奶油番茄湯、奶油蘑菇湯等。

POINT 545 烹煮牛茶的方法和要點

牛茶是牛肉湯的一種，特色是呈紅茶色，湯汁澄清，無油，牛肉味濃鮮香，營養豐富。作法：將牛肉切成較大的塊，放入洋蔥、胡蘿蔔片和芹菜梗、蛋白1顆，所有食材混合攪拌均勻，對入冷水（牛肉與水的比例為1：3），用中火煮沸後即轉小火，使湯微沸至牛肉酥熟，取出後用細篩網將湯汁濾清，撇去浮油，加入調味料即可。

烹煮牛茶的要求比牛肉湯高，只要湯汁渾濁，即告失敗。因此在烹煮時要掌握下列要點：

①要使湯汁清澈，必須吊湯。利用蛋白和牛肉血水中的蛋白質，在受熱變性凝固的過程中，吸附湯汁中的雜質，使湯汁清澈見底。

②牛肉、蔬菜、蛋白拌勻後，加水時不要用水直沖，以免將蛋白沖散，影響吸附作用。

③不要用大火將水煮沸。應該要用中火，使蛋白和血水中的蛋白質逐漸變性凝固，因而吸附更多的雜質。湯煮滾了之後，應立即轉文火，使湯汁保持微沸狀態。此外，不能蓋鍋蓋，否則牛肉湯會變得渾濁。如果湯汁渾濁，可滴幾滴醋精，即可變得澄清。

POINT 546 法式洋蔥濃湯的烹調方法

洋蔥湯是具有代表性的法式湯品，烹調方法如下：

把洋蔥切成細絲，加入奶油，以微火炒至褐色。炒的時候火候要小，重點是要炒乾、炒透、炒出香味。把油炒麵粉用沸騰的牛肉湯慢慢沖開，並不斷地攪拌到沒有顆粒後，鋪上起司進烤箱中烘烤。

POINT 547 烹煮羅宋湯的方法和要點

羅宋湯又稱紅菜湯，是傳統的俄式湯菜。作法為：

①甜菜、胡蘿蔔、蔥頭切成絲，放入鹽、糖、醋精及月桂葉、胡椒粉、乾辣椒拌勻，醃30分鐘，使甜菜的顏色加深；鍋中放入牛油，開火加熱，拌炒約10分鐘，放入番茄醬；再加入少量牛肉高湯拌勻，燜約30分鐘，至蔬菜軟爛，番茄醬的紅色滲入油中，表層出現紅油時即可。這就是羅宋湯的基本湯底。

②高麗菜切絲，馬鈴薯切條狀，用沸水汆燙除去異味，瀝乾水分後，加入羅宋湯的基本湯底，倒入牛肉高湯，加熱至沸騰，即改成小火，保持微沸狀態，調入鹽、糖、醋精，再撒些番茄塊、芹菜末、大蒜末即可。

根據個人口味，起鍋時可在盤中放一些配料，如火腿、小腸等，盛好湯，淋上奶油，撒些小茴香末即可。

POINT 548 茄汁通心粉的烹調方法

通心粉是極具代表性的義大利式湯菜，作法為：

①奶油放在湯鍋內加熱融化，放入蔥頭絲、胡蘿蔔條、月桂葉，稍微炒一下，隨之加入番茄醬及少量的高湯，將番茄醬燜透，使其色素溶於油中。

②通心粉用微火煮30分鐘，煮熟後用冷水沖涼，瀝乾水分，放入上述的菜湯內，再加入牛肉湯，煮沸後調入鹽、胡椒粉即可。

8

調味料的神奇作用

POINT 549 調味的作用和方法

調味是指在食材加熱過程中或加熱前後，用調味料和調味方法，去除菜肴的異味，使口感更美味。調味的過程複雜有趣，有化學變化，也有物理變化。其作用是：

①去除食材（如魚、蝦、動物內臟、牛肉、羊肉等）的腥、羶味：添加適量的調味料，讓味道擴散到食材內部，在烹調過程中經過化學變化，去除食材的腥、羶味，使食材的原味能夠更加凸顯。

②提升食材滋味：有些食材本身沒什麼味道，或者味道很清淡，或者並不完全符合人們的口味。為了提升食材的滋味，就必須加入可提鮮、增香的調味料。如珍貴食材海參、燕窩等，本身味道很淡，必須加入高湯、黃酒等調味料，使食材吸附大量的鮮味物質，增進滋味。又豆腐、粉皮、涼粉、蘿蔔等味道清淡的食材，如在烹煮時加入一些蔥、薑、蒜、糖、醋、高湯或醬油等調味料，就可使食物別有一番滋味。

③可殺菌消毒，並具有保健作用：因為適量的調味可刺激食慾，增加和保護菜肴的營養成分。

因食材及烹調方法各異，調味時有三種方式：

①加熱前調味（又稱「基本調味」）：此作法可使調味料滲透到食材內部，讓食材在烹煮前就有基本的味道，同時還能先去除某些食材的腥、羶味。

②加熱中調味：食材下鍋以後，在適宜的時機，依照菜肴的要求和食用者的口味，加入各種調味料，以確定菜肴起鍋後的味道。在加熱過程中調味時，因溫度高，調味料的擴散速度快，可以很容易滲透到食材內部，參與食材正在發生的物理與化學變化，形成菜肴特有的滋味，可說是決定菜肴滋味的關鍵。

③加熱後調味：此作法的目的是增加或調整菜肴的味道。如使用炸和蒸兩種烹調方式的菜肴，雖可在加熱前先調味，但卻絕不可在加熱中調味。為了彌補加熱前調味不足，因此常在加熱後加些輔助的調味料，如佐以花椒鹽、辣醬油、甜麵醬、蔥白等，以提升菜肴滋味。

POINT 550 碼味的作用和原理

「碼味」即經刀工處理後的食材，在烹調前先用鹽、醬油、料酒等調味料拌勻，並醃漬一段時間，使食材入味後再烹煮。目的是使食材先有一些基本的味道，並藉此去除腥、羶等氣味，通常用於動物性食材。

碼味的原理是，多數動物性食材均含有豐富的蛋白質，其分子量比較大，細胞組織內汁液的莫耳濃度（即每1公升溶液中所含的溶質莫耳數比例）很小，因而滲透壓較低。調味時，加入各種調味料，如鹽、糖、料酒等，會形成一定濃度的溶液，這些調味料的分子量比較小，溶液莫耳濃度大，滲透壓高。因此，食材內部水分和低分子量物質通過細胞膜向外滲透，細胞內蛋白質分子比較大，不能透過細胞膜，而外部調味料因分子小，可以透過細胞膜而向食材內部擴散，因而醃漬時間愈長，調味料向食材擴散的量也就愈多，在食材內部可分布得更加均勻，使味道能充分地滲透到食材中。

POINT 551 碼味的適當時機

加熱前的調味，即是「碼味」，因此要掌握好醃漬的時間。若時間過長，會造成食材中可溶性營養成分流失，影響菜肴的風味；若時間過短，則難以達到醃漬入味的目的。醃漬時間的長短，與多種因素有關。例如：食材質地軟嫩，含水量較大（如蔬菜），調味料向食材擴散的速度就快，較容易入味，醃漬5～10分鐘即可烹調；若食材體積較大，如全雞、全鴨、全魚等，就需要較長的醃漬時間，但也不宜超過4小時。如鹽水鴨，如果醃漬時間過長，蛋白質會因受過多鹽的作用而變性失水，使肉質變得發柴老硬，且調味濃而重，失去食材本身的鮮美滋味。另外，由於調味料擴散的速度與食材表面積呈正比，所以醃漬時要攪拌均勻，儘量增加食材與調味料的接觸面積，使所有的食材都能夠均勻入味。

POINT 552 上漿、掛糊的食材要先碼味

經過刀工處理好的食材，在上漿、掛糊前都要先碼味。因為在下鍋時，食材已經被一層糊衣包裹住，使得調味料的味道很難滲透到食材裡，成菜後吃起來就會淡而無味。所以在食材上漿、掛糊前先碼味，能使菜肴內外都具有滋味，並可去除腥膩感。醃漬時，鹽不宜放得

過多，否則會使肉中的蛋白質變性、變硬，烹煮後菜肴口感發柴，失去軟嫩的風味。

POINT 553 鹽是百味之王

在一般的情況下，鹽本身的味道並無誘人之處；但是在烹調時，鹽卻是使用最廣泛的調味料，有「百味之王」的美稱。

鹽易溶於水，形成很高的滲透壓。鹽水溶液可通過食材組織的細胞膜，滲透到細胞內部，參與細胞內有機物質的變化。由於鹽也是一種強電解質，在一定濃度下，能夠增加細胞內蛋白質的持水力，促使部分蛋白質發生變性，使食材組織變得比較滑嫩、柔軟，具有調味和提升口感的作用。

大多數食材都有不同程度的異味，如腥、膻、臊、苦、澀等。這些食材應在烹調前用鹽醃漬10～15分鐘，目的是利用鹽具有較高的滲透壓特性，一方面使鹽擴散到食材細胞內部，由於味的消殺作用，能減除食材的各種異味；另一方面，食材細胞內汁液的濃度低於外部鹽溶液的濃度，細胞內的汁液可通過細胞膜向外部滲透，具有消除異味的作用，同時也能去除食材一部分的水分，便於烹調入味，定味又增香。

鹽也是提升鮮味的增強劑。每種食材都有獨特的風味，但是鮮味物質基本上都相同，如肉類、魚類、貝類、禽類、食用菌類及一些植物性食材等的呈鮮味物質，主要有麩胺酸、核苷酸、琥珀酸等。這些鮮味劑的強弱與鹽有密切關係。鹽對呈鮮味的胺基酸、核苷酸等具有增鮮作用。在湯品中，若不加入適量的鹽，鮮味就不突出、不醇厚。因此，鹽具有提鮮和凸顯風味的作用。

鹽的鹹味是構成複合味道的基礎，在多種複合性調味中具有關鍵性的作用。例如，在酸甜味中加入適量的鹽，吃起來就會酸甜適口，甜而不膩，融合可口；在酸味中加入適量的鹽，則酸不會過於強烈；在辣味中加入適量的鹽，則辣不會過於辛辣；在苦味中加入適量的鹽，則苦不會難以入口；在甜味中加入適量的鹽，能增加甜度，達到甜而不膩的口感。這些都是味的互相消殺、對比作用在烹調中的應用。

由上可知，鹽是調味的基本味道，也是人體不可缺少的無機鹽。鹽在調味中所扮演的角色是定味、增香、解膩、提鮮，使味道滲透入食材中，釋放異味，凸顯特殊風味，刺激食慾。

POINT 554 健康食用碘鹽

碘鹽，是在食鹽中加入一定量的碘化物。由於碘元素本身的化學特性非常活躍，因此易受外界因素的影響而流失。在貯存及食用碘鹽時，要注意以下幾項重點：

①碘鹽要密封保存：碘鹽應放在乾淨的器皿中並加蓋密封，置放於陰涼乾燥處，避免陽光照射或受潮；要遠離爐火，避免受高溫的影響而變質；一次不要買太多，以免保存不當而影響品質。

②避免高溫爆炒：因為高溫會加速碘的昇華。不要一開始就將碘鹽放入鍋裡與食物一起炒，更不要放在油鍋裡煎炸，正確時機應在食物快煮熟時才放碘鹽。

③提倡使用植物油：用植物油炒菜，碘的利用率為25%；若使用動物油，碘的利用率僅為2%。

④避免加太多醋：因為酸性物質會加速碘的流失，使碘的利用率下降。

POINT 555 烹煮菜肴時分兩次放鹽更健康

在為菜肴調味時，建議分兩次放鹽。作法：油和主食材下鍋後，先放進所用鹽量的三分之一；菜肴快煮熟時，再將剩餘的三分之二放入，調味的效果較佳。

因為鹽的滲透壓高，如果一開始就放入所用的鹽，會使肉類中的蛋白質太早變硬，不易熟透，口感變得僵韌；若是蔬菜，則會過早出湯，失去脆嫩度，並流失一部分的營養成分。若在烹調過程中，如上述分兩次放鹽，就可以避免這種現象發生。

POINT 556 口味偏甜的菜肴宜先加糖後放鹽

一道菜的味道好壞，與添加調味料的順序有著密不可分的關係。每一種調味料的特性不同，加熱後所發生的物理和化學變化也不一樣。如果放調味料的順序顛倒，就很難達到預想的效果。如烹調口味偏甜的菜肴時，應先加糖，而後加鹽。因為調味料擴散到食材細胞內部的速度，與調味料分子量大小有密切的關係，分子量愈小，擴散速度便愈快，也就愈能進入到食材細胞內部。鹽的分子量比糖等調味料都小，因而更容易擴散到食材細胞內部。如果先加鹽，將會影響到糖擴散到食材細胞內的速度，進而影響想要呈現的偏甜口感。

POINT 557 「低鹽飲食」美味可口的祕訣

基於某些因素，有些人可能會改為食用「低鹽飲食」（或限鈉飲食），也就是限制加入菜肴中的鹽量，藉此控制每日飲食中鈉的攝取量，使身體更健康。對於習慣了鹹味的人來說，一開始改吃低鹽飲食會感覺食物淡而無味，影響食慾。建議可採用以下方法：

①調味要有重點：如果將一天所規定的食鹽量，平均分配在每道菜中，可能會使每道菜吃起來都平淡無味；相反的，若能重點式地使某道菜的鹹味突出，對食用的人來說，就比較會對鹹味的口感感到滿足。

②可用醬油、豆瓣醬調味：5公克醬油、20公克豆瓣醬的鹽分，才相當於1公克鹽，而且烹煮出來的菜肴，比用鹽更加美味。

③可用白糖、醋、番茄醬和芝麻醬等調味：酸味和甜味可彌補鹹味的不足，因此可在涼拌菜或熟菜中直接淋點醋，也可做成口味偏甜、偏酸的炒菜或醋溜菜。番茄醬、芝麻醬等也具有改善味道、減少食鹽用量的作用。

④善加運用有香味的食材或調味料：香菇、蘑菇、木耳、金針、蔥、薑、蒜、香菜、花椒等食材或調味料，本身就具有特殊香味，用這些食材烹調的菜肴，即使少鹽或無鹽也十分美味。另外，使用檸檬、鳳梨、番茄、芹菜等具有天然酸味、香味的蔬菜、水果入菜，也是很好的選擇。核桃、栗子、芝麻、荸薺、糯米玉米等，也是烹煮低鹽飲食時可採用的上等食材。

⑤選用可刺激食慾的辛香料：使用少量的辣椒、芥末、咖哩粉、胡椒粉等辛香料，可增加食慾。

POINT 558 烹飪時放鹽的時機

烹飪時，由於烹煮的菜肴不同，放鹽的時間也要有差異，才能呈現菜肴的美味：

①烹煮前放鹽的菜肴：烹調香酥雞、鴨時，需先將洗乾淨的雞、鴨用鹽巴塗抹均勻；蒸大塊的肉時，由於蒸的過程中不能再放調味料，因此在蒸之前要放足量的鹽；烹煮魚丸、肉丸等要先放鹽，但注意鹽不要過多；有些爆、炒、溜、炸的菜肴，掛糊、上漿前需先在食材中加鹽拌勻，使麵糊與食材黏緊，以免脫糊。

②剛烹製即放鹽的菜肴：做紅燒肉、紅燒魚時，肉煸過、魚煎好後，即放鹽及調味料，大火燒開，小火煨燉入味。

③將起鍋時放鹽：烹調爆肉、回鍋肉、炒芹菜等，在大火、熱鍋、高油溫時將菜下鍋，煸炒透時放鹽，起鍋後菜肴嫩而不老。

④烹至熟爛後放鹽的菜肴：雞湯、鴨湯、大骨湯、雞爪湯、肉湯等葷湯，在食材煮至熟爛後放鹽，可使肉中的營養素充分溶在湯中，使湯的味道更鮮美。

⑤食用前才放鹽的菜肴：如涼拌黃瓜、涼拌萵苣等，要吃之前再放鹽。若放鹽後稍微醃一下，瀝去水分，再加入其他調味料，口感更加脆爽可口。

POINT 559 鹽對豆製品的功用

豆腐、豆乾等豆製品，往往有一股豆腥味。在烹調前，用加了鹽的冷開水浸泡（鹽和豆製品的比例是1：10），不僅能除去異味，且可保存數日不壞，烹煮時也較不易破碎。

食鹽溶液具有較高的滲透壓，一方面，鹽進入豆製品中，使大豆凝膠體脫水收縮變硬，烹煮時較不易破碎；另一方面，細胞內的汁液（含有異味成分）通過細胞膜向外部滲透，達到去除異味的作用；再者，鹽具有防腐作用，可以防止微生物汙染，食物較不容易腐壞。

POINT 560 要得甜，加點鹽

①涼拌番茄宜放鹽：用糖涼拌番茄時，放少許鹽，會使番茄吃起來更甜美，因為鹽能改變番茄的糖酸比。

②製作甜餡料時，略加點鹽，可增加餡料的甜度。

③水果煮熟後會變酸，除了加糖外，也可以在果汁中添加少許鹽，藉此減少酸味，增加甜味。

POINT 561 鳳梨果肉用鹽水浸泡再食用

鳳梨去皮後，切成片或塊，用濃度20％的鹽水浸泡片刻再食用，或者食用時蘸點鹽水。因為鳳梨果肉中含有鳳梨酶，對口腔黏膜、嘴唇有刺激作用，令人產生麻木刺痛的感覺。20％食鹽水溶液能抑制鳳梨酶的活性，經過食鹽水溶液浸泡後的鳳梨，吃了不僅口唇、舌頭不會有不適感，還會提升甜度。

POINT 562 鹽可增加麵團的強度和韌性

麵團的強度和韌性，主要取決於麵團中麵筋的生成率。麵團中的麵筋含量愈多，強度、韌性、彈性、延展性也就愈好。添加濃度0.1％的食鹽水溶液於麵團中，可以加速麵筋的生成，加強麵團的彈性和韌性。

但鹽不能加太多，因為鹽對蛋白質具有雙重作用：低濃度食鹽水溶液可增加麵筋蛋白質的持水性，促使麵筋生成；高濃度食鹽水溶液會促進麵筋蛋白質變性凝固，影響麵筋生成。

POINT 563 鹽具有防腐作用

無論是醃漬蔬菜還是肉、魚，鹽都是醃漬劑中最重要的成分，除了具有調味的作用外，更重要的是具有防腐功能。其原理：

①鹽的主要成分是氯化鈉，在溶液中解離成鈉離子和氯離子，其質點數比同濃度的非電解質溶液高，所以，食鹽溶液具有很高的滲透壓，對微生物細胞會產生強烈的脫水作用，導致微生物細胞發生質壁分離，使微生物的生理代謝活動呈抑制狀態，讓微生物停止生長或死亡，因此，食鹽水具有很強的防腐作用。但食鹽水溶液的濃度必須達20％，才具有上述防腐能力。

②食鹽溶於水後，解離成的氯離子和鈉離子與極性的水分子由於靜電引力作用，使得每個鈉離子和氯離子周圍都聚集了一群水分子，形成水化離子。而微生物並不能利用水化離子，因此，食鹽濃度愈高，鈉離子和氯離子數目愈多，吸引的水分子也就愈多，導致微生物可利用的水量（自由水）愈少。據實驗測定，食鹽濃度達26.5％（飽和食鹽水）時，無論是細菌、酵母還是黴菌，

都不能生長，因為沒有自由水可供微生物利用。所以，降低環境中微生物可利用水的含量（自由水），是鹽能夠防腐的另一個原因。

③氧氣在水中具有一定的溶解度，但在食鹽水溶液中，氧的溶解度大大下降，造成缺氧的環境，使得一些需要氧氣才能生長的好氣性微生物受到抑制，而達到防腐的目的。

在烹飪時，常會利用鹽的防腐功能來醃漬肉、禽、魚及蔬菜等，以便於保存。此外，如番茄醬開罐後沒有馬上用完，不久就會變質發黴，此時只要撒上一些鹽，再倒上一點油，即可保存較長時間。

POINT 564 醬油在烹調中的作用

醬油是廚房必備的調味料之一，種類繁多，依功能可分為深色醬油、紅醬油、淡色醬油、風味醬油（如辣醬油、昆布醬油等）；按形態可分為液體醬油、固態醬油、粉末式醬油等。

菜肴中加入醬油能入味增鹹，去除腥、膻等異味，還具上色、定色、提色的作用，使成菜紅潤明亮，色澤誘人，增進食慾。因此，醬油是一種五味調和、營養豐富的調味料，在烹調中可發揮以下作用：

①增色作用：深色醬油在烹調中主要用於增加色彩，如紅燒菜，或醬、滷等菜肴的著色作用。深色醬油色素的來源，除了添加焦糖色素外，主要是黃豆在釀造過程中所產生的胺基酸和糖類發生梅納反應所產生的黑色素，使成品顯出紅亮的色澤。

②定味作用：醬油是鹹的，具定鹹味、增鮮味的作用。醬油的鮮味是在釀造過程中由於酶的作用，將原料中的蛋白質逐漸分解成胺基酸和核酸類的鈉鹽，這些成分之中，尤其是麩胺酸鈉鹽和肌苷酸具有較濃的鮮味。

③提香作用：釀造醬油時所產生的胺基酸和糖類，除了產生黑色素外，還會分解生成許多具有香味的物質。在烹調過程中，醬油中含有的糖類與不同食材中的蛋白質胺基酸發生分解作用，生成各種揮發性香味物質，氣味成分與胺基酸種類有關。由此可知，不同食材添加醬油後，可得到不同的風味。

④去腥解膩作用：因為醬油中含有少量的有機酸，

如醋酸、琥珀酸、醇等成分，在烹調加熱過程中，會與食材中所含的腥味物質發生作用。

POINT 565 使用醬油的技巧

在烹調過程中，醬油是不可缺少的調味料；但若使用不當，則會適得其反。使用醬油時，要掌握下列幾個要點：

①烹調色澤較重的菜肴時，可選擇深色醬油與食材一起烹煮，可使菜肴較易上色。尤其是深色醬油加熱時間愈長，上色的效果愈好。但是應防止顏色過重、變黑。

②用醬油烹調時，菜肴有時會略帶一股酸味，這是因為醬油中含有微量的有機酸。若不習慣此味道，可以添加少量的糖來調味。

③添加醬油後易黏鍋，因此在烹調時，要把醬油淋在食材上面，而不要撒在鍋邊，以防沾鍋，使菜肴失去原味或變得苦澀。

④醬油中的糖類遇高溫會焦化，生成苦味物質。因此在爆炒菜肴時，加醬油的時機最好在起鍋之前，這樣既具有調味作用，又能保留菜肴的風味。

⑤烹調注重食材本色本味的菜肴時，要少放或不放淡色醬油，如綠色蔬菜、海鮮菜肴等，否則會破壞菜肴的鮮味。如果是肉、菜混合烹調的菜肴，可先分開烹煮：先炒的肉中加淡色醬油，炒蔬菜時則不放醬油，這樣炒出的菜肴，色、香、味、形就不會受到影響。

POINT 566 不同醬油的特點和用途

生抽、老抽、味極鮮均為醬油，這三種醬油並無優劣之分，只需在烹調時根據烹調方法和菜肴特色選用，即能發揮各自的特點。

經釀造的生抽醬油顏色較淡，呈紅褐色，味道較鹹，多用於佐餐涼拌或烹調炒菜時的調味。

老抽是在生抽裡加入了焦糖色素等加工而成，味道比生抽更濃郁，顏色呈棕褐色，有光澤，口味較甘甜，多用於上色。

味極鮮是一種精製的鮮味醬油，富含胺基酸肽，多用於涼拌菜。

POINT 567 醋在烹調中的作用

醋是以澱粉為原料，經過糖化、酒精發酵後，再進行醋酸發酵而成。一般的食用醋中除含有3%∼5%的醋酸外，還含有其他的有機酸、胺基酸、糖、醇類、酯類等。醋是烹調時常用的調味料，不僅味酸，並且含有鮮味、甜味和濃郁的香氣，應用極為廣泛。烹煮菜肴時加入適量的醋，作用：

①醋具有極佳的去腥解膩作用，並能提升菜肴的鮮味和香氣，壓鹹提鮮。因此，烹調禽、畜的內臟和各種水產品時，酸味調味料占有很重要的地位。

②酸味調味料可促進植物纖維分解，和動物筋膜、骨刺中膠原蛋白質水解成明膠。在烹調菜肴時，適量地加一些醋，可加速食物煮得熟爛，並能減少維生素B_1和維生素C流失（因為在酸性環境中，維生素B_1和維生素C不易被氧化分解），同時還可使食物中的鈣、磷、鐵處於可溶性狀態，有利於人體吸收。

③烹調細嫩的蔬菜時，加點醋，可以防止果膠物質分解而失去脆度，使菜肴口感脆嫩爽口。

④將酸味和甜味調味料依照一定比例調配，可形成適當的糖酸比，增添水果、飲料、糕點等特有的風味。酸味調味料建議使用檸檬酸較合適。

⑤酸味調味料具有殺菌防腐的作用，因為食物中的細菌或有害微生物無法在酸性環境中生長繁殖。如在涼拌菜中加醋，不僅能增加菜肴的風味，還可防腐殺菌。

酸味調味料遇到高溫易揮發而使酸味減弱，因此，烹調時，應在起鍋時才下醋；或者下兩次醋，即烹調中一次，快起鍋時再一次，但切記不可過量。

POINT 568 加醋時機對菜肴風味的影響

調味時，加醋時機對菜肴的風味和口感影響很大。醋在成菜後或成菜前添加，在料理過程中所起的作用是不同的。這是因為醋不耐高溫、易揮發。

在烹調時先加醋，具有增香、除去異味的作用，並能保持菜肴脆嫩清爽的口感，更重要的是能保護維生素不受到破壞。因為有些維生素，如維生素B_1和維生素C，在酸性環境中不易被氧化分解。

以醋為主味的菜肴，為了凸顯醋的風味，應最後再放，如酸辣湯等。否則加了醋之後再加熱，會使某些蛋白質凝固成絮狀，易使湯汁變得渾濁，出現浮沫；同時，醋的鮮香氣味也會因加熱而揮發，使菜肴的味道變得酸澀，影響品質和口感。因此，在菜肴起鍋前才加醋，較能凸顯菜肴的酸鮮風味。

POINT 569 醋可使蔬菜保持脆嫩

烹調蔬菜時，加入少許醋，較能保持蔬菜的脆嫩口感。因為蔬菜組織中含有較多的果膠物質，是蔬菜細胞壁的成分之一，存在於細胞壁間的中膠層，具有將細胞黏結在一起的作用，使蔬菜組織硬實挺拔，口感脆硬。蔬菜在加熱過程中，原果膠被水解成可溶性的果膠或果膠酸，因而使蔬菜軟化，失去脆度。但酸（醋酸、檸檬酸等）可抑制原果膠轉化成果膠或果膠酸，因此，加醋能保持蔬菜的脆嫩。

醋必須在一開始烹煮時就加入，否則蔬菜加熱後，果膠物質已轉化成果膠或果膠酸，太晚加醋就不具有上述作用了。如炒口感脆嫩的高麗菜、馬鈴薯、胡蘿蔔等，可在一開始烹調時就加醋；或在烹調前，先將食材浸泡在加了醋的冷水中，可使菜肴吃起來脆嫩爽口。

POINT 570 醋可去除魚腥味並提香

一般魚類中，即使是新鮮的魚也會有腥味，尤其是淡水魚的腥味更加明顯，因而影響了魚肉的味道。新鮮魚體內呈腥味成分主要是由六氫吡啶化合物引起；當魚的鮮度下降後，魚體呈腥味成分主要是三甲胺、氨等，這些腥味物質具有一定的揮發性，同時都是鹼性物質。

魚類經過油炸或油煎，會使一部分腥味物質揮發。在烹調時，透過醋的醋酸與腥臭氣味的鹼性物質發生中和作用生成鹽，使腥臭氣味消失，凸顯魚肉的香氣。同時，醋中除了醋酸外，還含有少量醇類，在烹調時加醋，由於溫度的影響，會使醋中的醋酸與醇類發生酯化反應，生成具有揮發性的酯類等香味物質，使魚類菜肴溢出馥郁氣味，為美味加分。因此，在烹調水產品類的菜肴時加入適量的醋，具有除腥、提香的作用。

POINT 571 醋可加速牛肉熟爛

牛肉的咀嚼強度，主要取決於牛肉中結締組織的含量。牛肉中結締組織的含量比豬肉、羊肉多。結締組織主要是由膠原蛋白質組成，使肌肉組織特別堅韌，因此，燉煮牛肉通常需較長時間。

但牛肉中的膠原蛋白質在酸性環境中加熱，可以加速分解成可溶性、柔軟的明膠，因此在燒燉牛肉時，添加適量的醋，不僅可以更快將牛肉煮得軟爛，同時還具有除膻、提香的作用。

POINT 572 醋可減輕辣味

辣椒中含有豐富的維生素C和β－胡蘿蔔素（在人體內可轉化為維生素A），但辣味太重。辣椒的辣味主要成分是辣椒素（又稱辣椒鹼），具有鹼性，能被酸中和生成鹽，進而減輕辣味。因此，在烹調過程中適量地添加些醋，一方面可保護維生素C免遭破壞，另方面也可減少辣味，增加風味。

POINT 573 醋拌海蜇皮要現吃現拌

在涼拌海蜇皮中加點醋，不僅可增加風味，還具有殺菌作用。但必須在食用前2～3分鐘放醋為宜；如太早放醋，會使海蜇皮變軟發韌，降低脆嫩的口感，影響風味。

POINT 574 白醋與烏醋的區別

醋可依顏色區分為烏醋（傳統醋和義大利葡萄醋）和白醋（日本米醋和烹調常用的白醋）。白醋的酸味比較強，但不如釀造的烏醋醇香，顏色較淡，適合用來做涼拌菜、酸辣白菜、蛋黃醬等的調味醋。喜歡吃酸的人在煮酸辣湯時，可以在湯煮沸後加入白醋，此時加醋，味道最濃。烏醋除了增加酸味外，還可提升湯的香氣。

POINT 575 豆漿加醋會變成半固體狀態

黃豆泡發加水磨成豆漿，加熱煮沸後，大豆球蛋白質的空間結構被破壞，伸展開形成線狀，由於蛋白質表面存在電荷，而同性電荷會相斥，並阻止蛋白質顆粒之間聚集而沉澱。

當加酸（如加醋）時，會中和大豆蛋白質分子上的負電荷，使部分蛋白質分子表面電荷等於零，進而使大豆蛋白質分子立即聚集而沉澱，豆漿就會從乳狀液轉變成半固體狀態。

POINT 576 料理米酒的調味作用

酒是一種飲料，也是重要的調味料。目前在烹飪中常用來調味的酒，主要是以料理米酒、紹興酒（黃酒）為主。

這些酒具有度數低、酒性醇和、香氣濃郁等特點。料理米酒中的主要成分是乙醇、糖、胺基酸、有機酸、酯類、醛類等揮發性物質。調味時之所以要用米酒，除了具有特殊香氣外，還可溶解生物鹼、苦味物質、無機鹽、油脂等；在加熱過程中還會發生許多化學反應，具有呈色、提香、除腥膻、解膩等作用。

①呈色、提香作用：料理米酒中含有糖、醛類、胺基酸等。在烹調時，糖會發生焦糖化反應；醛類與胺基酸會發生羰胺反應（梅納反應）而產生有色物質，同時又分解出許多種揮發性的香味物質，這些反應都可提升菜肴的色澤和香氣。料理米酒本身所含的酯類也可增加菜肴的香味，使眾多呈香物質互相融合，成為層次豐富的美味。

②增鮮、除腥膻作用：料理米酒中含有羰基化合物，能與水產品，如魚、蝦類含腥味物質的胺類發生化學反應，生成無腥味物質。因此，烹調腥味較重的魚、蝦類水產品時，可先用米酒等調味料醃漬。因為米酒中酒精滲透壓較高，可迅速通過食材組織的細胞膜，滲透到內部，參與細胞內的有機物質變化。同時，米酒也對其他調味料滲透到食材內部具有引導作用，使各種調味料能充分地滲透到食材中，加熱後發生各種化學反應，使菜肴的滋味柔和協調。而且醇類也是呈腥味物質很好的溶劑，經加熱後，腥味物質隨著醇一起揮發，具有除腥、增香的作用。

烹調肉類時，可先用米酒醃漬後再烹煮，米酒中的酒精會與水解的油脂脂肪酸發生酯化反應，生成酯類芳香物質，增加肉類的複合美味。此外，米酒還可除去羊肉的腥膻味。組成羊肉腥膻味的主要成分是低級的有機酸，如4－甲基辛酸和4－甲基壬酸，可以在加熱時與醇類形成有芳香氣味的酯類。同時，醇類還可促使異味物質揮發。

③保色作用：烹煮綠色蔬菜時，加入適量的料理米酒，能夠與綠色蔬菜中的酸起酯化作用，降低蔬菜組織中有機酸的含量，避免褐色脫鎂葉綠素生成，進而保護葉綠素，使蔬菜保持翠綠鮮豔。

④可使菜肴口感軟嫩：在烹調動物性食材時，加入黃酒可滲透到食材組織內部，對某些有機物具有微量的溶解作用，使肉類口感軟嫩。

在烹飪中，除了常用黃酒提味之外，還可用白酒、葡萄酒和啤酒。酒烤雞、叉燒肉等多用曲酒、汾酒；貴妃雞、啤酒鴨等多用葡萄酒和啤酒。

烹調西式料理時，往往不用黃酒，而是使用白葡萄酒或紅葡萄酒。如法國用優質白葡萄酒烹調的魚類或蝦類菜肴，即受到饕客的喜愛。

POINT 577

使用黃酒的方法

烹調時使用黃酒的方法主要有三種：

①在烹調前將食材用黃酒拌和，放置一段時間，使黃酒逐漸滲入到食材表層組織後，再下鍋烹煮。

②烹調的過程中加入黃酒，有助於除腥、增香。

③將黃酒預先放入調味料或芡汁中，用大火爆炒動物性食材時，在起鍋前，隨調味料或對芡汁加入。

根據食材不同的性質，在烹調時使用黃酒可靈活掌握，以達預期效果。

POINT 578

添加黃酒的最佳時機

烹調菜肴時添加黃酒的最佳時機，應當是鍋中溫度最高的時候。因為黃酒中的各種成分在高溫下會發生許多化學反應，具有呈色、增香、除腥膻、解膩的作用。如炒蝦仁，當蝦仁下鍋滑炒後，這時鍋內的溫度最高，所以要先放黃酒，後加鹽。又如炒肉絲，也應該在肉絲煸炒斷生後即添加黃酒。再如紅燒魚，也應該在油炸或煎好魚後，隨即添加黃酒再燒煮。對以動物性食材為主的湯品，如雞湯、魚湯、鴨湯等，可在鍋中即將沸騰或剛沸騰時加入黃酒，隨著鍋中的湯汁不斷沸騰，食材中所含的異味成分便會隨著酒氣而揮發。

POINT 579 酒和醋混合的妙用

黃酒中含有乙醇和酯類，醋中除了含有大量醋酸外，還含有胺基酸、丁二酸等其他有機酸，這些有機酸與黃酒中的醇類在加熱後會發生酯化反應，生成各種芳香氣味的酯類，而呈現出芳香氣味。依菜肴的需要，調味時加入少量的黃酒和醋，可除去食材異味，使味道更加分。

POINT 580 異味重的菜肴要先加酒後放醋

酒與醋受熱後都極易揮發，但酒具有很高的滲透壓，同時又是腥、膻氣味物質很好的溶劑，因此，先放酒，可使酒迅速地通過食材組織的細胞膜，滲透到食材內部，受熱揮發後，即能除去腥、膻氣味。同時，酒本身所含的有機酸，加熱時亦能與醇發生酯化反應，生成具有芳香氣味的酯，由於味的消殺作用，能增香並去除腥、膻味，提高菜肴的鮮味。尤其是在烹煮內臟類、野味類和海鮮類的食材時，先放酒尤為重要。

醋受熱後會揮發一種香氣，如果太早加醋，香味揮發，會使菜肴變得酸而澀，影響風味。

POINT 581 魚漿、蝦漿中不宜放太多料酒

調製魚、蝦餡料時，為了去除異味，增加美味，需要放點酒。但不可放太多，否則會使已經攪拌成凝膠狀態的餡料變稀而釋出水分。一旦餡料變稀，不管再怎樣用力攪拌，也很難使餡料恢復成凝膠狀態。

因為魚、蝦中含有豐富的蛋白質，當魚漿、蝦漿與水經過攪拌後，破壞了蛋白質特定的空間結構，肽鏈伸展開，已展開的蛋白質多肽鏈相互交織、纏繞，並以各種副鍵結合而成為有序的三維網狀空間結構，將無數的小水滴包裹在網狀空間結構的網眼中，此即為凝膠體。一旦加入太多的料酒，酒中的主要成分乙醇滲透到細胞

內，進入肽鏈的空隙，通過氫鍵與蛋白質結合，會削弱蛋白質三維網狀空間結構；並且由於乙醇與蛋白質的結合能力大於蛋白質與水的結合能力，使蛋白質失水，破壞凝膠體空間結構，使得魚、蝦餡料變稀，失去彈性。

POINT 582 蝦仁上漿時不宜加料酒

蝦仁中蛋白質的含量較高，加入料酒時，酒中的乙醇滲透到細胞內，通過氫鍵與蛋白質結合，其結合力大於蛋白質與水的結合力，使蛋白質持水力降低，出現脫水現象。一旦蝦仁脫水，會影響上漿濃度，造成脫漿，失去上漿的效果。

當乙醇滲透到細胞內，使蛋白質粒子的靜電斥力增大，多肽鏈伸展，乙醇分子進入肽鏈間的空隙，通過氫鍵與蛋白質結合而削弱蛋白質分子內氫鍵的形成，進而破壞蛋白質的空間結構，使蛋白質變性，影響蝦仁的彈性，失去蝦仁應有的口感。

加了料酒的蝦仁上漿後，漿糊會將蝦仁裹住，乙醇難以揮發，會影響蝦仁的味道，甚至出現怪味。

POINT 583 醉醃菜肴美味的原理

以酒醃漬的菜肴，一般都使用新鮮的食材，如蝦、蟹、蛤、貝等，用酒、鹽、糖、醬油等調味料調製成酒滷，再把新鮮食材放入浸泡、醃漬入味，稱為「醉醃法」。用生的食材醃漬，稱為「生醉」；用預熱加工後的半成品製作，稱為「熟醉」。

熟醉的時間較短，目的是使醉料肉質軟嫩，增添濃郁的酒香。除了黃酒外，白酒亦可，但使用的量和醃漬時間皆不同。

例如：生醉蟹5000公克，用300公克高粱酒需浸醉3天，用黃酒1000公克需醃醉7天，時間不同的主要原因是黃酒中所含的酒精（乙醇）少於高粱酒。醉醃菜肴就是利用酒精使蛋白質變性的原理製作而成的。

生醉醃菜肴大多數不需加熱，可以直接食用。經過酒浸泡後的生鮮食品，由於酒中所含的乙醇具有很高的滲透作用，會使微生物脫水，抑制微生物生長繁殖，具有滅菌、消毒作用。

一方面乙醇滲透到蛋白質內部，削弱疏水鍵；另方面，乙醇進入肽鏈間的空隙，通過氫鍵與蛋白質結合，削弱蛋白質分子內的氫鍵，破壞蛋白質特定的空間結構，使肽鏈伸展開，引起蛋白質變性。

人體內只能消化變性蛋白質。因為變性後的蛋白質肽鏈伸展開，有利於蛋白質水解酶的作用，分解成各種胺基酸，便於人體內各組織加以利用。因此，醉醃菜肴不需加熱即可食用，口感格外鮮嫩爽口，具有一股濃厚獨特的酒香風味。

POINT 584 在菜肴中加酒的適當時機

在烹煮清蒸魚等菜肴時，由於烹調溫度不高且時間較長，應先加入料理米酒，除了可使魚腥味被乙醇充分溶解並揮發，還能讓脂肪酸、胺基酸起緩慢的化學反應，使菜肴醇香鮮美。

用大火炒菜，應在煮好時才加酒，因為若在溫度較高時加酒，酒很快就會揮發，起不到作用。炒肉片時，要在菜剛炒好、尚未放其他調味料之前加酒。紅燒魚應在煎好後，以小火燉煮時加酒。

POINT 585 黃酒可除去豆腥味

黃豆本身並無豆腥味，但加工成豆製品後就會出現豆腥味。因為黃豆中油脂含量較多，當組織破損後（製成各類豆製品），暴露在空氣中，油脂中的不飽和脂肪酸在脂肪氧化酶的催化下，氧化成有豆腥味的物質。豆腥味的物質共有七十一種化學成分，全都能溶解在黃酒中，一經加熱，這些物質即可隨著黃酒中的乙醇揮發而逸出。因此，炒黃豆芽時，在放鹽之前先加少許黃酒，可除去豆腥味，並凸顯黃豆芽本身的風味。

POINT 586 酒可減輕菜肴的酸味

烹調菜肴時，根據調味的需要，往往會加醋，以除去異味。但如酸味太重，也會影響菜肴的風味。一旦酸味過重時，適量地添加些料理米酒，可以減輕菜肴的酸味。因為酒中含有乙醇，遇到醋中的醋酸，經加熱即會發生化學反應，生成具有香味的酯類，因而減輕了酸味。由於酯具有揮發性，可提升菜肴的芳香氣味。

POINT 587 酒可淡化醃菜的鹹辣味

醃漬小菜時若過鹹或過辣，可將小菜切好後，浸泡在料酒中，即可沖淡鹹味和辣味，並有濃濃的酒香。

因為植物體細胞膜不僅能讓水分子從細胞膜滲出，而且能使電解質，如食鹽（NaCl）和乙醇通過。因此，把醃漬小菜浸泡在酒中，由於小菜細胞組織內的食鹽濃度差，會逐漸向酒中擴散，辣味物質也易溶於酒中。同時，由於乙醇滲透力較強，能滲透到植物細胞組織內，因而沖淡了鹹味和辣味，使小菜的味道更加提升。

同樣的，也可用酒淡化鹹魚的鹹味。如可將鹹魚洗淨後浸泡在酒中2～3小時，即可去除部分鹽分。

POINT 588 啤酒在烹飪中的作用

烹飪時加點啤酒，常會產生意想不到的效果：

①在麵團中加入適量啤酒，能使烤出來的麵包具有一種近乎肉的香味。

②在麵粉中摻些啤酒，烤出來的小薄餅又香又脆。

③炒肉絲或炒肉片時，用太白粉加啤酒調糊掛漿，成菜後口感格外鮮嫩，風味尤佳。

④烹煮凍豬肉、排骨等菜肴時，可先用啤酒將肉醃漬10分鐘，用水沖洗後再烹調，即可除去腥味和異味。

⑤烹煮脂肪含量較多的肉類、魚類時，加少許啤酒，不僅能幫助脂肪溶解，還會發生酯化反應，產生具有芳香氣味的酯，使菜肴香而不膩。

⑥做清蒸雞時，將處理乾淨的雞用濃度20%～25%的啤酒浸泡15～20分鐘，取出蒸製，味道醇正、鮮嫩可口。

⑦用啤酒代替水燒煮牛肉，不僅容易將肉煮爛，而且肉質鮮嫩，香氣濃厚，風味獨特。

⑧清蒸腥味較重的魚時，可用啤酒浸泡10～15分鐘，蒸熟後，既可去除腥味，且吃起來更加美味。

⑨烹調沙丁魚之前，將沙丁魚用鹽醃漬後，浸泡在啤酒裡煮半小時，即可去除沙丁魚的腥臭味。

⑩製作涼拌蔬菜時，將水煮改為啤酒煮（時間不宜太長，酒一沸騰即可），可使涼拌菜鮮脆爽口。

啤酒中的主要成分，除了水和酒精外，還包括四百多種不同的化合物。其中，使啤酒在烹調菜肴時形成特殊風味的重要原因是：啤酒中含有十七種胺基酸、多種酶類、乙醇及醇類、酒花樹脂、含氮化合物等。

酒精的滲透力大，是各種呈腥、膻味物質很好的溶劑，因此具有提鮮、除腥的作用。各種酶類能促進蛋白質水解，尤其是對含有較多膠原蛋白質的肉類，可加速膠原蛋白質水解成柔嫩的明膠，使烹煮後的菜肴口感軟嫩。各種胺基酸和含氮化合物則使菜肴變得鮮嫩美味。

POINT 589 味精在烹調中的作用

味精是一種具有魚、肉鮮味的調味料，其重要成分是L－麩胺酸一鈉鹽（即麩胺酸鈉），又稱為味素，學名為L－α－氨基戊二酸一鈉鹽，簡稱MSG。它屬於胺基酸鹽類，含有分子結晶水。味精的閾值（即味覺感官能嘗出味道的最低濃度）為0.03%，因而商品名稱為「味精」。食用味精是以澱粉、蔗糖、甜菜糖等發酵而成，分為晶體和粉狀兩種。

味精除了可提升鮮味，還能抑制鹹味和苦味，減少甜膩味，增強菜肴的風味。味精不僅是呈味劑，還是人體和動物的營養物質。其營養價值和生理作用主要有：

①增進食慾：科學已經證明，人的味覺器官中，存在著專門的麩胺酸受體部位，這種鮮味與酸、甜、苦、鹹味對人體同樣重要。味精進入胃腸後，很快會分解出麩胺酸，在人體代謝過程中與酮酸發生胺基酸轉移作用，合成其他胺基酸，供人體組織利用。

②參與腦內蛋白質和糖代謝，促進腦細胞氧化，改善中樞神經系統：腦組織只能氧化麩胺酸，不能氧化其他胺基酸。當葡萄糖供給不足時，麩胺酸便可作為腦組織的能源，是精神病患者中樞神經及大腦皮質的補劑。

現代人講求飲食要健康，認為食物中添加味精對身體有害，因而總是聞味精而色變。如上所述，味精當中的主要化學成分是麩胺酸鈉，麩胺酸是一種胺基酸，許多天然食品中都有這種物質，鈉則是電解質，兩者都是人體中本來就有的成分，因此，味精中並沒有對人體有害的物質。

但是在使用味精時，若放過量，不但無法發揮調味作用，反而會影響菜肴本身的味道，產生一種似鹹非鹹、似澀非澀的怪味。此外，味精食用過量也會增加人體代謝器官的負擔。

味精的濃度以0.1%～0.5%為宜，有些菜肴或湯用0.05%就夠了。

POINT 590 高鮮味精的作用

高鮮味精味道醇正，具有較強的增鮮作用，其鮮度是普通味精的二・五倍。使用濃度為0.05%～0.1%，可以提升豬、牛、羊及蔬菜等食材的天然美味和香味。

高鮮味精是根據味的相乘原理製成的，即兩種相同味感的呈味物質共同使用時，其味感會比原有的提高幾十倍，因而廣泛運用於中式菜肴中，例如：香菇烤雞、北京菜的香菇蒸雞、山東菜的鮮菇燴雞片、東北菜的小雞燉蘑菇等，味道格外鮮美。

因為雞肉中含有呈鮮味的5'－肌苷酸和麩胺酸，蘑菇中含有豐富的5'－鳥苷酸，兩者混合，其鮮味自然比單一雞肉的鮮味增加幾十倍，吃起來鮮味濃郁，口感豐富。

POINT 591 複合型味精的作用

隨著科技的發展，出現了許多風味獨特又具有豐富營養的複合型味精。

複合型味精是在味精中加入一定比例的鹽、雞肉粉或牛肉粉、豬肉粉等，及適量的香辛料，如胡椒粉、辣椒粉、薑粉等配製而成，是既具有鮮味，又具備某種肉類特有風味的混合型調味料。

POINT 592 味精使菜肴更鮮美的原理

味精的主要成分是L－麩胺酸一鈉鹽，但L－麩胺酸具有酸性，且無鮮味，因此工業上生產味精時，是以澱粉為主要原料，在特殊微生物作用下，進行發酵而得到L－麩胺酸；然後再用鹼調整到pH值5～6時，即可得到麩胺酸一鈉鹽，使味精具有鮮味。

L－麩胺酸一鈉鹽的鮮味與其離解度有關。麩胺酸一鈉鹽分子中存在兩性離子，有陽離子（$-NH_3^+$），也有陰離子（-COO-），這兩個基團由於靜電引力作用，形成五元環結構。麩胺酸只有處在五元環結構時，才可與人體的味覺器官相吻合，呈現出鮮味。當麩胺酸在pH值為鹼性時，稱為麩胺酸二鈉鹽，其分子結構中只有陰離子存在，因此沒有鮮味；當pH值為酸性時，稱為麩胺酸，其分子結構只有陽離子存在，也無鮮味。因此，只有pH值在5～6之間，即麩胺酸一鈉鹽時，分子結構為兩性離子，才具有鮮味。

畜肉、禽肉的pH值為5.4～5.6，蔬菜的pH值為5～5.5，因此一般菜肴在烹煮時都可以加入適量的味精。

POINT 593 味精和鹽的適當比例

味精必須在適量的食鹽溶液中才能產生鮮味，由此可知，鮮味需依附於鹹味，兩者需互相搭配。鹽與味精最適合的比例如下：

鹽（%）	味精（%）
0.38	0.5
0.52	0.45
0.8	0.38
1.08	0.31
1.20	0.28
3.36	0.1

味精最適用的濃度為0.1%～0.5%。由此可知，鹽在菜肴中的含量過高或偏低，都會影響鮮味的效果。不放鹽的雞湯是淡而無味的，很難品嘗到湯的鮮美；而鹹味太重的雞湯，其鮮味也會受到影響。

味精和鹽在水中會分別解離為麩胺酸根離子、氯離子和鈉離子，鈉離子和氯離子能促進味精解離成兩性離子狀態，才可與人體的味覺器官相吻合，呈現鮮味。

POINT 594 酸味菜肴不宜添加味精

味精必須在pH值為5～6的溶液中解離成兩性離子，才能呈現特有的鮮味。如果在菜肴中添加醋（醋酸的pH值為2.4～3.4），會使菜肴偏向酸性，影響味精中麩胺酸鈉的解離度，進而影響味精所呈現的鮮味強度。

如果在菜肴中僅加入少量的醋，對味精中麩胺酸鈉所處的酸、鹼性環境影響不大，味精的鮮味較無明顯變化。但若菜肴中加了較多的醋，尤其是以酸味為主的，如糖醋類、醋溜類，添加味精後，其鮮味效果會較差。即使改用高鮮味精，效果也無法改善。因為高鮮味精中的主要成分是麩胺酸鈉，此外還含有少量的肌苷酸和鳥苷酸。核苷酸類呈鮮物質在酸性條件下加熱煮沸，容易水解成無鮮味的物質，失去協同作用。所以，在烹煮以酸味為主的菜肴時，不宜添加味精。

POINT 595 不宜添加味精的菜肴

除了酸性強的菜肴不宜使用味精外，鹼性食物（如包子）也不宜加味精。這是由於味精的主要成分麩胺酸鈉在鹼性環境中會變成麩胺酸二鈉，使鮮味降低或消失；用高湯烹調的菜肴本身已具有鮮、香、清的特點，也不需再加味精，否則會掩蓋食物的原味；炒蛋中不必加味精，因為雞蛋本身就含有呈味胺基酸；為孕婦及嬰幼兒製作的膳食不宜添加味精，因為味精可能會導致胎兒發育缺陷；患有高血壓、腎臟疾病等患者的膳食不宜使用過多的味精，因味精中的鈉含量較高。

POINT 596 味精在加熱過程中的變化

味精在120℃下加熱時，即失去結晶水，變成無水的麩胺酸鈉，然後無水麩胺酸鈉會進一步發生分子內脫水現象，生成焦性麩胺酸鈉。焦性麩胺酸鈉的生成量與加熱時間、溫度有關，如表11所示。

表11 麩胺酸鈉水溶液受熱失水情況表

麩胺酸鈉濃度（%）	加熱溫度（℃）	加熱時間（小時）	焦性麩胺酸鈉（%）
10	100 107	0.4 0.9	0.5 1
40	80	8	0.54
55	107	4	2.27

焦性麩胺酸鈉無鮮味，經研究證明也是無毒的。專家曾將焦性麩胺酸鈉拌入食物中餵白老鼠，觀察後發現，焦性麩胺酸鈉對白老鼠的正常生理代謝並無不良影響。

POINT 597 味精有較佳的熱穩定性

味精在120℃或100℃的溫度中長時間加熱，會發生分子內失水而生成無鮮味的焦性麩胺酸鈉，但在烹調中如以水為傳熱媒介，水的溫度最高達到100℃，蓋緊鍋蓋，並將四周密封，以增加鍋內的壓力，則水的沸點可升高至102℃左右。故以水為傳熱媒介的烹調方法，如燉、燜、醬等，雖然加熱時間較長，有時需2～3小時，其溫度也只在100℃；以氣為傳熱媒介，籠內的溫度也只有102℃；以油作為傳熱媒介，油溫最高可達230℃，但用此種油溫烹調菜肴，加熱時間都很短，一般約2～3分鐘即可完成。

經過實驗，若以0.2％的味精水溶液及2％的食鹽水溶液，在115℃加熱3小時，生成的焦性麩胺酸鈉為0.014％。由於生成量太少，故不會影響味精的呈鮮味效果。

根據以上分析，料理菜肴的過程中，即便是高溫或加熱時間長，使味精脫水生成焦性麩胺酸鈉的可能性也很小，因此，味精的呈味效果並不會受到影響。

POINT 598 味精要先以水化開再加入涼拌菜

味精的主要成分是麩胺酸鈉，因而味精多呈針狀或顆粒狀的結晶體。做涼拌菜時，如果味精未經溶化，而像撒細鹽一樣加入涼拌菜中拌攪，因菜肴溫度較低，味精無法迅速溶解，因而不易拌勻，致使鮮味不能很快地發揮出來，無法替菜肴增鮮。食用後，會因強烈的鮮味刺激胃黏膜，造成消化不良。

因此，若涼拌菜需加味精應在加入前先用少量70℃～90℃熱水將味精溶解後，再均勻地拌入菜肴內，即可使鮮味突出。

POINT 599 自製天然味精

將蕈、素等天然食材磨成粉末狀，添加於食物中，即可替菜肴增鮮。如將蝦米浸泡後剁碎，摻入或蕈或素的餡料中，即可提升餡料的鮮味；將乾香菇或乾筍磨成粉末，撒入菜肴中也可以增鮮。

POINT 600 雞粉的使用特點

雞粉屬於複合增鮮、增香的食品添加物，與味精相較，兩者的成分不同，使用方式也有各自的特點。

雞粉中含有呈味核苷酸，其代謝物是尿酸，故痛風患者不宜食用過量；雞粉中含有約10％的鹽，因此使用雞粉烹煮的菜肴，需減少鹽的用量；雞粉的吸濕性強，易受潮，使用後要密封保存，否則易滋生細菌；用雞粉烹煮菜肴，一般沒有時間上的限制，什麼時間加皆可。

POINT 601 蟹油、蝦籽可替菜肴增鮮

蟹油、蝦籽（又叫蝦蛋，以蝦子的卵加工而成）的增鮮效果，不亞於味精。蟹油是用蟹肉、蟹脂、蟹黃等加入豬油熬製而成，味道鮮美，無論烹煮菜肴，或淋在熱菜上，均可提升菜肴的鮮味。此外，蟹油還具有使用方便、易於貯存的優點。使用蝦籽增鮮的方法是在烹煮菜肴或煮湯時，先將蝦籽下鍋，或用油煸、水煮均可。

POINT 602 老滷汁可替菜肴增鮮

老滷汁是長年用來煮雞、煮肉的原汁湯。據清朝的《調鼎集》所載，「滷鍋老汁」的製作方法：取丁香、桂皮、大茴香、小茴香、砂仁、花椒等，用紗布包裹，加入火腿後加醬油、香油同煮，湯沸後將浮沫撈出即可。這種滷汁只要再加入適當的調味料，即可反覆使用。

烹調菜肴時加些老滷汁，除了對菜肴的色澤和香味具有調節作用，而且還有明顯的提香效果。

POINT 603 以鮮湯汁替食物增鮮

鮮湯汁是煮蝦子、汆燙筍子或浸泡新鮮食材後留下的湯汁，含有胺基酸類呈鮮味物質，可用於煮菜或熬湯。

在烹煮素菜時，可加入筍汁或蘿蔔汁；烹煮葷菜時，可加入蝦汁。

POINT 604 蠔油在料理中的調味作用

蠔油的主要成分是從牡蠣（鮮蠔）中提取的蠔汁，經濃縮加工而成。由於新鮮牡蠣中含有豐富的蛋白質、多種必需胺基酸，以及豐富的維生素、微量元素和無機鹽，因此一般認為蠔油是有利於健康的食品。

蠔油在烹飪中具有獨特的調味功能。蠔油擁有牡蠣特有的鮮甜滋味，可增加菜肴香鮮濃郁的風味，具有助鮮、增鮮、提味的功能。常見的蠔油料理有：蠔油牛肉、蠔油雞絲炒韭菜花、紅燒蠔油蜜子排等。

POINT 605 香油不宜用大火加熱

香油是用芝麻榨製而成，除了涼拌菜常用之外，也經常用於湯品及菜肴中。香油味道醇正濃香，加幾滴即可使菜肴產生香濃的口感。香油不能用大火加熱，要用文火，否則會產生苦味。

POINT 606 糖在烹調中的作用

糖是製作糕點和甜味菜肴的主要原料，不僅可提供人體熱量，在調味料中的地位也僅次於鹹味。

甜味具有特殊的調味作用，主要為：提鮮、抑制辣味和澀味的刺激感、增加鹹味的鮮醇、緩和苦味，以及使菜肴的口感更柔和醇厚。這些都是味的對比、互相轉化和消殺作用所形成的美味效果。

糖中的主要成分是蔗糖。蔗糖在加熱過程中會發生各種化學變化，對菜肴的呈色提香具有莫大助益。蔗糖在熱的作用下會生成兩類物質：一類是糖脫水的產物，即焦糖色；一類是裂解生成的揮發性產物，有四十多種，其中典型的焦糖香氣物質是已烷三酮和呋喃衍生物。由此可知，烹調時添加的糖，已被分解成香味物質，僅具有調味作用，但不能提供能量。

如果在具有豐富蛋白質的食材中添加糖，經過高溫烹調後，蔗糖會先水解成果糖和葡萄糖，然後進一步與蛋白質中的胺基酸發生化學反應，除了產生黑色素外，還會發生分解作用，生成各種香味物質。

氣味成分與胺基酸種類有關，不同的胺基酸所生成的氣味不一樣。由此可知，不同的烹調食材，加了糖後，會有不同的風味。

因此，糖是烹飪中重要的調味料，不僅可發揮調味作用，對菜肴的呈色和增香也有很大的影響。烹飪中常用的甜味調味料有白砂糖、冰糖、蜂蜜和麥芽糖等。

POINT 607

醃肉時要加白砂糖

醃肉時，除了加鹽和其他調味料之外，也應加入適量的白砂糖。因為糖能緩和醃肉的鹹味，賦予肉品特有的鮮美滋味；此外也能促進膠原蛋白質膨脹，使肉質柔軟多汁，增加鮮嫩的口感。

在醃漬的過程中，因糖液具有抗氧化性，可以防止肉品褪色。尤其是用硝酸鉀醃漬時，加點白砂糖具有保色和助色的作用。糖液也具有一定的滲透壓，與鹽配合，可以阻止細菌生長發育，增加醃肉的防腐性。

雖然如此，醃肉時所加的糖仍要適量，否則會對食物產生不良影響。如果鹽溶液中的含糖量超過2%，在夏季溫度升高時，容易引起鹽溶液發酵和肉質腐敗。

POINT 608

烹調辣味菜肴時要放糖

烹煮辣味菜肴時放點糖，分量以吃不出甜味為度，可柔和部分辣味、澀味，使菜肴辣而不燥，口感更豐富。

POINT 609

糕點中添加蜂蜜使口感更綿軟

蜂蜜也是烹飪時常用的甜味劑，適用於製作糕點和風味菜肴，不但可提高甜度和香氣，所含的營養成分也十分豐富。

蜂蜜的組成為：葡萄糖36.2%，果糖37.1%，蔗糖2.6%，糊精3.0%，花粉及蠟0.7%，含氧化合物1.1%等。此外，還含有部分的鐵、磷、鈣等無機鹽。蜂蜜中主要含有果糖和葡萄糖，果糖是所有糖中甜度最高的，和葡萄糖都具有很好的吸濕性，所以用蜂蜜製作糕點能使口感綿軟，質地均勻。由於蜂蜜容易吸收空氣中的水分，所以能防止食物乾燥龜裂，保持食物的柔軟性和彈性。

但是製作酥類糕點時則不宜加太多蜂蜜，否則成品會因很快吸收水分而回軟。

POINT 610

轉化糖漿的特性及作法

蔗糖溶液與酸一起加熱，會水解生成葡萄糖和果糖的等量混合物，稱為轉化糖漿。轉化糖漿不同於蔗糖，它有許多特點和用途，可廣泛運用在烹飪中。

轉化糖漿的甜度為蔗糖的一．三倍；黏度小，流動性大；吸濕性強（因為果糖在水中的溶解度較大），因而具有保濕作用。用轉化糖漿代替蔗糖製作糕點，不但可提高甜度，使食物鬆軟可口，還可讓成品顏色更漂亮，味道更清爽醇和。由於轉化糖漿易吸收空氣中的水分，因此能維持食物的綿軟性和彈性。用轉化糖漿代替蜂蜜或白糖作飲料，具有天然水果香味。

轉化糖漿的作法：1000公克白砂糖，加入150～200毫升檸檬汁和450毫升的水，在105℃條件下，反應20分鐘，轉化率為70％～80％。

POINT 611 辣椒的調味原則和技巧

許多菜肴中，常常會用辣椒來調味。要想巧妙地運用辣椒烹調出美味菜肴，必須懂得辣椒的調味原則，以及掌握好調味技巧。

辣椒的調味原則：

①辣而不烈：即辣的烈度不能超過食用者的承受範圍。

②辣而不燥：即避免單純而無其他香味的烈辣，否則吃了之後，口腔會有乾燥之感。

③辣中有香：即辣椒經過烹調後，必須能呈現自身特殊的香味。

④辣中有味：即辣椒不能單獨成菜，要與其他調味料配合使用，才能使菜肴美味可口。

辣椒的調味技巧：

①辣椒要切成小段、粗絲或碎粒等，使其細胞組織完全被破壞，辣椒中紅色素和具有辣味的辣椒素與油的接觸面積加大，使色素和辣椒素能夠充分溶出。

②油的量要多，並在低油溫下長時間炒製。油量充足，其重量是所用辣椒的六～八倍。應掌握適當油溫，一般在130℃為宜。若油溫過低，辣椒素的溶解度會降低；若油溫過高，則辣椒素還未溶解即焦糊。適當的加熱時間約為5分鐘，待油鍋中呈現鮮紅亮色澤時，再加入其他調味料和要烹煮的食材。

③菜肴中要加入足夠的鹽，鹽對辣味具有緩和作用，能使辣椒適口。

④辣椒的辣度是由辣椒素含量決定的。加熱時間若太長，已溶於油脂中的辣椒素會逐漸分解，因而降低了辣味，甚至失去辣味；但辣椒素會分解成具有揮發性的香氣物質，可使香味濃度增加。所以可以根據菜肴對辣度和香度的不同要求，掌握辣椒加熱時間。

POINT 612 炸辣椒油的技巧

辣椒磨成粉末後，其細胞組織已全被破壞，油與辣椒的接觸面積加大，紅色素和辣椒素就能充分溶出，使辣椒油色澤紅豔，味道香辣。若用整根或碎塊辣椒炸油，會因乾紅辣椒組織結構緊密，紅色素溶解得較少且較慢，辣椒素溶出少，炸出來的辣椒油辣味輕且顏色淺。

POINT 613 炸辣椒油的方法

辣椒粉是烹調辣味菜肴的主要調味料。辣椒粉比較乾燥，如果直接在大火、高油溫下炸製，紅色素還未完全溶解到油中就已炸焦變糊，不但使辣味變得淡薄，油色不紅，而且還有一股焦糊味。

油炸前可將辣椒粉加入適量清水拌濕，用小火溫油浸炸，由於水分會使油溫降低，可避免辣椒粉處在高溫狀態而炸焦變黑，並能使辣椒粉中的紅色素和辣椒素緩慢地溶於油中，炸出的辣椒油色澤紅亮，香辣濃郁。

POINT 614 芥末粉經過發製才可食用

芥末粉是用成熟的黃芥菜籽或黑芥菜籽經磨細加工製成的，其色淡黃，味辛辣，但味淡薄，並稍帶苦澀味。芥末辛辣味的主要成分是異硫氰酸烯丙酯，以芥子素形式存在於芥末粉中。芥末粉本身並無辣味，必須在芥子酶促進下才能水解生成具有辛辣氣味的異硫氰酸酯。因此，芥末粉必須經過發製（使芥子素水解成異硫氰酸烯丙酯）後才能調和苦味，使辛香辣味凸顯出來。

POINT 615 發製芥末粉的方法和技巧

芥末粉的發製方法：用溫開水將芥末粉調開，再加入油、鹽、糖、醋等調味料，攪勻成糊，在40℃的溫度下放置2～3小時，芥子酶便會把芥子素水解成具有辛辣氣味的揮發油。發製芥末糊時可適當加些調味料，主要是利用味的消殺作用，去除芥末粉的苦澀味，使口味適中不燥，提味增鮮，並具有助發的作用。

要使芥末粉發製得辛辣味充足，必須注意：

①應使用溫水或冷水調製芥末粉。避免用熱開水調製，以防止因溫度過高，使芥子酶變性失活，影響香辣味的形成。

②調製成芥末糊後，應在40℃的溫度下，放置2～3小時。因為40℃的環境有利於酶活性，可加快其反應速度。但溫度不宜過高，以防止酶失活。所產生具有辛辣氣味的異硫氰酸烯丙酯需要一個過程，所以發製時間愈長，所產生的異硫氰酸烯丙酯便愈多，辛辣味也就愈濃郁。

③添加適量的醋，有利於辛辣味的形成。因為芥子酶活性在pH值小於7的條件下最大，加一些醋，使反應體系呈微酸性，可加速芥子酶的酶促反應，有利於辛辣味的形成。

④要使用新的芥末粉。芥末粉存放過久，芥子酶失活率會逐漸增加，影響辣味成分的產生。所以用存放過久的芥子粉來發製，不僅辛辣味不濃，香味也無法突出。

中醫認為，芥末具有強烈刺激性的辛辣味，有通利五臟、濕中開胃、發汗散寒、化痰利氣、增進食慾、促進消化等功用，尤其是夏季吃涼麵、冷麵時，芥末粉是常用的調味佳品之一，美味又開胃。

POINT 616 咖哩粉要炒成咖哩油才可食用

咖哩粉是以薑黃（存在於多年生的草本植物薑黃根莖中）為主，加上白胡椒、芫荽、小茴香、桂皮、薑片、大茴香、花椒等香料調配後，研磨製成的一種粉狀香辛調味料。咖哩粉色薑黃，味辣，但香氣不足，並帶有一股藥味，味道不佳，不能直接食用。咖哩粉必須用油和其他調味料炒成咖哩油後，才可食用。在炒的過程中，高溫會使各種香辛味物質分解而揮發出來。同時，這些辛辣香味物質都溶於油中，不僅可去除藥味，而且香辣適口，芳香四溢，濃而泛亮，色澤金黃，別有風味，更便於食用。例如「咖哩豬排」的作法：先將豬排用乾麵粉拍勻後，以130℃的熱油炸至兩面金黃，肉熟後撈出，將油瀝乾；鍋中留一些油，放入蔥絲、咖哩粉拌炒（勿炒焦），加入少量水和鹽，煮沸後加入豬排，煮至湯汁變濃時即可。

POINT 617

大蒜的功效和營養價值

動物的內臟和瘦肉中含有豐富的維生素 B_1，參與人體內的糖代謝，維持神經系統、消化系統和循環系統的正常功能。但由於維生素 B_1 屬於水溶性，易溶於水中，在人體內停留時間短，不容易被吸收利用。大蒜中含有大蒜素，可與維生素 B_1 結合形成脂溶性的結合物，可延長維生素 B_1 在人體內停留的時間，增加人體對維生素 B_1 的吸收。

POINT 618

大蒜拍碎或磨泥才會釋放辛辣味

蒜為百合科蔥屬植物，它的鱗莖俗稱大蒜或蒜頭，是常用的調味料。大蒜切開或搗碎時會產生刺鼻的氣味，生食則有強烈的辛辣感覺。大蒜中的辛辣成分主要是素。大蒜素並非單一成分，而是由二十多種易揮發物質組成，主要有大蒜新素、大蒜辣素及多種含硫的有機物（如硫醚、硫醇、多硫化合物等）。

組織完整的大蒜中並不含有大蒜素，而是含有無臭、無辛辣味的蒜氨酸和蒜酶。當大蒜切碎或磨成泥時，細胞破裂，使蒜氨酸充分與空氣接觸，在蒜酶的促進下，氧化分解成大蒜素。大蒜素具有強烈的辣味和殺菌作用，但不穩定，可以分解成多種具有辛辣氣味的含硫有機化合物，使蒜香味突出，辣味減少，並能較快地和其他調味料結合成層次豐富的口感。

POINT 619

大蒜素可去腥、提香

乾大蒜切碎或拍碎時，辛辣味並不太強烈，因為乾蒜中酶的活性已經降低，很難把蒜氨酸分解成大蒜素，因而辛辣味不重。烹調時，可用150℃～160℃的熱油爆炒，蒜氨酸在高溫下可氧化分解成大蒜素，大蒜素易溶於油脂中，具有去腥、提香的作用。

POINT 620 大蒜加熱後會釋放甜味

大蒜在水中經加熱後，酶失去活性，在水溫100℃的情況下，蒜氨酸無法被氧化分解成大蒜素，部分游離的含硫化合物也因受熱揮發而減少；同時，部分二硫化合物被還原成有甜味的硫醇，如丙硫醇的甜度為蔗糖的五十倍，因而大蒜在水中加熱後會釋放甜味，但殺菌效果不如生大蒜。

POINT 621 蔥、薑、蒜熗鍋的作用

蔥、薑、蒜在植物學分類上均屬於雙子葉植物綱，蔥、蒜為百合目百合科，薑屬於生薑目生薑科，三者均含揮發性氣味物質，具有濃烈的辛辣氣味。這些呈辣香味物質均可溶於油脂，具有著香、附香、矯香、抑制異味、賦予辣味的作用，可提升菜肴的風味和增進食慾。

蔥、蒜中呈辛辣氣味的主要成分是丙烯硫醚、丙基丙烯基二硫化物、二丙烯二硫化物等，但這些香辛味的主要成分必須在酶或高溫下，將蒜氨酸氧化分解後才能產生。因此在熗鍋時，鍋內放油，在油溫30℃～50℃時下入蔥、蒜、薑，使香氣成分充分揮發出來。蔥、蒜中的酶活性最適宜的溫度為30℃～50℃，因而熗鍋時酶促作用加快，香氣充分溢出而溶於油脂中，使油脂具有強烈的香辛氣味，對菜肴有解腥除異味、增香提味的作用。

POINT 622 蔥、薑、蒜熗鍋的要點

菜肴味道好壞，常由許多因素所決定，而使用蔥、薑、蒜熗鍋則顯得格外重要。其要點為：

①熗鍋時，油溫必須適中：油溫若太低，香氣不濃，便需延長加熱時間，以致引起其他化學變化，達不到熗鍋的效果；油溫若過高，會使蔥、薑、蒜驟然受高溫而焦糊，使油的色澤變得灰暗，菜肴有糊斑，影響口感和品質。用薑熗鍋時，油溫應掌握在90℃；用蔥、蒜熗鍋，油溫需掌握在50℃。如用蔥、薑、蒜熗鍋，首先將油溫升到50℃，接著先放入蔥、蒜略炒片刻後，再放入薑，

炒至蔥、薑、蒜呈淺金黃色和深黃色時，再下入主食材和配料，效果最佳。

②熗鍋時要用大火：如果火不夠大，加熱時間就會延長，會使蔥、薑、蒜的揮發性香味物質大量溢出而流失；另一方面，含硫化合物易還原成具有甜味的硫醇類化合物；再者，主食材和配料不能及時下鍋，就達不到熗鍋的效果。只有在大火的情況下，下入熗鍋原料，溫度才會馬上上升，揮發性香氣物質大量溢出，與油脂結合，緊接著下主食材和配料，達到熗鍋的最佳效果。

③熗鍋時，蔥、薑、蒜的刀工處理一定要一致：特別是在混合使用時更應注意。否則大小不均，下鍋後受熱不勻，影響成菜品質。

POINT 623 炸丸子內餡不宜放蔥末、薑末

蔥末、薑末放入丸子內餡攪拌均勻後，一定會有一部分蔥末、薑末附著在丸子表面，經高溫油炸後，丸子表面的蔥末、薑末會焦糊變味，出現黑色斑點，影響外觀。另外，丸子內餡裡的蔥，因鹽的作用，容易變味，使丸子失去風味。因此，炸丸子的內餡不宜放蔥末、薑末。建議可加入適量的蔥汁、薑汁，一樣可達到除腥膻和提香的效果。

POINT 624 扒類菜肴不宜用蔥、薑、蒜熗鍋

烹調「扒」類的菜肴，加熱時間較長，成菜必須汁明油亮，潔淨清爽。如果用蔥末、薑末、蒜末熗鍋，加熱後變成糊狀，致使湯汁變得渾濁、不明亮，影響成菜外觀，失去菜肴的風味和特色。若需使用時，應將蔥、薑、蒜切成片或段，熗鍋後即挑出丟棄。

POINT 625 攪拌肉餡時要按順序加調味料

攪拌肉餡時，加入調味料的順序是決定肉餡品質的關鍵步驟。以正確順序和比例放調味料，可使肉餡味美多汁；如果順序顛倒，比例失調，會大大影響肉餡品質。加調味料的順序大致分為五步驟：

①攪拌前先把肉末用少量的水調開，均勻地撒點

鹽，加醬油、薑末，然後稍加攪拌。這一步驟的目的是便於定味，並增加鹽溶蛋白質的溶解度。

②加味精均勻地攪拌一下。味精必須在鹽中才會有鮮味，如果先加味精，則不易嘗出正確的鹹淡味。

③加水（需分次加入）後用力朝著同一個方向攪拌，使肉餡呈黏稠狀。目的是將呈溶膠狀態的蛋白質，經過攪拌後改變其特有的空間結構，進一步交聯形成三維網狀空間結構，即凝膠狀態。蛋白質處在凝膠狀態時，持水量最大，才能使肉餡的口感鮮嫩多汁。

④加少量白砂糖，目的是為了加熱後使白砂糖分解成呈味物質，讓肉餡更美味。

⑤最後階段再加入用香油拌好的蔥末、料酒等，與肉餡一起拌勻。尤其是蔥末必須最後才加，才能發揮清香味，除去肉的葷腥氣味。

POINT 626 蔥末要在臨用肉餡時加入

攪拌肉餡時，加入蔥末的時機掌握得當，才能發揮作用，否則適得其反，有害無益。蔥末必須在臨用餡料時才加，這樣才能發揮蔥的香味。

因為蔥的氣味主要是具有揮發性的含硫有機物，這些硫化物多以結合態形式存在於蔥之中。如蔥裡面含有S－丙基半胱氨酸－S－氧化物、S－甲基半胱氨－S－氧化物等，這些化合物並無揮發性，只有當蔥的組織受到破壞（切成蔥末）後，在酶促作用下，氧化分解成游離揮發性硫化物，才能散發辛辣清香的氣味。

如果太早將蔥末加入肉餡中，由於鹽的作用，使酶失去活性，妨礙了這些化合物氧化分解形成游離揮發性硫化物，進而減少辛辣清香的氣味，容易使得肉餡變味。尤其是在室溫比較高的環境中，還會發酸變臭，影響肉餡的品質。

POINT 627 天然香料的調味特性

香料就是含有多種芳香物質、又極易揮發的原料。香料分為天然香料和人工合成香料兩種。烹調中常用的是植物性香料，含有多種芳香物質，保存性能好，無菌，呈味性強，香味濃郁持久；香料之間相互作用，還能產生層次豐富的口感。

香料可迅速除去或減輕腥、膻和其他異味，使食材的原味更加凸顯。經過加熱，香味物質可大量揮發，使菜肴的香味沁人心脾，誘發和增進食慾。香料也具有殺菌、消毒、防腐作用，能延長菜肴的保存時間；此外，有些香料還具有特殊的生理和藥理作用。

POINT 628 烹調常用的植物香料

烹調中經常使用的植物香料，主要有：

①桂皮：又名肉桂，是由樟科桂樹的樹皮乾製加工而成。桂皮中含有較多的芳香油（1%～2%），主要成分是肉桂醛、丁香酚、樹脂、樹膠等。其中，肉桂醛是調味的重要成分，具有特殊的香氣和辛辣味。挑選桂皮時，以色發紅、皮肉厚、香氣濃、無蟲黴、無白斑點者較佳。桂皮可用來調味，也可藥用。調味時，桂皮多用作燒魚、燒肉的提味香料。一般紅燒肉、紅燒蹄膀等都需要用到桂皮和八角。桂皮也是五香粉的主要成分。

②八角：又稱大料或大茴香，是八角茴香樹的果實。八角的主要成分有茴香醚（或稱苯甲醚，占80%～90%）、油脂、樹脂、樹膠等。挑選八角時，以色褐紅、朵大飽滿、完整不破、角瓣大、味道香郁為佳。八角在烹調中的運用較廣，多與桂皮一起使用。烹煮肉食時加入八角和桂皮，具有調味和除去異味的作用。在藥用上，八角具有驅蟲、祛寒、健胃、振奮神經的功效。

③小茴香：小茴香是茴香菜的果實，主要香味成分是茴香醛、茴香醚等，具有獨特的香氣和微甜味。小茴香具有調味和去除腥、膻味的作用，烹調魚、肉類食材時經常會使用。尤其是用小茴香燉羊肉，味香鮮美。中醫認為小茴香性熱，能理氣開胃。

④胡椒：是胡椒科植物胡椒的果實。因加工方法不同，可分為黑胡椒和白胡椒兩種。黑胡椒是果實未成熟時，即採收曬乾且未去皮者，品質較次；白胡椒是果實成熟後採收，經浸泡、去皮、曬乾而成。烹飪時，一般多用胡椒的製品胡椒粉。胡椒粉是用純正的黑胡椒或白胡椒磨製而成。

胡椒中的主要成分為胡椒鹼，對口腔有較強的刺激作用。此外還含有胡椒脂鹼、胡椒新鹼、水芹烯、丁香烯等成分，香氣濃郁，入口辛辣。胡椒在烹調中有去腥、提鮮、增香等作用，其辣味不像辣椒那麼濃烈，而是一種輕微的辣味，適用於烹煮鹹鮮類、清香類菜肴，以及羹湯、麵食和小吃。例如，烹煮葷腥類動物性食材時，加點胡椒粉，不僅去腥，還可增香；烹煮口味較清淡的食材，如燉雞、燴豆腐等，胡椒粉可提香，使菜肴風味更佳；醃漬品亦可使用胡椒粉，具提鮮、增香的作用。

白胡椒與黑胡椒均可增香提鮮、和味提辣及去除異味。比較起來，白胡椒更為辛辣，但不如黑胡椒濃郁。使用上，中餐的烹調，白胡椒用得較多，西餐則兩者廣泛而平均；歐洲人喜愛白胡椒，美國人喜愛黑胡椒。

⑤花椒：屬於芸香科的落葉灌木，是麻辣味的重要調味料。花椒的主要成分是萜烯類、香茅醇和天竺葵醇，其辣味的主要成分是花椒素（不飽和醯胺化合物）。花椒具有解腥除異味、增添香味的作用。烹飪中多以花椒鹽、花椒粉或花椒油為調味料。花椒一般多與八角、桂皮等香料一起使用。若單獨使用，主要用於川菜的烹調，如麻婆豆腐、椒麻雞等。醃漬肉類、魚類、蔬菜類時添加花椒，可提高醃漬品的風味。花椒也是一種藥材，具有散寒、除濕、溫脾胃等作用，亦可促進食慾。

⑥五香粉：是一種複合性粉末狀香辛調味料，具有五香味。由於不同地方的飲食習慣、烹調方式和食材等差異，「五香」的用料不盡相同；甚至市售的五香粉，各家廠牌的配方也不太一樣。例如北京比較普遍使用的五香粉，是由花椒（18％）、桂皮（43％）、小茴香（8％）、陳皮（6％）、乾薑（5％）和八角（20％）等香料磨粉混合而成；又如雲南通海縣有一種用於烹調的五香滷包，是以桂皮、丁香、砂仁等原料精製而成。五香粉在烹調上，無論炒、炸、燴、燒、蒸、滷，均可使菜肴的色、香、味俱佳。

⑦丁香：又稱紫丁香，是桃金孃科常綠喬木植物，香味主要來自丁香酚、丁香烯、香草醛、醋酸酯類等。烹飪中主要用於滷和燒，如四川的丁香雞、北京的玫瑰肉和美味牛肉乾等，都以丁香為主要香草調味料烹煮而成。製作醉蟹時，將每隻螃蟹的臍蓋打開，放入一根丁香，不但可使螃蟹內部透出香味，而且所含的丁香酚還有一定的殺菌效果。但使用時應特別注意，丁香的香味濃郁，故用量不能太多，同時為了防止丁香黏連在菜肴

上，通常會用紗布包裹後再放入鍋內。

⑧肉豆蔻：又名肉果、剛果，是肉豆蔻科喬木的果實，經乾燥後加工所得。肉豆蔻的香氣成分主要有蒎烯、二戊烯、芳樟醇、冰片、肉豆蔻醚等香味物質，適用於滷、蒸。肉豆蔻常與其他香草調味料（如花椒、丁香、陳皮等）搭配使用。使用時需掌握好適當的用量，因為肉豆蔻精油中含有4％的有毒物質「肉豆蔻醚」，如食用過多，會引起細胞中脂肪變質，使人產生昏睡感、麻痹感，有害健康；若少量食用，則具有暖胃祛痰、消食除積、助消化等藥用功能。

⑨砂仁：又名縮砂仁、陽春砂仁，是豆蔻屬植物的果實。砂仁的香氣主要來自砂仁油中的右旋樟腦、龍腦、醋酸龍腦酯、芳樟醇等。在烹飪中常用於燉、燜、燒等菜肴，以及滷菜時作為調香之用。砂仁既可單獨作為香草調味料使用，也可與其他香草調味料搭配，具有去腥、增香、調香的作用。

⑩孜然：又稱安息茴香、藏茴香，為傘形科植物果實，主要含岩芹酸、苧烯油酸、亞油酸等，具有獨特的薄荷味和水果香氣，並略帶適口的苦味。在烹調中可用來去除羊肉或牛肉的腥膻味。

POINT 629 以孜然調味的特點

孜然，富油性，氣味芳香濃烈，有很好的祛除腥膻異味的作用。

由於孜然在油中煸炒後，香味會更加濃烈，故除了用於烤肉外，較適合煎、炸、炒等烹調方式，可廣泛運用於各種葷、素菜肴，味道濃郁且獨具特色。

用孜然調香，既可使用整粒，也可用磨碎的孜然粉，甚至使用孜然精油。在使用整粒的孜然前，應先去除雜質，用水洗乾淨後晾乾或烘乾，放入瓶、罐中密封保存。

中醫認為，孜然氣味甘甜，辛溫無毒，具有溫中暖脾、開胃下氣、消食化積、祛寒除濕等功效。菜肴中放些孜然可祛除胃中寒氣，此外，孜然還有安神、止痛、醒腦、通脈、降火、平肝、健腎等食療功效。

由於孜然性熱，調味時不宜使用過量，每次約3～8公克即可；夏季應少食，便秘、痔瘡患者更應少食或不食。

POINT 630 調製香料水宜用沸水浸悶

香料水是用桂皮、花椒、八角等多種天然香料調製而成，是一種複合性的香辛液體調味料。以香料水烹調菜肴，可更快入味，使用時靈活方便。但調製香料水時，應用沸水浸悶。

作法：辛香料中加入一定量的沸水，加蓋浸燜，即可防止辛香料中的香味物質揮發過多。以此方式調製的香料水，香味濃郁，沒有苦澀等異味，同時汁水澄清，無渾濁現象。如果直接用水煮辛香料，因溫度過高，時間過長，香料中的香味物質受熱後易揮發，使香味流失過多；同時，許多非香味物質也會逐漸溶於水中，使香料水渾濁色暗，香氣淡薄，並有苦澀味。

POINT 631 辛香料宜裝入滷包袋內使用

在烹調雞、鴨、野味和內臟等肉類食材時，大多使用煮、滷、醬等烹煮方式，調味時通常需混合多種辛香料，如桂皮、八角、小茴香等。但要注意，烹調時，必須把這些辛香料裝入紗布袋或棉布滷包袋，放入鍋中，經湯汁浸潤後，使其沉入鍋底。加熱後，因辛香料集中，香味物質可充分浸出並揮發，香味不僅能互相滲透、擴散，產生層次更豐富的味道，而且可使食材均勻地吸收辛香料的香味，更快入味。

此外，將辛香料裝入袋內使用，除了方便於撇除湯面上的浮沫和油脂，使湯汁清澈不渾濁，又可避免菜肴中有辛香料的碎屑，影響口感和成菜美觀。再者，將辛香料裝入袋內，可便於需要時及時取出，調整菜肴的味道，避免調味過濃，遮蓋食材的原味，甚至產生異味。

POINT 632 辛香料不宜長時間烹煮

烹調中使用的辛香料，是去除異味、增添香味、保留食材原味的重要幫手。

使用時，如烹製時間過長，辛香料的細胞組織會被全部破壞，揮發性香味物質會充分揮發逸出，以致香味過於濃厚，喧賓奪主，遮蓋了菜肴原本想呈現的味道；同時，辛香料中的苦澀味物質會逐漸溶出，使菜肴產生異味。

因此使用辛香料時，一旦味道調整到適中，應立即將辛香料取出，防止味道過濃，影響菜肴品質。

POINT 633 調製魚香汁的方法

魚香汁是利用多種調味料調製成一定風味的醬汁。主要調味料為：醬油、米醋、料酒、白糖、蔥末、薑末、大蒜、味精、濕澱粉、泡辣椒（這是魚香味中最重要的調味料，沒有它就不能形成魚香味，但亦可用紅辣椒糊代替）。

在調味料的比例上，除了白糖和醬油的量要稍多一些外，其餘各種調味料的分量大致都一樣。把上述這些調味料均勻地調和拌勻，即成為魚香原汁。但要加熱後，經過各種調味料互相轉化、對比、消殺作用，才能形成魚香味。

作法：先炒香乾辣椒絲，再倒入魚香原汁，稍炒見稠，立即放入過好油的食材，顛翻炒鍋，即是一道美味可口的魚香味菜肴。

POINT 634 調製怪味汁的方法

「怪味」是一種複合味道，始於四川民間，也是川菜冷盤中頗為獨特的調味方式。怪味汁是用芝麻醬、醬油、醋、辣椒油（用香油炸乾紅辣椒粉）、白糖、花椒粉（花椒炒熟後磨成粉）、蔥花、蒜泥、芝麻（需炒熟）等多種調味料調製而成，結合成鹹、辣、麻、酸、鮮、香等層次豐富的味道，各味俱全，但突出麻辣味，被人們稱為「怪味」。

在調製怪味汁時，首先用醬油將芝麻醬調開，形成稀稠狀，然後把其他各種調味料配好後，分別加入，調和均勻。

在比例上，除了醬油量稍多外，其餘各種調味料的分量大致一樣。怪味汁可用來澆拌煮雞、肉凍，如四川風味的怪味雞，也可以拌涼麵或蔬菜。

POINT 635 調製麻辣汁的方法

將花椒切碎，蔥白、蔥葉剁成碎末後，加入醬油、香油、味精調和而成。麻辣汁適合用來澆拌熟雞肉、熟豬肉，如麻辣雞、麻辣白肉等。

POINT 636 調製蔥油汁的方法

將蔥白切成絲後再切成末，香油燒熱後，淋在蔥白末上，攪拌均勻，使油與蔥白末融為一體，並炸出蔥香味，再放入少量開水，以及少許鹽和味精即可。

蔥油汁可用於烹調蔥油雞、蔥油白肉、蔥油魚、蔥油豆腐等。

POINT 637 調製蔥薑汁的方法

蔥薑汁是烹調肉類時常用的調味料，食用醃肉、醃魚、汆燙小排骨、牛腩、海鮮時加一些，可以去腥提味。作法：薑片6片，磨或切成細末，蔥2根洗淨後切段，再將蔥薑混合後，加入半杯冷開水浸泡2小時，最後將蔥段撈出即可。

POINT 638 調製糖醋汁的方法

糖醋汁口味酸甜，滋味濃厚，是熱菜中最常見的一種調味汁。

糖醋汁是用白砂糖、醋、醬油調製而成。據實驗，在0.1％醋酸溶液中加入5％～10％的糖，就可以調配出可口的甜酸味，即糖醋味。根據味的相互對比現象，在以甜酸味為主味的菜肴中，應加入適量鹹味（鹽或醬油），以使甜酸味更加濃厚豐富。

糖醋汁的作法：將油燒熱後，下蔥末、薑末、蒜末煸炒，使香味透出，加入水、白砂糖、醋、醬油等燒開後，用太白粉勾芡即成。糖醋汁可用於烹煮糖醋桂花魚、糖醋排骨等。

這類菜肴的風味特點是：甜中帶酸，滋味適中，並且揮發出酸香氣味。

POINT 639 調製簡易糖醋醬的方法

先將5大匙番茄醬用小火炒香，再加入4大匙糖、

2大匙醋、1大匙辣醬油及適量鹽和香油，拌勻後一起煮沸，加入1大匙太白粉勾芡即可。

POINT 640 調製茄味汁的方法

將番茄醬、鹽、香油、蔥、薑、白砂糖、味精混合加熱即成，適合用來烹煮茄汁魚片。

POINT 641 調製三合油汁的方法

三合油汁的用料是香油、醬油、醋（比例是1：1：1）、味精。其味鹹、香、酸、鮮，適合拌食涼粉和鮮嫩蔬菜。調製時，亦可加入適量蒜泥，風味更突出。

POINT 642 調製燒烤汁的方法

燒烤汁是複合調味料，呈黑褐色，味道鹹鮮香濃。主要用料有醬汁、蜂蜜、鹽等，並添加了香辛料等配料。

燒烤汁主要用於各類肉食的燒烤。將需要燒烤的食材洗乾淨，瀝乾水分，切成適當的片狀或塊狀後，用燒烤汁醃漬1～2小時，即可燒烤。無須再加任何調味料，烤熟後的食物有濃郁的香味。

POINT 643 伍斯特醬的妙用

伍斯特醬（Worcestershire sauce）起源於十九世紀的英國，二十世紀初傳入亞洲各國。市面上常見的伍斯特醬是瓶裝的，呈醬褐色，其味芳香，甜酸適中，略帶辣味。主要選用優質米醋、洋蔥、丁香、豆蔻、花椒、桂皮等香辛料為原料，並適量添加一些微量元素，高溫熬製後沉澱而成。

伍斯特醬適合用來烹調各種菜肴，如與茄汁配合使用，可烹煮茄汁魚塊、咕嚕肉、乾燒大蝦等。在油炸魚類等海鮮時，可以去除腥味，吃起來芳香可口。另外，伍斯特醬也可以當作蘸料，如拌麵條的佐料和餃子的蘸料。

伍斯特醬具有開胃消滯、提神醒腦的作用。

POINT 644 炒花椒鹽的方法

炒花椒鹽時，需先除去花椒的雜質，用小火炒至淡灰色，取出磨成細末，再將鹽炒至水分都蒸發後取出，與花椒末拌勻即可。花椒鹽多用作乾炸菜肴的佐料使用。

POINT 645 糟滷配製的方法

香糟是製造黃酒剩下的酒糟，主要成分有10％的酒精和20％～25％可溶性含氮物，香味成分主要是酯，有與黃酒一樣的濃郁香味。以下是兩種糟滷配製方法：

①500公克香糟，用2000～2500公克黃酒化開，再加250公克白砂糖，70公克桂花，30～40公克鹽攪拌均勻，放置1～2天，先除去沉渣，然後過濾，濾出的汁液就是糟滷。

②將香糟用開水化開，攪拌均勻，放置一段時間，過濾後的汁液即為糟滷。烹調時再加些黃酒提香。此法與①比較，香味略差些，但黃酒用量少，成本較低。

香糟會愈陳愈香，顏色也愈深，可用來烹煮如糟魚、糟肉、糟蛋等菜肴，也可作為調味使用。

POINT 646 甜麵醬作調味料的要點

甜麵醬又稱甜醬，是以麵粉為主要原料，經製麴和低鹽發酵而成的一種醬狀調味料，廣泛運用在烹調中。甜麵醬有特殊的醬香，口味鹹中帶甜，鮮而醇厚。甜麵醬的主要成分有糖類、蛋白質、胺基酸、脂肪、鈣、磷、鐵及少量乳酸等，不僅可以提鮮、增香、上色，還可以豐富菜肴的營養，提升口感。使用甜麵醬時，應掌握以下幾個要點：

①甜麵醬在炒香上色前，必須用水、醬油、油加以稀釋。用水稀釋較容易炒散，也易於掌握好菜肴的色澤和鹹度。但最好現用現調。

②炒甜麵醬時，油量要適當。若過多，不易將甜麵醬炒香上色，而且油在食材表面會形成保護膜，不利於甜麵醬均勻地黏裹在食材上；但油也不可過少，否則甜麵醬易黏鍋而焦糊，影響菜肴風味。

③炒甜麵醬的油溫要低，一般以90℃～130℃最適

當。油溫若太高，甜麵醬一下鍋，馬上就會凝固成塊，容易變黑、焦苦；但溫度也不應過低，否則無法炒出醬香味，色澤也不紅亮，更不能凸顯風味。因此，建議用中火將甜麵醬炒香上色。

④菜肴若需加湯，不可太多，否則會使甜麵醬與食材分離，影響口感。

POINT 647 調製蛋黃醬的方法和要點

調製蛋黃醬的方法：先將蛋黃攪拌均勻，慢慢加入植物油，邊加邊快速攪拌，當攪拌至黏稠狀時，出現結塊現象，即達到油的飽和狀態；此時可添加少量水攪拌均勻，這時顏色變淺，黏度變小；可再繼續加油，快速朝同一個方向攪拌，直至攪拌到黏稠狀態；再繼續加水、加油攪拌，直至把油加完；最後，加入幾滴醋或檸檬汁，以及糖、鹽等調味料，即成為乳化狀的蛋黃醬。

調製蛋黃醬較合適的比例為：植物油70%，蛋黃12%，冷開水12%，鹽1.4%，醋0.6%，糖2%和少量的芥末粉等其他調味料。

製作蛋黃醬是利用脂肪乳化作用原理。蛋黃中含有10%的磷脂，是很好的乳化劑，當油、磷脂與水一起攪拌時，油即會分散成微小油滴，在這些小油滴的表層，磷脂的疏水基相對，形成薄膜，磷脂的親水基則相對於水分子。由於每個小油滴的表層都有這樣一層薄膜，進而降低了油和水的表面張力，使每個小油滴不會直接接觸，因此，油和水不再分離，形成穩定均勻的乳濁液。

製作蛋黃醬的要點：

①開始時，油量要少一些，使油經過劇烈攪拌後，形成微小油滴，才能分散到水中。如果一下子加了太多油，便無法把油充分均勻地攪拌成微細油滴，而油滴若太大，所形成的乳濁液不穩定，就會出現脫油現象，無法攪拌成黏稠狀態。如果發現有油滲出，可另取鮮蛋黃，慢慢把已脫水的蛋黃加入，仍可恢復乳濁液狀態。

②當攪拌至黏稠狀時，表示油的比例過大，要添加少量的水，將油和水的比例重新調整後，才能繼續加油，再進行攪拌。

③最後要添加少許醋或檸檬酸，為了增加微小油滴的電荷，以增強油滴之間的排斥力作用，使乳濁液趨於

穩定狀態。

④做好的蛋黃醬如不馬上使用，可加入少量經過糊化的黏稠玉米粉，以增加蛋黃醬的黏度，阻礙油滴因相互接觸而聚積成大油滴，藉此也可增加蛋黃醬的穩定性。

POINT 648 番茄醬與番茄沙司的區別

番茄醬和番茄沙司（中國大陸地區常見的調味醬）均為西餐中常用的調味料。製作番茄醬，必須選用紅色種類的番茄，其中以桃形小番茄最適宜。

作法：將番茄切碎，用紗布袋將皮、籽濾出，加熱熬煮至濃度適中後，再加入適量的食用紅色色素和微量防腐劑，裝罐密封。番茄醬通常用來烹調，不適合直接吃。

番茄醬開罐後，應放在耐酸的容器中冷藏，也可用油炸透後隨時取用，以防氧化變質、變色或發黴。番茄沙司不同於番茄醬，沙司是英文 Sauce 的譯音，泛指製作菜肴的湯汁。番茄沙司是以番茄醬為原料，再添加各種調味料製成棗紅色的半流體，口味濃香、酸甜適中。

番茄沙司的作法：將番茄切碎，榨取其汁，加入白砂糖、胡椒粉、五香粉、丁香粉，放入鍋中煮沸，濃縮至適合的濃度後，加入適量的食用紅色色素，調勻，再加入微量的冰醋酸和防腐劑，即可裝瓶。

9

烹調食材的色澤變化

POINT 649 不同顏色的蔬菜營養價值各異

蔬菜的顏色主要有綠、黃、橙黃、紅、紫、白等，這些色彩繽紛的蔬菜，不僅給人不同的視覺感受，所含的營養成分也有區別，對人體健康各有不同的影響。

蔬菜的主要成分是水分，一般含量為60％～95％，蛋白質含量多為3％左右，脂肪含量比較低；除了某些塊根類蔬菜含有澱粉外，大部分蔬菜的澱粉含量都不高。因此，蔬菜的熱量不高，通常並不作為主食。

蔬菜中含有豐富的膳食纖維。膳食纖維是指食物中不能被人體消化吸收的植物性物質，如纖維素、半纖維素、木質素等。膳食纖維雖然不是人體的必需營養素，但是現代營養科學證實，膳食纖維對成年人，尤其是對老年人的健康有著重要的作用，例如防止便秘、降低膽固醇、預防冠心病等。

蔬菜中礦物質含量（尤其是鈣和鐵）亦較豐富，主要是在葉部。但是蔬菜中的礦物質在人體內的利用率比較低，這是因為蔬菜中一般含有大量草酸和植酸，會影響人體對礦物質的吸收和利用。

蔬菜也富含維生素C、胡蘿蔔素（在人體內可轉化為維生素A）和核黃素（維生素B_2），因此，蔬菜是人體獲取這三種維生素的重要來源。這三種維生素的含量，與蔬菜顏色深淺有密切關係。一般來說，以綠色蔬菜含量較多；其次是黃、橙黃、紅、紫色蔬菜；白色蔬菜含量較低。因此，每日宜挑選數種蔬菜搭配食用，既可滿足口味，也有利於攝取完整的維生素。每人每日蔬菜食用量建議是500公克，其中一半是綠色葉菜。

維生素C、胡蘿蔔素和維生素B_2含量的差異，不僅存在於不同顏色、不同品種的蔬菜中，甚至同一棵蔬菜的不同部位，由於顏色不同，維生素含量也有差異。如蔥、蒜等，綠色部位（葉）的胡蘿蔔素含量就比白色部位（莖）高一～十倍；又如芹菜葉中的胡蘿蔔素含量較梗高六倍，維生素C高四倍，所以，吃芹菜只吃梗、不吃葉的習慣，從營養學角度來看是比較不健康的。

蔬菜的顏色不同，除了維生素含量有差異外，給人的視覺感受也不同。營養學家認為，綠色蔬菜給人的感覺是明媚、鮮嫩、味美，且對高血壓及失眠者具有鎮靜作用，並有益於肝臟。此外，綠色蔬菜中含有某些能阻止醣類轉化成脂肪的物質，對肥胖者也十分有益。

以黃色為主的蔬菜有韭黃、金針、胡蘿蔔、南瓜等，給人的感覺是清香脆嫩，清新味甜。

以紫色為主的蔬菜有紫茄子、紫甘藍、紫蘇、紫扁豆等，能調節神經和增加腎上腺素分泌，食之味道濃郁，使人心情愉快。

以白色為主的蔬菜有茭白、蓮藕、竹筍、高麗菜、白色花椰菜、白蘿蔔、馬鈴薯等，給人的感覺是質潔、清爽、鮮嫩，吃了對調節視覺和安定情緒有一定作用。

以黑色為主的蔬菜有黑茄子、髮菜、黑豆、黑木耳、香菇等。黑色是高貴的象徵，給人質樸、強壯的感覺，並可刺激內分泌和造血系統，促進唾液分泌，有益於腸胃消化系統。

由於蔬菜顏色有益於人體健康，近年來，國外科學家利用遺傳基因工程，將果蔬的顏色變化得五顏六色。目前已成功種植的如白皮紅心的蘿蔔，南瓜變得外皮光滑、瓜肉黃中帶紅，高麗菜的菜心成為淡紅色，馬鈴薯變成紫色，還有多種顏色的彩椒等。

食用色彩繽紛的蔬菜，不但可飽眼福，還可飽口福，增進食慾，有益身心健康。

POINT 650 烹調綠色蔬菜宜爆炒、揚鍋

烹調綠色蔬菜應採用高溫快炒的方式，並在烹炒時適當揚鍋，才能較完整地保留蔬菜的綠色。綠色蔬菜之所以呈現綠色，是因為植物細胞中存在葉綠素。葉綠素遇到酸，即會發生化學變化，形成褐黃色的脫鎂葉綠素，稱為「脫鎂反應」。脫鎂反應在室溫下比較慢，因為在植物活體中，葉綠素與蛋白質結合而成為葉綠素蛋白質，這種複合物在室溫下較為穩定，不易與酸起脫鎂反應。但在烹調加熱的過程中，由於蛋白質變性，使葉綠素游離出來，同時因為熱力作用，植物細胞膜破裂，析出植物體中存在的酸，加速了游離的葉綠素與酸接觸而發生脫鎂反應，生成黃褐色脫鎂葉綠素。但葉綠素與酸作用，全部轉變成黃褐色的脫鎂葉綠素，需要一定時間。通常脫鎂反應發生的程度，會隨著烹飪時間延長而增加。實驗證明，烹調10分鐘，就有37.5%的脫鎂葉綠素生成；20分鐘，就有72.5%的脫鎂葉綠素生成，蔬菜顏色很明顯地

會出現褐綠色。因此，採用爆炒方式，減少烹煮時間，才能完整地保留蔬菜的綠色。

蔬菜組織中存在的酸，多是易揮發的有機酸（如草酸）。烹調時，適當地揚鍋，易使有機酸揮發，減少葉綠素與酸接觸的機會。同樣的道理，烹調綠色蔬菜時，蓋上鍋蓋所流失的葉綠素比不加鍋蓋還多。

POINT 651 綠色蔬菜快速汆燙可防止變色

綠色蔬菜在烹調前，可先在95℃～100℃的熱水中迅速汆燙，再高溫烹調，較能維持碧綠的色澤。因為快速水煮可排除蔬菜組織中的氧氣，防止蔬菜經過高溫烹調時，葉綠素因氧化而脫色；蔬菜經過快速汆燙後，會使蔬菜組織中存在的酸大量溶於水中，減少酸與葉綠素作用而形成黃褐色的脫鎂葉綠素，影響綠色蔬菜的色澤。

脫鎂葉綠素的生成速度與加熱溫度、加熱時間有關。如溫度過高，加熱時間過長，有利於黃褐色的脫鎂葉綠素生成；如果溫度過低，時間不夠，則達不到蔬菜保色的目的。因此需掌握好適當的汆燙溫度與時間。

POINT 652 菜乾色澤鮮亮的技巧

經日晒的菜乾，有優劣之分。若要製成顏色鮮亮有光澤、乾爽、清香的菜乾，可參考以下方法：在放了足量水的鍋中加入適量的鹽，待水沸騰後，將準備晒乾的青菜放入沸水中，使之均勻受熱後，迅速撈出，放在陽光充足、通風良好的地方暴晒。充分晾乾後的菜乾要放在乾燥的地方貯存，隔一段時間便需取出晾晒一次。以此方法製作的菜乾可保持鮮亮的色澤，且不易發黴。

POINT 653 汆燙後的蔬菜要迅速降溫

將汆燙後的蔬菜迅速放入冷水中降溫，可保持蔬菜口感脆嫩，色澤鮮豔，翠綠美觀，具有定色保鮮的作用。

蔬菜經過快速汆燙後，仍含有大量的熱量，若不能迅速降溫、散熱，時間一久，蔬菜中的葉綠素因持續處於過高的溫度中，加速了葉綠素與酸的作用，形成褐色的脫鎂葉綠素，使蔬菜變色並失去光澤；維生素會因溫度高而加速氧化，進而被破壞；果膠物質也會因溫度太高而加速水解，使蔬菜失去脆度。

蔬菜降溫常用的方法是用大量冷水或冷風進行降溫散熱。前者因為蔬菜置於水中，易使可溶性營養成分流失；後者因沒有這種因素存在，效果更好。

POINT 654 汆燙後的蔬菜應拌油

快速汆燙後的蔬菜如果還不用立即烹調，應拌點植物油，可以防蔬菜枯萎、氧化變色和維生素 C 流失。

蔬菜經沸水處理後，性質已產生很大的變化，例如去除了外表具有保護作用的蠟質，以及組織中的細胞破損等。若存放不當，極易變色、枯萎、營養成分流失。因此，汆燙後的蔬菜立即拌上一點植物油，能在蔬菜表面形成一層薄油膜，既可防止水分蒸發，保持蔬菜的脆嫩，也可阻止蔬菜氧化變色和維生素 C 流失。

POINT 655 綠色蔬菜過油後更鮮亮

綠色蔬菜如青椒、蒜苗、油菜等，先過油後再烹調，會比汆燙後再烹調更加翠綠鮮亮。這是由於綠色蔬菜在高油溫中，組織細胞內的水分會蒸發，氣體排出，改變了細胞對光的透性，因而顯得更翠綠。另一方面，油脂具有一定的黏稠性，能在蔬菜表面形成一層油膜，油膜的緻密性和疏水性可阻止或減弱蔬菜中呈色物質氧化變色或流失，可達到保色作用。

POINT 656 蔬菜分次炒可保持色澤一致

同一種蔬菜，因部位不同，性質和色澤往往也有差異。烹調時，需要根據食材的性質及火候，分兩次或多次炒。如肉絲炒油菜，可先將肉絲炒熟入味，再炒油菜的葉柄，待半熟後再下入油菜的綠葉。以此方式炒出來的菜，不僅成熟度一致、色澤一致，顏色也十分翠綠。

POINT 657 涼拌綠色蔬菜不宜太早加醋

蔬菜呈現綠色，是因為蔬菜組織中有綠色的葉綠素。葉綠素在酸性環境中會發生化學變化，產生黃褐色的脫鎂葉綠素，這個反應在室溫下的速度比較緩慢。因此，涼拌綠色蔬菜需添加醋時，應於臨上桌前添加，否則會影響綠色蔬菜的色澤。

POINT 658 用熱鹼水汆燙四季豆

四季豆在生長過程中，表皮細胞會向外分泌一種脂肪性的角質物質，使四季豆表皮形成一層角質層。同時，表皮細胞還會分泌大量的蠟質，覆蓋在角質層上面。由於這些物質的覆蓋，遮蔽了四季豆表皮細胞裡所含的大量葉綠素，使四季豆的碧綠色澤不易凸顯出來。

蠟質和脂肪都不溶於熱水，但能溶於熱鹼水，在熱鹼水中會被水解形成鹽而溶於水中。因此水煮四季豆時，在水中添加適量的鹼，四季豆表面的蠟質、脂肪很容易就可脫去，使四季豆表皮細胞裡的葉綠素暴露出來，四季豆會顯得格外碧綠。

同時，葉綠素在鹼性水中不易形成褐色的脫鎂葉綠素，具有保色作用。但加鹼要適度，過量的話會影響菜肴的風味和營養價值。

POINT 659 綠色蔬菜宜低溫貯存

蔬菜採收後在貯存過程中，仍進行著無氧呼吸作用而產生有機酸，促使葉綠素發生脫鎂反應。隨著貯存時間愈長，綠色蔬菜中的葉綠素在酸、氧、酶的作用下逐漸降解，最終生成無色的低分子化合物，使蔬菜的綠色會部分或全部消失。由於類胡蘿蔔素與葉綠素共存於葉綠體中，當葉綠素降解成無色的化合物後，黃色或橙黃色的類胡蘿蔔素即顯露出來，使蔬菜的顏色部分或完全呈現出黃色。同時，隨著葉綠素降解，維生素和其他成分也會發生氧化分解作用，因此，蔬菜變黃也表示鮮嫩蔬菜的生理衰老和食用品質降低。

POINT 660 弱鹼水汆燙的綠色蔬菜不易變色

葉綠素在鹼性溶液中比較穩定，用弱鹼處理後可以提高其 pH 值，防止脫鎂葉綠素生成。此外，葉綠素在鹼性溶液中易水解生成鮮綠色的葉綠酸鹽，葉綠酸鹽較穩定，可防止綠色蔬菜在脫水或冷凍過程中變色。

一般可在氽燙前或沸水中加鹼，將 pH 值調整為6.5～7.0。如青豆、四季豆、毛豆等在氽燙前，可置於2%的碳酸鈉溶液中浸漬30～60分鐘（浸漬時間因食材不同而異）。浸漬溶液的溫度應保持在20℃左右。浸漬後應立即水洗，調整蔬菜 pH 值為7.5～8。如果 pH 值還在9以上，則氽燙後蔬菜的硬度、香味會受到影響。這樣即使能維持蔬菜的顏色，但品質卻已經下降了。

氽燙時，用鈣鹽（如氫氧化鈣）較合適。因為在高溫水煮時，鈉鹽（如碳酸氫鈉等）會使蔬菜組織軟化，影響蔬菜的脆度。

POINT 661 防止綠色蔬菜醃漬變色的技巧

綠色蔬菜（如黃瓜、雪裡紅等）經過醃漬後，常常會褪去鮮綠色，變成黃綠色或灰綠色，降低成品外觀的視覺感受。

醃菜時，使用食鹽濃度為5%～10%的醃漬液，醃漬初期不會發生乳酸發酵及其他的酸發酵，所以，葉綠素發生脫鎂反應的速度比較慢，變色現象不明顯。但當醃漬時間較長、食鹽濃度較低或環境溫度較高時，有利於微生物活動，加速了酸的發酵，醃漬液的 pH 值降低，促使脫鎂葉綠素生成，蔬菜開始變色。隨著醃漬天數增加，脫鎂葉綠素也明顯增加，尤其是 pH 值降至3.4時，變色現象更為顯著。

根據醃漬過程中葉綠素變色的原理，為了讓醃漬蔬菜的色澤漂亮，建議採用以下方法：先將綠色蔬菜用石灰水浸泡，使食材偏鹼性，同時注意調整醃漬液的 pH 值。此外，儘量避免使用精鹽，最好用粗鹽。因為粗鹽中含有鎂和其他的鹽，而鈣、鎂、鈉、鉀等離子在高濃度時，都會對微生物發生生理毒害作用，進而避免產生過多的酸。用粗鹽醃漬蔬菜，既有防腐作用，又可防止蔬菜變色。醃漬時應保持低溫，以減少脫鎂反應，也是防止蔬菜變色的方法。

POINT 662 綠葉蔬菜低溫氽燙可保持綠色

植物的綠葉中含有葉綠素酶，綠葉中的葉綠素在葉綠素酶的作用下，會水解生成甲酯葉綠素酸，呈現亮綠色。葉綠素酶在60℃～75℃時，活性最高。因此，綠葉蔬菜（如菠菜）在烹調前可快速的過水汆燙，促使葉綠素酶發生作用，使綠葉中的葉綠素分解為較穩定的甲酯葉綠素酸。另外，在較低溫度下汆燙時，可將蔬菜組織中的氧氣排出，並析出相當數量的酸，可避免高溫殺菌時發生脫鎂反應和氧化。

POINT 663 醋可使紅心蘿蔔更鮮紅

涼拌紅心蘿蔔時，添加適量的醋，不僅具有消毒殺菌的作用，還可使紅心蘿蔔的色澤更鮮豔。

紅心蘿蔔組織細胞汁液中存在一種色素，稱為花青素，其色澤可隨著 pH 值的不同而改變，在酸性環境中，顏色會偏紅；在鹼性環境中，則呈紫藍色。因此，紅心蘿蔔不能與鹼接觸，否則會影響外觀品質。

POINT 664 草莓不宜多次水洗浸泡

草莓的紅色是由於細胞中存在花青素。花青素是水溶性色素，故草莓用水浸、水洗或洗滌次數過多時，都會使草莓中的花青素溶於水中，導致草莓褪色。

POINT 665 防止草莓水洗變色的技巧

草莓細胞汁液中存在花青素，其顏色可隨著 pH 值不同而呈現出不同的色澤，在酸性環境中偏向紅色，在鹼性環境中則偏向紫藍色。因此，如用硬水（pH 值 8）洗滌或浸泡草莓，會使鮮紅色的草莓變得暗淡或呈現紫藍色。若將洗滌用水先用檸檬酸調整 pH 值，使其偏酸性，即可防止草莓在水洗過程中變色。

POINT 666 防止茄子醃漬變色的技巧

茄子的紫色是因為茄子細胞汁液中含有飛燕草色素，此色素屬於花青色素的一種，在不同的 pH 值中，會呈現出不同的色澤。但花青素與鐵或鋁等金屬絡合後，會生成紫紅色花青素鐵鹽或鋁鹽，它不會因 pH 值的變化而影響色澤。因此，醃漬茄子時與鐵釘一起醃，或添加適量的明礬，可與茄子中的花青素作用而生成紫紅色花青素鐵鹽或鋁鹽，防止茄子在醃漬時發酵產生乳酸，使 pH 值改變而變色。

POINT 667 炒黃豆芽加醋可使菜色潔白

黃豆及黃豆芽的組織中含有無色或淺黃色的黃酮類色素，在酸性溶液中較為穩定；但遇到鹼時，黃酮素即會發生化學變化，生成黃色的查爾酮色素。黃色查爾酮色素遇到酸時，即可恢復成原來的無色或淺黃色黃酮素。因此在烹煮黃豆或黃豆芽時，如用硬水烹煮，黃酮素遇到鹼即生成黃色查爾酮，使黃豆或黃豆芽色澤偏黃；如在快起鍋時加入少量的醋，黃色即會消失，可改善菜肴的外觀。

POINT 668 用含醋的沸水汆燙白色花椰菜

白色花椰菜中含有無色或淺黃色的黃酮素，遇到鹼即形成黃色查爾酮色素，但在酸性溶液中比較穩定。汆燙白色花椰菜時，可在沸水中添加少量的醋，使白色花椰菜處在酸性環境中，即可避免形成黃色查爾酮色素，使白色花椰菜保持潔白晶瑩。

POINT 669 烹調芹菜加醋可防止變成黃綠色

芹菜的組織中含有綠色的葉綠素、無色的黃酮素和黃色的胡蘿蔔素。由於葉綠素含量較大，使新鮮的芹菜呈現鮮綠色。如果用偏鹼性的水（硬水 pH 值8）烹煮芹菜，由於黃酮素在鹼性環境中會發生變化，生成黃色查爾酮色素，使芹菜變成黃綠色。

在烹調芹菜時，可用醋調整水的 pH 值，使其變成中性偏酸，即可避免黃色查爾酮色素生成。但酸性不可過強，否則會使葉綠素發生脫鎂反應，生成褐色的脫鎂葉綠素，使芹菜變成黃褐色，一樣會影響菜肴的外觀。

POINT 670 炒洋蔥宜加乾麵粉

在切好的洋蔥中放些乾麵粉，攪拌均勻後再下鍋炒，可使菜肴色澤金黃，口感脆嫩，美味可口。

洋蔥中含有大量的黃酮素，黃酮素遇鐵、鋁、鉛等金屬，會生成藍色、藍黑色、藍綠色、棕色等不同顏色的絡合物。因此，用鐵鍋或鋁鍋炒洋蔥時，菜肴的色澤會變暗，不明亮。切好的洋蔥經乾麵粉拌勻再下鍋炒，即可以避免洋蔥中的黃酮素直接與鐵、鋁等金屬接觸而變色。

POINT 671 防止麵粉皮因加鹼而變色的技巧

用冷水調製麵團時，添加適量的鹼，製成熟品後，口感爽滑有咬勁。但麵粉中含有黃酮類色素，易與鹼起顏色反應，形成黃色查爾酮色素，使麵粉皮呈現黃色斑點。為了消除色斑，可將一定比例的弱酸鹼金屬鹽和胺基酸混合摻入麵粉中，即可抑制著色反應。例如在2000公克的麵粉中，用750公克水溶解6公克鹼，調製成麵團。如再摻入5公克碳酸鈉和3公克丙氨酸，即可平衡鹼的分量，做成餃子皮、餛飩皮後，不僅口感好，而且沒有暗黃色斑點。

POINT 672 防止饅頭因鹼過量而發黃的技巧

用老麵發酵麵團時，往往有較多的酸味，必須用鹼中和酸生成鹽，才可消除酸味。但加鹼要適量，加太少，不能將酸味完全除掉；加太多，色澤發黃，且味澀難吃；只有適當的量，才能色正味香。因為麵粉中含有黃酮類色素，易溶於鹼液，在鹼液中生成黃色或橙黃色的查爾酮色素，使蒸出來的饅頭變成黃色。但查爾酮在酸性條件下，又可恢復成無色的黃酮類色素，使黃色消失。

因此，在蒸饅頭前，若發現鹼太多了（即麵團呈黃色），可稍候一下再蒸，行話稱為「跑鹼」。所謂「跑鹼」，就是讓麵團中的酵母繼續發酵，產生酸，中和過量的鹼，造成酸性環境，使黃色查爾酮色素再恢復成無色的黃酮類色素。若是蒸了以後才發現鹼過量，不要急著把饅頭拿出來，應立刻把蒸鍋裡的水倒出一部分，加些醋（約100～150公克），蓋上鍋蓋，繼續用小火蒸10～15分鐘，使鹼與蒸氣中的酸逐漸中和，饅頭的黃色即會消失，且不會有酸味。但如果鹼味太重，就不宜使用上述方法。

食用有黑點的茭白筍對人體無害

茭白筍原是淺水裡的一種多年生野草，後來才把它種植在水田裡，培育成一種莖部肥大的蔬菜品種。將茭白筍剖開觀察，會發現莖心裡並不是潔白無瑕，而是有許多小黑點，這是黑穗病菌的孢子。這種黑穗病菌對茭白筍的生長是有利的，對人體也無害處。一般鮮嫩的茭白筍很少出現這種現象，但過老的茭白筍，黑點就比較多。新鮮的茭白筍若不立即食用，不要剝皮，浸泡在清水中，可防止老化，保持肉質白嫩，否則就會長出黑點。

淺色蔬果會因組織破損而變色

大多數淺色蔬菜、水果，如白色花椰菜、蓮藕、茄子、馬鈴薯、芹菜、香蕉、桃子、蘋果、水梨等，其組織中存在多酚類物質和多酚氧化酶，當它們受到機械損傷，如去皮、切開、壓傷等，多酚類物質便會與氧接觸，在多酚氧化酶的催化下，發生氧化反應，生成醌類。

再進一步氧化，聚合形成黑色素。黑色素的色度深淺，會隨著氧化和聚合程度的不同，由淺褐色直至黑色，稱為「酶促褐變」。對淺色的蔬菜和水果而言，不僅有損外觀色澤，對香味及營養價值也有不良影響。

防止淺色蔬果變色的技巧

淺色蔬果之所以會變色，主要是酶促褐變。但酶促褐變必須具備三個條件：蔬果中必須具有多酚類物質及多酚氧化酶；蔬果的組織必須有破損；與空氣接觸。據此，為了防止酶促褐變，應該從降低或抑制酶的活性和隔離氧氣兩方面著手。作法如下：

①加熱處理（即水煮）：來源不同的多酚氧化酶對熱的敏感性不一樣，然而在75℃～100℃時，加熱7～10秒鐘，即可使大部分的酶失活。但水果和蔬菜經過加熱後會影響風味，所以必須嚴格控制加熱時間與溫度，使其既能抑制酶的活性，又不影響蔬菜、水果原有的風味。

②調節pH值：多數多酚氧化酶活性最適宜的pH值範圍是6～7。pH值在3.0以下，活性幾乎完全可以被抑制。一般用檸檬酸、抗壞血酸來調整pH值。

③用二氧化硫或亞硫酸鈉抑制酶的活性：在清洗或加工桃子、蘋果時，可用噴灑氣態二氧化硫的方法，也可用較稀的亞硫酸鈉水溶液浸漬的方法處理。10ppm的二氧化硫即可完全抑制酶的活性。但是如果二氧化硫或亞硫酸氫鈉的用量不當，會使蔬果產生不良氣味，還會破壞維生素B_1；殘留量較高時，對人體健康也有影響。因此，使用量每公斤不宜超過1～3公克。

④鹽也可抑制多酚氧化酶的活性，但需用濃度20%的食鹽水溶液才有效果。

⑤將蔬果浸泡在冷水、糖水或鹽水中，與氧隔離，以抑制酶促褐變。為了達到更好的驅氧目的，可採用真空滲入法：先將切開的蔬菜、水果浸泡在水或糖漿中，進行真空處理，然後突然停止真空，使水或糖漿代替空氣滲入到組織的空隙中，就可以把組織中的氧徹底地除去，以防止酶促褐變。

POINT 676 去除茄子茄鏽的技巧

茄子洗乾淨，切成片、絲、丁後，色澤很快就會變成灰暗色，就是所謂的「茄鏽」。茄子下鍋烹炒後，成菜會呈灰黑色，既不美觀，也不鮮美。因此在烹調前應去掉茄鏽，作法：在烹調前，先把茄絲（或丁、或片）放入濃度約20%的食鹽水溶液中，抓洗片刻，然後擠去黑水，再用清水漂去鹽分，擠去水分後，即可烹調，成菜的色澤就會明亮又美觀。

茄子的組織中含有多酚類物質和多酚氧化酶，當茄子用刀切成絲、片或丁時，與空氣接觸面積增加，因而容易在多酚氧化酶的催化作用下，將多酚類物質氧化成黑色素，使茄子肉很快變色，影響成菜的色澤和風味。多酚氧化酶在濃度20%的食鹽水溶液中，由於食鹽溶液滲透壓較高，因而使它失水而鈍化，避免和減少了對多酚物質的氧化，使茄子不會變色。

POINT 677 炒茄子不變黑的技巧

炒茄子時，運用以下方法可避免茄子變黑：

①茄子要現炒現切：切好的茄子要立即下鍋烹煮，以減少茄子中多酚物質的氧化。

②炒茄子要熱鍋熱油，且油量要多一些：熱油的溫度和傳熱速度均比水要高、要快，能在較短時間內提高食材的溫度。茄子的溫度超過70℃以後，多酚氧化酶大部分將失活，可避免黑色素生成。此外還要注意及時翻動，使茄子受熱均勻。

③茄子快熟時，加入一些切碎的番茄：番茄中含有維生素C可以抑制酶的作用，防止茄子變黑。加入番茄也可為菜肴增加營養素，且更為可口。

④菜肴將熟時，加入鹽和醬油：鹽和醬油勿太早放，否則易出汁。

⑤若不放番茄，可用勾芡的方法，在芡汁中放入少量的醋，也可防止茄子變黑。

POINT 678 防止蓮藕在烹調中變色的技巧

用蓮藕煨湯或剁碎做成丸子，都會使原本雪白的蓮藕發生變色現象，影響菜肴風味。為了防止蓮藕變色，可採用下列方法：

①烹調前，將切成片、絲的蓮藕放入沸水中（可加幾滴白醋）汆燙約10秒鐘，然後再進行烹調，就可以避免蓮藕變色。

②煮蓮藕宜用不鏽鋼鍋或沙鍋，否則會使蓮藕變黑，食用後還會引起胃部不適。

蓮藕的組織中含有黃酮素、多酚類物質、多酚氧化酶。當蓮藕被切成片或絲後，與空氣的接觸面積增加，在氧化酶的催化下，多酚類物質被氧化成黑色素，使蓮藕變色。但多酚氧化酶不耐熱，在100℃的沸水中汆燙10秒鐘即會失活，可避免因酶促氧化而變色。

由於蓮藕的組織中還含有黃酮類物質，與金屬（如鐵、鋁、銅等）接觸也會發生顏色變化，因此，烹調蓮藕時應使用陶瓷器皿或不鏽鋼鍋具。

POINT 679 防止水果剝皮後變色的技巧

將剝皮後的蘋果、桃子、水梨等浸泡在1％的維生素C水溶液中，即可防止發生酶促褐變而變色。

水果變色必須具備三個條件，即存在多酚類物質、多酚氧化酶和氧的環境。這三個條件只要缺少任何一個，便不可能發生酶促褐變。

多酚氧化酶活性最適宜的pH值範圍是6～7，但當pH值在3.0以下時，其活性幾乎完全被抑制。維生素C對多酚氧化酶除了降低pH值外，還能消耗溶液中的氧，達到抑制褐變的良好效果。使用抗壞血酸與檸檬酸的混合液，效果更好，因為檸檬酸除了可降低pH值外，還能與多酚氧化酶的銅輔基進行絡合，使多酚氧化酶失活。實驗證明，將剝皮後的水果，浸泡在用0.5%的檸檬酸與0.3%的抗壞血酸混合而成的水溶液中，可得到較好的防褐變效果。

將去皮的桃子表面塗上砂糖液，使桃子組織中的多酚類物質與空氣隔離，對多酚氧化酶活性有減弱的作用，能抑制酶促褐變發生，防止桃子表面變色。但糖液不能太稀或太濃，太稀反而會增強酶促褐變，太濃則會引起細胞脫水，使果肉收縮。砂糖濃度建議在35%。

POINT 680 防止馬鈴薯絲變色的技巧

馬鈴薯中含有酚類胺基酸，如酪氨酸，同時還存在酚類氧化酶。一旦組織破損（如切成絲或片），與空氣接觸，即會發生酶促褐變，使馬鈴薯絲變成粉色或褐色。如果將切好的馬鈴薯絲立即浸泡在清水、糖水或鹽水中，與空氣隔離，即可抑制酶促褐變，防止變色。但浸泡時間和撈出水後放置的時間不能過長，因為浸泡時間太長，存在組織中的氧也會使馬鈴薯絲發生緩慢的褐變。

POINT 681 檸檬、柳橙汁不宜用銅、鐵容器盛放

檸檬汁、柳橙汁等果汁都含有豐富的維生素C，暴露在空氣中易被氧化，氧化物會進一步發生水解、失水，然後聚合生成黑色素，使果汁變色。金屬容易加速維生素C的氧化褐變速度，其中鐵、銅影響較大，鋁次之。因此，用銅、鐵容器盛放果汁，容易引起褐變和沉澱，影響果汁的色澤和營養價值。

POINT 682 新鮮動物肌肉呈鮮紅色

動物肌肉中的色素，主要來自肌紅蛋白中的血紅素。

在動物活體中，肌肉色澤主要是由肌紅蛋白與氧結合形成鮮紅色的氧合肌紅蛋白構成。屠宰後經過放血的肌肉，由於血液停止對肌肉供氧，酮體肌肉色澤便由紫紅色的肌紅蛋白構成。因此，動物剛被屠宰後，酮體肌肉色澤為紫紅色；但經過「後熟」步驟，由於肌紅蛋白與空氣接觸，有更多的機會與氧結合，形成鮮紅色的氧合肌紅蛋白，使肌肉呈現鮮紅色。因此，新鮮動物肌肉的色澤應是鮮紅色。

POINT 683 不同種類動物的肌肉深淺不同

動物肌肉的紅色是由肌紅蛋白（占70％～80％）和微血管中的血紅蛋白（占20％～30％）構成。但在屠宰放血後的肌肉，90％以上是肌紅蛋白，肌肉微血管中還有少量血液存在，對肌肉的顏色仍有不同程度的影響。

各種畜肉中的肌紅蛋白含量不一樣。例如：小牛肉和豬肉的肌肉中，肌紅蛋白的含量為0.1％～0.3％；成年牛、羊的肌肉中，肌紅蛋白的含量高達0.5％～1.0％，所以前者肌肉的紅色相對來說較淺，後者則呈深紅色。

水產品中的色素有肌紅蛋白、類胡蘿蔔素、歐姆色素、黑蛋白等。水產品肌肉色素大部分是由肌紅蛋白組成，肌肉中，肌紅蛋白含量與水產品品種有關，如紅色度深的鮪魚，肌肉中含有0.5％的肌紅蛋白，白色魚肉中則幾乎沒有。

一般來說，魚肉的色澤較獸肉淺，這是由於魚肉的肌紅蛋白含量少，同時魚肉微血管分布較溫血動物少，而微血管中血紅蛋白對肌肉的紅色有不同程度的影響。

POINT 684 從肉類色澤變化可判斷新鮮度

新鮮的肌肉呈鮮紅色，主要是來自氧合肌紅蛋白。鮮紅色的新鮮肌肉在存放過程中，由於鮮肉組織中的酶還在繼續進行呼吸作用，需要氧氣；而且在貯存過程中，肌肉組織受到細菌的汙染，細菌生長繁殖需要大量氧氣，因而使肌肉組織中含氧量減少，鮮紅色的氧合肌紅蛋白就轉變成紫紅色的肌紅蛋白，使肌肉色澤轉變成紫紅色。當氧壓再繼續下降時，紫色的肌紅蛋白中血紅素的亞鐵，就被氧化成高鐵，形成褐色的高鐵肌紅蛋白，肌肉的色澤便會逐漸變成灰褐色或黃褐色。

由此可知，動物肌肉色澤的變化，與動物肌肉組織中的含氧量有關，而含氧量的多寡，又與肌肉組織受細菌汙染的程度有關。被細菌汙染程度愈大，則氧壓愈低，肌肉色澤變化愈大，形成的黃褐色愈深，表示肉類的新鮮度較差。因此，從肉類色澤變化即可判斷新鮮度。

POINT 685 白煮肉出現粉紅色對肉質無影響

新鮮豬肉加熱後，肌紅蛋白中的蛋白質因受熱而變性，失去對血紅素的保護作用，游離的血紅素易被氧化成褐色的高鐵血紅素，因此，豬肉用清水煮過之後會呈褐色。

但貯存時，肌肉表面或內部有時會出現粉紅色，這是由於蛋白質變性後，肽鏈伸展開，使部分巰基（-SH）暴露出來，巰基具有還原作用，可將褐色高鐵血紅素還原成紅色的亞鐵血紅素，使煮過的豬肉出現粉紅色。但這種現象對肉質的營養和衛生沒有影響。

POINT 686 冷凍變綠的肉不能食用

肉類若貯存或冷凍過久，由於被細菌汙染，某些細菌在生長繁殖的過程中會產生過氧化氫。過氧化氫是強氧化劑，可以把肌紅蛋白中的血紅素氧化成膽綠蛋白，使肌肉呈現綠色。

剛屠宰的新鮮肉，由於細胞中過氧化氫酶還保持活性，即使被細菌汙染，也不會使肉變綠。這是因為細菌生長所產生的過氧化氫能立刻被過氧化氫酶破壞，不會有過氧化氫的積累，所以，新鮮的肉類不會發生綠變現象。當肉類變綠時，不僅肉色產生變化，品質和口味也下降，已失去食用價值，應丟棄，以免傷害健康。

POINT 687 醃漬肉品中的硝酸鹽或亞硝酸鹽

硝，學名為硝酸鹽；快硝，稱為亞硝酸鹽。常用的硝酸鹽有兩種，即硝酸鉀（火硝）和硝酸鈉（皮硝）。

醃肉或肉製品（如香腸、火腿等）加工時，除了添加鹽和各種辛香料外，還需添加適量的硝酸鹽或亞硝酸鹽。硝酸鹽的作用：當作肉製品的發色劑（或稱呈色劑），使肉製品處於穩定的鮮紅色狀態；提高肉製品的風味，防止變味；特別是可以抑制肉毒桿菌的生長繁殖。

硝酸鹽在肌肉中的還原物質作用下，還原成亞硝酸鹽（如直接添加亞硝酸鹽，就不必經過此步驟，因此得名「快硝」）。亞硝酸鹽在酸性條件下（肌肉pH值為5.5～6.4）會形成亞硝酸。亞硝酸不穩定，會分解成一氧化氮（NO）。一氧化氮遇到肌肉組織中的肌紅蛋白，會生成鮮紅色的亞硝基肌紅蛋白。因此，肉製品中的鮮紅色主要由亞硝基肌紅蛋白而來，所以，硝酸鹽能作為肉製品的發色劑。

但是在醃漬的肉製品中，若殘留過多的亞硝酸根時，會與肉中存在的仲胺類進行反應而生成有致癌作用的亞硝胺類。因此，亞硝酸鹽用量一定要適當，一般要求肉製品中的亞硝酸根殘留量不得超過30～50ppm。

POINT 688 硝酸鹽醃漬的肉加熱後色澤鮮豔

用硝酸鹽醃漬的肉類，色澤主要由亞硝基肌紅蛋白決定。鮮紅色的亞硝基肌紅蛋白經加熱、蛋白質變性後，又結合一個分子的一氧化氮，形成更穩定鮮亮的玫瑰紅色的亞硝基血色質，因此醃肉的色澤更穩定、更鮮豔。

POINT 689 硝酸鹽醃漬肉類要加抗壞血酸

用硝酸鹽醃漬肉類時，需添加一定量的抗壞血酸。因為抗壞血酸具有極強的還原性，可防止亞硝酸鹽把肌紅蛋白氧化成褐色的高鐵肌紅蛋白；也能促使亞硝酸產生更多的一氧化氮，促進鮮紅色的亞硝基肌紅蛋白形成，進而改善肉製品的風味，加快醃漬速度，色調均勻。醃漬時，抗壞血酸的量不能過多，否則易使肉製品變色。一般建議為200毫克／公斤。

POINT 690 防止肉製品貯存過久變綠的方法

貯存過久的肉製品（如香腸、火腿等），有可能在肉製品中央出現均勻或不規則的綠色斑點或綠色環，這就是肉製品的綠變現象。其原因可概括地分為化學綠變和細菌綠變。

所謂化學綠變，是在醃漬過程中添加了過量的硝酸鹽和抗壞血酸而引起。過量的抗壞血酸與氧合肌紅蛋白反應生成強氧化劑過氧化氫，過氧化氫將血紅素氧化成膽綠素，使肉製品肌肉呈現綠色。同時，過量的硝酸鹽形成硝酸後，也是強氧化劑，也會使血紅素氧化成膽綠素。因此為了避免肉製品在貯存過程中引起化學綠變，醃漬時，必須嚴格控制硝酸鹽和抗壞血酸的用量。同時醃漬時溫度不宜過低，時間不能過短，浸漬也要充分拌和均勻，使所添加的硝酸鹽和抗壞血酸充分發揮作用，避免積累。

由細菌所導致的綠變，主要是一些耐熱性和耐鹽性較強的細菌活動產生的過氧化氫，直接把肌紅蛋白氧化成綠色的膽綠蛋白，致使肉製品呈現綠色。由於細菌引起的綠變與空氣中的氧氣有關，而肉製品外層氧壓較高，所以，肉製品組織的外層容易出現綠變，腸製品則會出現綠色環。如果肉製品的組織不堅實，氧能夠進入組織內部，這時，肉製品的中央也會出現綠變。採用真空包裝和低溫貯存，即可防止由細菌引起的綠變。

POINT 691

防止火腿出現黃褐色的方法

火腿在加工時，會用硝酸鹽進行醃漬，硝酸鹽在一定條件下會分解成一氧化氮，一氧化氮與火腿肌肉中的肌紅蛋白結合生成鮮紅色的亞硝基肌紅蛋白，因此，新鮮、品質好的火腿表面應呈鮮紅色。火腿在存放過程中，由於表面受光的作用，亞硝基肌紅蛋白分解成肌紅蛋白，接著肌紅蛋白被氧化成高鐵肌紅蛋白，使火腿表面出現黃褐色，但火腿內部仍然是鮮紅色，因而風味不受影響。但放了太久的火腿內部也會逐漸出現黃褐色，影響肉質和風味。

這種褐變現象，受環境中氧的濃度、溫度和光的強度影響很大。因此，火腿應在避光、低溫和儘量減少與空氣接觸的條件下貯存，最好採用不透氧和遮光性材料來包裝。

POINT 692

防止蛋黃表面出現灰綠色的方法

蛋類的營養成分豐富，具有人體生長發育所必需的各種營養素，且比例恰當而合理，在人體內消化率高達99.6％。因此，蛋品是人們飲食中不可缺少的食物。一般來說，蒸、煮蛋比煎、炸蛋的營養價值更高。但新鮮蛋品，如雞蛋、鴨蛋，在沸水中煮的時間若太長（超過10分鐘），蛋的內部就會發生一系列的化學變化。如蛋品中蛋白質含有較多的蛋氨酸，經過長時間加熱後，蛋氨酸會分解出硫化物，與蛋黃中的鐵發生反應，在蛋黃周圍形成綠色或灰綠色的硫化亞鐵。由於硫化亞鐵不易被人體吸收利用，因而降低了蛋的營養價值。

因此，雞蛋既不能生吃，煮的時間也不宜過長。一般在水沸騰後再煮5分鐘左右較合適，可避免蛋黃周圍變成綠色或灰綠色。但變質或存放時間過久的雞蛋、鴨蛋也會出現綠色，表示蛋品的新鮮度下降，不宜再食用。

POINT 693 防止鮮蝦冷凍後生成黑色斑點的方法

新鮮蝦體的外觀鮮亮光潔，呈半透明狀。但將鮮蝦存放一段時間或冷凍後，蝦體會失去光潔度，變成褐色或出現黑色斑點。這是因為蝦肉蛋白質中含有較多的酪氨酸，同時，蝦肉組織中還含有酪氨酸氧化酶，對酪氨酸具有催化氧化作用。鮮蝦在貯存過程中，酪氨酸在氧化酶的催化下，會發生氧化聚合反應而生成黑色素。該色素不溶於水、酸和脂肪，因而沉積在蝦殼表面。該色素易被過氧化氫所漂白，但一般認為用維生素C或亞硫酸氫鈉浸泡，效果較好。若將新鮮的蝦用水洗淨後，在1.25％亞硫酸氫鈉水溶液中浸泡1分鐘，取出瀝乾後再冷凍，即可防止黑色素生成。用1％維生素C水溶液浸泡1分鐘，亦可防止褐變發生。

POINT 694 從蝦、蟹的色澤變化判斷新鮮度

蝦、蟹中含有蝦黃素色素，與蛋白質結合後會形成蝦黃素蛋白質。由於結合方式和結構不同，不同來源的蝦、蟹（尤其是蟹）會呈現青褐色、綠色、藍綠色等不同色澤。蝦、蟹加熱後，蛋白質發生變性，紅黃色的蝦黃素即游離而出。游離型的蝦黃素極不穩定，可進一步被氧化成紅色的蝦紅素，使蝦、蟹出現誘人的紅色。如果蝦、蟹的新鮮度下降，也會出現紅黃色或紅色。這是

因為蝦、蟹貯存時間過久，以致蛋白質變性，紅黃色的蝦黃素即游離出來，或一部分被氧化成紅色的蝦紅素，使蝦、蟹出現紅黃色或紅色。因此，經由蝦、蟹的色澤變化，即可判斷新鮮與否。

蟹的內臟中（如蟹黃內），含有黃色、橙黃色的類胡蘿蔔素色素，這種色素不溶於水，但能溶於脂肪。因此，蟹黃中的類胡蘿蔔色素可以透過組織中的脂肪，滲透到其他不含此色素的肌肉中，使其被汙染，導致原來潔白的肌肉變成橙黃色。但滲透速度緩慢，只有冷凍時間過久時才會出現此現象。因此，透過蟹肉顏色的變化，也可以判斷新鮮度。

貯存過久的蛤蜊肉或牡蠣罐頭等，部分肌肉會變成橙黃色，也是同樣的道理。

POINT 695 帶魚新鮮度下降會出現黃褐色

新鮮的帶魚呈銀灰色，且帶有光澤；但當新鮮度下降後，帶魚表面即會出現黃色或褐黃色。因為帶魚是脂肪含量較多的魚類，如果沒有妥善貯存或冷藏時間太久，魚體表面脂肪因長期與大量空氣接觸而發生氧化，生成的氧化物與胺基酸（由蛋白質分解而來）發生化學反應，進而生成黃色或黃褐色的色素。由此可見，一旦帶魚發黃，就表示魚肉已經開始變質。

POINT 696 花枝、章魚新鮮度下降會出現紅色

花枝、章魚表皮的顏色是由多種色素形成，其中主要有歐姆色素和蝦黃素。歐姆色素在鹼性中呈紅葡萄酒色，當魚體的新鮮度下降後，歐姆色素就溶解在微鹼性的體液中，使魚體表面呈現紅色。

蝦黃素會在新鮮花枝或章魚的表皮上與蛋白質結合形成青灰色或灰黑色。如果花枝、章魚貯存過久，由於蛋白質變性，使蝦黃素游離出來，並與空氣接觸，被氧化後生成紅色的蝦紅素，就會使魚體變紅。如果花枝、章魚的表皮由青灰、灰黑色逐漸變紅，就表示新鮮度已經下降，不建議食用。

新鮮花枝、章魚等經過烹調後會出現紅色，這是正常現象。因烹煮後，蛋白質受熱而變性，游離的蝦黃素

被氧化成紅色的蝦紅素，使得魚體變紅。

POINT 697 防止醃漬鹹魚變紅的方法

鹹魚魚體發紅，是因為嗜鹽菌繁殖的結果。這種菌在醃漬鹹魚的過程中，會隨著鹽一起被帶到魚體內，一旦遇到適宜的條件（如溫度、水分），就可迅速生長發育，產生紅色色素，使魚體出現紅色斑點；若再繼續發展，會出現大量的紅色黏質薄膜；到最後，魚體上就會全部覆蓋紅色黏膜，甚至還會滲入到魚體內部，散發特殊氣味。一般來說，只要「赤變」未到最後階段，洗去紅膜後再食用，對人體並無傷害，但品質和口感已明顯降低。因此，鹹魚若開始變紅，代表魚肉已經變質。

鹽中的細菌，以日曬鹽最多，煎熬鹽較少，岩鹽則幾乎沒有。嗜鹽菌生長所需的溫度，在濕度較高的情況下，通常是45℃～48℃。為防止因食鹽中細菌生長所產生的色素引起魚體變色，可添加適量防腐劑；鹽漬製品應用真空包裝或低溫貯存；此外，由於嗜鹽菌對淡水抵抗力較弱，故水產品在醃漬前應充分使用淡水漂洗，也能避免嗜鹽菌生長。

POINT 698 炒製糖色的技巧和要點

烹調時經常會運用到的「糖色」（焦糖色素），就是用糖和油或糖和水（添加油或水的比例通常很小）炒製而成。原理：當加熱溫度超過蔗糖的熔點（160℃～168℃）時，蔗糖就會發生脫水降解反應，降解生成的小分子產物經過聚合、縮合後，生成黏稠狀黑褐色物質，稱為醬色或焦糖色素，此反應則稱為焦糖化反應。

在炒製糖色的過程中，應掌握以下要點：

①必須嚴格控制溫度：溫度過低，無法形成糖色；但若過度加熱，則會導致炭化，使蔗糖變成焦糊狀，影響糖色的溶解度與著色力。

②必須不斷地攪拌：在焦糖化的開始階段，由於是放熱反應，比較難以控制溫度，因此必須不斷地攪拌，以防止溫度上升得過高、過快，影響糖色的品質。

③當焦糖化達到一定程度後，要加水降溫：降溫可減少焦糖樹脂化，也就是進一步聚合。

④可用酸或鹼或鹽作為催化劑，促使焦糖色素形成：如用氨或銨鹽作為催化劑製造焦糖色素，著色力會顯著增加，可縮短焦糖化所需的時間，但同時也會生成副產物4－甲基咪唑，對人體健康有不良影響。因此，焦糖色素中的4－甲基咪唑含量不得超過200毫克／公斤。

焦糖色素在烹飪中應用極廣，能使菜肴色澤紅潤美觀，並能除腥膻，解油膩，味美醇香，誘人食慾。

POINT 699 判斷焦糖色素品質的方法

焦糖色素是一種紅褐色或黑褐色的膠狀物質。一般市面上販售的種類有液體、固體或噴霧乾燥粉劑。判斷焦糖色素品質的好壞，有以下幾個方法：

①著色力：焦糖色素的著色力強度，與呈色的高分子化合物含量有關。高聚物應占固形物的25％，否則著色力便較弱。

②穩定性：指焦糖色素在使用過程中有無沉澱現象產生。為此，必須了解焦糖色素的等電點，也就是能使焦糖色素沉澱時的pH值。焦糖色素依製造方法不同，可分為：帶負電荷（等電點時，pH值為1.5～3）、帶正電荷（等電點時，pH值為7）和不帶電荷（等電點時，pH值為3～6.9）。了解焦糖等電點時的pH值，才能正確地使用它。例如，在一種pH值為4.2～5的飲料中，若使用等電點的pH值為4～5的焦糖色素，就會出現絮狀物，變得渾濁，甚至沉澱。

③溶解度：焦糖色素在貯存過程中仍會繼續發生變化，形成更大的聚合物，使得溶解度下降。在常溫下，焦糖色素的保存期限為1年，這段期間若出現渾濁沉澱，就表示焦糖色素已經變質。

POINT 700 紅燒菜放糖可使菜肴色澤明潤

白砂糖的主要成分是蔗糖，外觀晶瑩潔白，或呈淡黃色。紅燒菜肴上色就是利用糖的焦糖化反應，加入適量的焦糖色素（糖色），使菜肴色澤紅潤，汁明油亮，同時焦糖化過程中還會分解產生香味物質。因此，糖在紅燒菜肴中具有呈色、提香作用，誘人食慾。

POINT 701 肉類要趁熱抹上糖色並晾乾後再炸

肉類經過水煮後，皮層組織有一定溫度，可提高表皮對糖色的吸附能力，使糖色易於黏掛抹均，並且黏得牢固。同時，肉皮表面經過水煮後，由於膠原蛋白質水解成明膠，明膠遇熱時具有一定黏度，所以趁熱抹上糖色，較易均勻上色。炸的時候糖色不易脫落，著色力強，成品色澤紅潤，鮮豔美觀。

但肉類在抹勻糖色後，不宜立刻下鍋油炸，應吊起來晾乾後再油炸或燒烤。因為當食材表面的水分風乾或減少後，糖色的黏度會增加，可牢固地附著在食材表皮上，經過油炸或燒烤，較不易脫色，烹調出來的成品紅潤光亮，色澤均勻，能保持油脂潔淨，令人賞心悅目。

POINT 702 燒烤鵝、鴨時表皮宜塗抹麥芽糖

麥芽糖甜味柔和，清香爽口，是常用的甜味劑。麥芽糖是澱粉經過麥芽糖酶水解而得，主要成分是麥芽糖和糊精，其中麥芽糖約占三分之一。麥芽糖的吸濕性強，甜度約為蔗糖的一半，在高溫下易發生縮合而形成焦糖色素。同時，麥芽糖也容易與蛋白質、胺基酸在高溫下發生聚合、縮合反應，形成類黑色素，其色澤會隨溫度升高而呈現不同色彩，即由淺黃→紅黃→醬紅→焦黑，這種反應稱為梅納反應。麥芽糖發生梅納反應的同時，亦有降解反應發生，生成揮發性的呈香味物質。因此，麥芽糖用於烘烤食品時，具有呈色、提香和保濕的作用。

燒烤鵝、鴨時，在表皮塗抹一層麥芽糖後，由於麥芽糖具有吸濕性，可以防止食材因燒、烤而變得乾燥發柴。同時，麥芽糖中的糊精黏度較大，可緊緊地裹在食材表面，經過燒、烤後，發生糊化脫水而形成硬殼，可防止食材脂肪外溢，使菜肴滋味更加濃郁，風味突出。

此外，食材的外皮均勻地抹上麥芽糖後，經過燒、烤，麥芽糖與食材中的胺基酸、蛋白質發生梅納反應，產生類黑色素，使成品呈現誘人的色澤，且著色均勻而牢固，可使燒烤菜肴色澤達到鮮豔紅亮的效果。麥芽糖不僅能使菜肴外表色澤美觀，與胺基酸在高溫下也會發生降解反應，生成呈香味物質，可去除鵝、鴨的腥味，增加香味，使成品口感具有獨特風味。

POINT 703 奶粉變色後會影響營養價值

新鮮奶粉通常呈淡黃色。奶粉中含有豐富的乳糖和蛋白質，如在較高溫度（37℃以上）和濕度的環境中貯存過久，乳糖與蛋白質、胺基酸會發生梅納反應，生成黑色素，使奶粉變色。黑色素不溶於水，也不能被人體消化吸收，因此一旦奶粉或冰淇淋粉變色後，營養價值也隨之降低。

梅納反應需要有水分才能進行，水分在10％～15％時最容易發生褐變。因此將奶粉、冰淇淋粉的水分控制在3％以下，即可防止梅納褐變反應，避免奶粉變色，確保營養價值。

POINT 704 蜂蜜用少量水化開後才易掛色

蜂蜜中的主要成分是果糖和葡萄糖（轉化糖），在高溫下易與蛋白質、胺基酸發生聚合、縮合反應，形成黑色素。因此在肉類表面塗抹蜂蜜後，經高溫油炸或燒烤，可使肉類表皮的色澤紅中透亮；由於果糖具較強的吸濕性，亦可防止食材在燒、烤、炸時變得乾燥發柴。

蜂蜜的濃稠度大，含糖量較高，不容易均勻地塗抹在食材表面，以致經過油炸或燒烤後，成品色澤會深淺不一。因此在塗抹前，可先將蜂蜜用少量水化開，調製到適當的稀稠度，塗抹時才能黏掛均勻。

POINT 705 防止湯團粉變色的方法

湯團粉也叫水磨粉，是糯米或糯米摻少量白米，以水浸泡、水磨後，瀝水、曬乾而成，是做湯圓、元宵和年糕的材料。製作時，如果最後一道步驟沒有確實曬乾或烘乾，湯團粉中的濕度太大，很快便會長出紅酵母菌。紅酵母菌的菌落呈粉紅色，汙染了糯米粉後，遇到適宜的溫度（20℃）和濕度（含水為40％～50％），便會大量生長繁殖。當紅酵母菌的數量在湯團粉中達到每公克228個時，水煮元宵即會出現粉紅褐色斑點；若高於此數值，則會變成紅褐色。

要防止湯團粉變色，最好在0℃～10℃環境中低溫冷藏。或是採用濕藏法，將濕粉團裝入布袋內，袋口束緊，在4℃～10℃的室溫，浸泡於清潔的水中，隔2天更換一次冷水。元宵或湯圓如未妥善保存，也會出現紅色，吃起來有酸味，表示食物已變質，不宜再食用。

POINT 706 核准使用的食用人工色素種類

食用人工色素是由人工用化學方法合成。相較於天然色素（指由動、植物組織中提取的色素），食用人工色素的色澤鮮豔，性質穩定，著色力強，使用較方便，因而很受歡迎。但由於大多數食用人工色素都對人體健康有害，所以食品藥物管理署（簡稱食藥署）對於食用人工素的使用有嚴格規定。目前台灣核准使用的八種食用人工色素有：紅色六號、紅色七號、紅色四十號、黃色四號、黃色五號、綠色三號、藍色一號及藍色二號。

POINT 707 使用食用人工色素的注意事項

為了增添菜肴或糕點的外觀顏色，或得到食物原來天然鮮豔的色澤，給人們視覺上美的享受和促進食慾，可以使用食用人工色素進行著色。調製食用人工色素時應注意下列幾點：

①使用食用人工色素時，其種類、用量和使用範圍都要符合食藥署的規定。

②必須將色素顆粒或粉末溶解成溶液後再使用，否則不易均勻著色而出現深色的斑點。使用濃度一般為1%～10%。

③應用冷開水或蒸餾水配製色素水溶液。因為水的硬度若太大，容易使色素形成難溶解的色沉。

④應按每次用量配製色素溶液的量。剩餘的溶液應避免陽光直射，最好密封後保存在陰暗處。長期低溫放置或因陽光影響，會使色素溶液發生沉澱或氧化變色。

⑤配製溶液時，應儘量避免與金屬器皿接觸，否則易使色素褪色。

⑥色調選擇應與菜肴食材的色彩相似，才不會突兀。

⑦目前食藥署規定只允許使用八種合成色素，因而顏色較為單調。為了豐富食用人工色素的色調，以滿足菜肴多方面著色的需求，可將上述八種食用人工色素依

不同比例混合調色。使用紅、黃、藍三種基本色，可以調配成各種不同的色調，詳細的調色情況如下：

紅	黃	藍	紅	黃	（基本色）
橙	綠	紫	橙		（二次色）
橄欖	灰	棕褐			（三次色）

食用人工色素溶解在不同的溶劑中，會產生不同的色調和強度；尤其用兩種或數種食用人工色素拼色時，情況更為顯著。如各種酒類因酒精含量不同，溶解後色調也各不相同，故需要按照酒精含量及色調強度的需要進行拼色。此外，調配的各種色素，由於對陽光的穩定性不同和受到水分蒸發等因素影響，都使色調的強度發生變化。影響食品著色的因素很多，變化也較複雜，需要在實作中累積經驗，以得到較好的著色效果。

POINT 708

色酒褪色的原因

加入色素所調配的酒，稱為色酒。通常用的色素為黃色、紅色、藍色等，這些色素在陽光、熱等因素影響下容易氧化而褪色。例如，青梅酒是加入藍色和黃色色素配製而成的色酒，若放置時間過長，或在貨架上經燈光照射，酒中的藍色逐漸被氧化，顏色由深綠色逐漸變成淺綠色，甚至成為黃色。色酒顏色褪去後，商品價值降低，但飲用後對人體健康並無不良影響。

10

配菜技巧

POINT 709 配菜在烹飪中的地位與作用

隨著經濟發展和科技進步，人們對於健康飲食的要求愈來愈迫切。在烹調過程中，健康的配菜是很重要的環節。各種不同的食材經過豐富的組合搭配，就能使菜肴更營養、更健康。

①適當的配菜可提高食慾：各種食材都有其自然的美麗色澤，如：紅色的番茄，橙色的胡蘿蔔，綠色的青菜，紫色的茄子……。這些不同顏色的蔬菜經適當的搭配，可使菜肴的色澤更亮麗美觀，給人悅目愉快之感和美的視覺享受。此外，還能引起生理上的條件反射，促進人體內消化液的分泌，增進食慾，提高消化吸收的能力。

②適當的配菜可提高菜肴的營養價值：我們每日所攝入的食物，少則數種，多則達數十種，各種食物中所含的營養素，無論是質還是量均有較大的差別。透過適當的搭配，主食和配菜中的營養素能夠互補，使菜肴的營養素更加完整，不僅有利於人體更全面地吸收和利用，還能避免長期食用單一種類食物所帶來的影響，對人體健康更為有利。

③適當的配菜可提升菜肴的香味：烹調食材的種類繁多，味道各異，透過適當的搭配，再施以適量的調味，就能使菜肴濃淡相宜，滋味鮮美，香味濃郁。

④適當的配菜可增加菜肴的變化：經由各種烹調食材的搭配組合，能形成各種不同風味的菜肴，增加菜肴的變化，使餐桌更豐富，提升生活樂趣。

⑤適當的配菜具醫療保健作用：配菜若能搭配適量醫食兼補的食材，不僅具有醫療保健作用，也能強身健體。

POINT 710 食物中的營養素

為了維持身體健康、生長發育和正常的活動能力，我們必須從食物中獲取具有營養功能的成分，這些成分稱為營養素。

營養素的重要功能有：供給能量，維持生命活動；構成新生細胞，維持生長；修補組織，調節生理功能等。

迄今為止，我們所知道的營養素有四十多種，大致可分為八類：醣類（碳水化合物）、蛋白質、脂類、無機鹽（礦物質）、維生素、水和膳食纖維，除此之外，還有來自於植物中的植物化學物質。

營養學中常將蛋白質、脂類和醣類等稱為宏量營養素，將無機鹽和維生素等稱為微量營養素。但是這八種營養素並非同時都具備上述三個方面的生理功能，如圖1所示。

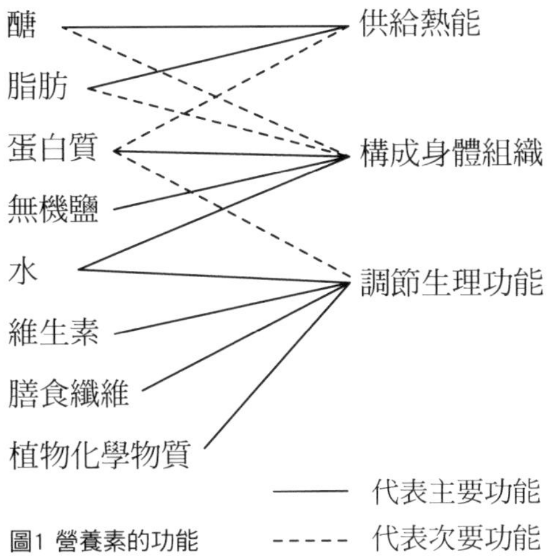

圖1 營養素的功能

POINT711 人體所需大部分熱量由醣類提供

醣類由碳、氫、氧三種元素組成，其中大多數醣類分子所含氫、氧的比例與水分子的組成相同，故又稱為碳水化合物。

醣類可分為單醣（葡萄糖、果糖）、雙醣（蔗糖、麥芽糖）和多醣（澱粉、膳食纖維）。在自然界中只有少量醣類存在於動物體內，絕大多數都存在於植物中。醣類是植物性食物中的主要成分，如：穀類中的澱粉、膳食纖維、果膠、麥芽糖、葡萄糖，蜂蜜中的果糖等。

醣類、蛋白質、脂肪是三大產能營養素，均可為人體提供能量，但是人體所需要的熱能主要應由糧穀類中的醣類來提供。比起蛋白質，穀類的價格更為便宜；穀類中提供熱量的澱粉、醣的組成簡單（僅含有碳、氫、氧），人體能夠迅速地進行氧化分解，在短時間內獲得大量的熱量。同時，醣類在人體內氧化分解的最終產物是二氧化碳和水，這兩種物質都沒有毒性，人體不需要對它進行解毒，因此比較容易直接排出體外。

脂肪在體內產生的熱量比醣類大一倍，然而缺乏醣類時，脂肪會氧化不徹底，使體內累積較多的酮體，嚴重時會引起體內中毒。

POINT 712 每日需攝取足夠的蛋白質

蛋白質是生命的存在形式，也是生物體重要的組成成分，占人體乾重（指細胞去除水分後的重量）的46％，可以說，沒有蛋白質，就沒有生命。

蛋白質是由多種胺基酸組成的高分子化合物。構成蛋白質的胺基酸有二十多種，不同的胺基酸依不同的數量、比例組成人體所需的各種蛋白質。在二十多種胺基酸中，有八種在人體內不能合成，或合成速度無法滿足人體需要，必須從每日飲食中獲取。營養學上稱這八種胺基酸為必需胺基酸，分別是：離氨酸、色氨酸、苯丙氨酸、蛋氨酸、蘇氨酸、亮氨酸、異亮氨酸和纈氨酸。

蛋白質是構成人體所有組織的重要物質基礎，也是生命活動的基礎，具有促進生長發育和修補組織的作用，擔負著各種重要的生理功能。由於新陳代謝的作用，人體必須不斷地更新蛋白質，平均每人每10天就要更新一半。因此，人們每日必須攝取足量的蛋白質才能維持健康。一般成年人每日需要80公克左右的蛋白質。

蛋白質攝取不足或過剩，對身體健康都不利。當蛋白質攝取不足時，會出現生長發育遲緩、體重減輕、容易疲勞等現象；如果蛋白質攝取過量，超出人體維氮平衡需要，則會增加消化道、肝臟和腎臟的負擔。

人體中的蛋白質來自於日常食物，各種食物的蛋白質含量詳見表12。

表12 各種食物的蛋白質含量（%）

食物名稱	含量	食物名稱	含量	食物名稱	含量
牛奶	3.3	白米	8.5	馬鈴薯	1.9
雞蛋	12.3	小米	9.7	油菜	2.0
豬肉（瘦）	16.7	麵粉	9.9	大白菜	1.4
牛肉（瘦）	20.2	玉米	8.6	番薯	2.3
羊肉（瘦）	15.5	大豆	34.2	菠菜	2.0
魚	12.0～18.0	豆乾	18.8	花生	26.2

POINT 713 動物性食物的蛋白質是優質蛋白質

食物中蛋白質的營養價值，不僅與其蛋白質含量有關，還取決於蛋白質中所含的八種必需胺基酸的種類是否齊全、數量是否充足。

因為食物中的蛋白質在人體內經各種蛋白質水解酶作用，會完全分解成胺基酸，然後再以胺基酸的形式被吸收。吸收後的胺基酸在體內合成人體各部位所必需的各種蛋白質，才能發揮蛋白質在體內構成人體組織、調節生理功能、增強抵抗力的作用。

食物中所含蛋白質的必需胺基酸種類、數量、比例與人體蛋白質愈接近，其營養價值愈高。奶類、蛋類、肉類、豆製品等食物中所含的蛋白質必需胺基酸的種類齊全，數量充足，比例恰當，故被稱為優質蛋白質。

POINT 714 每日建議的脂肪攝取量

脂肪是由一分子甘油和三分子脂肪酸所組成的三酸甘油酯。根據脂肪中所含脂肪酸的不同，可將脂肪分為兩類：一類是以飽和脂肪酸為主，稱為飽和脂肪，在室溫中呈固態，大多數來自於動物性食材（如豬油、牛油、奶油等）；另一類以不飽和脂肪酸為主，稱為不飽和脂肪，在室溫下呈液態，主要來自於植物性食材（如花生油、香油等）。

脂肪在人體內氧化而產生的熱量，是醣類或蛋白質的兩倍多。食物中的脂肪在人體內消化、吸收後，可用來產生熱量，也可在體內貯存下來，待能量缺乏時再氧化產生熱量，避免體內蛋白質的消耗。

脂肪可供給人體必需脂肪酸、脂溶性維生素和類脂，協助脂溶性維生素的利用；脂肪能提升食物的美味，促進食慾；可延長食物在胃中停留的時間，使人有飽足感；此外，還具保護內臟器官、維持體溫等作用。總之，脂肪是人體健康的必需品，也是生命活動的輔助劑。

一個人每天應該攝取多少脂肪才算合適，要根據個人的年齡、活動力及季節等因素而定。一般成年人脂肪供給的能量應占總能量的20％～30％（其中飽和脂肪酸不宜超過總能量的10％）。如果所從事的工作是在低溫環境中、野外、消耗體力的勞動，則從食物中攝取脂肪的比例可提高些。

脂肪也和其他營養素一樣，要適量的攝取。如果脂肪吃得過多，就會營養過剩，引發各種疾病，例如：引起膽固醇增高和高脂血症、肥胖病、糖尿病、高血壓、動脈粥樣硬化症等。

一些國家在調查中指出，隨著食物中脂肪含量的增加，一些腫瘤如直腸癌、乳腺癌等的發病率也相對提高，認為這與攝取過多脂肪有密切關係。因此，脂肪不能不吃，但絕不能多吃，建議每人每日烹調油攝取量不宜超過25公克。

POINT 715 動物油和植物油的適當比例

日常飲食中的食用油，主要分為動物油和植物油。動物油中的飽和脂肪酸較多，因而熔點高，容易凝固、沉澱在血管壁上，導致動脈粥樣硬化。動物油中還含有較多的膽固醇，雖然它在人體內有重要的生理功能，但當血液中的膽固醇過高時，容易患動脈粥樣硬化、高血壓等疾病。

此外，動物油中含有較多的維生素（A、D、K、B_6、B_{12}），這些維生素與人的生長發育有密切關係。國外營養學家研究發現動物油中還含有A型脂蛋白，具有延長生命的功效。

植物油中含有較多的不飽和脂肪酸，因而熔點低，容易被人體吸收利用。同時，植物油中所含的人體必需脂肪酸比動物油高，並且不含膽固醇，而是含植物固醇，可阻止人體吸收膽固醇。但是，植物油中的重要成分不飽和脂肪酸，在人體內易氧化生成過氧化酯質，會增加致癌的危險性。

根據動、植物油的特性，日常飲食中不能長期單獨食用某種油類，而是動物油和植物油應有一定比例。一般建議動物油和植物油按1：2的比例搭配食用較合適。

POINT 716 烹飪食材有酸、鹼性之分

烹飪食材依所含的主要礦物元素不同，在生理上可分為酸性食物和鹼性食物。

所謂酸性食物定義為：食物中所含酸性元素（氯、

硫、磷、氯等）的總量高於它所含的鹼性元素（鉀、鈉、鈣、鎂等）；在人體內代謝後，最終產物仍然是酸性物質。所謂鹼性食物定義為：食物中所含鹼性元素的總量大於它所含的酸性元素；在人體內代謝後，最終產物仍然是鹼性物質。

人體內的鹼性物質只能直接從食物中攝取；而呈酸性物質則既可來自於食物，也可以透過食物在體內代謝的中間產物和終產物的形式提供。

味覺上具有酸味物質的食物，並非屬於生理酸性食物，如醋、檸檬酸等。因為這些有機酸在體內代謝後會產生二氧化碳和水，二氧化碳會由肺部排出體外，而在體內留下鹼性元素。

POINT 717 確定食物酸、鹼性的方法

食物的酸鹼性通常要根據化學分析法來確定：先將待測食物經灼燒，使其完全碳化，然後測定其殘留物酸鹼度的大小，進而間接了解被測食物是酸性或鹼性。定義：100公克食物樣品完全燃燒後，用中和滴定法測定所消耗的標準酸或鹼的毫莫耳數，即為食物酸度或鹼度。

一般而言，我們每天所吃主食中的米、麵，和副食中的肉、禽、魚、貝、蝦、蛋、花生等食物，在生理上屬於呈酸性食物；而大多數水果、蔬菜、豆類、茶葉及牛奶等，在生理上屬於呈鹼性食物。

正常情況下，人的血液pH值（酸鹼度）在7.35～7.45，由於人體具有自動緩衝平衡系統，能使血液中的酸鹼度維持在正常範圍內，達到生理上的平衡。但這種機體自身的緩衝能力有一定的限度，如果日常飲食中各種食物經常搭配不當，則容易引起人體生理上酸鹼平衡失調，多數情況下易造成酸性食物偏高。如食用過多的酸性食物，卻攝取過少的鹹性食物，如蔬菜、水果等，將使體液向相對酸性的環境轉化，長此以往將引起人體內環境的改變，容易引發疾病。

POINT 718 人體所需的主要營養素來源

人體所需的主要營養素，其重要的食物來源如下。

- 營養素
  - 醣類
    - 單醣
      - 葡萄糖：植物性食物
      - 果糖：蜂蜜
    - 雙醣
      - 蔗糖：白糖、水果糖
      - 米、麵粉
    - 多醣
      - 澱粉：番薯、馬鈴薯、糧穀
      - 膳食纖維：蔬菜、水果
      - 果膠：水果
  - 蛋白質
    - 動物性：牛奶、蛋、水產、畜肉、禽肉
    - 植物性：糧穀、豆類
  - 脂肪
    - 三醯甘油：動物性油脂、植物性油脂
    - 類脂質
      - 磷脂、固醇：動物內臟、植物性油脂
  - 無機鹽
    - 鈣、磷、鐵：牛奶、水產、動物內臟、蔬菜、水果
    - 銅、鋅、鎂：綠葉菜、菌藻、堅果、動物性食品
  - 維生素
    - 維生素A、D、E：牛奶、蛋、粗糧、動物內臟、動物油、植物油
    - 維生素B_1、B_2、C：糧穀、蔬菜、水果、動物內臟
  - 植物化學物質
    - 萜類化合物：水果、植物油、黃豆
    - 有機硫化合物：蔬菜
    - 類黃酮：水果、蔬菜、糧穀、豆類
    - 植物多醣：香菇、銀耳、枸杞、番薯

POINT 719 食物的食性

中醫常把食物功能與藥物劃為等號。所謂食物的食性，即是把食物當作藥物的一種觀念。如牛肉，中醫認為它能補脾胃、益氣血，於是就把牛肉的功效與中藥黃耆連結在一起。

由於食物具有藥物的功能，因此中醫認為，食物也和中藥一樣，具有寒、熱、溫、涼、辛、甘、酸、苦、鹹及食物歸經的特點。

依據中醫的觀念，食物的食性分類如表13所示。

表13 食物的食性分類

食性	酸性食物	鹼性食物
寒性	馬肉、田螺、蟹、河蚌、牡蠣、章魚、蝸牛	奇異果、柿子、桑葚、無花果、甘蔗、香蕉、荸薺、西瓜、香瓜、哈密瓜、空心菜、櫛瓜、竹筍、海帶、番茄

涼性	兔肉、蛋白、鴨蛋、鴨肉、甲魚、蛙肉、大麥、小麥、綠豆、小米、香油、啤酒	梨、枇杷、草莓、柳丁、柑、芒果、蘋果、藕、蘿蔔、莧菜、茄子、茭白、苦瓜、菠菜、冬瓜、黃瓜、絲瓜、油菜、生菜、花椰菜、金針菇、茶葉
溫性	牛肉、羊肉、鹿肉、蛇肉、豬肝、雞肉、雉肉、蛋黃、鯽魚、鰱魚、鱔魚、帶魚、蝦、海參、蚶子、燕麥、高粱、核桃、紅糖	粟子、杏仁、山藥、洋蔥、香椿、韭菜、雪裡紅、南瓜、甜椒、生薑、蔥、龍眼
熱性	驢肉、黃酒	桃子、櫻桃、荔枝、大蒜、辣椒、胡椒、肉桂
平性	豬肉、鴿肉、鵝肉、鵪鶉肉、鱸魚、泥鰍、海蜇、干貝、鮑魚、魷魚、墨魚、黃魚、大米、玉米、小豆、豌豆、黑豆、青稞、花生、蓮子、白果、榛子、瓜子、芝麻、白糖、紫菜	葡萄、山楂、石榴、木瓜、橘子、檸檬、大豆、大棗、百合、胡蘿蔔、大頭菜、白菜、木耳、薺菜、紅薯、馬鈴薯、芋頭、銀耳、豆漿、牛奶、蜂蜜

表13中指的寒與涼、溫與熱，都與溫度無關，只是用來區別食物食性的差別：溫次於熱，涼次於寒，平性食物指性質比較平和。

溫熱性食物多具有祛寒壯陽的作用，寒涼性食物一般具有清熱瀉火、滋陰生津的功效。

熱性食物容易使身體發熱，可增加身體活力，改善寒性體質者的身體機能，如辣椒等。但如果熱性體質者吃了熱性食物，則容易引起身體亢奮，造成腫脹、充血及便秘等不適。

溫性食物比熱性食物要溫和，適合寒性體質者食用。寒性食物具有瀉火及消炎作用，能夠改善熱性體質者失眠、腫脹及炎症；但寒性體質者吃了這類食物，會使畏寒畏冷、風濕等問題更為嚴重。平性食物最無傷害，適合各種體質者食用。

此外，食物的食性還要與四季氣候互相適應。在寒涼季節，要少吃寒涼性的食物，炎熱季節則要少吃溫熱性的食物。這就是飲食要遵循「因人而異、因時而變」的道理。

從表13可知，多數蔬菜在人體內代謝後的最終產物為鹼性，稱為鹼性食物，其中大部分食性屬於寒、涼性，但也有例外；肉類和穀類食物代謝後的最終產物為酸性，稱為酸性食物，大部分的食性屬於熱性或溫性。

POINT 720 菜肴色澤的搭配要適當

菜肴的天然色澤主要源自於植物性食物，特別是蔬菜和水果，主要的顏色有綠、黃、橙黃、紅、紫、白等。這些色彩繽紛的蔬果使人在視覺上產生不同的感受，所含的營養成分也不同，對人體健康的影響也不同。

蔬菜中富含維生素C、胡蘿蔔素（在體內可以轉化為維生素A）和核黃素（維生素B_2），這三種維生素含量與蔬菜的顏色深淺有密切關係。一般來說，綠色蔬菜含量較多，其次是黃、橙黃、紅、紫色蔬菜，而白色蔬菜含量較低。因此在配菜時，宜挑選數種蔬菜搭配使用，既可滿足色、香、味的感官需求，也有利於完整攝取維生素。在色澤的搭配上要注意協調、美觀，儘量使菜肴看起來鮮豔奪目，具有一定的美感。

在配菜過程中，為改善成菜所呈現的感官感受，應儘量使菜肴顏色鮮豔，或維持食材原有的色澤，可添加適量的食用色素。使用食用色素時，要儘量利用天然食材中的色素，如綠葉蔬菜中的葉綠素，以及紅麴色素、薑黃素等。若單獨使用天然色素仍無法達到要求時，可以添加合法的人工色素，但不宜過量。色素的選擇應儘量接近菜肴的原色，不要過於豔麗，否則會失去真實感。

菜肴的色調也必須與氣溫、季節等因素互相配合：夏季應以冷色為主，冬季應以暖色為主。若夏季選用的菜肴為紅、黃兩色，會增加用餐者的燥熱感，食慾也會降低；若冬季選用冷色調菜肴，則會使人有寒冷之感。

POINT 721 動物性與植物性食物的攝取要均衡

動物性食物，如肉類、禽類等所含的營養素，與植物性食物不完全相同。如果能夠將這兩類食物巧妙地搭配食用，可提高菜肴的營養價值，讓人體攝入完整的營養素，有利於身體健康。

①可以使維生素和無機鹽（礦物質）具有互補和協調作用：一般來說，動物性食物中含有優質蛋白質，脂肪含量較豐富，且富含脂溶性維生素和酸性元素；蔬菜

則富含水溶性維生素和鹼性元素。肉類與蔬菜搭配食用，從營養學的觀點可以互相補充，並有利於各種營養素之間的協調作用，例如：維生素C可阻止維生素E被氧化，維生素D可提高鈣的吸收和利用等。

②可以提高無機鹽（如鈣、鐵）的利用率：一般植物性食物中（如蔬菜），無機鹽存在的形式較不利於人體吸收和利用。例如：蔬菜中存在的鐵，是以鹼性三價鐵的形式存在，但人體只能吸收可溶性的二價鐵，若只單獨食用蔬菜，則鐵的利用率很低；動物性食物中組成蛋白質的半胱氨酸具有還原性，能將蔬菜中的三價鐵還原成可溶性的二價鐵，便於人體吸收和利用。

③可以讓人體內血液的 pH 值維持在正常範圍，即偏鹼體質：人體每天要吃進各式各樣的食物，既有酸性食物，也有鹼性食物，或因代謝過程中產生酸性或鹼性產物而影響體液酸鹼度時，血液的緩衝系統首當其衝會發生化學反應，繼而由呼吸系統調節將碳酸分解成二氧化碳排出體外，腎臟則調節酸鹼類物質以達到酸鹼平衡，使體液的 pH 值能夠經常維持弱鹼性。

在酸鹼平衡的情況下，即體液處於弱鹼狀態時，人體各組織中酶的活動和生化活動才能正常，各臟器的生理功能也才能健康運作。

由於種種原因（如長期攝入過多的酸性食物，或因消化吸收功能下降等），人體體液的酸鹼度超出了緩衝範圍和調節能力，就會變得不平衡，使體液 pH 值向相對酸性發生轉變。一旦體液pH值發生一定程度的變化，就會使體內蛋白質分子存在的形式發生變化，蛋白質結構的改變則會引發各種生命現象的變化，甚至由生理轉化為病理。酸性體質的人，細胞活性會降低，組織器官功能減弱，細胞膜上蛋白質合成有困難，各種酶的活性下降，繼而會引發一連串疾病。

體內的鹼性物質只能經由食物來攝取，而酸性物質既可取之於食物，也可透過食物在體內代謝生成。一般動物性食物代謝後多會生成呈酸性物質，蔬果等植物性食物經代謝後則多會生成呈鹼性物質，因此在菜肴的選擇上，應將動物性食物與蔬菜作適當的搭配，才有利於人體體液的酸鹼平衡。

④可以改變菜肴的味道，使成菜香而不膩，濃淡適中：在口味上，肉類通常較為油膩，青菜則又過於清淡，

若能將兩者搭配在一起，可使口感濃淡適中，清爽可口。

POINT 722 提高菜肴中蛋白質利用率的方法

一般奶類、蛋類、肉類、豆製品等食物中所含的蛋白質，因必需胺基酸種類齊全，數量充足，比例適當，與人體蛋白質接近，故被稱為優質蛋白質；而穀類、蔬菜中所提供的蛋白質，因缺少一種或數種必需胺基酸，其蛋白質的營養價值不高。在自然界中，對於嬰兒而言，除了母乳外，沒有任何一種動物或植物的蛋白質可完全符合人體需要。因此，單獨增加飲食中某種蛋白質的量，不可能提高蛋白質的營養價值；唯有把多種食物混合在一起吃，才能提高營養價值。

將幾種營養價值比較低的蛋白質混合食用，以達到提高蛋白質利用率的目的，稱為蛋白質的互補作用。提高菜肴中蛋白質利用率的方法很多，例如：將蔬菜與肉類、蔬菜與蛋類、蔬菜與豆製品、蔬菜與菌菇類一起炒；不同的肉類一起燒煮，不僅可增加菜肴中蛋白質的利用率，更可使菜肴別有一番風味；此外，不同種類、不同部位的蔬菜搭配食用，也可獲得更完整的營養。

下面提供一份在葷素營養上搭配得較完整的菜肴，以供參考：醬爆雞丁，肉片炒花椰菜，醋溜馬鈴薯絲，熗芹菜，小白菜豆腐湯（木耳、紫菜）。此份菜肴中的肉類既有豬肉，也有雞肉；蔬菜既有綠葉菜，也有根莖類蔬菜和食用菌類；還有豆製品。烹調方法既有炒、爆、烹，還有熗。

POINT 723 醣類、脂肪、蛋白質的攝取量要均衡

蛋白質、脂肪和醣類是飲食中的三大營養素，除了可提供人體所必需的能量和熱量外，還具有不同的生理功能，彼此之間相互利用、相互制約、相互轉化，處於一種動態平衡之中。這三大營養素必須保持一定的比例，才能維持膳食均衡，達到保健、養生、預防疾病的目的。

國民健康署建議每日三大營養素熱量分配理想比例為：蛋白質12％～14％，脂肪25％～30％，醣類56％～63％。若在一段時間內所攝入的膳食結構，持續地打破蛋白質、脂肪、醣類之間的正常比例，將會引起一連串

代謝紊亂。如飲食中熱量和蛋白質不足，會引起營養不良、貧血和多種營養素缺乏症；而熱量與蛋白質過剩，不僅浪費寶貴的食物資源，且易罹患肥胖、糖尿病及心血管疾病等，同樣不利於人體健康。

維持三大營養素比例平衡的原理，主要是依據其在人體中的代謝作用。醣類在人體中的代謝作用是：可被人體迅速利用；耗氧量低；代謝後的產物是二氧化碳和水；不會增加人體代謝的負擔。蛋白質和脂肪的代謝作用是：代謝過程複雜；耗氧量高；代謝後的產物是氨、氮及酮體等酸性物質。在日常飲食中，如果蛋白質和脂肪類食物攝入過量，會導致熱量攝取過多，若沒有適量運動，過剩的部分在體內會轉變為脂肪沉積，造成肥胖。肥胖則會帶來一連串生理功能的改變，甚至引發疾病。另一方面，如果蛋白質和脂肪的攝取量不足，卻攝入過多的醣類食物，則過多的醣類在體內也會轉變為脂肪，脂肪儲存過多，同樣會引發疾病。

三大營養素維持一定的比例平衡，還可以使醣類和脂肪對蛋白質具有庇護（節省）作用。如果攝入的醣類和脂肪不足，體內的熱量供應不夠，人體就會分解體內的蛋白質來釋放熱量，但這是很不經濟的，而且長此以往會嚴重影響健康。如果在攝入蛋白質的同時，又吃進足夠的醣類和脂肪，就可以減少蛋白質的分解，使其具有修補和建造新的細胞和組織的作用。

POINT 724

混合多種蔬菜營養更豐富

蔬菜中含有豐富的維生素、無機鹽和膳食纖維等，不同的蔬菜所含的營養成分也不一樣。一般人炒菜時較習慣炒單一蔬菜，但其實將多種蔬菜混合一起炒，更有利於人體對營養素的吸收。

維生素C在深綠色蔬菜中含量最豐富，黃豆芽則富含維生素B_2，若將黃豆芽與韭菜或菠菜一起炒，則人體可同時獲得這兩種維生素；青椒富含維生素C，胡蘿蔔富含胡蘿蔔素，馬鈴薯中的澱粉富含熱量，若將三者一起炒，即可達到營養互補的作用。

紅色、綠色蔬菜可促進食慾，若將福山萵苣（大陸妹）和胡蘿蔔片、紅辣椒片一起拌炒，則菜肴色彩鮮豔豐富；若再放少許香菜，不僅可增進菜肴的色、香、味，還可促進食慾。

POINT 725 小黃瓜與番茄勿一起涼拌

一般來說，植物性食物中都含有維生素C氧化酶，會加速維生素C氧化。但在植物組織完整時，其催化作用並不明顯；而當其組織被破壞，同時又與空氣接觸時，就會迅速催化維生素C氧化。

小黃瓜中含有較多的維生素C氧化酶，番茄含有較多的維生素C，兩者經刀工處理後（如切片、切塊或切絲）混合在一起，勢必會加速番茄中維生素C的氧化作用，進而降低菜肴的營養價值。

但是維生素C氧化酶在100℃中加熱1分鐘後，即失去活性。利用氧化酶對熱的不穩定性和維生素C相較於氧化酶對熱較為穩定的性質，將小黃瓜進行高溫快速汆燙處理，再與番茄涼拌食用，即可減少維生素C流失。

由於胃酸會使維生素C氧化酶失活，因此，小黃瓜與番茄可分開涼拌（如涼拌小黃瓜、糖拌番茄），並先食用小黃瓜，後食用番茄，也可減少維生素C流失。

POINT 726 番茄適合與雞蛋、豆腐搭配食用

番茄色澤鮮豔，形態優美，果實肉厚汁多，酸甜可口，營養豐富，且吃法千變萬化：既可當作水果生食，細嫩酸甜，又可用來烹調多種菜肴，如炒、涼拌、煮湯；既可加糖做成甜食，又可加鹽做成鹹食。因此，番茄被人們譽為「菜中水果」。

番茄中菸鹼酸的含量在果蔬中位居前茅；維生素C含量雖不多，但烹調時不易被破壞，這是因為番茄含有較多的檸檬酸、蘋果酸，而維生素C在酸性環境中不易被氧化破壞的緣故；番茄中含有的番茄紅素對心血管具有保護作用，能減少心臟病發作。番茄紅素具有獨特的抗氧化能力，能清除自由基，保護細胞，使去氧核糖核酸及基因免遭破壞，阻止癌變進程。據研究顯示，番茄除了對前列腺癌有預防作用，還能減少胰腺癌、直腸癌、喉癌、口腔癌、肺癌、乳腺癌等癌症的發病危險。此外，經加熱烹調後的番茄和番茄製品，相較於生番茄，有較好的防癌作用。烹調番茄時，建議使用植物油。

中醫認為，番茄性味甘酸，具有清熱解毒、補中和

血、益氣生津、健胃消食等功效，對治療口渴、食慾不振等具有一定作用。番茄與雞蛋搭配食用，能為人體提供豐富的營養成分，具有一定的健美和抗衰老作用；番茄與豆腐搭配食用，可滿足人體對各種微量元素的最大需要，增強溫補脾胃、生津止渴、益氣和中的功效。

POINT 727 涼拌芝麻海帶是健康食品

涼拌芝麻海帶是一道非常營養且爽口的菜肴。

芝麻中含有豐富的營養素，如蛋白質中所含的必需胺基酸比較接近人體的需要，脂肪中含有大量人體所需的必需脂肪酸和卵磷脂，維生素 E 含量也很豐富。這些營養素具有改善血液循環、促進代謝和美容等功效，因此，芝麻是滋補佳品。但芝麻中含酸性元素總量大於鹼性元素，屬於酸性食物，多吃不利於健康。

海帶中富含鈣、磷、鐵、碘等鹼性元素，屬於鹼性食物，與芝麻搭配食用，可使菜肴達到酸鹼平衡。海帶中還含有多醣類等植物化學物質，如褐藻酸具有降血壓、降血脂等作用。研究發現，海帶還具有防癌作用。

POINT 728 什錦涼拌菜的作法

什錦拌涼菜是一道較傳統的混拌菜肴，食材中既有生又有熟，既有葷又有素。作法：

黃瓜、水發海帶、豆乾、甜菜根、蘿蔔等清洗乾淨，均匀切絲；綠豆芽、菠菜以沸水汆燙後放涼切段；涼粉切寬條；少量豬里肌肉切絲，上漿後放入溫油鍋中滑熟撈出。將上述所有食材依顏色深淺對稱、紅綠相間的造型擺於盤中，上面放上涼粉和肉絲；將適量醬油、醋、辣椒油、少許鹽、雞粉、香菜段等調味料放於碗中，淋在菜盤中即可。

此道菜肴的食材很多樣化，既有根莖類蔬菜，又有葉類、果類、芽菜類、海產類，以及動物性食材，可提供較豐富的維生素、無機鹽、植物化學物質以及蛋白質等營養素，是居家、宴席均可上桌的涼拌佳肴。

POINT 729 芹菜具有多種食療作用

芹菜屬傘形科植物，有旱芹、水芹之分。芹菜是具有較多藥用價值的蔬菜。研究證實，芹菜的莖葉中含有芹菜苷、佛手苷內脂、揮發油等成分，有降壓、利尿、鎮靜、增進食慾和健脾胃等藥理作用，可用於高血壓、動脈粥樣硬化、神經衰弱、小便熱澀不利、月經不調等病症的食療。芹菜中也含有較多的鐵和鈣，因此也是補鐵、補鈣和治療缺鐵性貧血的佳蔬；此外，芹菜含有能中和血液中過多尿酸的成分，可緩解痛風病人的症狀。

食用水芹可減少菸草中部分有害物質對肺臟的傷害。吸菸者每天吃60公克水芹，有利於預防肺癌。現在已經從水芹中提取出一種有效物質，專門用於防治肺癌。

芹菜中含有刺激體內脂肪消耗的化學物質，再加上其富含膳食纖維，有利於排泄，進而減少脂肪和膽固醇的吸收，具有較好的減肥效果。此外，芹菜中還含有調整體液平衡的鉀，以及抗關節炎的物質。

中醫認為，芹菜味甘苦，性涼，有平肝清熱、健脾利濕、醒腦安神的功效。芹菜既可炒又可涼拌，若與蛋白質、鈣質等營養素含量豐富的蝦仁、肉類、雞蛋及豆腐搭配成菜，不僅可為菜肴增鮮添味，還可促進營養素的吸收，充分發揮芹菜的食療作用。

POINT 730 溫拌芹菜羊肚的作法

羊肚因黏掛較多的脂肪，與芹菜適合採用溫拌的方式。作法：

以水煮熟的羊肚約300公克，切成細絲，經沸水汆燙後，浸於溫水中。較細的芹菜葉柄約75公克，洗淨後放入沸水鍋中快速汆燙後撈出，切成3公分長段，放於溫水中。撈出羊肚和芹菜葉柄，瀝乾水分後盛入盤中，放少許鹽、適量醬油、醋、辣椒油、大蒜片、料酒、雞粉拌勻，即可上桌。

羊肚經過汆、浸的方法，可去除黏掛的脂肪。食用時因尚有餘溫，具有獨特的柔韌彈性。芹菜的藥香味進入到羊肚中，羊肚的膻香與芹菜的藥香自然合一，使人味覺大振。此款菜肴葷素結合，脂肪含量比用炒、燒的菜要少。溫拌腰片、豬肚拌黃瓜也可採取此方法烹調。

POINT 731 玉米搭配豌豆營養價值高

玉米搭配豌豆，不僅色澤鮮豔，還可提高人體對蛋白質等營養素的利用。

玉米富含β-胡蘿蔔素、維生素E和穀胱甘肽（GSH）等營養成分，具有抗癌、美容等作用。但玉米蛋白質中的色氨酸含量較少，色氨酸在體內可以轉化成維生素B_5，具有抗煙酸缺乏症（又稱癩皮病、糙皮病）的作用。而豌豆（豆類）蛋白質中不僅色氨酸含量高，而且所含維生素B_5屬於游離型，易被人體吸收和利用。將玉米和豌豆搭配食用，具有維生素互補作用。

玉米與豌豆可按3：1的比例混合，既可加入一半重量的水及少許鹽、雞粉、花椒小火慢煮；也可煮至八分熟後再炒，尤其是熗鍋後加入些許胡蘿蔔丁，再勾個芡和淋些香油，炒出來的菜肴紅、黃、綠相間，色澤明亮，口感極佳。

POINT 732 茄子搭配黃豆燉煮營養豐富

茄子富含維生素P等營養物質，具有提升人體細胞的黏著力、增強毛細血管的彈性、降低毛細血管的脆性及滲透性、防止微血管破裂出血、使血小板維持正常功能，以及預防壞血病和促進傷口癒合的功效。常吃茄子對高血壓、動脈粥樣硬化、壞血病等有一定的預防作用。研究發現，茄子等茄屬植物中含有抗癌作用的龍葵鹼。

黃豆有益氣養血、健脾的作用，含有人體所需的豐富營養素，可通氣、順腸、潤燥消腫、平衡營養。因此，在烹煮茄子時加入些泡好的黃豆，並放入適量的八角、花椒等辛香料，不僅可提高菜肴的營養價值，吃起來也十分美味。

POINT 733 萵苣筍與小蝦米搭配有食療效果

萵苣筍，又名A菜心，為菊科植物莖用萵苣的肉質嫩莖，其嫩葉也可食用。萵苣筍口感鮮嫩，色澤淡綠，用來烹煮菜肴，可葷可素，可冷可熱，口感爽脆，還具有獨特的營養價值。從食物藥性來看，萵苣筍味甘，性苦，具有利五臟、通經絡、清胃熱、清熱利尿的功效，適用於小便不利、尿血、乳汁不通等症。小蝦米則有溫補腎陽的功用。萵苣筍與小蝦米搭配同食，可以補腎陽、通經脈，適於腰膝酸軟、乳汁不通、小便不通、尿血等症的輔助食療。

POINT 734 絲瓜與雞蛋搭配可滋潤肌膚

絲瓜性涼，味甘，具有清熱解毒、涼血止血、通經絡、行血脈、美容抗癌等功效。絲瓜所富含的多種營養成分含量，在瓜類蔬菜中都是較高的，如蛋白質含量就比小黃瓜、冬瓜高一～二倍。絲瓜含有的干擾素誘生劑，具有防癌、抗癌的作用；含有的皂苷類物質，具有一定的強心作用；其黏液質、木膠、瓜氨酸、木聚醣等物質，對人體具有一定的保健作用。絲瓜與具有潤肺利咽、清熱解毒、滋陰潤燥、養血息風功效的雞蛋搭配烹煮，具有清熱解毒、滋陰潤燥、養血通乳的功效，適於熱毒、咽痛、目赤、消渴、煩熱等症的食療，經常食用可使肌膚潤澤。

POINT 735 四季豆與豬心搭配可增強免疫力

四季豆又名敏豆、豆角，性味甘平，具有清涼利尿、消腫的功效，經常食用能健脾胃、增食慾。豬心可益氣補血。將四季豆和豬心搭配食用，不僅可提供豐富均衡的營養，又有清涼利尿、益氣補血的功效，能增強人體免疫力，適合於癌症患者化療、放射治療引起的白血球減少者食用，還可作為貧血、心虛、心悸等症的食療。

POINT 736 莧菜與豬肝搭配營養更完整

莧菜性寒涼，原是一種野菜，因富含多種人體需要的維生素C、離氨酸、鐵等營養素，被譽為「補血蔬菜」、「長壽菜」。莧菜可清熱解毒、補血止血、通利小便。莧菜與具有補肝、養血、明目作用的豬肝搭配食用，可提供人體較完整的營養，適於肝虛頭昏、目花、夜盲、貧血等症的食療，有益於增強人體免疫力。

POINT 737 大白菜可與蝦米或牛肉、豬肝搭配

大白菜為十字花科蔬菜，又稱結球白菜、包心白菜。大白菜也有藥用價值，具有食醫兼用的特點。

大白菜的維生素C含量較高，比同等重量的蘋果高五倍；鈣的含量比蘋果、水梨高三倍；所含的鋅可促進人體生長發育；所含的鉬能阻斷致癌物質之一的亞硝胺的合成。研究發現，多吃白菜可降低婦女乳腺癌的發病率，這是因為白菜中含有吲哚三甲醇的植物化學物質，能幫助分解與乳腺癌相關的雌激素。

中醫認為，大白菜性味甘涼，有清熱解渴、通利腸胃、寬胸解煩和解酒消食等藥用功效，適合習慣性便秘、肺熱咳嗽、咽喉發炎、腹脹及發熱等症者食用。一般常用來防治感冒，有時還作為木薯中毒的解藥。

由於大白菜具有芥子油的清香風味，更兼質地柔嫩、味道清淡，食用起來葷素皆宜，久食不膩；既可煮、炒、醋溜，又能涼拌生食；還是包子、餃子的理想餡料和火鍋的可口配菜；並且可醃漬成酸菜、泡菜，加工成醬菜、菜乾。大白菜很適合與蝦米、牛肉、豬肝等動物性食材搭配食用。

大白菜與蝦米搭配，有清熱解毒、滋陰清肺、健腸胃的功效。常食用對預防動脈粥樣硬化、結腸癌以及某些心血管疾病有一定作用，還可用於肺熱咳嗽、便秘等症的食療。大白菜與牛肉搭配，營養完整而豐富，具有健脾開胃的功效，對體弱乏力、肺熱咳嗽者有食療作用，尤其特別適合虛弱病人經常食用。大白菜與豬肝搭配，有助於增強人體免疫力，具有補益氣血、解熱除煩、通利腸胃、補肝明目的功效，可用於肺熱咳嗽、便秘、浮腫、面色萎黃、視力減退病症的輔助食療，健康人常食用則有助於預防疾病。

POINT 738

馬齒莧搭配黃豆芽解毒又滋補

馬齒莧的葉形如馬的牙齒，故名馬齒莧；又因早期農村都以此菜餵豬，又名豬母乳或豬母菜。馬齒莧味酸性寒，因其葉青、梗赤、花黃、根白、子黑，故又稱「五行草」。馬齒莧是天然的高鉀食物，含有去甲基腎上腺素及豐富的$\omega-3$脂肪酸，具有防治心血管疾病的作用。經藥理實驗證實，馬齒莧也對痢疾桿菌、大腸桿菌、金黃色葡萄球菌等有抑制作用，故又有「天然抗菌素」之稱，具有解毒、消炎、利尿、消腫的功效，對糖尿病有一定的輔助治療作用。

黃豆芽含有較多的水分和膳食纖維，熱量較低。此外，黃豆芽還含有優質植物蛋白質及維生素、無機鹽，可增強人體內抗病毒、抗腫瘤的能力，適合癌症、矽肺病、肥胖病、便秘者的食療。將黃豆芽與馬齒莧一起烹煮，既可解毒，又可滋補。

POINT 739 綠色蔬菜搭配蘑菇有益健康

蘑菇與綠色蔬菜搭配烹煮，如油菜與香菇搭配，其中的綠色代表生機、健康和生命力，可給人帶來清涼、平靜的感受。將油菜與色調比較暗的香菇搭配，能使菜肴頓生春意，給人鮮嫩清新、悅目愉快之感。

綠色蔬菜一般富含維生素C，蘑菇類食物則含有較高的蛋白質、低脂肪、多醣類、多種胺基酸和維生素，這些成分對綠色蔬菜中的維生素C有保護作用，可使其避免氧化破壞。

蘑菇與綠色蔬菜搭配食用，不僅可增強人體抵抗力，還有降低膽固醇、預防心腦血管疾病和癌症的功效。

POINT 740 黃綠色蔬菜搭配堅果維生素可互補

堅果類食物主要指芝麻、核桃、花生、白果、栗子、蓮子、瓜子等，此類食物含酸性元素總量高於鹼性元素總量，因此屬於酸性食物；黃綠色蔬菜富含鹼性元素，屬於鹼性食物。將兩者搭配食用，有利於人體內酸鹼平衡，維持體液的偏鹼性環境，有利於身體健康。

黃綠色蔬菜中含有豐富的維生素C和β－胡蘿蔔素（在人體內可轉化成維生素A），堅果中富含維生素E，兩者搭配在一起，其中的維生素E能促進人體對維生素A的利用，可與維生素C起協調作用，保護皮膚健康，減少皮膚感染，使皮膚柔嫩光滑，增強人體的抵抗力。譬如花生拌芹菜，就是很健康的搭配。

POINT 741 菠菜應與含鈣豐富的食物搭配

菠菜中含有較多的草酸，100公克菠菜即含有606毫克草酸，人體攝取後，會與體內的鈣形成不溶性的草酸鈣，草酸鈣是泌尿系統結石中最重要的成分。吃菠菜時，同時再吃些含鈣豐富的食物，如豆腐、蝦皮等，可讓菠菜中的草酸與食物中的鈣所形成的草酸鈣隨著糞便排出體外，阻止草酸在體內吸收鈣，有利於預防尿道結石，並可防止體內鈣的流失，預防骨質疏鬆症。

將菠菜與豆腐一起烹調，菠菜中的草酸與豆腐中的鈣可形成草酸鈣。雖然豆腐中的鈣會損失，卻可使菠菜中的草酸進入身體內的機會大大減少，有利於預防尿道結石，對身體利大於弊，至於所損失的鈣則可以透過其他食物補充。因此，吃菠菜時最好與含鈣豐富的食物（如豆腐等）搭配食用，比較健康。

POINT 742 豆腐搭配海帶營養互補

豆腐中富含優質蛋白質、多種維生素、植物性脂肪，尤其是多元不飽和脂肪酸比例較大，因此有利於降低血液中的膽固醇；豆腐還含有植物固醇，能抑制膽固醇的吸收，具有防止血管硬化，預防冠心病、高血壓等作用，是健康食品。

但豆腐中含有一種抗甲狀腺素，會干擾甲狀腺對碘的利用，因此長期食用豆腐，會因為缺碘而引起甲狀腺腫大。由於此種成分在烹調中不易被破壞，最好的方法是在吃豆腐的同時，搭配含碘豐富的食物。

海帶含碘特別豐富，每100公克海帶含碘量高達240毫克，因此豆腐搭配海帶食用，可使體內碘元素處於平衡狀態，達到更為理想的效果。

POINT 743 鮮魚燉豆腐營養豐富

鮮魚中富含優質蛋白質，尤其是蛋氨酸和離氨酸含量豐富，但苯丙氨酸含量相對比較少；豆腐中的蛋白質蛋氨酸和離氨酸含量較少，苯丙氨酸含量較高。將魚和豆腐搭配食用，可使蛋白質具有互補作用，提高蛋白質的利用率。

豆腐含鈣較多，而魚體內含有豐富的維生素D，兩者搭配食用時，借助魚體內維生素D的作用，可使人體對鈣的吸收率提高二十幾倍。因為維生素D有促進鈣在腸道內吸收的作用，同時也對骨骼組織有益，使鈣最終成為骨質的基本結構。

豆腐中尚含有較多的皂角苷，能阻止引起動脈粥樣硬化的過氧化脂質產生，抑制脂肪吸收，促進脂肪分解，對防治心血管疾病有益。

鮮魚燉豆腐不僅具有獨特風味，而且營養豐富，特別適合老年人、年輕人、孕婦食用。

POINT 744 海參與禽肉或畜肉搭配營養加分

海參雖然蛋白質含量較多，但組成蛋白質的必需胺基酸種類並不齊全，進入人體後，利用率較低，無法滿足人體需要，因而營養價值不高。所以在烹調時，應搭配其他適當的食材來彌補。而雞、魚、蝦、火腿等食材，蛋白質含量豐富，且必需胺基酸種類齊全，符合人體需要，鮮味足，與海參長時間煨燉，可提高菜肴的營養價值，並能去除腥、臊味，提香、增鮮。

POINT 745 肉類配大蒜有益健康

由於維生素 B 群在人體內停留時間很短，若不能及時得到補充，容易因長期缺乏而引起疾病。若在吃肉的同時也吃點大蒜，即可延長維生素 B 群在人體內停留的時間。因此在烹煮肉類時，菜肴起鍋前可加入蒜片、蒜末，或在吃肉的同時，吃幾瓣蒜，不僅可調味，還有益於健康。將肉類與蒜苗一起炒，也有此作用。

POINT 746 馬鈴薯宜搭配胡蘿蔔、甜椒、高麗菜

馬鈴薯的營養成分齊全，且易為人體消化和吸收。馬鈴薯中的澱粉在體內吸收緩慢，不易引起血糖過高，故可用於糖尿病患者的食療；馬鈴薯所含的膳食纖維，具有促進胃腸蠕動和加速膽固醇在腸道內的代謝功效；馬鈴薯是低熱量、高蛋白、含多種維生素和微量元素的食物，是理想的減肥食品；馬鈴薯也含有豐富的鉀，每100公克馬鈴薯中，鉀含量高達300毫克。專家認為，常吃馬鈴薯可降低中風機會。

中醫認為，馬鈴薯性平味甘，具有和胃調中、益氣健脾、強身益腎、消炎、活血消腫等功效，對消化不良、習慣性便秘、神疲乏力、慢性胃痛等症有食療效果。馬

鈴薯與胡蘿蔔、甜椒、高麗菜搭配食用，可增加菜肴的維生素、無機鹽等營養素含量，更完整地滿足人體的需要。與這些蔬菜合炒前，可將馬鈴薯切片、過油，烹煮出來的菜肴色香味、營養俱佳。

POINT 747 馬鈴薯燉牛肉符合人體營養需求

馬鈴薯是含豐富澱粉的根莖類食物，可提供人體一定的熱量；其蛋白質含量雖然較低，但卻是含必需胺基酸種類最多的蔬菜之一。將牛肉與馬鈴薯搭配食用，可利用牛肉富含優質蛋白質的優勢，彌補馬鈴薯營養成分的不足；馬鈴薯則提供了足夠的熱量，不至於耗費牛肉中的蛋白質來供給熱量。

馬鈴薯中的無機鹽以鹼性元素為主，尤其是鉀的含量較高，屬於鹼性食物；牛肉中含酸性元素較多，屬於酸性食物，兩者搭配食用，有利於飲食的酸鹼平衡。

另外，馬鈴薯與牛肉一起食用，還具有其他對身體有益的效果，例如：牛肉中動物脂肪偏多，而馬鈴薯的鉀含量較豐富，兩者一起食用可降低中風風險；牛肉中含豐富的脂肪和蛋白質，單獨食用會過於油膩，而每100公克馬鈴薯僅含0.1公克脂肪，與牛肉一起烹煮，可有效去除油膩感，且營養豐富，味道可口。

POINT 748 蘿蔔燒肉營養豐富

蘿蔔屬於根莖類蔬菜，含有多種無機鹽、微量元素以及維生素，其維生素C含量每100公克約30毫克。蘿蔔中的水分含量較高，每100公克白蘿蔔所含水分高達92公克。用蘿蔔與肉類搭配成菜，可明顯降低菜肴的熱量及蛋白質和脂肪的含量，使肉類的油膩感明顯降低。

蘿蔔中含有澱粉酶等物質，有助於消化；還含有芥子油等成分，能促進人體內脂肪類物質的代謝，可避免和減少單吃紅燒肉導致肥胖的缺點。

蘿蔔具有獨特的香氣，在與肉一起烹煮的過程中，蘿蔔的湯汁容易進入到肉中，而蘿蔔本身也會吸收來自肉中的鮮味。

因此將蘿蔔與肉類一起烹調，不僅可為人體提供豐富的營養，且滋味醇厚，為家常菜中的上品。

POINT 749

海帶燉肉使酸鹼更平衡

海帶含有多種營養成分，被譽為「長壽菜」、「海中蔬菜」和「含碘冠軍」。海帶含有的褐藻酸鉀具有降血壓作用；所含的褐藻酸可阻止人體吸收放射性元素和重金屬離子，並使其排出體外；海帶還含有豐富的多醣類食物纖維，能促進腸蠕動和廢物排泄；海帶中的硫酸多醣能增強血液中脂肪酶活性，降低血脂。因此，多吃海帶有益於防治肥胖和心血管疾病。海帶表面析出的白色霜樣物質含甘露醇，甘露醇具有滲透性利尿作用，臨床上常用來降低顱內壓，防治腦水腫和急性腎功能衰竭；此外，海帶還具有防癌作用。

海帶的吃法有很多，可以煮湯、燒肉、炒菜，還可以涼拌。用海帶燉肉，不僅營養豐富，消化吸收快，同時還能調節體內酸鹼平衡。

肉類屬於動物性食物，含有豐富的優質蛋白質，對滋補強身具有重要作用。但是肉類的脂肪、膽固醇含量較高，而且屬於酸性食物，因此多吃肉類食品，不僅會產生較多的代謝性毒物，還容易引起生理上酸鹼平衡失調。

青少年吃太多肉類，容易疲乏、胃酸過多、神經衰弱等；中老年則易患高血壓、動脈硬化、中風等。海帶富含鹼性元素，與肉類搭配食用可維持人體內酸鹼平衡，因此，海帶燉肉是一道營養互補的美味佳肴。

POINT 750

青菜炒肉絲促進鐵和鈣吸收

葉類青菜都含有豐富的鈣，同時也含有較多的草酸和植酸等，與鈣可形成不溶性的鈣鹽，影響人體對鈣的吸收。肉類富含優質蛋白質，能促進鈣的吸收。這是由於蛋白質消化後所產生的胺基酸，與鈣易形成可溶性的鈣鹽，便於人體吸收和利用。

青菜中的鐵，一般都以三價鐵鹽的形式存在，而人體只能吸收和利用可溶性的二價鐵。肉類蛋白質中含有豐富的半胱氨酸，具有還原性，因而能將蔬菜中的三價鐵還原成可溶性的二價鐵。

因此，將肉類與青菜一起炒，可促進蔬菜中鈣、鐵的吸收。

POINT 751 牛蒡與肉類烹調營養價值高

牛蒡屬菊科兩年生草本植物，是一種以肥大肉質根供食用的蔬菜，葉柄和嫩葉也可食用。牛蒡的肉質根細嫩香脆，可用來炒、煮、生食或煮成飲料。

從表14所示的牛蒡與其他幾種常見蔬菜營養成分對照可見，牛蒡的蛋白質、膳食纖維、鈣、磷、鐵、胡蘿蔔素等營養素的含量，均高於其他幾種蔬菜。

表14　牛蒡與幾種蔬菜食用部分營養成分對照表
（單位：毫克／100公克）

菜名	蛋白質	膳食纖維	鈣	磷	鐵	胡蘿蔔素	維生素B_1	維生素B_2
牛蒡	4700	2400	242	61	7.6	390	0.02	2.29
胡蘿蔔	600	800	19	29	0.7	1.35	0.01	0.04
菠菜	2400	700	72	53	1.8	3.87	0.01	0.13
番茄	800	400	8	24	0.8	0.37	0.30	0.02
馬鈴薯	2300	300	11	64	1.2	0.10	0.01	0.03

牛蒡還具有重要的藥用價值，包括：有促進生長作用，有抑制腫瘤生長的物質，有抗菌和抗真菌作用。由於牛蒡是重要的保健食品，與動物性食材一起烹煮，有很高的營養價值。以下提供兩道菜肴的作法：

①牛蒡炒肉絲：炒的時候，先在肉絲中放入少許醬油、水、太白粉、油，攪拌使之入味；油鍋燒熱後放入肉絲翻炒，變色後即取出；油鍋放入蔥絲、牛蒡翻炒，接著放入高湯、醬油，以文火燒煮；牛蒡炒熟後加入肉絲、糖翻炒拌勻後，即可起鍋。牛蒡具有促進血液循環、新陳代謝、清熱解毒等作用，且含較多膳食纖維，對便秘者有益。牛蒡雖屬寒性，但與肉類合炒後即變為平性；若烹炒時加入少許辣椒，則變為稍溫性，食用後有暖身作用。牛蒡與肉的比例約3：1。

②牛蒡燉雞：將洗乾淨的雞用沸水汆燙，除去血汙；鍋內放水，加入雞煮沸，加料酒、鹽、蔥、薑燉燒至肉熟爛；放入牛蒡片煮至入味；加胡椒粉，即可起鍋。此道菜中的雞肉具有溫中益氣、補髓添精的功效，牛蒡則具有祛風熱、消腫毒的作用，將兩者一起烹煮食用，可為人體提供豐富的營養成分，並具有溫中益氣、祛風

消腫等功效，適於體虛瘦弱、四肢乏力、消渴、水腫、咽喉腫痛、咳嗽等症患者食用。

POINT 752 豬腳配黃豆可促進產婦分泌乳汁

黃豆燉豬腳不僅營養豐富完整，還具有食療作用。黃豆含有豐富的鈣、鐵、鋅等鹼性無機鹽，屬於鹼性食物，豬腳則屬於酸性食物。黃豆與豬腳搭配食用，能保持身體的酸鹼平衡，有利於體內各臟器的生理功能。

黃豆蛋白質中的八種必需胺基酸組成十分符合人體需要，尤其是富含優質的植物性蛋白質離氨酸；豬腳中含有豐富的膠原蛋白質，但組成膠原蛋白質的胺基酸種類並不完整。因此，將豬腳與黃豆搭配食用，可利用蛋白質的互補作用，提高蛋白質的利用率，有益健康。

黃豆燉豬腳廣泛用於產婦的食補，以促進乳腺發育和乳汁分泌。產婦乳汁分泌不足的原因之一，是由於血液中雌激素濃度過大，促使分泌乳汁的泌乳激素作用減弱、甚至消失，導致乳汁分泌不足。黃豆中含有植物雌激素，產婦從黃豆中攝取的植物雌激素，可在血液中與雌激素受體結合，使產婦血液中的雌激素濃度下降，讓泌乳激素發揮作用，促使乳汁分泌。

黃豆與豬腳搭配食用，還具有滋潤皮膚、延緩衰老的作用。豬腳或豬皮中含有豐富的膠原蛋白質，脂肪含量比肥肉低，且不含膽固醇。膠原蛋白質對人體的皮膚、筋、軟骨及結締組織都具有重要作用，如膠原蛋白質能防止皮膚乾癟、起皺，增強皮膚彈性和韌性，對延緩衰老和促進兒童生長發育都有重要幫助。

豬腳或豬皮所含大量的膠原蛋白質在烹調過程中會轉化成明膠，明膠具有網狀空間結構，因而能結合許多水分，增強細胞生理代謝，有效地改善人體的生理功能，使細胞得到滋潤，並保持濕潤狀態，防止皮膚過早老化。另外，膠原蛋白質的胺基酸組成，與人體皮膚中的胺基酸極為相似，在有足夠維生素C的存在下，豬腳中的膠原蛋白質進入人體後，能夠在皮膚組織中重新合成其所需要的膠原蛋白質，因而可以延緩皮膚衰老。

黃豆脂肪中不飽和脂肪酸的比例較大，尤其是亞麻酸，可促進皮膚新陳代謝，使皮膚充滿光澤、富彈性。

POINT 753 烏賊、黃魚不宜與鹹菜一起烹煮

有一些特殊風味的菜肴，如烏賊燒鹹菜、鹹菜黃魚湯等，從飲食的角度來看，這樣的搭配雖然鮮美可口，但若長期食用，對身體健康易造成不利的影響。

因為鹹菜在醃漬過程中都會產生一些亞硝酸鹽，而烏賊和黃魚中，仲胺的含量達30～150毫克／公斤，乾魷魚中的含量更高達230毫克／公斤。實驗證明，如果身體同時攝入仲胺類及亞硝酸鹽，就會在人體內自行合成致癌物質亞硝胺。因此，將烏賊和鹹菜或鹹菜和黃魚一起烹煮時，很容易產生亞硝胺，長期食用，易引發腫瘤。

POINT 754 麵筋搭配動物性食材營養互補

麵筋是由麵粉加水揉成麵團後漂洗而成，根據加工方法的不同，可分為油麵筋和水麵筋。

麵筋中的蛋白質主要由麥膠蛋白質和麥穀蛋白質組成，在植物性食物中，其蛋白質含量僅次於黃豆。但麵筋中組成蛋白質的八種必需胺基酸含量偏低，在合成人體蛋白質時不能充分利用。因此，將富含蛋白質的麵筋與肉、蛋等動物性食材搭配食用時，可以提高人體對蛋白質的利用率。

以中醫角度來看，麵筋具有保健功能。因為麵筋性涼味甘，有補中益氣、解熱止渴的功效，一般人均可食用，尤其特別適合體虛勞倦、內熱煩渴的人。

麵筋可與肉類一起紅燒，也可選用油麵筋鑲肉餡，加湯煮沸即可。麵筋容易入味，用肉湯煨煮，吃起來味道鮮美醇厚。

POINT 755 綠花椰炒蝦球健康又美味

綠花椰中含有豐富的維生素C、β－胡蘿蔔素、維生素K、鉀和鈣，可保護皮膚和黏膜健康，還可增強體質，預防感冒。

此外，綠花椰對殺死導致胃癌的幽門螺旋桿菌具有特殊功效。長期食用綠花椰可以減少乳腺癌、直腸癌及胃癌的發病率。

綠花椰是含最多類黃酮的食物之一，類黃酮除了可

以防止感染外，也是最好的血管清理劑，能夠阻止膽固醇沉積，防止血小板凝結，因而可減少心臟病與中風的危險。因此，常吃綠花椰對身體健康有益，尤其是秋季，綠花椰花莖中營養素含量最高。

綠花椰與動物性食材搭配食用，具有營養互補作用，並有利於綠花椰營養素的吸收，如綠花椰炒蝦球就可增強人體對感冒的抵抗力，其中的蝦球不僅有玉般的質感，而且鮮香柔嫩，搭配濃綠色的綠花椰，營養又美味。

POINT 756 蝦仁熗芹菜美觀又添食慾

此道菜是用熗的方式，將芹菜梗和少許胡蘿蔔切成約3公分的長段，快速汆燙至斷生後即撈出，放入冷水中浸涼，瀝乾水分；蝦仁經油鍋滑透；將上述三樣食材放於大碗中，加鹽、雞粉、花椒油和少量薑絲（或薑汁），拌勻後靜置約10分鐘，即可盛盤。

芹菜中含有較多植物纖維和無機鹽，具有藥用價值，有降血壓、降膽固醇的作用；蝦仁則含有人體所需的動物蛋白質及鈣質。這道蝦仁熗芹菜以翠綠色調為主，搭配鮮紅的胡蘿蔔，色彩分明，令人食指大動。

烹調的祕訣首先要選擇好的食材；其次注意火候要恰當，生熟適度，不能過熟，才能保持食材的脆嫩度。

POINT 757 體質虛寒者不宜多吃鯽魚冬瓜湯

鯽魚冬瓜湯、鯽魚蘿蔔湯是深受歡迎的家常菜肴，從營養學觀點來看，鯽魚是酸性食物，冬瓜和蘿蔔都是鹼性食物，將鯽魚與兩者分別搭配食用，可達到酸鹼平衡，有利健康。

鯽魚具有豐富的優質蛋白質和必需脂肪酸，以及各種脂溶性維生素，與冬瓜或蘿蔔搭配食用，具有營養互補的作用，並且有利於人體對冬瓜或蘿蔔所含營養素的吸收和利用。

從中醫對食物性味的角度來看，鯽魚性溫味甘，能和胃補虛，利水通乳；冬瓜、蘿蔔性涼，味甘辛，具有順氣消食、清熱利水利便等功效。鯽魚與冬瓜或蘿蔔一起食用，具有清熱、瀉火、滋陰、生津的功效，但對於體質虛寒者來說，吃了易使身體脫水，因此不宜多吃。

POINT 758

豬肝搭配菠菜具補血功能

將菠菜用水煮過，與豬肝一起炒，能促進鐵在人體內的吸收，具有補血功能，對治療貧血有奇效。菠菜與豬肝，葷素相配，既可補充營養，又能避免因攝取過多動物性食物而使膽固醇升高。

POINT 759

油菜炒蝦仁可強身健體

油菜性涼味甘，入肝、脾、肺經。油菜是具有辛甘發散性質的蔬菜，春季常吃油菜可以活血化瘀、解毒消腫、寬腸通便、強身健體。

油菜中含有大量的胡蘿蔔素和維生素C，食用後有助於增強人體免疫力；且油菜的含鈣量在綠葉蔬菜中是最高的，一個成年人一天吃500公克油菜，其所含的鈣、鐵、維生素（A、C）即可滿足生理需求。蝦仁中含有豐富的動物性蛋白質，將蝦仁與油菜一起烹煮，具有強身健體的作用，可提高人體的抗病能力。老年體弱者建議可常食用。

油菜炒蝦仁的作法為：蝦仁50公克，油菜250公克，薑、蔥適量。將蝦仁洗淨，切成薄片，用醬油、料酒、太白粉拌勻；油菜洗淨後將梗葉分開，切成3公分長段。鍋中放油燒熱後，先下蝦片煸炒幾下即起鍋，再把油鍋加熱後，先煸炒油菜梗片刻，再放入油菜葉煸炒，至半熟時倒入蝦片，並加入鹽、薑、蔥等，轉大火快炒幾下即可起鍋盛盤。此道菜滑嫩爽口，鮮香撲鼻。

油菜還可與豬肝一起烹煮，營養豐富，味美可口；油菜與香菇搭配成菜，口感嫩滑鮮香，味醇適口。

POINT 760

韭菜配雞蛋滋補又美味

雞蛋可與多種蔬菜搭配食用，均具有營養和滋補功效，其中，韭菜與雞蛋更是家常菜中的絕好搭配。雞蛋是最好的營養來源之一，含有優質蛋白質及豐富的維生素和無機鹽。從藥性來看，雞蛋味甘性平，具有養心安神、補血、滋陰潤燥的功效。韭菜富含胡蘿蔔素、維生素C，還含有揮發油、硫化物、苷類和苦味物質，具有促進食慾、降低血脂、抗癌防癌等作用。由於韭菜含膳食纖維，食用後會有飽足感，具有減肥作用。韭菜辛香味美，與雞蛋搭配，韭香撲鼻，既滋補又美味。

POINT 761 蓮藕與鱔魚搭配可強腎壯陽

所謂「精虧吃黏，氣虧吃根」，「黏」，指的是鱔魚、泥鰍、貝類等；「根」，指的是山藥、蓮藕等。

鱔魚所含的黏液主要是由黏蛋白與多醣類組合而成，能促進人體對蛋白質的吸收和合成，還能增強人體新陳代謝和性功能，故鱔魚是補精最好的食品。蓮藕中的黏液成分主要也是黏蛋白，此外，蓮藕還含有卵磷脂、維生素（C、B_{12}）等，在食療中具有降低膽固醇、防止動脈硬化等作用。將蓮藕與鱔魚搭配食用，是滋養身體、強腎壯陽的食療良方。

11

健康飲食的原則

POINT 762 日常飲食應掌握的原則

為了身體的營養和健康需要，我們每日的飲食要精心選擇多種食物，其中包括穀類、根莖類、蔬菜、水果、奶類、豆類、動物性等食物。以下十項日常飲食的搭配建議，適合6歲以上的正常人參考：

1.食物多樣，穀類為主，粗細搭配；2.多吃蔬菜、水果和根莖類；3.每天吃奶類、大豆或豆製品；4.常吃適量的魚、禽、蛋和瘦肉；5.減少烹調油用量，飲食宜清淡少鹽；6.食不過量，天天運動，維持理想體重；7.三餐要均衡，零食要適量；8.每天喝足量的水，慎選飲料；9.飲酒應適量；10.吃當季的新鮮食材。

POINT 763 成年人每日的飲食建議

衛生福利部國民健康署為國人製作了一份「每日飲食指南手冊」，詳細列出成年人每日的飲食建議，涵蓋了六大類食物及分量，概略整理如下：

①全穀根莖類：1.5～4碗（1碗200公克）

②豆魚肉蛋類：3～8份

③低脂乳品類：1.5～2杯（1杯240毫升）

④蔬菜類：3～5碟

⑤水果類：2～4份

⑥油脂與堅果種子類：油脂3～7茶匙（1茶匙5公克），堅果種子類1份

所謂均衡的飲食需依照個人年齡和活動強度，找出合適的熱量需求，均衡攝取六大類食物，才能真正獲得完整的營養。關於查詢健康體重及理想的熱量需求，有興趣的讀者可上衛生福利部國民健康署網站：http://health99.hpa.gov.tw/educZone/edu_detail.aspx?CatId=21733。

POINT 764 六大類食物代換分量

以下根據衛生福利部國民健康署提供的資料，詳細列出每日應食用的六大類食物代換分量，供讀者參考。不過，正確的食用分量仍應根據個人的體重和理想的熱量需求而定。

①全穀根莖類1碗（碗為一般家用飯碗、重量為可食重量）：

=糙米飯1碗（200公克）或雜糧飯1碗或米飯1碗

=熟麵條2碗或小米稀飯2碗或燕麥粥2碗

=米、大麥、小麥、蕎麥、燕麥、麥粉、麥片80公克

=中型芋頭1個（220公克）或小蕃薯2個（220公克）

=玉米1又1／3根（280公克）或馬鈴薯2個（360公克）

=全麥大饅頭1又1／3個（100公克）或者全麥土司1又1／3片（100公克）

②豆魚肉蛋類1份（重量為可食重量）

=黃豆（20公克）或毛豆（50公克）或黑豆（20公克）

=無糖豆漿1杯（260毫升）

=傳統豆腐3格（80公克）或嫩豆腐半盒（140公克）或小方豆干1又1／4片（40公克）

=魚（35公克）或蝦仁（30公克）

=牡蠣（65公克）或文蛤（60公克）或白海蔘（100公克）

=去皮雞胸肉（30公克）或鴨肉、豬小里肌肉、羊肉、牛腱（35公克）

=雞蛋1個（65公克購買重量）

③低脂乳品類1杯（1杯=240毫升=1份）

=低脂或脫脂牛奶1杯（240毫升）

=低脂或脫脂奶粉3湯匙（25公克）

=低脂乳酪（起司）1又3／4片（35公克）

④蔬菜類1碟（1碟=1份，重量為可食重量）

=生菜沙拉（不含醬料）100公克

=煮熟後相當於直徑15公分盤1碟，或約大半碗

=收縮率高的蔬菜如莧菜、地瓜葉等，煮熟後約占半碗

=收縮率低的蔬菜如青花菜等，煮熟後約占2／3碗

⑤水果類1份（重量為購買量）

=山竹（420公克）或紅西瓜（365公克）或小玉西瓜（320公克）或葡萄柚（250公克）或美濃瓜（245公克）或愛文芒果、哈蜜瓜（225公克）或桶柑、椪柑、木瓜、百香果（190公克）或荔枝（185公克）或蓮霧、楊桃（180公克）或聖女番茄（175公克）或草莓、柳丁（170公克）或土芭樂（155公克）或水蜜桃（150公克）或粗梨、棗子（140公克）或青龍蘋果、葡萄、龍眼（130公克）或奇異果（125公克）或加州李（110公克）或釋迦（105公克）或香蕉（95公克）或櫻桃（85公克）或榴槤（35公克）

⑥油脂與堅果種子類（1份重量為可食重量）

＝芥花油、沙拉油等各種烹調用油1茶匙（5公克）

＝瓜子、杏仁果、開心果、核桃仁（7公克）或南瓜子、葵瓜子、各式花生仁、腰果（8公克）

＝黑（白）芝麻1湯匙＋1茶匙（10公克）

＝沙拉醬2茶匙（10公克）或蛋黃醬1茶匙（5公克）

資料來源：http://health99.hpa.gov.tw/media/public/pdf/21733.pdf

POINT 765 食物多樣化對健康好處多

食物多樣化是均衡飲食的特點之一，即每日攝取的食物種類要多，儘量食用上述的六大類食物，各類食物要經常作變化。每日多樣化的飲食，具有以下好處：

①營養更均衡：各種食物都有其營養特點，唯有攝取多樣化的食物，才能使身體獲得更完整的營養。純素食、純葷食或偏食的飲食習慣，雖然都能夠提供人體足夠的熱量，但由於飲食不均衡，會導致一些營養素的缺乏。例如長期吃純素食的人，有可能導致維生素A等脂溶性維生素、優質蛋白質、無機鹽等營養素不足；長期吃純葷食的人，有可能導致熱量過剩，膳食纖維、維生素、無機鹽營養素相對較為缺乏。

②食品更安全：有人說食物、藥物和毒物之間並無嚴格的界限，只有劑量上的區別，聽起來似乎頗有道理。因為即便是人體需要的水，喝多了也會引起不適。當今由於環境等社會問題，食品安全著實令人擔憂。如果能夠多樣化地攝取食物，就可避免因單獨食用某種問題食物而對健康造成損害，可降低食品安全的風險。

③可以提高食物的營養價值和功效：例如單獨食用某一種穀類時，蛋白質的生物價較低；若按比例混合數種一起食用，其蛋白質生物價將明顯提高。一些食品中分別含有不同的抗氧化維生素等物質，如果每天都同時得到補充，即可相互保護，提高食物的營養價值和功效。

④可促進食慾：例如同樣是粥，煮成地瓜粥、八寶粥或皮蛋瘦肉粥，就比單純的白米粥更有營養。研究指出，要想獲得健康，每天應吃二十種以上的食物。但也不必過於拘泥具體的數量，只要了解多樣化的食物有益於身體健康，並且盡力使家裡的餐桌琳琅滿目，和家人

在愉悅的心情中享受食物的美好，就是莫大的幸福了。

POINT 766

以穀類為主食好處多

隨著經濟發展和生活改善，魚、肉早已不是過年過節時才能吃到的食物，而是稀鬆平常的菜肴。在豐盛的菜肴面前，傳統的主食如米飯、饅頭等，似乎少有人問津。長此以往，這樣的飲食模式對健康有不利的影響，原因是這種膳食提供的熱量和脂肪過多，膳食纖維卻太少，提高了罹患高血壓、高脂血症、糖尿病等慢性疾病的危險。科學已經證明，以穀類為主的膳食好處多多：

首先，穀類所含的營養素比較完整。穀類含醣類平均達70％，且利用率高達92％，是供給人體熱量的最主要來源；含蛋白質8％～16％，雖然比例不太高，但是由於每天吃的穀類較多，因而也是蛋白質的重要來源；含有豐富的維生素B群、膳食纖維和維生素E；脂肪含量較少，僅占2％～4％。

其次，從人體的新陳代謝來看，以穀類作為熱量的主要來源非常合適。穀類中提供熱量的澱粉及醣的結構簡單，人體能夠迅速進行氧化分解，在短時間內獲得大量的熱量。同時，醣類在人體內氧化分解的最終產物是二氧化碳和水，這兩種物質都沒有毒性，人體不需要解毒，而且比較容易直接排出體外。

第三，以穀類為主食時，所不足的營養素可用其他食物來彌補。每日飲食中，在一定量的主食上搭配較多的蔬菜、水果和少量的動物性食物，即可滿足身體對數十種營養素的需要。若以500公克蔬菜為主食，其熱量並不能滿足人體的需要；脂肪雖可供給較多熱量，然而缺乏醣，脂肪不但不會氧化產生熱量，還會產生較多的酮體，酮體過多會引起體內中毒。

還有，從價格上來說，穀類是最便宜的熱量來源。同樣的土地面積所產生出來的食物來源，肉類僅占穀類的幾分之一而已。在目前世界人口爆炸、食物供應危機的時刻，用產量較高的穀物作為熱量的主要來源，可使地球上有限的耕地養活更多的人。

最後，穀類還有烹調方便、易於貯存的優點。

綜上所述，以穀類為主食的飲食模式，對身體較健康。但必須了解，穀類食物也有營養不足的一面：其蛋白質含量不高，並且缺乏離氨酸、色氨酸和蘇氨酸；雖然含有高品質的不飽和脂肪酸、膳食纖維和維生素E，但缺乏維生素C、D、A，胡蘿蔔素的含量也很少；所含的磷、鐵不易被人體吸收；鈣含量也不多。鑑於穀類中所缺乏的這些營養素，我們在每日飲食上就需搭配其他副食，以彌補單一穀類營養上的不足。

POINT 767 食不過精可避免營養素缺乏

一般習慣會把常吃的白米、小麥麵粉稱作細糧，把玉米、小米、高粱、燕麥、蕎麥、豆類和根莖類稱作粗糧或雜糧。

粗雜糧一般經過較少加工，維生素B群、無機鹽、膳食纖維含量較高，屬原味食物，具有天然的香氣。只是由於粗糧通常較不好消化，食用過多會影響人體對微量元素的吸收，因而較不受人們青睞。

所以，將粗糧與細糧按一定比例混和吃，效果較好。加入細糧既能緩解粗纖維對消化系統的壓力，還可讓人體更容易吸收，如八寶粥、豆沙包、銀絲卷等都是不錯的搭配方法。

主食的粗細搭配還有「食不過精」的飲食哲學，要經常搭配全麥麵粉或糙米。因為不同精度的稻米和麵粉，營養成分有較大的差別。

如果長期食用白米飯、白麵條，卻沒有搭配其他食物使營養均衡，就容易引發維生素B1缺乏症（俗稱腳氣病）。所以白米、白麵條應搭配適量的糙米、全麥麵粉一起食用，較為健康。

白米和白麵條是穀粒經多次的碾磨加工，大部分的穀皮和胚芽已被捨棄，僅剩下胚乳部分。稻米中的許多營養物質，尤其是維生素B群、無機鹽和膳食纖維等，在加工過程已大量受損流失。

由此看來，免受以上營養缺乏之害最簡單、最方便、最經濟的方法：每天最好能吃50～100公克的雜糧或全穀類（如小米或全麥麵粉）。搭配的方法可以一次，也可以分為多次。如一日的糧穀類主食300公克，可以安排為：白米100公克、玉米50公克、麵粉150公克；主食既可為玉米粥、米飯和饅頭，也可以是玉米麵粉和發糕、麵條、米飯，還可以吃新鮮玉米、粽子和水餃。

POINT 768 常吃薯類有益健康

常見的薯類有馬鈴薯、甘薯（又稱紅薯、白薯、地瓜等）、山藥、木薯等。

紅薯的胡蘿蔔素和維生素（B_1、B_2、C）含量均比米、麵多，此外還含有人體所需的多種胺基酸，尤其是含有促進人體新陳代謝和生長發育的離氨酸，可彌補米、麵營養素的不足，適合與米、麵一起烹煮。紅薯含有豐富的膳食纖維，對於促進腸胃蠕動和防止便秘非常有益。紅薯含有一種特有的植物化學物脫氫表雄酮，這是一種與哺乳動物體內腎上腺所分泌的激素相類似的類固醇，實驗證實，它能抑制乳腺癌和結腸癌的發生與發展。紅薯還含有大量膠體和黏液多醣類物質，是一種多醣蛋白質的混合物，具有多重保健作用。文獻記載，紅薯兼有健脾益氣、解毒、化濕和清熱的功能，因此被認為是具有防癌、抗癌作用的理想食物。吃紅薯要注意適量，且最好不生吃，變硬、變黑、變苦的黴爛紅薯不僅人不能吃，也不能拿來餵食牲畜。

馬鈴薯與稻、麥、玉米、高粱被稱為全球五大農作物，既可作為主食，又可烹調為美味佳肴。馬鈴薯的營養成分較完整，且易為人體吸收。馬鈴薯的鉀含量高，每100公克的鉀含量達300～500毫克。專家認為，每週吃5～6個馬鈴薯可使中風機率下降40％。馬鈴薯是低熱量、高蛋白、含多種維生素和微量元素的食物，是理想的減肥食品。中醫認為，馬鈴薯具有和胃調中、益氣健脾、強身益腎、消炎、活血消腫等功效，對消化不良、習慣性便秘、神疲乏力、慢性胃炎、關節疼痛、皮膚濕疹等有輔助治療的作用。吃馬鈴薯時要注意：皮色變紅、變紫或發芽的馬鈴薯絕不能吃，以防龍葵素中毒。

薯類食物亦糧亦菜，相較於穀類含有較多的水分和膳食纖維；比一般的蔬菜，又含有較高的醣類，因此馬鈴薯兼有兩者的營養優勢。吃薯類時要注意烹調方法，蒸或煮的方式與拔絲、炸薯條等不同，後者所含的熱量往往比前者高出一倍以上。

POINT 769 新鮮玉米是抗癌防衰的聖品

玉米能夠抗癌的原因有四點：1.玉米含有穀胱甘

肽，能使致癌物質失去活性，對防治癌症有一定作用；2.玉米含有大量的維生素E，有助於血管擴張，加強腸壁蠕動，促進人體廢物的排除，並能阻止不飽和脂肪酸氧化，抑制癌細胞發展；3.玉米含有大量的鎂元素，對防治心血管疾病和癌症有一定的作用；4.玉米中含有微量元素硒，硒能加速體內過氧化物的分解，使惡性腫瘤得不到氧分子的供應而被抑制。

玉米的胚尖含有大量維生素E和不飽和脂肪酸等成分，這些物質有增強人體新陳代謝、調整神經系統的功能，以及使皮膚細嫩光滑，抑制、延緩皺紋產生的作用。吃玉米時，由於把玉米粒的胚尖全部吃進去，其營養保健作用更為明顯，因此，新鮮玉米被譽為長壽美容食品。

中醫認為，玉米有調中開胃及降脂的功效，玉米鬚則有利尿、降血壓、止血、止瀉、助消化的作用，對治療腎炎水腫、膽囊炎、膽結石、肝炎、糖尿病、消化不良性腹瀉有幫助。

隨著科技進步，玉米的品種不斷地改良和開發。如糯米玉米，不僅富含澱粉、水溶性多醣和多種維生素而具有較高的營養價值，口感上更加香、甜、脆嫩、糯性強。因此，在每週的飲食中偶爾搭配一根新鮮玉米，或用玉米粒與豌豆等蔬菜或炒或煮湯，都是不錯的選擇。

POINT 770 常吃大豆及豆製品可補充蛋白質

白米、小麥等穀類蛋白質屬於不完全蛋白質，其必需胺基酸的組成比例無法完全符合人體需要，如白米的蛋白質中缺乏離氨酸，小麥的蛋白質中缺乏離氨酸和蘇氨酸，玉米的蛋白質中缺乏離氨酸和色氨酸，因此，人體對穀類蛋白質的利用率較低。豆類蛋白質屬於優質蛋白質，除了蛋氨酸外，其餘必需胺基酸的組成和比例與動物蛋白質相似，而且富含穀類蛋白質所缺乏的離氨酸。為了彌補糧穀類蛋白質的不足，在日常飲食中，可將穀類與豆類混合吃，即可提高蛋白質的營養價值。

小麥、玉米、小米中蛋白質的生物價（即攝入的蛋白質合成人體需要的蛋白質的數值）分別為67、60、57，當按一定比例加入大豆後，其生物價會有所變化。如在小麥麵粉中添加15％的大豆粉，人體對小麥麵粉的蛋白質利用率將提高一・八倍；將玉米和大豆以3：1

比例混合食用，其蛋白質生物價為76；玉米、大豆、小米以2：1：2的比例搭配食用時，其蛋白質生物價為73，遠高於單獨食用時的蛋白質生物價。穀類與肉、蛋、奶等混合食用也具有同樣的作用，如一餐中的主要食物有小米、小麥、大豆和牛肉，它們在混合前的平均生物價為66，一旦將它們按一定比例搭配食用後，蛋白質生物價最高可達89，蛋白質的利用率提高了近35％（請見表15）。

表15 混合食物蛋白質的生物價

混合食物	蛋白質（％）	混合前生物價	混合後生物價
小麥	40	67	70
玉米	40	60	
大豆	20	64	
大豆	70	64	77
雞蛋	30	94	
小麥	33	67	77
玉米	67	60	
奶粉	33	85	83
小麥	67	67	
大豆	20	64	73
玉米	40	60	
小米	40	57	
小米	33	57	89
小麥	55	67	
大豆	10	64	
牛肉	10	76	
豆乾	42	64	77
麵筋	58	67	

POINT 771

大豆是營養豐富、有益健康的食物

大豆根據皮色，可分為黃豆、紅豆、黑豆、青豆等。大豆的蛋白質含量一般為30％～40％，有的豆種高達52％，是豬肉的二～三倍，雞蛋的二．五倍，牛奶的十二倍。大豆蛋白質是與穀類蛋白質互補的天然理想食品。大豆中的脂肪含量約為18％，其特點是多元不飽和脂肪酸比例較大，約為85％，亞麻油酸高達50％，且消化率高。大豆的脂肪含有植物固醇，能抑制膽固醇的吸收。大豆中還含有2％～3％的磷脂，具有健腦功能。與穀類食物相比，大豆中醣類的含量低得多，僅為25%～30%，其中約有一半是植物纖維。大豆含有豐富的鈣、磷、鐵、鋅等元素，且維生素B群的含量高於白米、麵粉等穀類食物，並含有胡蘿蔔素和豐富的維生素E。雖然大豆中不含維生素C，但經發芽後，其維生素C含量可達20毫克／100公克。大豆發酵製品增加了維生素B_{12}的含量。此外，大豆還富含有益健康的植物化學物，如大豆皂苷、大豆異黃酮等。

根據衛福部所製作的「每日飲食指南手冊」，建議每位成人每日應攝取黃豆或黑豆20公克。

大豆及其製品經微生物作用後，消除了抑制營養的因數，產生多種具有香味的有機酸、醇、酯、胺基酸，更容易被人體消化和吸收。更重要的是，經發酵後的豆製品增加了維生素B_{12}的營養成分，如每100公克豆腐乳、紅腐乳和豆豉中的維生素B_{12}含量分別為9.8～18.8微克、0.42～0.72微克、0.34～0.41微克。由此可見，豆腐乳在同類製品中，維生素B_{12}含量最高。豆製醬油也含有維生素B_{12}的活性。

維生素B_{12}是人體內核酸合成及紅血球合成所必需的物質，也是腦代謝所必需的維生素，一旦人體缺乏，會降低正常腦細胞活力，嚴重時會導致高級中樞神經功能紊亂，引起各種精神疾病。因此，經常食用富含維生素B_{12}的食物，可以預防老年癡呆症。維生素B_{12}除海藻外，僅含於動物性食物中。而大豆發酵製品為植物性食物提供了寶貴的維生素B_{12}來源。

POINT 772 喝豆漿益處多

豆漿是黃豆用水浸泡後，磨碎、濾去豆渣煮沸而成。豆漿中的蛋白質含量與牛奶相當，而且豆漿煮沸後，其中的抗營養物質如凝血素、抗胰蛋白酶等被破壞，蛋白質從膳食纖維中解析出來，因此較容易被人體消化和吸收，使蛋白質吸收率達95%。

豆漿除了脂肪和膳食纖維的含量少一些外，黃豆中其他營養成分都包含在內。由於它的飽和脂肪酸、醣類的含量都低於牛奶，也不含膽固醇，因此特別適合中老年人及心血管疾病患者飲用。同時，將豆漿與牛奶相比，其鈣、維生素C等營養素含量比後者要低，因此建議每日可以既喝豆漿又喝牛奶，讓營養互補。

POINT 773 綠色和深色蔬菜是每日飲食首選

經測試證明，蔬菜中大部分營養素的含量與其顏色深淺有密切關係：深色蔬菜的維生素C和β－胡蘿蔔素含量比淺色蔬菜高。

蔬菜的葉子表面積較大，能吸收更多陽光；由於它也是植物的合成器官，要進行各種合成反應就需要酶的參與，而酶是優質蛋白質。除此之外，還需要維生素、微量元素之類的物質在酶反應中起輔助作用。根吸收的營養也需要集中在葉子，以便用來進行合成反應。因此，葉子中膳食纖維和無機鹽等營養素的含量，是植物各種器官中最多的。

一般來說，深色蔬菜中，以綠色蔬菜營養素的含量較多，顏色愈深綠，營養價值愈高；其次是紅色、橘紅色、紫色、黃色蔬菜。這些深色蔬菜富含胡蘿蔔素，是維生素A的主要來源。大多數深色蔬菜中還含有植物化學物質，如葉綠素、葉黃素、番茄紅素、花青素等。

蔬菜中幾種重要營養素含量的差異，不僅存在於不同顏色、品種的蔬菜中，即使是同一棵菜，其外層綠色葉子的營養素都比內層的白色葉子高得多。例如蔥、青蒜等蔬菜，綠色部位的葉子中，胡蘿蔔素含量就比白色的莖高一～十倍。因此，不論是從不浪費食物的角度還是營養的角度，都不要再丟棄胡蘿蔔纓和蔥的嫩葉了。

每日飲食中，除了綠葉蔬菜外，紅、黃、白等各色蔬菜應儘量搭配食用，深色蔬菜最好能占一半的比例。

POINT 774 不同種類的蔬菜搭配營養更均衡

蔬菜的種類繁多，類別不同，所含的營養成分也各有特點。葉菜類蔬菜，包括白菜、菠菜、生菜、韭菜等，含有豐富的多種維生素和無機鹽，尤其是胡蘿蔔素和維生素B_2、C的含量，在蔬菜中名列榜首。

根莖類蔬菜，包括蘿蔔、馬鈴薯、蓮藕、洋蔥等，含醣類（主要為澱粉）較多，鈣、磷、鐵等無機鹽含量也比較豐富，有的（如胡蘿蔔）還含有豐富的胡蘿蔔素。

瓜類蔬菜，包括黃瓜、冬瓜、苦瓜、櫛瓜、佛手瓜、木瓜、南瓜等，含水分高，多數有消暑利尿的作用，木瓜和南瓜還含有豐富的胡蘿蔔素。

茄果類蔬菜，包括番茄、茄子、辣椒等，這類蔬菜多數帶有顏色，含有較多的胡蘿蔔素和維生素，無機鹽含量也較多。

豆類蔬菜，包括豌豆、菜豆、扁豆、豇豆等，蛋白質含量較高，維生素 B_1、B_2、B_5 的含量也多。

芽菜類，有綠豆芽、黃豆芽、黑豆芽、豌豆苗、香椿芽、蘿蔔纓、竹筍、蘆筍等。芽菜是種子萌發後的產物，不僅口感好，而且透過酶的催化作用，使其營養更容易被人體吸收。芽菜的維生素 C、B_2 等含量較高。

菌藻類，主要有香菇、木耳、海帶等，含有較多的無機鹽和多種植物化學物，如多醣類。

每人每日應選擇葉、莖、瓜、果等不同種類的蔬菜搭配一起吃，營養更均衡，身體更健康。

POINT 775 水果的神奇功用

每日的飲食中，以「五果為助」更有益於身體健康。

水果和蔬菜一樣種類繁多，可分為：1.仁果類，如蘋果、梨、山楂、木瓜等；2.核果類，如桃、李、杏、梅、櫻桃等；3.堅果類，如栗子、核桃、榛果等；4.漿果類，如葡萄、草莓、石榴、奇異果等；5.柑橘類，如柑、橘、橙、柚、檸檬等；6.熱帶及亞熱帶果類，如香蕉、鳳梨、龍眼、荔枝、椰子等；7.什果類，如棗子、柿子、無花果等。

新鮮水果是維生素 C 的良好來源。維生素 C 是人體不可缺少的營養素，有預防和治療壞血病、促進細胞生長和抗體形成等功能。水果以生吃為主，維生素 C 不會遭到破壞，含維生素 C 較多的水果有棗子、奇異果、山楂、柑橘、檸檬、柚子、草莓等。黃綠色水果中的胡蘿蔔素含量較多，如蜜橘、枇杷、杏、柿子等。水果含較多的無機鹽，其中大多數水果是高鉀低鈉食物，常吃水果可維持體內的鈉鉀平衡，有利於預防疾病。水果中的維生素以及植物化學物，如杏、紅果中的黃酮類物質、橘柑中的橘柑黃酮和川陳皮素等，都具有防癌作用。

水果含有豐富的葡萄糖、果糖、蔗糖，吃起來十分甜美，並且這些糖能很快地被消化和吸收，提供人體熱量。水果中還含有各種有機酸，如蘋果中的蘋果酸、檸檬中的檸檬酸、葡萄中的酒石酸等，這些有機酸不僅對維生素C的穩定性有保護作用，還可刺激消化液分泌，有助於食物消化。

有些水果具有醫療價值，如梨可止咳化痰，清新潤肺；蘋果可潤腸通便，收斂止瀉；奇異果可散瘀活血，降脂抗癌；紅棗可養血安神，益肺和胃。總之，每日飲食中搭配適量水果，可補充營養，增強體質，有益健康。

POINT 776 每日應適量搭配動物性食物

動物性食物包括畜（豬、牛、羊等）禽（雞、鴨、鵝等）肉類、水產品（魚、蝦等）、蛋類、乳類四大類。動物性食物含有的營養物質，對人體生長發育、細胞組織的再生和修復，以及增強體質具有重要意義。因此，動物性食物是每日飲食中不可或缺的。

人們在生存的每一瞬間，體內的蛋白質都在細胞內不斷地被分解，因此需要從外界源源不斷地為身體提供足夠的、高品質的蛋白質，以供利用。及時補充優質蛋白質，對於生長發育迅速的嬰幼兒、兒童、青少年和對蛋白質需求量特別高的孕婦、哺乳中的媽媽，尤為重要。

動物性食物的蛋白質是優質蛋白質，所含的八種必需胺基酸含量和比例均接近人體需要，尤其富含離氨酸和蛋氨酸，吸收利用率高。

動物性食物可提供鐵、鋅等無機鹽，是預防缺鐵性貧血的有效營養來源。存在於食物中的鐵有兩種形式，即血紅素鐵（有機鐵）和非血紅素鐵（無機鐵）。由於血紅素鐵能直接被腸黏膜上皮細胞吸收，因此較易被人體利用。畜肉、肝、禽肉和魚肉中的血紅素鐵約占食品中鐵總含量的三分之一，吸收率也較高。同時，肉類蛋白質中半胱氨酸含量較大，半胱氨酸能促進鐵的吸收。因此，若搭配適量的牛、羊、豬、雞、鴨和魚，可使鐵的吸收率增加二~四倍，有效預防和改善缺鐵性貧血。

動物性食物可為人體提供豐富的維生素，無論是脂溶性維生素（A、D、K、E）或維生素B群等水溶性維生素，含量都極為豐富。與貧血有關的維生素B_{12}存在於動物性食物中，尤其是動物的肝臟，是多種維生素的重要來源。

魚類脂肪中含有較多多價不飽和脂肪酸，能加速體內膽固醇代謝，減少血凝固和動脈中脂肪斑塊的形成，對預防動脈粥樣硬化有重要的作用。多價不飽和脂肪酸是一種有益於大腦的物質，對腦細胞，特別是腦的神經傳導和突觸的生長發育有重要作用，對人的智力、記憶和思維能力等有極大的影響。缺乏這種物質就會影響腦細胞的形成，並有可能引起腦細胞死亡。

動物性食物雖對健康有益，但並不是吃得愈多愈好。因為動物性食物含有較多的膽固醇和飽和脂肪，攝入過多會增加罹患高血壓、動脈粥樣硬化症等疾病的機率。肉類中所含的嘌呤鹼，在人體代謝過程中會生成尿酸，尿酸若大量積聚，會破壞腎毛細管的滲透性，引起痛風、骨發育不良等疾病。吃太多肉甚至會降低人體的免疫反應，降低對疾病的抵抗力。

POINT 777 魚類及水產品是有益健康的天然食品

魚類包括各種深海魚及淡水魚，其他水產品主要有蝦、蟹、蚶、蛤蜊、海參等。魚類和其他水產品的肉質細嫩，味道鮮美，營養豐富，人體容易消化和利用。

魚肉是優質蛋白質來源之一，蛋白質含量為15％～20％。其他水產品的蛋白質含量也很高，平均為15％，均屬於優質蛋白質，即含有人體必需的八種胺基酸，而且數量和比例亦符合人體需要，尤其是含有人體需要量較大的亮氨酸和離氨酸。魚肉中的結締組織含量比畜肉少，肌纖維較短，蛋白質組織結構較鬆散，水分含量較高，因而容易被人體消化和吸收，消化率可達87％～98％，比牛肉（消化率76％）、豬肉（消化率74％）、羊肉（消化率69％）都高，是理想的蛋白質來源之一。

魚類的脂肪含量為1％～10％，除少數品種外，一般均在5％以下。魚類的脂肪多由高度不飽和脂肪酸組成，占魚脂肪80％以上。

魚脂肪中的高度不飽和脂肪酸如二十碳五烯酸（EPA）和二十二碳六烯酸（DHA）是人體必需的脂肪酸，具有重要的生理作用，但人體不能自行合成，只能從魚類和其他水產品中攝取。人體對於EPA和DHA不但容易消化和吸收，而且不會導致膽固醇升高。EPA和DHA除了有重要的營養價值，還有明顯的藥理活性，如EPA可使血管內皮細胞形成的前列腺素增多，使血小板聚集得到抑制，有較強的擴張血管作用；同時可使血液黏度下降，抗凝血脂Ⅱ增加，具有預防血栓形成的作用。臨床已證實，EPA和DHA可降低低密度脂蛋白膽固醇（LDL），以及增加高密度脂蛋白膽固醇（HDL），對於預防血管硬化、血管阻塞、動脈痙攣非常有益，能有效防治冠心病和中風。

魚脂肪與植物油相比，兩者都能降低血清總膽固醇的含量，但植物油不能降低三酸甘油酯，魚脂肪則能降低30％；植物油對低密度脂蛋白無影響，魚脂肪則能顯著降低低密度脂蛋白。所以，魚脂肪對心血管的保健作用遠高於植物油。

魚類也是一些維生素的良好來源，如鱔魚、海蟹和河蟹中含有豐富的核黃素（維生素B_2）；海產魚的肝及腸含有豐富的維生素A和維生素D。魚類中還含有維生素B_1等。

魚類及其他水產品富含鐵、磷、鈣、鉀、碘等無機鹽。每100公克海魚含碘500～1000微克；海魚所含的鈣比淡水魚高，並且容易被人體吸收，如每100公克蝦米、蝦皮含鈣200～1000毫克；牡蠣富含銅，每100公克可達4.2毫克；牡蠣、鯡魚富含鋅，每100公克可達10毫克以上，鋅是促進人體生長發育的關鍵元素。

魚頭中富含卵磷脂，是人腦中神經介質乙醯膽鹼的重要來源。多吃卵磷脂可增強記憶、思維和分析能力，並能控制腦細胞退化、延緩衰老。

POINT 778 多吃魚可活化大腦神經細胞

營養學家認為多吃魚，特別是多吃海魚對人體有益。這是由於海魚中富含高度不飽和脂肪酸DHA和EPA（魚類中，以沙丁魚、鯖魚、青魚的脂肪中，EPA含量最高），是有益大腦的物質，對人的智力、記憶力和思維能力等有關鍵性的影響，對降低血脂有一定作用。缺乏此種物質就會影響腦細胞膜的形成，並有可能引起腦細胞死亡。

人類大腦的65％是由類脂質構成，其中10％為高度不飽和脂肪酸DHA。專家認為，DHA對人類大腦細胞，特別是腦神經傳導和突觸的生長發育有著重要作用。實驗證明，當人體減少攝取DHA時，會導致記憶力和感受力下降；若經常吃魚，攝入足夠的DHA，大腦中的DHA值就會升高。由此可見，DHA對活化大腦神經細胞、改善大腦功能、提高判斷力具有重要作用。

多吃魚對婦女、嬰幼兒、青少年及中老年人尤為有益。孕婦多吃魚，有利於胎兒透過胎盤從母體中獲取DHA，以補充胎兒腦細胞膜磷脂的不足。若孕婦DHA攝取不足，可能會使胎兒大腦發育受損，影響將來的智力。哺乳期婦女多吃魚不僅會使乳汁分泌充盈，還可提供嬰兒大量的DHA，對正處於大腦發育旺盛期的嬰兒來說非常有益，是提高嬰兒智力的絕好時機。

在斷乳後的嬰兒和5～6歲的兒童這兩段生長發育期內，若在日常飲食中增加魚類的比例，對他們的健康和發育大有裨益。

青少年正值生長發育的關鍵時刻，雖然其腦細胞數量不會再增加，但卻是刺激大腦細胞的時期。這種刺激會使大腦神經突觸不斷增大，此時若沒有足夠的DHA來補償，生長就無法完成，對青少年智力的發育和記憶力、思維能力的拓展較為不利。

中老年人若經常吃魚，由於攝入了足量的DHA，可以使記憶力得到改善，判斷力提高，可延緩腦功能衰退，對防治老年癡呆具有重要意義。

POINT 779 禽肉的營養符合人體需要

禽類的品種較多，其中經濟價值較高的有雞、鴨、鵝，其次是人工飼養的飛禽，如鴿子以及鵪鶉、火雞等。從營養學角度來看，禽肉比畜肉更符合人體需要。

首先，禽肉的蛋白質含量高，平均為20％，其中富含全部必需胺基酸，其含量與乳、蛋中的胺基酸模式極為相似，是優質蛋白質的來源。

其次，禽肉的脂肪含量低，約為9.1％。放養的土雞、烏骨雞等，脂肪含量比肉雞低；去除雞皮的雞胸肉僅含5％的脂肪。禽肉的脂肪中含有豐富的不飽和脂肪酸，其中人體必需脂肪酸亞麻油酸約占脂肪含量的20％，因而禽類的脂肪具有熔點低（33℃～40℃）、易被人體消化和吸收的特點。

禽肉也是磷、鐵、銅和鋅等微量元素的良好來源，並富含維生素E、B_{12}、B_6、A，還可供給生物素、菸鹼酸、泛酸（維生素B_5）、維生素B_1、B_2等。如雞肝中維生素A的含量相當於豬肝的一～六倍，且含鐵量也較高。

禽肉中水溶性的含氮浸出物包括肌肽、肌酸、肌酐與嘌呤鹼等非蛋白質含氮浸出物較多，這些物質能使肉湯更鮮美。此外，由於禽肉的結締組織少、肉質細嫩、脂肪分布均勻，比畜肉更為鮮嫩、味美、易於消化。

POINT 780 低脂肪膳食可選擇瘦牛肉

瘦牛肉和兔肉是低脂肪的動物性食物來源，因為兩者均含有豐富的蛋白質，其含量一般為20％，都高於豬肉的13.2％；平均脂肪含量牛肉為6％，兔肉僅0.4％，均遠低於豬肉的18％。瘦牛肉和兔肉因具有高蛋白、低脂肪、低膽固醇的特點，特別適合中老年人、減肥人士以及高血壓、高血脂等心腦血管疾病患者食用。

牛肉中的鐵、磷、銅和鋅的含量特別豐富，也是維生素A、B_{12}、B_1、B_5、B_6和生物素、泛酸等營養素的良好來源，是嬰幼兒生長發育所需的營養物質。牛肉除適合心血管病人外，對術後病人補血、修復組織和傷口癒合亦是很適合的營養食物。

中醫認為，牛肉性溫味甘，有暖中補氣、滋養禦寒、補腎壯陽、健脾胃、強筋骨等作用。寒冬時吃牛肉有暖胃作用，為食療的佳品。但患皮膚病者不宜吃牛肉，患肝炎、腎炎者也應慎食。

兔肉的蛋白質含量略高於牛肉，脂肪含量比牛肉低。兔肉的離氨酸含量較高，占胺基酸總量的9.6％。兔肉最大的特點是膽固醇含量幾乎低於所有肉類。兔肉還含有豐富的卵磷脂，是構成神經組織和腦細胞代謝的重要物質。卵磷脂中的膽鹼能改善人腦的記憶力和防止腦功能衰退，是兒童、青少年的大腦和其他器官發育不可缺少的物質。此外，卵磷脂也有抑制血小板凝聚、防止血栓形成的作用，適合高血壓患者食用。

中醫利用兔肉滋補強身由來已久，認為兔肉可補中益氣，主治熱氣濕脾，止渴健脾，能涼血，解熱毒，利大腸。老年人和體弱者，尤其是腎虧損、萎靡不振的人，常食兔肉可祛病健身。食用兔肉可以獲得較完整的營養，而且熱量低，是幼兒、孕婦、高血壓、心臟病、糖尿病患者和肥胖者的理想食品。

兔肉（尤其是野兔）帶有土腥味，在烹煮前一定要用清水反覆浸泡，徹底除去血水才能除淨異味，凸顯兔肉的獨特芳香滋味。

POINT 781 動物肝臟對人體的益處

肝臟是動物體內儲存養分的器官，含有豐富的營養物質，尤其是豬肝，其營養素含量是豬肉的十倍以上，因此，人們常把動物肝臟作為補血食物的首選。動物肝臟除了富含蛋白質和脂類外，還含有較高的維生素A、維生素B群和鐵元素。

動物肝臟中的維生素A含量遠遠超過奶、蛋、肉、魚等食品，如每100公克羊肝和牛肝中的維生素A含量達2萬微克以上。維生素A具有維持正常生長和生殖的作用，可保護眼睛和維持健康膚色。研究證明，維生素A在人體代謝中可轉化為維甲酸，可抑制癌細胞，打斷細胞惡性增殖週期。

動物肝臟中的維生素B_2含量也比其他食物高十五～二十倍。維生素B_2是人體多種氧化酶系統中不可缺少的構成部分，也參與體內廣泛的代謝反應。研究證明，維生素B_2可幫助分解誘發肝癌的黃麴毒素，這可能是因為維生素B_2加強黃素酶系統的去毒作用所產生的結果。

肉類食物中通常不含維生素C，而最近發現動物的肝臟中含有維生素C。動物肝臟中的鐵主要以血紅素的形式存在，有較高的利用率。

常吃豬肝可調節和改善貧血病患造血系統的生理功能。動物肝臟中微量元素硒的含量也很高，硒在抗癌過程中會影響癌細胞能量代謝，干擾癌細胞核酸和蛋白質的合成，抑制癌細胞生長。硒也可透過增強人體吞噬細胞功能和免疫功能而減少癌症的發生。有鑑於此，有關專家提出在防癌食譜中應把動物的肝臟（豬肝、牛肝、羊肝、雞肝、鴨肝）考慮進去。

畜類的內臟包括心、肝、腎、腦等含有較高的膽固醇，如每100公克的羊腦即含膽固醇1352毫克，牛肝為271毫克，牛腎為313毫克。為控制膽固醇含量，避免攝取過多的飽和脂肪酸，預防高血脂發生，每次不宜攝入過多的動物肝臟及內臟，當作小菜或配菜適量食用即可。

POINT 782 豬血具有諸多保健作用

國外許多國家的超市中，常販售以豬血為原料製成的香腸、點心等食品；我們日常的飲食中也常在酸辣湯中加入豬血，或煮菠菜豬血湯等。豬血具有許多營養保健功能，在日常飲食中適量搭配些豬血，對健康有益。

豬血可提供優質蛋白質，每100公克豬血含蛋白質12.2公克。豬血的蛋白質中含十八種胺基酸，包含人體內不能自行合成的八種必需胺基酸，其中離氨酸含量是肉類、蛋類、奶類的二倍。因此，用豬血製成的血漿製品是良好的滋補品，可以治療因蛋白質缺乏導致的營養不良，對消耗蛋白質較多的腎炎疾病尤為適宜，也有利於創傷的癒合以及病後身體康復。

豬血含鐵量較高，每100公克豬血含鐵8.7毫克，是豬小排的六．二倍，豬腿肉的九．六倍，雞蛋的四．四倍。豬血中的鐵多以血紅素鐵的形式存在，易被人體吸收和利用，吸收率可達30％。處於生長發育階段的兒童和孕婦或哺乳期間的婦女，應多吃些搭配有豬血的菜肴，可以預防缺鐵性貧血。由於豬血中含有微量元素鈷，對其他貧血疾病（如惡性貧血）也有預防作用。

豬血具有利腸通便的作用。食用豬血有利於清除腸腔的沉渣濁垢，對塵埃及金屬微粒等有毒、有害物質具有淨化作用，可避免累積性中毒。

這是因為豬血中的血漿蛋白被人體內的胃酸作用後，產生一種能消毒、殺菌和潤滑腸道的分解物，這種物質能與進入人體內的塵埃及有毒金屬微粒發生化合反應，並一起從腸道排除體外。因此，凡接觸塵埃和從事化工、印刷、紡織、採掘、高溫冶煉及環衛等工作者，最好常吃些用豬血烹煮的菜肴。

豬血含有的凝血酶，可使血溶膠狀態的纖維蛋白迅速生成不溶性纖維蛋白，使血液凝固。此外，豬血還富含銅、鋅、錳、鉻、矽等微量元素，對動脈硬化和冠心病有一定的防治作用。豬血狀如豆腐，很適合老年人食用；但豬血的膽固醇較高，不宜食用過量。

POINT 783 豬腳、豬皮可滋潤皮膚、延緩衰老

研究發現，人體缺乏膠原蛋白質是導致衰老的重要原因。膠原蛋白質對人體的皮膚、筋腱、軟骨及結締組織都具有重要的作用，例如能防止皮膚乾癟起皺、增強皮膚彈性和韌性等。豬腳、豬皮中含有豐富的膠原蛋白質，脂肪含量比肥肉低，並且不含膽固醇，對延緩衰老和促進兒童生長發育都有益處。

人體衰老主要表現為機體細胞蛋白質分子與水交叉結合，產生一個「水結合區」，抑制或減弱了細胞的生理代謝，細胞水量減少，使細胞的可逆性出現衰減狀態，造成人體外表皮膚及黏膜乾燥積紋等脫水狀態。豬腳、豬皮中含有大量的膠原蛋白質，在烹調過程中可轉化成明膠，明膠具有網狀空間結構，能結合許多水，增強細胞生理代謝，有效地改善人體的生理功能，使細胞得到滋潤，防止皮膚過早老化。

豬腳、豬皮中膠原蛋白質的胺基酸組成，與人體皮膚極為相似，在一定條件下（如有足夠維生素C存在），豬腳、豬皮中的膠原蛋白質進入人體後，可在人體皮膚組織代謝中重新合成皮膚組織所需要的膠原蛋白質，可延緩皮膚的衰老。

人體中還有一種物質黏多醣，對水有很強的親和力，有了它便可使皮膚保持大量水分，細膩、濕潤和嫩滑。如果人體缺乏膠原蛋白質，細胞間黏多醣就會減少，細胞儲水機制會發生障礙，導致皮膚乾燥、老化、失去彈性並出現皺紋。除了豬腳、豬皮外，牛蹄、羊蹄、牛蹄筋、雞爪、雞翅等也有同樣的功用。

POINT 784 蛋的蛋白質僅次於母乳

蛋類主要有雞蛋、鴨蛋、鵝蛋、鴿蛋、鵪鶉蛋及加工製品鹹蛋、滷蛋、皮蛋等，以雞蛋的食用量最多。蛋類的營養素豐富而完整，營養價值高，是理想的天然食品。

蛋類依品種不同，營養成分略有差別，如雞蛋的水分含量略高於鴨蛋、鵝蛋；鵝蛋的脂肪含量明顯高於雞蛋、鴨蛋。但是，蛋類的主要成分大致上都相同。蛋類的蛋白質含量為11%～13%，幾乎能被人體完全吸收，

它不但含有人體所需要的各種胺基酸，而且胺基酸組成模式與人體蛋白質的胺基酸組成模式十分相近，是食物中最理想的優質蛋白質來源。

蛋類的脂肪含量為10％～15％，脂肪呈乳化狀態存在於蛋黃中，有利於人體消化和吸收，而且一半以上為卵磷脂、膽固醇和卵黃素，對神經系統及身體發育成長有很大好處，是嬰幼兒和青少年成長特別需要的物質。

蛋類含有豐富的維生素，主要有維生素A、D、B_1和B_2等。蛋品中所含的無機鹽主要有鐵、鈣、磷、鋅、硒，與一些主要營養素一樣，大部分存在於蛋黃中，因此，蛋黃的營養價值高於蛋白。但人體對於蛋黃中的鐵，較不容易吸收和利用。

POINT 785

牛奶是補充鈣質的重要來源

牛奶和母乳在內的一切動物奶一樣，幾乎含有生物活動所需的全部營養，只不過母乳更適合嬰兒、牛奶更適合牛犢。在各類食物中，奶類所含的營養素最齊全。

牛奶的蛋白質主要是酪蛋白，其次為乳白蛋白和乳球蛋白。牛奶的蛋白質含有全部必需胺基酸，其他胺基酸的含量亦較豐富。牛奶等奶類的蛋白質是完全蛋白質，消化率可達97％～98％，而且牛奶的消化速度比肉、蛋、魚更快。

牛奶中的脂肪是乳化狀態的脂肪球，平均直徑只有2.5微米，可由胃直接吸收，特別是其中的十二個碳以下的短鏈部分。乳中的長鏈脂肪酸雖然只有少數，但含有亞麻油酸、花生四烯酸等人體不能合成的必需胺基酸，另外還有二十碳五烯酸（EPA）和二十二碳六烯酸（DHA），有助於嬰幼兒智力和視力發育，對中老年人則有預防心血管疾病的作用。乳脂肪中含卵磷脂、腦磷脂和神經鞘磷脂，對嬰幼兒的神經系統發育尤其有益。

乳糖是哺乳動物乳腺特有的產物，不存在於動物的其他器官中。牛奶的總熱量中約25％來自乳糖。乳糖在胃中不會分解，而是直接進入腸道，在腸道分解時，速度緩慢，故喝了牛奶後不致形成高血糖；乳糖可加速金屬離子（鈣、鎂、鐵、鋅、鈷等）的吸收；乳糖分解後會形成半乳糖和葡萄糖，半乳糖對嬰幼兒的發育很重要。

牛奶中含有多種人體必需的無機鹽，其中最重要的是鈣，不僅含量高，而且易吸收。牛奶中含有至今已知的全部維生素，還含有一些具有保健功能的物質，如免疫球蛋白、牛磺酸、乳鐵蛋白、溶菌酶、超氧化物歧化酶、酪蛋白磷酸肽等，含量雖少，但作用顯著。

鑑於牛奶的營養價值高，尤其是鈣質含量高，而且鈣磷比例合適，還含有維生素D、乳糖等可促進鈣的吸收，兒童、青少年常喝牛奶可增加鈣質的攝取量，促進骨骼成長，有利於體格和智力生長發育；更年期婦女、中老年人常喝牛奶可補充鈣質，有利預防骨質疏鬆症。

POINT 786 乳酸菌飲料的營養價值高於乳酸飲料

乳酸菌飲料也可稱液態優酪乳，是以牛奶為主要原料，經過乳酸菌發酵，再輔以經殺菌處理的糖、酸、香料等混合而成的飲料。由於經過發酵過程，牛奶中的主要成分預分解成多種胺基酸、脂肪酸和乳酸等，可以促進人體胃液的分泌和鈣質的吸收，對腸道中的有害物質具有抑制作用。經常飲用乳酸菌飲料，對消化不良、便秘、胃腸炎有良好的食療效果。

從營養上來分析，相同品質的乳酸菌飲料中，除了含糖量較高外，其他如蛋白質、脂肪、維生素B_1、B_2、C，以及鉀、鈣等營養成分含量僅為優酪乳的幾分之一。但乳酸菌飲料的甜酸適中，受到人們的喜愛。

乳酸飲料與乳酸菌飲料雖只有一字之差，卻有極大的不同。乳酸飲料是由各種原料，如水、奶粉、糖、乳酸、香精、穩定劑等經混合配製而成。由於不經過乳酸菌發酵的過程，故飲料中的風味與口感不如發酵型乳酸菌飲料；加上其中有限的營養成分未經過預分解過程，因此不含有益於人體健康的乳酸菌及其代謝產物，所以，乳酸飲料的營養價值較不如乳酸菌飲料。與此類似的還有保久乳和鮮奶，兩者的營養價值也有差別。

鑑別鮮奶好壞的指標：非脂肪乳固形物和蛋白質。這兩種成分的含量在產品包裝上都有說明，含量愈高，鮮奶的營養價值愈高。優酪乳即是用純鮮奶發酵製成。

POINT 787 鹽不能不吃，但也不能多吃

食鹽是烹調時不可或缺的調味品，對於人類既有調

味功能，又有重要的生理功能，故有「百味之祖」之稱。

食鹽的主要成分是氯化鈉。食鹽隨著食物、水進入人體後，分離成鈉離子和氯離子，其中的鈉是人體不可缺少的金屬元素。鈉元素在體內廣泛存在於各種組織器官中，是保持體液滲透壓、維持神經肌肉興奮性、調節酸鹼平衡的重要物質，並且是構成體液、膽汁、眼淚的成分之一，在糖的吸收上也扮演了重要角色。鈉和氯通常較不易缺乏，但在某些情況下卻會發生鹽分缺乏症，如長期或嚴重嘔吐、腹瀉，或洗胃及臨床治療不當等；夏天大量流汗，鹽分會隨著汗水而排出體外；在高溫中工作，也容易使鹽分流失，這時會感到無力、倦怠，甚至出現血壓下降、肌肉痙攣，嚴重者可能因腎功能衰竭而死亡。因此在上述情況下要及時補充鹽分。

正常成人每日鈉需要量約為2200毫克，大約為6公克食鹽，除去每日從各類食物中攝入的約1000毫克鈉之外，需要再從食鹽中攝入約1200毫克的鈉，換算成食鹽的量，每日約攝取3公克的鹽，即可滿足人體需要。但根據中央研究院的調查研究，國人每人每天食鹽的攝取量約在10～12公克之間，足足超出建議攝取量的一倍，究其原因是因為飲食中過多的加工食品所致，包括醃漬食物、魚乾、肉乾等。專家建議，有高血壓家族史者和高血壓、心血管疾病患者，應將每日鹽的攝取量減少到5公克以下，以2～5公克為宜。

從高血壓的流行病學調查中可看出，食鹽的攝取量與高血壓的發病率呈正比。其發病機制大概是：每攝入1公克食鹽，人體就需要消耗100～200毫升的水以形成鹽溶液，供腎臟將體內多餘的鈉離子排出體外。腎是維持人體內鈉平衡的器官，當人體中的鈉過多時，腎的功能將會變得紊亂。這時，過多的鈉便滯留在血液中，而鈉需要水來稀釋，結果是血液中的水分子大量增加。這麼一來，同一時間裡，狹窄的血管內就要通過更多的血液量，進而引起血管壁壓力增高。同時，心臟在同樣時間裡要把更多的血液運往全身，就必然會增加它的搏動率。緊跟著血壓升高的麻煩是刺激腎上腺素以及醛固酮的分泌，進而導致鈉和水滯留在腎臟中。

因體內攝取過多的鈉，引起全身組織和血液中的水分大量增加，不但會發生虛胖或水腫，還會加重心臟負擔，進而發生充血性心臟衰竭。除了高血壓、心血管疾病外，高鹽飲食還可能增加罹患胃癌、骨質疏鬆症等疾病的危險。從食鹽的攝取量與一些疾病呈正相關的流行病學研究證明，為了有效預防高血壓等慢性疾病，必須控制好每日飲食中食鹽的攝取量。

POINT 788 水分對人體健康的重要性

水是生物賴以生存的重要物質之一，在人體內具有重要的生理作用。大多數生物體內的水分含量都超過任何一種物質成分，通常占體重的70％～80％。人體含水量隨著年齡增長而減少：兩個月大的嬰兒，體內水分含量高達97％；成年人體內的水含量約占體重的三分之二。水對人體的重要性如下：

①人體內物質吐故納新的媒介：人體所需的氧氣、營養成分全靠血液輸送，血液的含水量約為80％，如缺少水分，血液就會濃縮，失去輸送氧氣和養分的能力，組織或器官會發生缺血、壞死，人體代謝所產生的廢物也不能及時排出體外，廢物若累積過多會導致中毒。

②體內化學反應的媒介：水既是人體細胞的主要成分，也是營養成分在體內發生化學反應的媒介；況且在某些反應中，如水解反應，水更是不可缺少的組成部分。人體內如缺水，正常的代謝將產生障礙。

③水在維持體溫的平衡中發揮作用：人體在代謝過程中不斷產生熱量，可是體溫卻能維持在36℃～36.5℃之間，這是因為體液中水比熱（1公克水要提高1℃，需要約1卡的熱量）高，可吸收大量熱量，透過體液交換和血液循環傳到皮膚，再經蒸發或出汗來散熱，達到體溫平衡。

④構成人體組織和關節腔的潤滑劑：存在於人體內的連接部分及內部器官之間的水，會使各器官摩擦面變得潤滑，減少損傷，使關節和肌肉得以運動自如。水還可滋潤細胞，使細胞保持濕潤狀態，避免皮膚因乾燥而顯得蒼老。

人體要維持健康狀態，需要透過每日的飲食和飲水來補充以尿液、汗液等形式排出的水量，才能維持每日水的攝取量與排出量的平衡。若水的攝取量不足或流失過多，便會使體內失水。當失水量達到體重的10％，則會出現煩躁、渾身無力、體溫升高、血壓下降等症狀；

一旦失水量超過體重的20%，將會導致死亡。事實證明，人類對缺水的忍耐力，比有水卻缺少食物的忍耐力差。

POINT 789 正確選擇飲用水的方法

飲用水主要有地表水、地下水、自來水、純淨水、礦泉水等，這些飲用水的特點各異，應根據個人需要加以選擇。

①地表水：主要是指來自湖泊及江河的水，含鹽量較低，亦即硬度較低。但是因大多受到工業及生活汙水排放的影響，往往含有大量的微生物及化學物質。據報導，全球的天然水中已檢測出兩千多種化學汙染物，此外還有一些傳染病毒存在其中。因此，地表水必須經過複雜的純淨處理過程後方可飲用。

②地下水：指泉水或人工開採的井水，受工業汙染較少，一般不含微生物、化學物質及病毒。若取水過程沒有受到微生物汙染，即可直接飲用。但是有些地下水含鹽量較高，水硬度較大，不宜直接飲用。這類水不僅口感不好，還會引起某些疾病如腎結石等。地下水的硬度若太高，必須經過脫鹽處理（即軟化）後方可飲用。最簡單的軟化方法是將水煮沸。水在煮沸的過程中，有些鹽類如碳酸鈣、碳酸鎂等會從水中析出，產生白色沉澱物，這就是水鹼。

③自來水：指一般民眾主要的生活用水，是以地表水或地下水為水源，經過絮凝、澄清、純化、消毒等處理過程，使水質符合國家規定飲用水的標準。一般來說，自來水比較潔淨和安全可靠，但飲用前最好煮沸，既可殺死汙染的病原微生物，也可使溶於水中的部分揮發性有機汙染物揮發，降低其在水中的含量。台灣地區自來水因使用的水源流經地層結構不同，總硬度也不同，但均需符合環保署公告的飲用水水質標準總硬度300mg／L之規定。

④白開水：符合生活飲用衛生標準的水為原料，經過煮沸後的水。水中含有的鹽類如碳酸鈣、碳酸鎂等在加熱過程中會從水中析出，使水的硬度降低；加熱還可使低沸點的有機物揮發，並殺死細菌等微生物。

研究顯示，經煮沸後自然冷卻至20℃～25℃的冷開水，具有獨特的生物活性，水內聚力增大，分子間更緊密，表面張力增強。這些性質與人體細胞中的水十分接近，因而有很大的「親和性」。白開水不僅解渴，而且容易穿透細胞膜，有促進人體新陳代謝的作用，有利於體內廢物的排泄，促進胃腸消化和吸收。因此，多喝白開水既方便又經濟實惠，解渴效果好，對人體健康有益，是最佳飲用水。

⑤淨水：以自來水或井水為水源，經過活性炭吸附、微孔膜等過濾而製成。經過濾後除去自來水中的有機物和懸浮物，但水中的無機鹽仍得以保留。

⑥純水：以自來水或井水為水源，透過離子交換法、反滲透法、蒸餾法及其他適當的加工方法製成。純水的特點是，它既清除了水中的懸浮物、細菌和有機汙染物，使水得到淨化，同時也清除了人體不可缺少的微量元素和無機鹽。長期飲用純水會造成體內微量元素（如硒）缺乏，影響身體健康。為此，有關專家提醒不要長期飲用純水。

⑦礦物質水：以純淨水為水源，透過人工添加礦物質的方法製成。這樣的水雖然礦物質含量增加，但所添加的礦物質被人體吸收和利用的情況還有待研究。

⑧天然礦泉水：來自地下深處自然湧出的天然泉水，或經人工開採、未受汙染的天然地下水，經過過濾、滅菌等加工方式所做成的瓶裝水。礦泉水中含有對人體有益的微量元素和礦物質（無機鹽），並達到國家規定的飲用水標準。因礦泉水中的礦化物多呈離子狀態，因此容易被人體吸收。大部分人飲用礦泉水有益無害，但某些類型的礦泉水對一些人可能較不適宜，如高鈉的礦泉水，患有結石病、腎炎、肥胖症、肝臟疾病、高血壓、心律不整的患者不宜飲用；有些礦泉水含氟量過高，長期飲用會使牙齒變黃。所以在選用礦泉水時，應注意礦泉水的類型，以免帶來不良後果。

POINT 790 健康的喝茶技巧

①喝茶要適量：茶喝得過多或過濃都不好。茶葉內各種成分雖然對身體有益，但若過濃、過量，反而對健康有害。如少量咖啡因可提神，若大量則會增加心臟負荷；咖啡因還會抑制鈣在消化道中的吸收，並使鈣隨著尿液排出，造成體內缺鈣，使骨中的鈣質流失。長此以

往，就會出現骨質疏鬆，易發生骨折。多酚類物質過多亦會增加胃酸分泌，使胃有不適感。茶葉中含氟量也比其他食物高，若飲茶過多，氟在體內累積，易引起氟中毒。另外，茶葉中含有一些有害成分，如鋁元素。茶科植物對鋁有較大的親和力，可以從土壤中吸收。茶喝得太多，對鋁的吸收量過大，對大腦有不利的影響。研究顯示，紅茶中的含鋁量最大，因此在飲用紅茶時更應該適量。

②忌飯後一杯茶：飯後立即喝茶對身體並不健康。茶葉中含有大量的多酚類物質，會與食物中的蛋白質及鐵等金屬離子發生反應，生成難以溶解的物質，不易被胃腸黏膜吸收，增加腸胃負擔，時間久了會導致體內缺鐵，嚴重還會引起貧血。一般飯後1.5小時，食物中的鐵質已被身體吸收，此時喝茶較不會影響鐵的吸收。

③不要空腹喝茶：空腹飲茶會稀釋胃液，降低消化功能。茶葉中的不良成分也容易被腸胃吸收，進入血液後，有可能出現頭暈、心慌、無力等症狀。

④不要多飲新茶：新茶中含有較多的多酚類、醛類和醇類等物質，對胃腸黏膜有刺激作用，喝多了容易出現噁心、嘔吐、胸悶等症狀。存放過一段時間的茶葉，因發生了氧化反應，這類物質會逐漸減少。

⑤不宜用沸水沏茶：沸水會破壞茶中不耐高溫的營養物質，如維生素C等。經試驗證明，用100℃的水沏茶，經過7～8分鐘後，茶中的維生素C已被全部破壞。沸水還會使茶葉中的有害物質茶鹼大量析出，喝了之後對身體有害。但水溫若過低，茶葉中的香氣亦難以發揮。建議用70℃的溫開水泡茶，維生素C可保留60％～70％，茶水的色、香、味較佳。

⑥茶葉不宜反覆或長時間沖泡飲用：茶應即沖即飲。若浸泡的時間愈久，有害物質浸出率就愈高，對人體健康不利。實驗顯示，茶葉中的營養物質在第一次沖泡時就有80％被浸出，第二次達到95％。可見，經過兩次沖泡後，絕大多數的營養物質已被浸出。茶葉的香味也是這樣，前一、兩次香味很濃郁，到了第三次沖泡時就明顯淡得多，第四次沖泡的茶已經淡而無味了。因此，一般以泡三次為宜。

⑦注意泡茶時間與浸出物的關係：一般來說，泡茶2分鐘後，茶中的咖啡因已全部浸出，此時喝茶具有提

神作用。泡茶3分鐘後，多酚類物質漸漸被浸出並逐漸抵銷咖啡因的作用，泡茶時間愈長，咖啡因的作用便愈弱。泡茶5分鐘後，有止咳消食、去煩解膩的作用。如果要避免喝茶所引起的興奮，可將3分鐘內泡的茶倒掉，重新泡一次之後再喝。

⑧應根據季節變化飲用不同的茶：春季宜飲花茶，因花茶可促進人體陽氣生發，散發冬天時積習在體內的寒氣；夏季飲綠茶較好，因綠茶性寒味苦，有清熱、消暑、解毒、促進消化等作用；秋季宜飲烏龍茶，因烏龍茶不寒不熱，可清除體內餘熱，恢復津液；冬季飲紅茶較佳，因紅茶味甘性溫，含豐富蛋白質，有滋補作用。

⑨忌以茶配藥：不論是服用中藥還是西藥，均不宜用茶配藥。因為茶中的咖啡因、多酚類物質等會與藥物發生化學反應，改變藥性而降低藥效，甚至產生有毒物質。所以，服藥後最好等1～2小時後再喝茶，並儘量喝淡茶。

⑩喝茶時不宜食入茶葉：茶葉在加工過程中會產生致癌物質苯並芘，由於苯並芘難溶於水，故一般茶水中的含量極其微小，對人體健康影響不大。但茶葉本身含有較多的苯並芘，如果喝茶時也把茶葉吃下去，對健康有不良影響。

POINT 791 喝適量咖啡對健康有益

在日常生活中喝適量咖啡，對人體健康有以下益處：

①可提振精神：咖啡中含有咖啡因，具有刺激中樞神經、促進肝醣分解、升高血糖的功能。喝適量的咖啡可使人暫時精力旺盛，思維敏捷；運動後喝咖啡可以消除疲勞，恢復體力，振奮精神；咖啡還有強心、利尿和提高人體代謝的作用，並且可以緩解氣管平滑肌痙攣、腦血管痙攣等病症。

②可防輻射：經實驗指出，咖啡中的咖啡因可防輻射。人們在日常生活中難免會接觸各種輻射，如光波、電波、磁波等，過量的輻射對人體有害，因此，適量喝些咖啡對健康有益。

③有抑制肝癌的作用：研究結果發現，每天喝一杯咖啡的人，死於肝癌的危險性比不喝咖啡者少50％。

適量喝咖啡有益健康，但若過量則會對身體造成不利影響，如：1.會使精神過於興奮，嚴重者會出現失眠，性情變得急躁易怒、焦躁不安；2.會出現心律不整及循環系統障礙，使心臟功能發生改變，血液中的膽固醇含量升高；3.會刺激腸胃，增加胃液分泌，對胃潰瘍者影響更大；4.容易引起糖代謝紊亂；5.婦女嗜飲咖啡會影響受孕機會，並影響胎兒發育；6.還在哺乳的媽媽若喝太多咖啡，體內累積的咖啡因會透過乳汁進入嬰兒體內，影響嬰兒的健康。

想要健康的喝咖啡，要注意以下幾點：

①濃度不宜過高：喝咖啡要適度且適量，高濃度的咖啡對人體健康非常不利。研究指出，人體本身有代謝咖啡因的能力，大約1小時可代謝40毫克的咖啡因。一杯240毫升的咖啡含有85～90毫克的咖啡因，男性大約2小時會將攝入體內的咖啡因代謝出去；女性代謝速度較快，只需0.5～1小時。但懷孕婦女例外，她們代謝咖啡因的速度較緩慢。由於每個人對咖啡因的接受度不同，應視個人體質和健康狀況，適量飲用為宜。

②不宜加太多糖：喝咖啡時，加點糖可以增加風味，但若放太多，會反射性地刺激胰臟中的胰島細胞分泌大量胰島素，以致降低血液中的血糖含量，一旦血糖過低，會出現心悸、頭暈、四肢無力、嗜睡等低血糖症狀。喝咖啡時也不宜搭配太多的高糖食品，否則也會產生上述現象。

③時間最好選在早餐或午休後：早餐後喝咖啡可刺激腎臟，加快排出夜間殘留於體內的廢物，同時提高思維能力；午餐後喝咖啡能刺激腸胃，幫助消化；下午喝咖啡能刺激肌肉、消除疲勞、提振精神；晚上、尤其是臨睡前，建議不要喝咖啡，因咖啡因有刺激神經的作用，容易造成失眠。

④應補充鈣質：咖啡中含有的咖啡因會抑制鈣在消化道中的吸收，加速鈣從尿液中排出，因此常喝咖啡易造成體內缺鈣而誘發骨鈣流失，進而導致骨質疏鬆症，並極易發生骨折。專家建議，常喝咖啡者應適量補充鈣質，平時多吃些含鈣的食物，如豆製品、紫菜、蝦米、芝麻醬、牛奶等。

⑤煮咖啡時間不宜過長：為了保持咖啡特有的香味，不宜長時間沸騰，因蒸氣會帶走部分芳香物質，並

聚集在咖啡表面形成泡沫。咖啡的香味取決於泡沫的密度，若煮開後的咖啡仍繼續沸騰，泡沫會被破壞，芳香物質便隨蒸氣而揮發。因此，咖啡煮好後最好立即飲用。

⑥不宜邊喝咖啡邊抽菸：喝咖啡和抽菸均具有使大腦興奮的作用，如果邊喝咖啡邊抽菸，會使大腦過度興奮，進而造成夜間失眠，使大腦無法好好休息。

POINT 792 透過健康飲食維持適當體重

維持適當的體重，不胖也不瘦，是健康的象徵。人體消瘦往往是進食量不足且活動量過大所致。由於從食物中攝取的能量不能滿足人體的基礎代謝，以及日常生活等活動需要，人體只能透過消耗自身組織來獲取能量，以致體重減輕，進而消瘦。消瘦者除攝入的能量不足外，常常還伴有營養缺乏所引起的活動力和抵抗力下降，對健康構成威脅。

隨著生活水準提升，人們所攝取的熱量不斷增加，但運動量卻明顯減少，以致許多人出現體重超重或肥胖現象，即所謂「文明病」。肥胖蘊藏著發生慢性病的危險。據統計，體重過高者與體重過低者的平均壽命，均低於健康體重者。當體重在超重狀態時，會增加罹患心腦血管病、腫瘤和糖尿病的風險，此外也容易罹患脂肪肝、膽結石、骨關節病等。有鑑於此，世界衛生組織已將肥胖列為疾病範疇，認為肥胖是影響健康的危險因素之一，不可不慎。

世界癌症研究基金會和美國癌症研究所提出的「防癌十忠告」中，其中多項皆與健康飲食、保持適宜體重有關，具體內容為：

1.在正常體重範圍內儘可能瘦；2.每天進行30～60分鐘適當強度的活動；3.避免喝含糖飲料，限制攝取高熱量食物；4.母親對嬰兒至少餵養6個月母乳；5.每週食用紅肉不得超過0.5公斤，避免食用加工肉製品；6.男性每天飲酒的酒精含量不超過30公克，女性不超過15公克；7.多吃各種蔬菜、水果；8.鹽的攝取量每日不超過6公克，少吃醃漬品；9.避免食用營養品，但懷孕期間可服用葉酸；10.癌症患者治療後要嚴格遵循營養建議，多進行體能鍛鍊，維持適當體重。

POINT 793 檢測體重是否適宜的方法

以下提供幾種常用來計算成年人標準體重的方法：

①根據身高計算標準體重：

世界衛生組織計算標準體重的方法：

男性：（身高〔公分〕減80）×70％＝標準體重

女性：（身高〔公分〕減70）×60％＝標準體重

②身體質量指數（BMI）計算法：

身體質量指數（Bady Mass Index, BMI）是國際通用用來衡量體重是否標準的方法。公式如下：

體重（公斤）除以身高（公尺）的平方

衛福部國民健康署建議成人BMI應在18.5（kg／m^2）及24（kg／m^2）之間，太瘦、過重或太胖皆有礙健康。

③腰臀比測量法（WHR）

腰臀比（Waist to Hip Ratio, WHR）的測量方法：

WHR＝腰圍（公分）／臀圍（公分）

WHR比值愈大，表示腹部脂肪組織愈多。研究指出，腹部肥胖比臀部肥胖危險性更大，因為腹部更接近肝門靜脈，所以，腹部脂肪在代謝上比臀部脂肪更活躍，更能增加血中的脂肪水準，也更能被肝臟所吸收，形成低密度脂蛋白膽固醇，因而更容易引發冠心病與中風。衛福部建議男性的標準WHR為0.85～0.9，若大於0.95表示異常；女性的標準WHR為0.7～0.8，若大於0.85表示異常。

POINT 794 合理調配飲食可控制體重

體重超重的主要原因是長期攝取過多的能量，但消耗的能量卻太少。因此，控制體重最根本的方法就是減少熱量的攝取與增加熱量的消耗。

對於肥胖症的治療，迄今尚無真正有效的特效藥，且長期服藥會產生副作用，影響身體健康。因此專家表示，控制體重的最佳途徑還是培養正確、規律的飲食習慣和生活方式，減少熱量和脂肪的攝取；勤做運動以增加熱量的消耗。健康的調配飲食是控制體重、預防肥胖的有效方法，主要原則如下：

①減少熱量的攝取：擁有標準體重者，應努力使熱量的攝取與消耗量保持平衡。超重和肥胖者，每日進食

量應按標準體重供給，而不應按現有體重計算，即少攝入、多消耗，以促使身體消耗過剩的脂肪，直到體重恢復正常水準；之後應繼續注意控制能量的攝取與消耗，使其維持平衡狀態。

對於控制熱量的攝取，要採循序漸進、逐步降低的方式，切忌驟然猛降，每日所攝取的熱量不宜低於1200大卡，否則會影響健康。

②蛋白質的供應必須充足：每日的飲食中要保證含有充足的優質蛋白質食物，如多選用魚、蝦、豆製品和低脂肪的肉類。蛋白質供應充足，可以增加飽足感、減少饑餓感、增強抵抗力；若蛋白質供應不足，則會出現身體虛脫、精神萎靡、疲勞無力、抵抗力下降。因此，滿足蛋白質需要量是減重者飲食的重點。營養學家提出，每日每公斤體重應至少供應1.5公克優質蛋白質，以確保身體的需要。

③減少醣類的攝取量：主食的攝入量每日應控制在250公克以下，但不宜低於150公克，並以澱粉占總熱量的40％～55％為宜。主食中的澱粉（醣類）有節約蛋白質的作用，當澱粉與蛋白質同時攝入時，可促進蛋白質的合成、利用。主食中的澱粉還有促進脂肪氧化成二氧化碳和水的作用。但若完全缺少醣類，脂肪會因氧化不徹底而產生酮體，對健康不利。

④降低脂肪的攝取量：脂肪的產熱係數比蛋白質、澱粉高出二倍多，因此要限制脂肪的攝取。脂肪的生熱比應占總熱量的20％～25％。要限制肥肉和油脂類食物的攝取，因為油脂類食物所釋放的熱量中，只有30％在消化過程會轉化為能量，其餘均被轉變為脂肪囤積在人體中。專家發現，人體的熱量主要來自澱粉，而食用過量的脂肪就等於增加過量的體重。

⑤無機鹽、維生素、膳食纖維要供給充足：由於無機鹽和維生素具有多種營養生理功能，是維持健康不可少的微量營養素，因此，飲食中必須含有足量的無機鹽和維生素以保障身體健康。每日飲食中一定要有大約500公克的新鮮蔬菜，才能滿足身體的需要。

供給足夠且適量的膳食纖維，有利於控制體重。因為膳食纖維具有飽足感，可避免吃得太多；膳食纖維也可降低脂肪的吸收，使澱粉分解成單醣的作用變慢，避免澱粉轉化成脂肪而造成肥胖。但是，攝取過量的膳食纖維也會影響某些營養素的吸收，如維生素B_{12}、鈣、鐵和鋅等。建議膳食纖維的攝取量以每人每日平均30～60公克為宜。

此外，還要養成良好的飲食習慣，如三餐定時定量，不吃零食或少吃零食，堅持「早吃好、午吃飽、晚吃少」的原則。

關於節食的理論有很多，目前被國內外專家一致公認的原則有三項：1.在某一餐進食過量後，如果在下一餐能夠控制進食，則不必擔心體重會上升；2.任何方式的節食都不應該期待有立即的效果，必須循序漸進；3.務必為身體提供均衡合理的營養。

POINT 795 利用進食的時間差控制體重

雖然食物的熱量固定不變，但它轉化為身體的脂肪量卻會隨著不同的用餐時間而異。大量的實驗顯示，早上進食後轉化為脂肪的量，比晚上要少得多。對於相同熱量的食物，譬如早上吃2000大卡並不會影響體重，但晚上吃進2000大卡則會使體重增加。由此可見，肥胖症與進食時間有關。

因為人的各種生理活動在一天的各個時段並不相同，一般的情況下，早晨和上午（8～12時）是新陳代謝的高峰期，下午次之，晚上最低。而傍晚人體內胰島素值達到最大限度，容易把醣類轉化成脂肪，若此時大量進食，食物消化後就會以脂肪的形式儲存於腹部脂肪組織，進而使體重增加。

專家建議晚餐要少吃，以不超過一日食量的30％為佳；早餐則至少應達到全日總量的35％～40％。由此看來，人們在實際生活中總結出來的經驗「早吃好、午吃飽、晚吃少」是有科學依據的，也是一種良好的飲食習慣，有利於身體健康，也可預防肥胖。

還有學者認為，進食時間的選擇對體重的影響，比攝取了多少熱量更為重要。想要減肥的人只需將進食時間提前，就可以達到控制體重的目的。

POINT 796 進食前先喝湯有益於控制食慾

俗話說「無湯不成席」，且湯具有特殊的滋補和養身作用。湯通常是用新鮮的葷素食材煨煮而成，由於食材不需經過煎、炒等方式處理而直接入鍋中煨，所流失的營養成分較少，也可保留原汁原味。

吃正餐前先喝湯，可使胃的容積增大，胃壁受到刺激後，胃神經會自動向中樞神經發出「已經飽了」的訊號。因此，進食前先喝湯會使人產生飽足感，既能攝入營養物質，也能品嘗鮮美滋味，進而減少進食量或不再進食，以達到減肥目的。

POINT 797 飯前吃水果可防止脂肪堆積

有些人認為飯前不宜吃水果，因為某些水果的有機酸會刺激胃黏膜，兒童在飯前吃水果會影響正餐的胃口等。但據國外的研究顯示，飯前30分鐘吃些水果或喝點果汁，由於水果內所含的果糖可使體內需要的熱量得到滿足，進而對食物的需求減少，特別是對脂肪的需求量大幅降低，具有抑制食慾的作用，可有效防止體內脂肪的囤積，使體重減輕。

實驗還表示，餐前飲用果汁的人，在進餐後所吸收的熱量比平時減少20%～40%。由此看來，飯前適量吃些水果或果汁，有利於減肥。

POINT 798 細嚼慢嚥有助於減肥

養成細嚼慢嚥的飲食習慣，不僅可促進食物的消化吸收、預防疾病，還有助於減肥。研究發現，饑餓感並不完全取決於胃中食物的多少，還與攝取的食物經過消化吸收其營養成分進入血液後的濃度高低有關，也與進食時口腔中的食物對口腔黏膜的刺激有關。

如果吃東西時狼吞虎嚥，會使食物來不及充分刺激口腔黏膜，中樞神經系統收不到足夠的回饋訊號，位於丘腦上的「饑餓中樞」就得不到相應的控制，人就會感覺很餓，還要繼續吃下去。一般進食後20分鐘，大腦才能反映出你是否真的吃了食物。同時，胃裡雖然積存了大量食物，但由於血液中營養成分的濃度在短時間內來不及升高，以致人還是有饑餓感，還想吃東西，結果很容易造成食物攝取量過多，引起營養過剩、體重增加。

除此之外，狼吞虎嚥式的進食方式也會提高癌症的發生率，這是因為進食速度過快，不利於食物在腸胃內消化，造成對食道的慢性刺激，使食道上皮發生不典型的增生，進而轉化為癌症。相反的，如果吃東西時多咀嚼、多品味食物的滋味，讓口腔黏膜受到較長時間的刺激，中樞神經系統便能收到確切的回饋訊號，使人不再想繼續進食，有助於緩解饑餓感。

吃東西時慢一點、咀嚼得細一點，食物較容易消化吸收，營養物質也能較快地進入血液，使血液中營養成分的濃度相對較高，因此只要攝入少量食物便會產生飽足感，控制飲食就比較容易做到了。況且，人們在細嚼食物的過程中還可多消耗一些能量，對想要節食的人來說，細嚼慢嚥既有助於消化吸收，又能消耗一定的熱量，還能增加飽足感，一舉多得。

POINT 799 健康的烹調方式可降低食物熱量

相同的食材，但採取不同的烹調方法，其成菜所含的熱量也會有很大的差別：用清蒸、爆炒、清炒、汆、煮、拌、滷、熗、滑溜、醋溜等烹調方式，用的油少，菜肴脂肪含量低，熱量也較低；若用炸、煎、油燜等方式烹調，用的油多，菜肴脂肪含量高，熱量也較高。另外，一些重口味的菜，如魚香型、糖醋型、家常味型，由於烹調時加了許多油或糖，熱量也較高。

菜肴中的油脂不僅會使熱量大增，而且容易在體內消化後重新轉化為脂肪進入皮下、腹部等脂肪組織，比醣類和蛋白質更容易轉化為脂肪，且反應歷程也較短。因此在烹調時要特別注意減少用油量，如同樣用里肌肉作主食材，用清炒的方式做成清炒里肌，含油量就比焦溜里肌和軟炸里肌少，熱量也較低；用鯽魚燒成奶湯，熱量遠比紅燒鯽魚低；水餃的熱量也比鍋貼低。

烹調時若不小心放了太多油，一定要舀出來，不要怕麻煩。只要從細微處注意，就可大幅降低飲食的總熱量，使身體更健康。

POINT 800 根據個人體質選擇適當的食物

①中醫關於體質的理論：依照中醫的理論，人體體質大致分為平和型、氣虛型、陽虛型、陰虛型、痰濕型、

濕熱型、氣鬱型、血瘀型和特稟型等九種。雖然體質可分為九種，但實際上是兩大類：一類是平和體質，另一類是偏頗體質。所謂的偏頗體質，如氣虛、陽虛等，表示雖然還沒達到患病程度，但已經出現相應的症狀，也就是「亞健康」狀態。根據中醫治「未病」的理論，對偏頗體質的人要進行調整，使其向平和型轉化，而不能任其向疾病的方向發展。人通常是以一種體質為主，或者是多種體質兼具，如某人是陽虛體質，很有可能還有血虛、氣虛；再如濕熱體質的人，很可能同時屬於痰濕、血瘀、氣鬱等。

人的體質並非一成不變，某種偏頗體質經過一段時間的調整，或者改變飲食等生活習慣後，可能就會向平和體質轉變。如果有不適之感但症狀又不太嚴重，可以透過改變飲食和生活習慣來調整。

②判斷自己的體質：要對偏頗體質進行調理，首先要弄清自己究竟屬於何種體質，但一般人通常無法自己判斷，應到醫院請醫生透過望、聞、問、切等方式加以診斷，分清虛、實、寒、熱後，才能進行飲食建議和藥物對症調理。如同樣是便秘，卻有實火和虛火之分，虛火屬於陰虛體質，陰虛則內熱，不適合吃苦寒、瀉下的食物和藥物，而是要養陰清熱，潤腸通便；實火則可食用具有苦寒和瀉下作用的食物和藥物。許多食物如同中藥一樣，可分為寒性或熱性，因此在選擇食物時，除了根據季節外，也應結合自己或家人的體質來選擇。

通常體寒的人平時比較怕冷，手足不溫，喜歡熱飲，不能吃冷的東西。這些人應吃屬熱性的食物，如雞、鵝、牛肉、羊肉、鵪鶉、牛奶、海參、黃鱔、鯽魚、帶魚、蛇肉、韭菜、洋蔥、大蒜、龍眼肉、荔枝乾、紅棗、黑棗、栗子、桃子、杏、葡萄、柿餅、紅糖等。

體熱的人平時很怕熱，容易出汗冒火，心煩氣粗，面紅，喜歡喝冷飲。這些人應多吃一些屬涼性的食物，如甲魚、鴨、海蜇、田螺、蝸牛、甘蔗、生梨、柚子、香蕉、柿子、百合、銀耳、西瓜、冬瓜、苦瓜、綠豆、萵苣、蘆筍、竹筍、莧菜、紫菜、海帶、菠菜、芹菜、金針菜、蘿蔔等。

③各類體質特徵及飲食調理：人體體質類型及飲食調養，請見表16。

表16 人體體質類型及飲食調養建議

體質類型	體質特徵	飲食建議
平和型	體形勻稱健壯，膚色潤澤，精力充沛，睡眠良好，二便正常，舌色淡紅，苔薄白，脈和有神。	應有節制，不要過饑、過飽，不要常吃過冷、過熱和不乾淨的食物。
氣虛型	一般肌肉不健壯，平時氣短懶言，肢體易疲乏，易出汗，口淡，毛髮不華，頭暈，健忘，舌淡紅，舌體胖大，邊有齒痕，脈相虛緩。	可多吃具有益氣健脾作用的食物，如黃豆、雞肉、香菇、蜂蜜等；少吃檳榔、空心菜、生蘿蔔等具有耗氣作用的食物。
陽虛型	形體白胖，肌肉不健壯，平素精神不振、畏冷，面色柔白，手足不溫，喜熱飲食，毛髮易落，大便溏薄，小便清長，舌淡胖嫩，邊有齒痕、苔潤，脈象沉遲而弱。	平時可多吃羊肉、牛肉、韭菜、生薑、辣椒、蔥、蒜等甘溫益氣之品；少吃黃瓜、柿子、冬瓜、西瓜等生冷寒涼食物。
陰虛型	體形瘦長，易口燥咽乾，喜冷飲，手足心熱，目乾澀，唇紅微乾，皮膚偏乾，睡眠差，小便短澀，大便乾燥，舌紅少津少苔，脈象細弦或數。	可多吃瘦豬肉、鴨肉、綠豆、冬瓜、紅豆、芝麻、百合等甘涼滋潤之品；少吃羊肉、韭菜、辣椒、蔥、蒜、葵瓜子等性溫燥烈之品。
痰濕型	體形肥胖，腹部肥滿鬆軟，面部皮膚油脂較多，多汗，痰多身重不爽，易困倦，大便正常或不實，小便不多或微渾；舌體胖大，舌苔白膩，脈滑。	飲食應以清淡為原則，少吃肥甘厚膩的食物；可多吃蔥、蒜、海帶、冬瓜、蘿蔔、金桔、芥末等食物。
血瘀型	多體瘦，面色晦暗，易出現瘀斑；女性多見痛經、閉經、或經血中多凝血塊、或經血紫黑有塊，舌質黯有點、片狀瘀斑，舌下靜脈曲張，脈象細澀或結代。	可多吃黑豆、海帶、蘿蔔、山楂、綠茶等具有活血、疏肝解鬱作用的食物。
濕熱型	形體偏胖或蒼瘦，易生痤瘡粉刺，易口苦口乾，眼睛紅赤，大便燥結或黏滯，小便短赤，男易陰囊潮濕，女易帶下增多，舌質偏紅苔黃膩，脈象滑數。	以清淡為原則，可多吃紅豆、綠豆等甘寒、甘平的食物；少吃羊肉、韭菜、薑、辣椒、花椒、蜂蜜等甘酸滋膩的食物。
氣鬱型	形體瘦者為多，對精神刺激適應能力較差，平素憂鬱面貌；咽間有異物感，睡眠較差，大便多乾，舌淡紅，苔薄白，脈象弦細。	多吃小麥、海帶、金桔、玫瑰花等具有行氣、解鬱作用的食物。
特稟型	有遺傳性疾病，或家族性體質特徵。	少吃蕎麥、牛肉、鵝肉、蝦、蟹、酒、辣椒、濃茶、咖啡等發物及含致敏物質的食物。

VF0082 大廚不傳烹調祕訣800招（全新增訂版）

原 書 名　烹饪诀窍500题（第2版）
作　　者　黃梅麗、林葛、王俊卿
特約編輯　劉芸蓁

總 編 輯　王秀婷
主　　編　洪淑暖
版權行政　沈家心
行銷業務　陳紫晴、羅伃伶

發 行 人　凃玉雲
出　　版　積木文化
104台北市民生東路二段141號5樓
官方部落格：http://cubepress.com.tw/
電話：(02)2500-7696　傳真：(02)2500-1953
讀者服務信箱：service_cube@hmg.com.tw
發　　行　英屬蓋曼群島商家庭傳媒股份有限公司城邦分公司
台北市民生東路二段141號2樓
讀者服務專線：(02)25007718-9　24小時傳真專線：(02)25001990-1
服務時間：週一至週五上午09:30-12:00、下午13:30-17:00
郵撥：19863813　戶名：書虫股份有限公司
網站：城邦讀書花園　網址：www.cite.com.tw
香港發行所　城邦（香港）出版集團有限公司
香港九龍九龍城土瓜灣道86號順聯工業大廈6樓A室
電話：852-25086231　傳真：852-25789337
電子信箱：hkcite@biznetvigator.com
馬新發行所　城邦（馬新）出版集團
Cite (M) Sdn Bhd
41, Jalan Radin Anum, Bandar Baru Sri Petaling,
57000 Kuala Lumpur, Malaysia.
電話：603-9056-3833　傳真：603-90576622
email: services@cite.my

封面設計　楊啟巽
製版印刷　凱林彩印股份有限公司

2018年6月30日 初版一刷
2023年12月5日 初版三刷（數位印刷）
售價／NT$380元
ISBN／978-986-459-043-8

國家圖書館出版品預行編目(CIP)資料

大廚不傳烹調祕訣800招 / 黃梅麗, 林葛, 王俊卿編著. -- 初版. -- 臺北市 : 積木文化出版 : 家庭傳媒城邦分公司發行, 2016.06
面；　公分
ISBN 978-986-459-043-8(平裝)

1. 烹飪 2. 食物

427　　105010155